Springer-Lehrbuch

Michael Bestehorn

Hydrodynamik und Strukturbildung

Mit einer kurzen Einführung
in die Kontinuumsmechanik

Mit einem Geleitwort von Friedrich H. Busse

Mit 186 Abbildungen

 Springer

Professor Dr. Michael Bestehorn

Brandenburgische Technische Universität Cottbus
Lehrstuhl Theoretische Physik II
Erich-Weinert-Straße 1
03046 Cottbus
Germany
E-mail: bes@physik.tu-cottbus.de

Bibliografische Information der Deutschen Bibliothek

Die Deutsche Bibliothek verzeichnet diese Publikation in der Deutschen Nationalbibliografie; detaillierte bibliografische
Daten sind im Internet über http://dnb.ddb.de abrufbar.

ISBN 978-3-540-33796-6 Springer Berlin Heidelberg New York

Springer ist ein Unternehmen von Springer Science+Business Media

springer.de

© Springer-Verlag Berlin Heidelberg 2006

Satz: Digitale Druckvorlage des Autors
Herstellung und Datenfinalisierung: LE-TEX Jelonek, Schmidt & Vöckler GbR, Leipzig
Einbandgestaltung: WMXDesign GmbH, Heidelberg

Gedruckt auf säurefreiem Papier   SPIN: 11429517   56/3100/YL - 5 4 3 2 1 0

Geleitwort

Die spontane Entstehung von Strukturen in kontinuierlichen Medien hat in den vergangenen Jahrzehnten ein stark zunehmendes Interesse gefunden und sich zu einem wichtigen Zweig der Physik entwickelt. Zahlreiche Übersichtsartikel und Monographien wurden diesem Gebiet gewidmet; aber Studenten, die sich in die Theorien der Strukturbildung einarbeiten wollen, beklagen oft, dass es keine geeigneten Lehrbücher dafür gibt. Ein Ziel des vorliegenden Buches ist es, diese Lücke zu schließen.

Herr Bestehorn hat die pädagogisch fruchtbare Idee realisiert, den Zugang zur spontanen Strukturbildung mit einer Einführung in die Kontinuumsmechanik und insbesondere in die Hydrodynamik zu verbinden. Dieses neue Konzept ist aus verschiedenen Gründen sinnvoll. Zum einen ist die Fluiddynamik immer noch ein Hauptanwendungsgebiet für Theorien der Strukturbildung. In besonders anschaulicher Weise lassen sich hier experimentelle Beobachtungen mit mathematischen Ableitungen verknüpfen. Zum anderen steht mit den Navier-Stokes-Gleichungen für Newton'sche Fluide ein nichtlineares System zur Verfügung, das sich wie kaum ein anderes in der quantitativen Beschreibung von Phänomenen bewährt hat. Der große Reichtum der Lösungsmannigfaltigkeiten dieses Gleichungssystems und seines dissipationsfreien Pendants, den Euler-Gleichungen, hat sich erst in den letzten Jahrzehnten im Rahmen der Forschung zur Strukturbildung erschlossen. An vielen Universitäten haben allerdings Studenten der Physik und Mathematik kaum Gelegenheit, die Navier-Stokes Gleichungen und die faszinierenden Bifurkationsszenarien, welche sie beschreiben, kennenzulernen. Es ist das Anliegen des Autors dieses Buches, diese „Bildungslücke" zu schließen. Darüber hinaus öffnet es auch Perspektiven für die zahlreichen Anwendungen, z.B. in der Atmosphäre und in den Ozeanen. Das Buch ist interessierten Studenten der Physik oder benachbarter Fächer wie der Angewandten Mathematik oder der Strömungsmechanik zum Selbststudium nachdrücklich zu empfehlen. Aber auch als Grundlage für eine ein- oder zwei-semestrige Vorlesung ist es gut geeignet. Ich hoffe, dass es bald auf einer „bestseller"-Liste von Physik-Lehrbüchern auftaucht!

F. H. Busse, Bayreuth

Vorwort

Das vorliegende Buch entstand aus verschiedenen Vorlesungen über Hydrodynamik, Kontinuumsmechanik, Strukturbildung und Numerik, gehalten zwischen 1995 und 2005 an der Technischen Universität Cottbus und an der Universität Stuttgart. Die ursprüngliche Idee war, die sich im Lauf der Zeit angesammelten Vorlesungsskripte in eine ansprechende Form zu bringen und ein wenig zu vereinheitlichen.Der letzte und ausschlaggebende Motivationsschub kam aber von den Studenten. Oft fragten sie nach einem (deutschsprachigen) Lehrbuch, das eine Einführung in die Strukturbildung mit dem Schwerpunkt Hydrodynamik (oder umgekehrt) vermittelt. Das Ganze noch garniert mit relativ einfacher Numerik zum Selbermachen – ein Versuch war es sicher wert.

Wen dieses Buch interessieren könnte

Das Buch richtet sich hauptsächlich an Studenten im Hauptstudium (neuerdings sollte man wohl besser „im letzten Bachelor-Jahr oder im Master-Studium" sagen). Hier in erster Linie an angehende Physiker oder Mathematiker mit Nebenfach Physik, aber auch theoretisch/numerisch interessierte Ingenieure (Strömungslehre, Maschinenbau, Luftfahrt) sollten davon profitieren können.

Die Themen kreisen um zwei Schwerpunkte: Zum einen sind dies die klassischen und teils älteren Gebiete der Strömungslehre wie die Hydrostatik, einfache Strömungen, ebene Potentialströmungen, Prandtl'sche Grenzschichten, nicht-Newton'sche Flüssigkeiten, die hauptsächlich in den Kapiteln fünf und sieben zu finden sind. Den zweiten Schwerpunkt bildet die Strukturbildung in der Hydrodynamik (Kapitel 8) und über die Hydrodynamik hinaus in Kapitel 9. Kapitel 6 über Oberflächenwellen liegt irgendwo dazwischen. Hier spielen Strukturen zwar sicher eine wichtige Rolle, wie man schnell beim Durchblättern an den Abbildungen erkennen kann, allerdings weniger solche, die durch Instabilitäten hervorgerufen werden.

Numerische Lösungen ziehen sich ab Kapitel 6 wie ein roter Faden durch das Buch und bilden eine weitere Klammer. Numerische Methoden sind ein nicht mehr wegzudenkender und mittlerweile wohl zentraler Bestandteil der Forschung in der Hydrodynamik. So sollen die vielen vorgestellten Computerlösungen nicht nur den Stoff veranschaulichen, sondern auch das Interesse des Lesers wecken und ihn auf den Geschmack bringen, „es einmal selbst zu probieren". Als Einstieg dazu ist das 10. und letzte Kapitel gedacht.

Wen könnte das Buch also interessieren? Drei kurze Antworten:

- Studenten, die sich in die Hydrodynamik einarbeiten wollen,

- fortgeschrittene Studierende, Diplomanden, vielleicht auch Doktoranden, die etwas über Instabilitäten und makroskopische Strukturbildung an Beispielen aus der Hydrodynamik erlernen wollen,

- und, last not least, alle, die Spaß an der Physik der (selbstorganisierten) Strömungen und am Programmieren haben.

Für gründliches Korrekturlesen und das Finden vieler Fehler möchte ich mich ganz besonders bei Frau Anne Zittlau, Herrn Domnic Merkt und Herrn Eberhard Binder bedanken. Herr Sergej Varlamov war stets eine große Hilfe bei allen Problemen, die im Zusammenhang mit Computern auftraten. Ein weiterer Dank geht an Herrn Martin Ohlerich für das Anfertigen eines Vorlesungsskripts in Latex inklusive Abbildungen, aus dem die Kapitel zwei bis vier hervorgegangen sind sowie an Herrn Bernhard Heislbetz für das Foto in Abb. 8.26 rechts. Herrn Friedrich Busse danke ich ganz herzlich für eine gründliche Durchsicht des Manuskripts und für viele Verbesserungsvorschläge.

Cottbus, im Mai 2006   Michael Bestehorn

Inhaltsverzeichnis

Kapitel 1

Einführung

Die Hydrodynamik ist der Teil der Strömungslehre, der sich im Gegensatz zur Aerodynamik vorwiegend mit inkompressiblen Flüssigkeiten beschäftigt. Die Strömungslehre, auch Fluiddynamik genannt, ist wiederum Teilgebiet der Kontinuumsmechanik.

Kontinuumsmechanik und Hydrodynamik

Sinn und Zweck der Kontinuumsmechanik ist die phänomenologische Beschreibung des mechanischen Verhaltens ausgedehnter Materie unter dem Einfluss äußerer und innerer Kräfte. Der Begriff *Kontinuum* weist darauf hin, dass es sich um eine Feldtheorie handelt: Im Gegensatz zur mechanischen Beschreibung von Vielteilchensystemen, bei der jedem Teilchen ein Ort ($\vec{r}_i$) und eine Geschwindigkeit ($\vec{v}_i$) zugeordnet werden, denkt man sich in der Kontinuumsphysik den Raum ausgefüllt und beschreibbar durch Verschiebungs- oder Verzerrungsfelder, bzw. deren zeitlichen Ableitungen (Abb. 1.1). Hierbei wird der Raum in Volumenelemente zerlegt, die im mathematischen Sinne infinitesimal sind, physikalisch jedoch so groß sein sollen, dass sie immer noch genügend Teilchen (Atome, Moleküle) enthalten, um von einem Kontinuum zu sprechen. Verformungen lassen sich auf „Teilchenebene" durch Angabe von N Verschiebungsvektoren $\vec{S}_i$ quantitativ fassen:

$$\vec{r}_i = \vec{R}_i + \vec{S}_i, \qquad i = 1...N \ . \tag{1.1}$$

Dabei ist N die Teilchenzahl und von der Größenordnung 10^{23} je Mol, $\vec{R}_i$ bezeichnet die Koordinaten des undeformierten Referenzzustandes, $\vec{r}_i$ die Koordinaten der deformierten Konfiguration. Will man dynamische Zustände beschreiben, so sind hochdimensionale Systeme von gekoppelten, gewöhnlichen Differentialgleichungen typisch für Formulierungen der Vielteilchenmechanik:

$$m_i \, \ddot{\vec{r}}_i = \vec{F}_i(\vec{r}_1 \ldots \vec{r}_N, t) \qquad \longrightarrow \qquad \vec{r}_i(t) \ . \tag{1.2}$$

In der Kontinuumsmechanik denkt man sich die Teilchen am besten an ein den ganzen Raum ausfüllendes dehnbares Medium geheftet. Dadurch wird der Index i überflüssig, man kann $\vec{R}$ direkt zur Identifizierung eines Teilchens (jetzt besser einer bestimmten

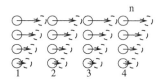
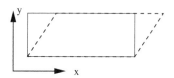

Abb. 1.1 Anstatt die Bewegung aller Teilchen wie hier beim Spezialfall einer Scherung nach den Newton'schen Gesetzen zu bestimmen, führt man in der Kontinuumsmechanik Felder ein, die die Lage und Bewegung der kontinuierlich verteilt angenommenen Materie beschreiben.

Stelle) im Kontinuum verwenden. Anstelle der N Verschiebungen aus (1.1) führt man das „Verschiebungsfeld" ein als

$$\vec{S}_i = \vec{S}(\vec{R}_i) \rightarrow \vec{S}(\vec{R}) \, , \tag{1.3}$$

Die Teilchenmassen m_i werden durch ein weiteres kontinuierliches Feld ersetzt, die Dichte ρ

$$m_i \frac{\Delta N}{\Delta V} = \rho(\vec{R}_i) \rightarrow \rho(\vec{R}) \tag{1.4}$$

mit dem kleinen aber endlichen Volumenelement ΔV, welches noch so viele Teilchen ΔN enthalten soll, dass sich über alle mikroskopischen Teilcheneigenschaften mitteln lässt.

Anstelle eines sehr großen Satzes gewöhnlicher Differentialgleichungen wie (1.2) werden wir in der Kontinuumsmechanik mit partiellen Differentialgleichungen für Vektor- und Tensorfelder konfrontiert werden. Bleiben die Verschiebungen $\vec{S}$ klein, so lassen sich Nichtlinearitäten vernachlässigen und man erhält eine lineare Theorie.

Materialeigenschaften wie z.B. Viskositäten, Kompressions- oder Schubmodule werden auf phänomenologischer Basis eingeführt und normalerweise nicht direkt aus mikroskopischen Theorien hergeleitet[1]. Ähnlich wie in der Thermodynamik wird also auf eine exakte, und auch nur im Prinzip mögliche, Beschreibung aller Freiheitsgrade (Teilchenkoordinaten) verzichtet.

Sehen wir von Kernreaktionen ab, so bleibt die Gesamtmasse einer Flüssigkeit in einem abgeschlossenen Volumen erhalten. Aus diesem fundamentalen Erhaltungssatz lässt sich eine Gleichung für die zeitliche Änderung der Dichte in einem Volumenelement herleiten. Andere hydrodynamische Grundgleichungen folgen aus den Erhaltungssätzen für Impuls und Energie. Die Beschreibung einer realen, d.h. viskosen oder zähen Flüssigkeit gelingt mit den Navier-Stokes-Gleichungen. Bei inhomogener Temperaturverteilung werden diese durch die Wärmeleitgleichung ergänzt.

Die Herleitung der Navier-Stokes-Gleichungen kann auf verschiedene Weise erfolgen. Wir werden hier die phänomenologische verfolgen, die auf der Mechanik deformier-

---

[1]Eine Verbindung zur mikroskopischen Theorie liefert aber Herleitung der hydrodynamischen Grundgleichungen aus der statistischen Mechanik, auf die wir aus Platzgründen leider verzichten müssen. Wir verweisen auf [1].

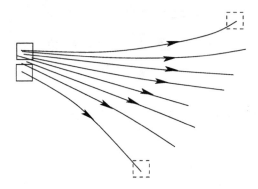

Abb. 1.2 Zwei anfangs benachbarte Volumenelemente werden sich in einer inhomogenen Strömung im Lauf der Zeit weit voneinander entfernen. Die Annahme kleiner Verschiebungsfelder ist bei Flüssigkeiten und Gasen sinnlos.

barer Kontinua, speziell der Elastizitätstheorie aufbaut. Dort sucht man die Antwort eines Kontinuums auf vorgegebene äußere Kräfte und Belastungen in Form von (infinitesimal) kleinen Verschiebungen der einzelnen Volumenelemente. Allerdings hat die Annahme kleiner Verschiebungen (Verzerrungen, Dehnungen) aus einem definierten Anfangszustand in der Hydrodynamik keinen Sinn mehr, da die Volumenelemente, aus denen man sich eine Flüssigkeit kontinuierlich aufgebaut denkt, sich im Lauf der Zeit beliebig weit voneineinander entfernen können (Abb. 1.2). Erhält man in der Elastizitätstheorie durch die Näherung kleiner Abweichungen lineare Gleichungen, werden die Grundgleichungen, die Flüssigkeiten (und auch Gase) beschreiben, prinzipiell nichtlinear sein. Deshalb ist irreguläres, chaotisches Verhalten in Flüssigkeiten eher der Normalfall als die Ausnahme. Beliebig kleine Abweichungen in den Anfangsbedingungen oder in äußeren Parametern werden sich schnell zu großen Störungen entwickeln und das Strömungsverhalten vollkommen verändern. Man kann nicht zweimal in denselben Fluss steigen!

Wir nennen ohne jeden Anspruch auf Vollständigkeit einige Gebiete, in denen die Kontinuumsmechanik bzw. die Hydrodynamik eine zentrale Rolle spielen.

Baustatik. Hier zeigt sich eine typische Aufgabenstellung der Elastizitätstheorie. Ausgehend vom unbelasteten Grundzustand eines Bauteils sollen (normalerweise kleine) Verformungen berechnet werden, die durch das Anlegen von äußeren Lasten hervorgerufen werden (Abb. 1.3). Man wird also Gleichungen benötigen, die die Verformung als Antwort auf äußere Kräfte angeben.

Erdbebenwellen. Die zeitabhängigen Grundgleichungen der Elastizitätstheorie haben die Form von Wellengleichungen, wie man sie z.B. aus der Elektrodynamik kennt. Durch Messung von Ausbreitung, Amplitude und Geschwindigkeit von Erdbebenwellen lässt sich auf den Aufbau und die Materialeigenschaften des Erdinneren schließen.

Strömungsrechnungen. Die typische Aufgabenstellung der Hydrodynamik lautet, das Geschwindigkeitsfeld einer Strömung bei gegebener Geometrie sowie Druck- oder Temperaturverteilung zu berechnen. Als direkte Anwendung denke man an Rohrströmun-

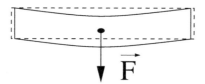

Abb. 1.3 Typische Aufgabenstellung der Elastostatik. Unter Einwirkung einer äußeren Kraft soll die Biegung eines Balkens berechnet werden.

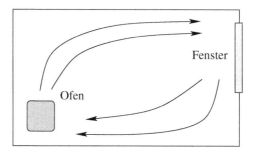

Abb. 1.4 Die warme Luft über dem Ofen steigt nach oben und strömt zum Fenster. Dort wird sie abgekühlt, wodurch sich ihre Dichte erhöht. Sie bewegt sich deshalb nach unten und zum Ofen zurück. Ohne Auftriebskräfte (zum Beispiel in einer Raumstation) bliebe die Luft in Ruhe. Das Zimmer würde sich dann alleine durch Wärmediffusion aufheizen, was allerdings wesentlich länger dauern würde.

gen oder etwa an das Problem umströmter Körper. Hierunter fallen auch die Strömungsverhältnisse um Kraftwagen oder Flugzeuge, speziell der Auftrieb von Tragflügeln.

Konvektion. Thermische Konvektion tritt auf, wenn zunächst ruhende Flüssigkeitsoder Gasschichten durch Auftriebskräfte instabil werden. Dies kann durch Temperaturgradienten geschehen, wenn z.B. die Dichte eines Gases und damit auch sein Gewicht mit der Höhe zunimmt (Abb. 1.4). Erreicht der Temperaturgradient einen bestimmten kritischen Wert, so sind die Auftriebskräfte stark genug, um die stabilisierende Wirkung von Viskosität und Wärmeleitung zu überwinden. Eine geordnete, großskalige Walzenbewegung setzt ein, die mittlerweile als *Rayleigh-Bénard-Konvektion* bezeichnet wird.

Konvektion spielt bei vielen geophysikalischen Problemstellungen eine wichtige Rolle. Neben Luftströmungen werden auch Meeresströmungen, z.B. der Golfstrom, durch Konvektion angetrieben und beeinflusst. Hier ist neben dem Temperaturgradienten aber der Gradient des Salzgehaltes (Salinität) des Meerwassers wichtig.

Makroskopische Strukturbildung. Makroskopische Strukturbildung gibt es außer bei der Konvektion auch in ganz anderen Bereichen. Wir nennen zunächst zwei Beispiele „aus dem täglichen Leben" bei denen Hydrodynamik zwar nicht die einzige, aber doch eine zentrale Rolle spielt.

Abb. 1.5 zeigt die bekannten flüssigen Finger (manchmal „Kirchenfenster", in Frankreich auch „Tränen" oder „Beine" genannt), die jedem Cognac- oder Weintrinker bekannt sein dürften. In puren Flüssigkeiten, Wasser oder Alkohol, sind sie nicht zu beob-

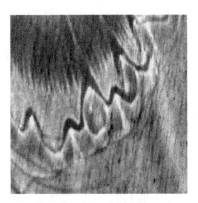

Abb. 1.5 Ein Beispiel für selbstorganisierte Strukturbildung: Tränen im Cognac-Glas. Durch Verdampfung entsteht ein Konzentrationsgefälle, das bedingt durch den Marangoni-Effekt solange Flüssigkeit nach oben pumpt, bis eine Instabilität in Form von wachsenden Fingern oder herunterlaufenden Tränen einsetzt (Abb. 1.6).

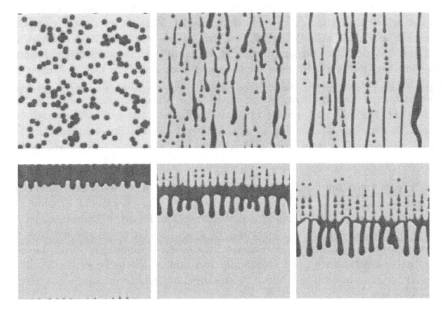

Abb. 1.6 Tropfen auf einer schiefen Unterlage laufen ab und bilden Tränen (*oben*). Vorder- und Rückfront eines flüssigen Sreifens sind ebenfalls instabil (*unten*). Numerische Lösungen einer Gleichung, die in Kapitel 9 ausführlich untersucht wird.

Abb. 1.7 Sandrippeln am Strand der Ostsee, entstanden durch das Wechselspiel zwischen Wasserwellen und Sandkörnern, fotografiert vom Autor.

achten. Sie enstehen durch ein kompliziertes Wechselspiel zwischen Schwerkraft, Oberflächenspannung und Verdampfung und es gibt so manchen Weinkenner, der behauptet, man könne die Qualität des Weines an ihrer Form erkennen. Durch Adhäsion kriecht die Flüssigkeit zunächst an der Innenwand des Glases als dünner Film nach oben, der wegen der Schwerkraft nach unten einen Bauch bildet. Wein ist, prosaisch gesprochen, ein Gemisch aus Wasser und Alkohol. Da aber wegen seines höheren Dampfdrucks hauptsächlich der Alkohol verdampft, nimmt dessen relative Konzentration an dünneren Stellen, also weiter oben, schneller ab als an dickeren. Nun besitzt Wasser eine wesentlich größere Oberflächenspannung als Alkohol, was eine tangential zur Oberfläche gerichtete Kraft in Richtung der niedrigeren Alkoholkonzentration, also nach oben, bewirkt. Deshalb wird weitere Flüssigkeit solange entlang des Glases nach oben gepumpt, bis der sich bildende flüssige Ring oberhalb des Flüssigkeitsspiegels im Glas durch die Schwerkraft instabil wird und schließlich in Form der Finger herunterläuft (Abb. 1.6).

Abb. 1.7 zeigt sogenannte Sandrippeln, die jeder kennt, der einmal an einem Sandstrand entlanggegangen ist. Es handelt sich hierbei um eine periodische Erhebung des Sandbodens senkrecht zur Richtung der Wasserwellen. Dasselbe Phänomen ist von der Bildung gewisser Sanddünen bekannt, bei denen die Luftströmung die Rolle der Wasserwellen übernimmt. In beiden Fällen wird eine ebene Oberfläche durch das komplizierte und bis jetzt noch nicht vollständig verstandene Wechselspiel von Strömung und Sandbewegung instabil und bildet makroskopische Strukturen mit einer typischen Längenskala aus.

Andere Systeme zeigen ähnliche Strukturen. So ist in Abb. 1.8 ein dünner flüssiger Film (z.B. Öl) dargestellt, bei dem die flache Oberfläche unter gewissen Umständen instabil wird und Berge und Täler in Form von Löchern, Blasen oder auch labyrinthartigen Mustern bildet.

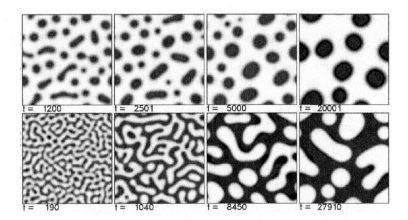

Abb. 1.8 Zeitentwicklung der Oberflächenstruktur eines ultra-dünnen flüssigen Films, dunkle Stellen entsprechen einer Absenkung der Oberfläche. Je nach Schichtdicke entstehen Löcher (*oben*) oder, für etwas dünnere Filme, Labyrinthe (*unten*).

Selbstorganisierte Strukturen findet man aber auch außerhalb der Physik und der Hydrodynamik, etwa bei bestimmten chemischen Reaktionen oder in großen Ansammlungen von Nervenzellen, wie sie der Herzmuskel oder das Gehirn repräsentieren.

Turbulenz. Lässt man eine Flüssigkeit durch ein Rohr strömen, so ist die Strömung zunächst laminar und relativ einfach zu berechnen. Ab einer bestimmten Geschwindigkeit jedoch wird die laminare Strömung instabil. Für sehr große Geschwindigkeiten (oder besser Reynolds-Zahlen) setzt schließlich Turbulenz ein, es bilden sich Wirbel auf ganz verschiedenen Größenskalen, die sich auch zeitlich chaotisch verhalten. Auch diese Strömung wird durch die Navier-Stokes-Gleichungen richtig beschrieben. Nach wie vor bleibt es jedoch eine große Herausforderung, die Grundgleichungen im turbulenten Regime auf Computern zu lösen. Man ist hier auf Näherungen und Modelle angewiesen.

Aufbau und Inhalt

Aus den genannten Beispielen soll hervorgehen, wie wichtig die Konzepte der Kontinuumsmechanik, speziell der Hydrodynamik, auch über die Physik hinaus sind. Nach einer kurzen Einführung über drei Kapitel in die Elastizitätstheorie werden die Euler-Gleichungen für ideale, das heißt nicht viskose, Flüssigkeiten untersucht. Hier wird zunächst auf hydrostatische Probleme (diese unterscheiden sich nicht von denen für reale, zähe Flüssigkeiten) eingegangen. Zweidimensionale Potential- und Wirbelströmungen werden mit Hilfe der Potentialtheorie ausführlich behandelt.

Ein längeres Kapitel widmet sich Oberflächenwellen und Solitonen. Einzeln auftretende, lokalisierte Oberflächendeformationen, die über lange Zeit ihre Form nicht verändern, sich aber mit konstanter Geschwindigkeit fortbewegen, sind seit den Beobachtungen von J. S. Russell im Jahr 1834 in einem Kanal bekannt. Traurige Berühmtheit haben in letzter Zeit die sogenannten *Tsunamis*[2] erreicht. Hier handelt es sich ebenfalls um lokalisierte Oberflächenanregungen, die durch Seebeben oder Erdrutsche ausgelöst werden. Im Gegensatz zu Sturmwellen ist die Wellenlänge, d.h. die horizontale Dimension, eines Tsunamis (und eines Solitons) viel größer als die Wassertiefe. Da aber bei Oberflächenwellen der vertikal aktive Bereich in welchem sich das Wasser bewegt von derselben Größenordnung wie die Wellenlänge ist, wird die gesamte Wassersäule bis zum Grund mechanisch angeregt. Dies erklärt die hohe Energie, die frei wird, wenn Tsunamis auf Küsten treffen und dort ihre verheerenden Zerstörungen verursachen.

Um Oberflächenwellen zu beschreiben versucht man, aus den dreidimensionalen Grundgleichungen reduzierte, zweidimensionale Modellgleichungen abzuleiten, die das Verhalten des jeweiligen Systems im interessierenden Parameterbereich erfassen. Dies ist ein weitreichendes Konzept das uns im 9. Kapitel noch einmal begegnen wird.

Im 7. Kapitel werden viskose Flüssigkeiten im Rahmen der Navier-Stokes-Gleichungen diskutiert. Einfache Strömungen sowie das Verhalten und Ablösen von Wirbeln, die an Randschichten entstehen, Inhalt der *Prandtl'schen Grenzschichttheorie*, werden erklärt. Ein längeres Unterkapitel gibt einen Überblick über nicht-Newton'sche Flüssigkeiten, bei denen die interne Reibung nicht mehr linear oder nicht mehr instantan von den Geschwindigkeitsgradienten abhängt.

Kapitel 8 über Instabilitäten führt in das Konzept der linearen Stabilitätsanalyse anhand eines einfachen Modells einer chemischen Nichtgleichgewichtsreaktion ein. Danach werden verschiedene Standardprobleme wie Taylorwirbel, Konvektion, Faraday-Instabilität und Kelvin-Helmholtz-Instabilität ausgiebig untersucht und numerische Lösungen vorgestellt. Der letzte Abschnitt hat das hochaktuelle Gebiet der Strukturbildung auf Oberflächen dünner und ultra-dünner Filme zum Thema (Abb. 1.8).

Ein Kapitel über Modellgleichungen ergänzt die Thematik und skizziert die Herleitung reduzierter Gleichungen im schwach nichtlinearen Bereich, also in der Nähe von Instabilitätspunkten. Wichtige, in der Theorie der Strukturbildung mittlerweile zum Handwerkszeug gehörende, Standardgleichungen (Normalformen) werden im Zusammenhang mit den im 8. Kapitel vorgestellten Instabilitäten hergeleitet und numerisch untersucht.

Das 10. Kapitel gibt einfache Rezepte zum Erstellen von Computerprogrammen, mit denen sich partielle nichtlineare Differentialgleichungen, die den Kern des Buches ausmachen, numerisch lösen lassen. Die vorgestellten Verfahren werden hauptsächlich an den reduzierten Modellgleichungen der vorigen Kapitel demonstriert und auf numerische Stabilität untersucht.

Ein Anhang enthält eine Zusammenstellung wichtiger Hilfsformeln, Integralumformungen sowie Sätze aus der Vektorrechnung bzw. der Vektoranalysis.

Im Text verstreute Aufgaben und Beispiele mit ausführlichen Lösungen sollen das Verständnis erleichtern und mögliche Anwendungen aufzeigen.

---

[2]Japanisch für „Welle im Hafen"

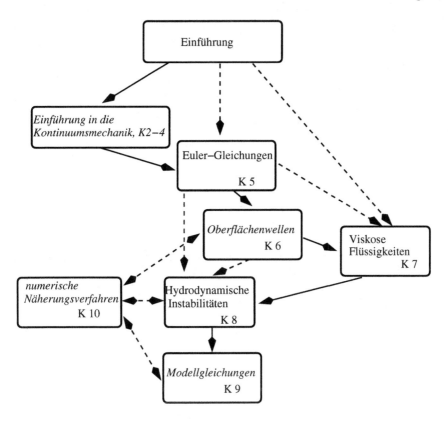

Abb. 1.9 Wege durch das Buch

Die verschiedenen Wege, die durch das Buch führen könnten, zeigt das Diagramm in Abb. 1.9. Kursiv markierte Einträge haben mehr speziellen Charakter und können, will man nur ein Lehrbuch über Hydrodynamik lesen, zunächst übersprungen bzw. weggelassen werden. In den nicht-kursiven „Pflichtkapiteln" sind diejenigen Abschnitte mit einem (*) bezeichnet, die beim ersten Lesen weggelassen werden können, ohne das Verständnis des Ganzen wesentlich zu gefährden.

Kapitel 2

Kinematische Beschreibung der Kontinua

2.1 Kontinuierlicher Index

In diesem Kapitel wollen wir zeigen, wie sich Lage und Form eines Kontinuums beschreiben lassen. Nachdem es im Kontinuumslimes keine Teilchen oder Massenpunkte mehr gibt, macht es auch keinen Sinn, Ortskoordinaten $\vec{r}_i(t)$ einzuführen, da sich das Kontinuum nicht abzählen lässt. Wir werden jetzt eher einen „kontinuierlichen" Index brauchen und schreiben

$$\vec{r}(\vec{R}, t) \tag{2.1}$$

anstatt $\vec{r}_i(t)$. Der Vektor $\vec{R}$ markiert hierbei eine bestimmte Stelle zu einer Anfangszeit $t = t_0$, d.h. es gilt

$$\vec{r}(\vec{R}, t_0) = \vec{R} \ . \tag{2.2}$$

Wenn man also die Funktionen (2.1) kennt, lässt sich jeder Anfangszustand $\vec{R}$ auf beliebige Zeitpunkte t transformieren (Abb. 2.2). Der Anfangszustand bei $t = t_0$ wird auch als *Referenzzustand* oder *undeformierter Zustand* bezeichnet, Zustände zu späteren (bei reversiblen Prozessen auch zu früheren) Zeiten als *verzerrte* oder *deformierte* Zustände.

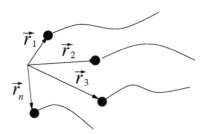

Abb. 2.1 In der Vielteilchendynamik legt $\vec{r}_i(t)$ den Ort des Teilchens Nummer i zur Zeit t fest. Dadurch ist das System vollständig beschrieben.

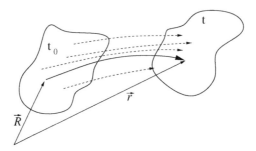

Abb. 2.2 In der Kontinuumsmechanik identifiziert $\vec{R}$ einen beliebigen Ortsvektor, der auf den Referenzzustand zur Zeit $t = t_0$ zeigt. Durch die nichtlineare Transformation $\vec{r}(\vec{R}, t)$ lässt sich das Kontinuum zu allen späteren Zeiten eindeutig beschreiben.

2.2   Euler- und Lagrange-Bild

Es gibt zwei verschiedene Möglichkeiten den Bewegungszustand des Kontinuums auszudrücken:

1. Man verwendet **Materialkoordinaten**, die Beschreibung erfolgt im **Lagrange-Bild**. Hier verfolgt man ein bestimmtes Volumenelement, das zur Zeit $t = t_0$ am Ort $\vec{R}$ war. Die Vorgehensweise ist analog zur Teilchendynamik, mit dem Unterschied, dass das Volumen kontinuierlich durch Volumenelemente ausgefüllt ist und nicht durch einzelne diskrete Teilchen. Größen, die sich auf ein Volumenelement beziehen, haften dem Element für alle Zeiten an und werden bei einer Deformation von ihm mitgenommen. So bezeichnet z.B.

$$T(\vec{R}, t), \qquad \vec{v}(\vec{R}, t)$$

die Temperatur, bzw. die Geschwindigkeit **eines ganz bestimmten** Volumenelements, nämlich genau desjenigen, das sich zur Zeit $t = t_0$ am Ort $\vec{R}$ befand. Kennt man die Gechwindigkeit in Materialkoordinaten, so lässt sich daraus, zumindest im Prinzip, der Ort zu allen Zeiten berechnen durch Integration der Gleichung

$$\frac{d}{dt}\vec{r}(\vec{R}, t) = \vec{v}(\vec{R}, t) \ . \tag{2.3}$$

Die Geschwindigkeit folgt, wie in der klassischen Mechanik üblich, aus dem zweiten Newton'schen Gesetz, also durch Integration von

$$\frac{d}{dt}\vec{v}(\vec{R}, t) = \vec{f}(\vec{R}, t) \ ; \tag{2.4}$$

wobei $\vec{f}$ die Kraft (pro Masseneinheit) bezeichnen soll. Oft liegt die Kraft jedoch als Funktion des Orts vor, also als Kraftfeld

$$\vec{f} = \vec{f}(\vec{r}, t) = \vec{f}(\vec{r}(\vec{R}, t), t),$$

wobei wir für das letzte Gleichheitszeichen den Zusammenhang (2.1) verwenden müssen, welcher ja aus Integration von (2.3) folgt. Die Gleichungen sind also gekoppelt und i. Allg. sehr schwierig zu lösen. Aus diesem Grund verwendet man normalerweise

2. **Ortskoordinaten**, die Beschreibung erfolgt im **Euler-Bild**. Hier werden jedem Punkt im Raum bestimmte Eigenschaften zugeteilt und durch Felder ausgedrückt; Beispiele sind das Geschwindigkeitsfeld (wichtig in der Hydrodynamik) oder das Verzerrungsfeld in der Elastizitätstheorie, aber auch andere, schon bekannte Größen wie z.B. Temperatur oder elektromagnetische Felder fallen in diese Kategorie. Die Notation

$$T = T(\vec{r}, t)$$

bezeichnet also z.B. die Temperatur am Ort $\vec{r}$ zur Zeit t, und bezieht sich nicht auf ein bestimmtes Volumenelement oder Teilchen[1]. Diese Formulierung hat demnach nur in der Kontinuumsphysik Sinn, denn man muss ja jedem Raumpunkt die entsprechende Eigenschaft zuordnen können, darf sich also nicht die Frage stellen, ob sich bei $\vec{r}$ gerade ein Teilchen befindet oder nicht.

Die beiden Darstellungen sind miteinander verknüpft. Ist z.B. das Geschwindigkeitsfeld im Euler-Bild gegeben, so lässt sich durch Integration des DGL-Systems

$$\frac{d\vec{r}(t)}{dt} = \vec{v}(\vec{r}, t) \tag{2.5}$$

die Bahnkurve $\vec{r}(t)$ eines Volumenelementes berechnen. Die hierzu benötigten drei Anfangsbedingungen lassen sich mit $\vec{R}$ aus dem Langrange-Bild identifizieren und man kann als Lösung von (2.5) wieder $\vec{r}(\vec{R}, t)$ schreiben.

2.3   Materialableitung

Wir betrachten zunächst Teilchen, also die Formulierung im Lagrange-Bild. Wir stellen die Frage, wie sich eine Größe, die sich auf ein spezielles Teilchen bezieht, z.B. die Temperatur, zeitlich ändert und bezeichnen diesen Ausdruck als *Materialableitung*::

$$\frac{DT}{Dt} = \left(\frac{\partial T}{\partial t} \right)_{\vec{R}} , \tag{2.6}$$

wobei der Index $\vec{R}$ bedeuten soll, dass T entlang der Bahnkurve $\vec{r}(\vec{R}, t)$ verändert wird, also auf eine sehr eingeschränkte Weise von t abhängt. Man stellt sich am besten das Thermometer am Volumenelement befestigt vor. Wie bereits erwähnt, verwendet man jedoch meistens das Euler-Bild. Wie sieht hier die Zeitableitung aus? Wieder müssen wir einem Teilchen folgen, wir erhalten also, wieder als Beispiel, für das Temperaturfeld

$$\frac{DT}{Dt} = \lim_{\Delta t \to 0} \frac{T(\vec{r}(t + \Delta t)) - T(\vec{r}(t))}{\Delta t} = \lim_{\Delta t \to 0} \frac{T(\vec{r}(t) + \vec{v}\Delta t) - T(\vec{r}(t))}{\Delta t} , \tag{2.7}$$

---

[1]Wenn im Folgenden der Begriff „Teilchen" oder „Flüssigkeitsteilchen" verwendet wird, so ist hier immer ein Volumenelement gemeint, also nicht ein mikroskopisches Teilchen.

wobei wir im letzten Schritt $\vec{r}(t)$ in eine Taylor-Reihe entwickelt und über (2.5) das Geschwindigkeitsfeld im Euler-Bild eingeführt haben. Nach einer weiteren Taylor-Entwicklung von $T(\vec{r})$ und Ausführung des Grenzüberganges erhalten wir schließlich

$$\frac{DT}{Dt} = v_x \partial_x T + v_y \partial_y T + v_z \partial_z T = (\vec{v} \cdot \nabla)T(\vec{r}) \ . \tag{2.8}$$

Das ist jedoch erst die halbe Wahrheit. Die Temperatur an einem bestimmten Ort kann sich auch verändern, ohne dass sich das Kontinuum bewegt, also wenn $\vec{v} = 0$ gilt, was offensichtlich in (2.8) nicht enthalten sein kann. Man muss daher noch eine eventuell explizite Zeitabhängigkeit berücksichtigen und erhält schließlich den Ausdruck für die Materialableitung im Euler-Bild

$$\frac{DT(\vec{r}, t)}{Dt} = \frac{\partial T(\vec{r}, t)}{\partial t} + (\vec{v}(\vec{r}, t) \cdot \nabla)T(\vec{r}, t) \ . \tag{2.9}$$

Besonders wichtig ist die Zeitableitung der Geschwindigkeit eines Teilchens, da diese zu den angreifenden Kräften proportional ist. Aus (2.4) wird also im Euler-Bild

$$\frac{\partial \vec{v}(\vec{r}, t)}{\partial t} + (\vec{v}(\vec{r}, t) \cdot \nabla)\vec{v}(\vec{r}, t) = \vec{f}(\vec{r}, t) \tag{2.10}$$

oder, ausgeschrieben,

$$\begin{aligned}
\partial_t v_x + v_x \partial_x v_x + v_y \partial_y v_x + v_z \partial_z v_x &= f_x(\vec{r}, t) \\
\partial_t v_y + v_x \partial_x v_y + v_y \partial_y v_y + v_z \partial_z v_y &= f_y(\vec{r}, t) \\
\partial_t v_z + v_x \partial_x v_z + v_y \partial_y v_z + v_z \partial_z v_z &= f_z(\vec{r}, t) \ .
\end{aligned} \tag{2.11}$$

Als dritte Schreibweise geben wir noch die mit Indizes an:[2]

$$\partial_t v_i + \sum_j v_j \partial_j v_i = f_i \ . \tag{2.12}$$

Aus den Gleichungen (2.10) (oder (2.11) oder (2.12)) lässt sich also das Geschwindigkeitsfeld bei gegebener Kraft berechnen. Man sieht jedoch sofort, dass es sich bei der Kontinuumstheorie (im Gegensatz z.B. zur Elektrodynamik im Vakuum) um eine nichtlineare Theorie handelt, da die Komponenten von $\vec{v}$ quadratisch auftreten. Dies macht die Lösung der Grundgleichungen außerordentlich schwierig und in den seltensten Fällen analytisch durchführbar. Andererseits wird dadurch das dynamische Verhalten der Kontinua wesentlich vielfältiger und reichhaltiger und es können Phänomene wie makroskopische Strukturbildung und Turbulenz auftreten.

Andererseits hat man es in der Elastizitätstheorie oft mit kleinen Auslenkungen aus einem gegebenen Referenzzustand (siehe nächster Abschnitt) zu tun, was auch zu entsprechend kleinen Geschwindigkeiten führt. Dann lässt sich der Ausdruck für die Materialableitung nähern

---

[2]Summen ohne explizite Angabe der Grenzen gehen immer von eins bis drei.

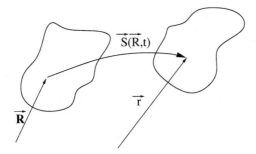

Abb. 2.3 Mit Hilfe der Verschiebung $\vec{S}(\vec{R},t)$ lässt sich die neue Position $\vec{r}$ aus dem Referenzzustand angeben.

$$\frac{D\vec{v}}{Dt} \approx \frac{\partial\vec{v}}{\partial t}$$

und die Bewegungsgleichungen werden linear.

2.4   Verschiebungsfeld

Wir sahen, dass die Beschreibung der Verformungen eines Kontinuums im Lagrange-Bild einfach durch Angabe der einzelnen „Teilchenbahnen"

$$\vec{r} = \vec{r}(\vec{R},t)$$

gelingt, wobei $\vec{R}$ den Referenzzustand, also die „Teilchen" zur Zeit $t = t_0$ bezeichnet (Abb. 2.2). Alternativ lässt sich der Verschiebungsvektor oder kurz, die Verschiebung

$$\vec{S}(\vec{R},t) \equiv \vec{r}(\vec{R},t) - \vec{R} \tag{2.13}$$

einführen, die die Auslenkung aus dem Referenzzustand beschreibt und sich nach wie vor auf ein bestimmtes Teilchen bezieht (Abb. 2.3). Sobald also die Bahnkurven bekannt sind, ist auch die Verschiebung gegeben und umgekehrt.

---

1. Beispiel: Wie lautet die Verschiebung, die die Abbildung $x = X$, $y = Y$, $z = Z/2$ liefert? Antwort:

$$\vec{S} = \begin{pmatrix} x \\ y \\ z \end{pmatrix} - \begin{pmatrix} X \\ Y \\ Z \end{pmatrix} = \begin{pmatrix} 0 \\ 0 \\ -\frac{Z}{2} \end{pmatrix}.$$

Offensichtlich handelt es sich um eine uniaxiale Kompression in z-Richtung (Abb. 2.4).

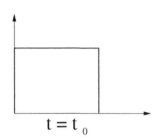

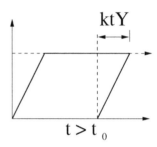

Abb. 2.4 Eine uniaxiale Kompression als Verschiebung.

Abb. 2.5 Eine Scherbewegung in x-Richtung.

2. Beispiel: Wie lautet die zu $x = X + ktY$, $y = Y$, $z = Z$ gehörende Verschiebung?
Antwort:

$$\vec{S} = \begin{pmatrix} ktY \\ 0 \\ 0 \end{pmatrix}.$$

Es handelt sich um eine Scherbewegung (Abb. 2.5).

Wie lässt sich der deformierte Zustand nun im Euler-Bild formulieren? Wir sind jetzt nicht mehr speziell an den Teilchen interessiert, sondern wollen S durch $\vec{r}$ und t ausdrücken, was auf den rekursiven Zusammenhang

$$\vec{S}(\vec{R}, t) = \vec{S}(\vec{r} - \vec{S}(\vec{R}, t)) \tag{2.14}$$

führt. Für kleine Verschiebungen lässt sich die rechte Seite entwickeln. In Komponenten erhalten wir

$$S_i(\vec{R}, t) = S_i(\vec{r} - \vec{S}(\vec{R}, t)) = S_i(\vec{r}) - \sum_j \left.\frac{\partial S_i}{\partial r_j}\right|_{\vec{r}} S_j(\vec{r}, t) + O(S^3), \tag{2.15}$$

wobei $O(S^3)$ mindestens kubische Ordnungen in S bezeichnet. Für infinitesimale Verschiebungen gilt schließlich die lineare Näherung

$$\vec{S}(\vec{R}, t) = \vec{S}(\vec{r}, t), \tag{2.16}$$

womit wir endlich das **Verschiebungsfeld**

$$\vec{S}(\vec{r}, t)$$

eingeführt haben. Unser Fernziel lautet, das Verschiebungsfeld aus den am Kontinuum angreifenden Kräften zu bestimmen und damit den deformierten Zustand zu berechnen.

Aufgabe 2.1: Betrachte die (kleine) Verschiebung

$$\vec{S}(\vec{R}) = \begin{pmatrix} -\delta \cdot X \\ 0 \\ 0 \end{pmatrix}, \qquad 0 \leq \delta \ll 1$$

Zeige, dass in niedrigster Ordnung in δ die Gleichung (2.16) gilt.

Lösung: Wegen (2.15) gilt

$$S_x(\vec{R}) = \left[1 - \frac{\partial S_x}{\partial x} \right] S_x(\vec{r})$$

oder eingesetzt

$$-\delta \cdot X = (1 + \delta) S_x(\vec{r})$$

und

$$S_x(\vec{r}) = -\frac{1}{1 + \delta} \delta \cdot X \ .$$

Außerdem

$$X = x - S_x = x + \delta \cdot X$$

und damit

$$S_x(\vec{r}) = -\frac{1}{1 + \delta}(\delta \cdot x + \delta^2 \cdot X) \ .$$

Wenn man nur Terme bis zur Ordnung δ berücksichtigt, gilt offensichtlich

$$S_x(\vec{r}) = -\delta \cdot x = S_x(\vec{R}) \ .$$

2.5 Distorsions-, Dehnungs- und Drehtensor

Wir sahen, dass das Verschiebungsfeld die neue Konfiguration des Kontinuums beschreibt. In diesem Abschnitt werden wir uns auf kleine Verschiebungen (eigentlich infinitesimale) beschränken. Wieder sei die neue Lage eines bestimmten Teilchens P bei $\vec{R}$ als

$$\vec{r} = \vec{R} + \vec{S}(\vec{R}) \tag{2.17}$$

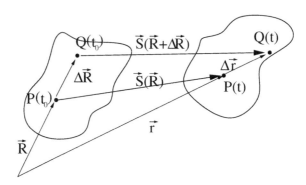

Abb. 2.6 Für die infinitesimal benachbarten Punkte P und Q unterscheiden sich die Verschiebungen um die Größe $\Delta \vec{S}$.

gegeben (wir lassen das Argument t weg, alles gilt jedoch auch für zeitabhängige Verschiebungen).

Ein infinitesimal benachbarter Punkt Q werde durch die neue Lage

$$\vec{r} + \Delta \vec{r} = \vec{R} + \Delta \vec{R} + \vec{S}(\vec{R} + \Delta \vec{R})$$

bezeichnet[3] (Abb. 2.6). Subtraktion von (2.17) ergibt

$$\Delta \vec{r} = \Delta \vec{R} + \vec{S}(\vec{R} + \Delta \vec{R}) - \vec{S}(\vec{R}) = \Delta \vec{R} + \Delta \vec{S}(\vec{R}) \ . \tag{2.18}$$

Mit der Taylorentwicklung (in Komponenten)

$$S_i(\vec{R} + \Delta \vec{R}) = S_i(\vec{R}) + \sum_j \partial_j S_i|_{\vec{R}} \Delta R_j$$

erhalten wir dann

$$\Delta S_i = \sum_j \beta_{ji} \Delta r_j \tag{2.19}$$

(man darf für infinitesimale Verschiebungen $\Delta \vec{R}$ durch $\Delta \vec{r}$ ersetzen). Die Größen β_{ji} sind die Komponenten des **Distorsions-** oder **Deformationstensors**. Der komplette Tensor hat die Form

$$\underline{\beta} \equiv \nabla \circ \vec{S} = \begin{pmatrix} \partial_x S_x & \partial_x S_y & \partial_x S_z \\ \partial_y S_x & \partial_y S_y & \partial_y S_z \\ \partial_z S_x & \partial_z S_y & \partial_z S_z \end{pmatrix}$$

---

[3]Wir verwenden hier das Symbol Δ um kleine Größen zu bezeichnen. Oft steht Δ für den Laplace-Operator. Um Verwechslungsgefahr auszuschließen, werden wir in den ersten Kapiteln für den Laplace-Operator das Symbol ∇^2 verwenden.

und weist zwei um $\Delta\vec{r}$ getrennte Teilchen die relative Verschiebung $\Delta\vec{S}$ zu. Das Symbol $\circ$ bezeichnet hierbei das äußere oder dyadische Produkt zweier Vektoren, in Komponentenschreibweise

$$a_i b_j = c_{ij} \qquad \text{entspricht} \qquad \vec{a} \circ \vec{b} = \underline{c}$$

Beispiel: Wie lauten die Deformationstensoren für die beiden vorigen Beispiele? Antwort:

$$\underline{\beta} = \begin{pmatrix} 0 & 0 & 0 \\ 0 & 0 & 0 \\ 0 & 0 & -\frac{1}{2} \end{pmatrix}$$

für die Kompression (Dehnung) und

$$\underline{\beta} = \begin{pmatrix} 0 & 0 & 0 \\ kt & 0 & 0 \\ 0 & 0 & 0 \end{pmatrix}$$

für die Scherung.

Aus dem Beispiel wird bereits ersichtlich, dass die Diagonalelemente von β reine Kompressionen oder Dehnungen (in die entsprechende Richtung), die Nichtdiagonalelemente dagegen Scherungen beschreiben. Diesen Zusammenhang wollen wir jetzt genauer untersuchen.

2.5.1 Dehnungen

Wir schreiben (2.18) differentiell und verwenden (2.19)

$$\Delta\vec{r}(t) = \Delta\vec{R} + \Delta\vec{R}\,\underline{\beta}(t) = \Delta\vec{R}\,(\underline{1} + \nabla \circ \vec{S}(t))$$

oder

$$\Delta\vec{r}(t) = \Delta\vec{R}\,\underline{F}(t) \tag{2.20}$$

mit

$$\underline{F}(t) = \underline{1} + \nabla \circ \vec{S}(t) \,. \tag{2.21}$$

Gleichung (2.20) beschreibt aber eine Transformation der Koordinaten $\vec{R}$, also der Anfangskonfiguration, auf die neue Teilchenkonfiguration $\vec{r}(t)$. Wir fragen uns nun, wie sich der Abstand $(\Delta L)^2 = \Delta\vec{R} \cdot \Delta\vec{R}$ unter dieser Transformation ändert. Der neue Abstand $\Delta\ell$ ergibt sich zu

$$(\Delta\ell)^2 = \Delta\vec{r} \cdot \Delta\vec{r} = (\Delta\vec{R}\,\underline{F}) \cdot (\Delta\vec{R}\,\underline{F}) = \Delta\vec{R}\,\underline{F}\,\underline{F}^T \Delta\vec{R} \,, \tag{2.22}$$

wobei $\underline{F}^T$ den zu $\underline{F}$ transponierten Tensor mit den Komponenten

$$F_{ij}^T = F_{ji}$$

darstellt. Wenn es sich bei $\underline{F}$ um eine orthogonale Matrix handelt, gilt

$$\underline{F}\,\underline{F}^T = \underline{1}$$

und damit

$$(\Delta\ell)^2 = (\Delta L)^2 \ ,$$

d.h. alle Abstände bleiben erhalten. Dann bewegt sich aber das Kontinuum als Ganzes oder als starrer Körper, und es handelt sich bei der Bewegung um keine Deformation im eigentlichen Sinne, sondern um eine Kombination aus Drehung und Translation. Setzen wir (2.21) ein, ergibt sich

$$\underline{F}\,\underline{F}^T = (\underline{1} + \nabla \circ \vec{S})(\underline{1} + \nabla \circ \vec{S})^T = \underline{1} + \nabla \circ \vec{S} + (\nabla \circ \vec{S})^T + O(S^2) \ ,$$

oder

$$\underline{F}\,\underline{F}^T = \underline{1} + 2\underline{\varepsilon} \tag{2.23}$$

mit

$$\underline{\varepsilon} = \frac{1}{2}(\nabla \circ \vec{S} + (\nabla \circ \vec{S})^T)$$

oder in Komponenten

$$\varepsilon_{ij} = \frac{1}{2}(\partial_i S_j + \partial_j S_i) \ .$$

Offensichtlich enthält $\underline{\varepsilon}$ gerade den symmetrischen Anteil des Deformationstensors $\underline{\beta}$ und beschreibt die Längenänderungen im Kontinuum während der Deformation. Er wird deshalb auch als **Dehnungstensor** bezeichnet. Der triviale Fall eines räumlich konstanten Verschiebungsfeldes führt auf einen verschwindenden Dehnungstensor. Für den Fall einer starren Rotation werden wir später zeigen, dass $\underline{\varepsilon}$ ebenfalls null ist.

Wir untersuchen zunächst die Diagonalelemente von $\underline{\varepsilon}$. Einsetzen von (2.23) in (2.22) ergibt

$$(\Delta\ell)^2 = (\Delta L)^2 + 2\Delta\vec{R}\,\underline{\varepsilon}\,\Delta\vec{R} \ . \tag{2.24}$$

Wir legen das Koordinatensystem so, dass $\Delta\vec{R}$ entlang der Achse mit dem Einheitsvektor $\hat{e}_i$ liegt, also

$$\Delta\vec{R} = \hat{e}_i\Delta L$$

und erhalten aus (2.24)

$$(\Delta\ell)^2 - (\Delta L)^2 = 2(\Delta L)^2\hat{e}_i\underline{\varepsilon}\hat{e}_i = 2(\Delta L)^2\varepsilon_{ii} \ .$$

Für sehr kleine Abstände gilt aber

$$(\Delta\ell)^2 - (\Delta L)^2 = (\Delta\ell + \Delta L)(\Delta\ell - \Delta L) \approx 2\Delta\ell(\Delta\ell - \Delta L)$$

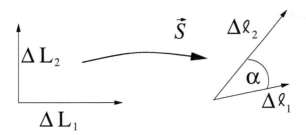

Abb. 2.7 Zwei orthogonale Vektoren bilden nach der Deformation den Winkel α.

und damit

$$\frac{\Delta\ell - \Delta L}{\Delta L} = \varepsilon_{ii}, \qquad \text{oder} \qquad \Delta\ell = (1 + \varepsilon_{ii})\Delta L \ . \tag{2.25}$$

Daraus wird klar, dass ε_{11} die Längenänderung (Kontraktion) in x-Richtung beschreibt, etc. Die Diagonalelemente des ε-Tensors werden deshalb auch als *Normaldehnungen* bezeichnet.

Wenden wir uns den Nichtdiagonalelementen zu. Wir wählen zwei im undeformierten System orthogonale, infinitesimale Vektoren

$$\Delta\vec{R}_i = \hat{e}_i\Delta L_i, \qquad i = 1, 2 \ .$$

Dann ist, wie in (2.20),

$$\Delta\vec{r}_i = \hat{e}_i\underline{F}\Delta L_i$$

und, wenn α den Winkel nach der Deformation bezeichnet (Abb. 2.7),

$$\Delta\vec{r}_i \cdot \Delta\vec{r}_j = \Delta\ell_i\Delta\ell_j \cos\alpha =$$
$$\hat{e}_i\underline{F}\Delta L_i\hat{e}_j\underline{F}\Delta L_j = \Delta L_i\Delta L_j\hat{e}_i\underline{F}\,\underline{F}^T\hat{e}_j = \Delta L_i\Delta L_j\hat{e}_i(\underline{1} + 2\underline{\varepsilon})\hat{e}_j = 2\Delta L_i\Delta L_j\varepsilon_{ij} \ . \tag{2.26}$$

Nun gilt aber wegen (2.25)

$$\Delta\ell_i\Delta\ell_j = \Delta L_i\Delta L_j + O(\varepsilon) \ .$$

Mit dem Winkel γ, der die Abweichung von α von 90^0 angibt

$$\gamma = \pi/2 - \alpha$$

und der ebenfalls von der Ordnung ε ist, lässt sich

$$\cos\alpha = \cos(\pi/2 - \gamma) = \sin\gamma = \gamma + O(\varepsilon^3)$$

umformen und man erhält schließlich aus (2.26)

$$\gamma = 2\varepsilon_{ij} \ .$$

Die Nichtdiagonalelemente $2\varepsilon_{ij}$ geben also die Winkeländerungen zweier Abstände in $\hat{e}_i$ und $\hat{e}_j$ Richtung durch die Deformation an.

Mit Hilfe des Dehnungstensors lassen sich also sowohl Kontraktionen (Diagonalelemente) als auch Scherungen (Nichtdiagonalelemente) beschreiben.

2.5.2   (*) Relative Volumenänderung und Kontinuitätsgleichung

Wie ändert sich die Größe des Volumenelements ΔV bei der Deformation? Wir untersuchen den ebenen Fall und nehmen wie oben an, dass es sich bei dem unverformten Zustand um einen rechtwinkligen handelt, d.h.

$$\Delta V = \Delta L_1 \Delta L_2$$

und nach der Deformation

$$\Delta v = \Delta \ell_1 \Delta \ell_2 \sin(\pi/2 - \gamma) = \Delta \ell_1 \Delta \ell_2 \cos \gamma \approx \Delta \ell_1 \Delta \ell_2 (1 - \gamma^2/2) = \Delta \ell_1 \Delta \ell_2 (1 - 2\varepsilon_{12}^2)$$

mit den Bezeichnungen von vorher gilt. Mit (2.25) erhält man sofort

$$\Delta v = (1 + \varepsilon_{11})(1 + \varepsilon_{22})(1 - 2\varepsilon_{12}^2)\Delta L_1 \Delta L_2 = (1 + \varepsilon_{11})(1 + \varepsilon_{22})(1 - 2\varepsilon_{12}^2)\Delta V \ .$$

Wenn wir uns wieder nur auf lineare Terme in ε beschränken, ergibt sich

$$\Delta v = (1 + \varepsilon_{11} + \varepsilon_{22})\Delta V$$

oder analog zu (2.25) und in drei Raumdimensionen

$$\frac{\Delta v - \Delta V}{\Delta V} = \mathrm{Sp}\,\underline{\varepsilon}, \qquad \text{oder} \qquad \Delta v = (1 + \mathrm{Sp}\,\underline{\varepsilon})\Delta V \ . \tag{2.27}$$

Andererseits folgt aus der Definition des Dehnungstensors, dass

$$\mathrm{Sp}\,\underline{\varepsilon} = \mathrm{div}\,\vec{S}$$

gilt, also auch:

$$\frac{\Delta v}{\Delta V} = 1 + \mathrm{div}\,\vec{S} \ . \tag{2.28}$$

Dies lässt sich einfach geometrisch interpretieren. Die Quellen (Senken) des Verschiebungsfeldes entsprechen einer lokalen Volumenvergrößerung (Verkleinerung).

Wir sind jetzt in der Lage einen ersten lokalen Erhaltungssatz zu formulieren, nämlich denjenigen für die Masse. Wenn wir davon ausgehen, dass die Masse Δm eines jeden Volumenelementes bei der Deformation unverändert bleibt, lässt sich eine ortsabhängige Dichte gemäß

$$\rho(\vec{r}) = \frac{\Delta m}{\Delta v(\vec{r})}$$

einführen. Aus (2.28) wird

$$\frac{\rho(\vec{R})}{\rho(\vec{r})} = 1 + \mathrm{div}\,\vec{S} \ . \tag{2.29}$$

Differenzieren nach der Zeit (Lagrange-Bild) ergibt

$$-\frac{\rho(\vec{R})}{\rho^2(\vec{r})}\frac{D}{Dt}\rho(\vec{r}) = \text{div}\left(\frac{D}{Dt}\vec{S}\right) .$$

Dies lässt sich mit (2.29) und der Materialableitung (vgl. (2.9)) weiter umformen zu

$$\partial_t\rho + (\vec{v}\cdot\nabla)\rho = -\frac{\rho}{1+\text{div}\,\vec{S}}\text{div}\,\vec{v}$$

mit $\vec{v} = D\vec{S}/Dt$ als Geschwindigkeit des Volumenelements Δv. Linearisieren wir den letzten Ausdruck wieder, was wegen der Annahme einer infinitesimalen Volumenänderung konsistent mit (2.28) ist, erhalten wir schließlich die Kontinuitätsgleichung:

$$\partial_t\rho = -(\vec{v}\cdot\nabla)\rho - \rho\,\text{div}\,\vec{v} = -\text{div}\,(\rho\vec{v}) . \tag{2.30}$$

Dies ist ein erstes Beispiel für einen lokalen Erhaltungssatz. Zeitliche Änderungen der Dichte des Kontinuums an einem festen Ort entsprechen Quellen oder Senken des Vektorfeldes $\rho\vec{v}$. Da Erhaltungsgleichungen immer die Form

$$\partial_t\rho = -\text{div}\,\vec{j}$$

haben, wobei $\vec{j}$ die zu ρ gehörende Stromdichte darstellt, wird

$$\vec{j} = \rho\,\vec{v}$$

als Massenstromdichte bezeichnet.

2.5.3   Zerlegung in Dehnungs- und Drehtensor

Jeder beliebige Tensor lässt sich in einen symmetrischen Teil $\underline{\varepsilon}$ und in einen vollständig antisymmetrischen Teil $\underline{\varphi}$ zerlegen:

$$\underline{\beta} = \underline{\varepsilon} + \underline{\varphi} . \tag{2.31}$$

Den symmetrischen Anteil haben wir bereits im vorigen Abschnitt untersucht. Bleibt noch der antisymmetrische Teil zu diskutieren. Es ergibt sich

$$\varphi_{ij} = \frac{1}{2}\left(\partial_i S_j - \partial_j S_i\right) . \tag{2.32}$$

Wir werden jetzt zeigen, dass $\underline{\varphi}$ Drehungen eines Volumenelementes beschreibt. Wegen

$$\varphi_{ij} = -\varphi_{ji} \qquad \text{und} \qquad \varphi_{ii} = 0$$

hat $\underline{\varphi}$ nur drei verschiedene, nicht verschwindende Elemente, nämlich

$$\varphi_{12}, \quad \varphi_{13}, \quad \varphi_{23} .$$

Diese entsprechen (lineare Theorie) den Drehwinkeln eines Volumenelementes um die z-,y- und x-Achse. Wir zeigen dies für den Spezialfall einer reinen Drehung um die z-Achse (Abb. 2.8).

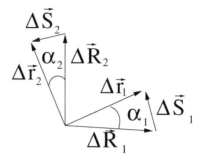

Abb. 2.8 Bei einer reinen Drehung steht das Verschiebungsfeld senkrecht auf den Vektoren des nichtdeformierten Zustands.

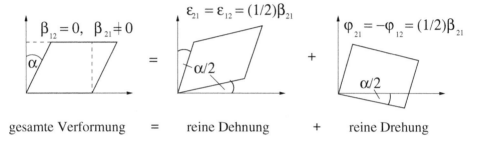

gesamte Verformung   =   reine Dehnung   +   reine Drehung

Abb. 2.9 Zerlegung des Deformationstensors in einen symmetrischen und einen antisymmetrischen Teil nach (2.31). Die beiden Tensoren beschreiben eine reine Dehnung bzw. eine reine Drehung.

Aus der Abbildung folgt, dass $\Delta\vec{S}$ senkrecht auf $\Delta\vec{R}$ und $\hat{e}_z$ stehen muss:

$$\Delta\vec{S} = \left(\hat{e}_z \times \Delta\vec{R}\right)\tan\alpha \approx \left(\hat{e}_z \times \Delta\vec{R}\right)\alpha \;,$$

wobei wieder kleine Verschiebungen (Drehwinkel) angenommen werden. Es folgt

$$\vec{S} = \begin{pmatrix} -y\alpha \\ x\alpha \\ 0 \end{pmatrix}$$

und schließlich mit (2.32)

$$\varphi_{xy} = \alpha \;.$$

Geometrisch lässt sich die Zerlegung (2.31) wie in Abb. 2.9 veranschaulichen. Die gesamte Verformung wird beschrieben durch eine reine Dehnung (symmetrischer Anteil) plus einer reinen Drehung (antisymmetrischer Anteil). Weil $\mathrm{Sp}(\underline{\varphi}) = 0$ gilt, ändert sich bei der Drehung die Größe eines Volumenelements nicht. Außerdem bleiben wegen

$$(\underline{1} + \underline{\varphi})^T(\underline{1} + \underline{\varphi}) = \underline{1} + \underline{\varphi} + \underline{\varphi}^T + O(\varphi^2) = \underline{1} + O(\varphi^2)$$

alle Abstände (wie immer in linearer Näherung) erhalten.

Kapitel 3

Kräfte, Verformungen und Spannungen

3.1 Gleichgewicht und äußere Kräfte

Eine Teilchenkonfiguration befindet sich im Gleichgewicht, wenn sich für jedes einzelne Teilchen die daran angreifenden Kräfte aufheben. Das Kontinuum wird dann in Ruhe bleiben (in der Kontinuumsmechanik sehen wir von Schwingungen um Ruhelagen bzw. quantenmechanischen Effekten wie Nullpunktschwingungen ab). Die Gleichgewichtslösungen $\vec{r}_i^0$ des Vielteilchensystems lassen sich aus den Bedingungen (vgl. (1.2))

$$0 = \vec{F}_i(\vec{r}_1^0 \dots \vec{r}_N^0)$$

berechnen und entsprechen, wenn sich die Kräfte aus einem Potential herleiten lassen, einem (relativen oder absoluten) Minimum der (freien) Energie. Wird das Kontinuum durch Kräfte von außen belastet, etwa durch ein Gravitationsfeld oder durch Gewichte auf der Oberfläche, werden auf die einzelnen Teilchen Kräfte wirken und diese sich in Bewegung setzen. Das Kontinuum wird deformiert. Dieser dynamische Zustand,

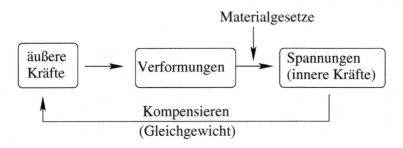

Abb. 3.1 Das Kontinuum verformt sich durch äußere Kräfte. Dadurch ändern sich die Teilchenabstände und es entstehen innere Kräfte. Sobald diese die äußeren Kräfte kompensieren, ist ein neuer Gleichgewichtszustand erreicht.

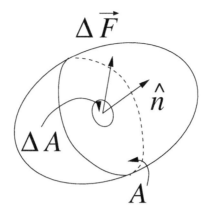

Abb. 3.2 Wird ein Kontinuum im Gleichgewicht aufgeschnitten, so erfährt die Schnittfläche ΔA eine Kraft $\Delta \vec{F}$, die vorher durch den weggeschnittenen Teil kompensiert wurde. Der Normalenvektor von ΔA wird mit $\hat{n}$ bezeichnet und hat i. Allg. eine von $\Delta \vec{F}$ abweichende Richtung.

beschreibbar durch das im vorigen Kapitel eingeführte zeitabhängige Verschiebungsfeld, führt dazu, dass sich die Teilchenabstände und damit die inneren Kräfte, d.h. die Stärke der Wechselwirkungen zwischen den einzelnen Teilchen, verändern. Sind die äußeren Kräfte zeitunabhängig, so stellt sich in der Regel ein neuer Gleichgewichtszustand ein, in dem die durch die Deformation hervorgerufenen inneren Kräfte die äußeren gerade ausgleichen (Abb. 3.1).

Die Aufgabe dieses Kapitels ist es, den Zusammenhang zwischen Verformungen und inneren Kräften oder *Spannungen* aufzuzeigen und mathematisch zu formulieren. In der Elastostatik wird man also aus den vorgegebenen äußeren Kräften auf die Spannungen schließen und daraus die Verformung, die das Kontinuum durch die äußeren Kräfte erfährt, berechnen können.

Welche Spannungen sich bei gegebener Deformation einstellen, wird vom jeweiligen Material abhängen. Materialeigenschaften lassen sich in der Kontinuumsmechanik durch wenige (Mess-) Größen charakterisieren.

3.2   Spannungen und Spannungsvektor

Abb. 3.2 zeigt einen Körper, den man sich entlang einer Fläche A aufgeschnitten vorstellt. War die Konfiguration ursprünglich kräftefrei, so erfuhr im nicht aufgeschnittenen Zustand die durch das Aufschneiden entstandene Oberfläche auch Kräfte aus dem weggeschnittenen Teil. Diese Kraft wird vom Ort und von der Größe der Fläche abhängen. Wir bezeichnen sie mit $\Delta \vec{F}$ und führen die *Flächenkraftdichte*

$$\vec{t} = \lim_{\Delta A \to 0} \frac{\Delta \vec{F}}{\Delta A} \qquad (3.1)$$

ein. Man nimmt an, dass die Flächenkraftdichte nur vom Ort (später auch von der Zeit) und der Orientierung der aufgeschnittenen Fläche abhängt, insbesondere also nicht von der Krümmung am Ort $\vec{r}$:

$$\vec{t} = \vec{t}(\vec{r}, t, \hat{n}) . \tag{3.2}$$

Dies ist das **Cauchy'sche Spannungsprinzip**. Die Flächenkraftdichte wird auch als *Spannungsvektor* bezeichnet. Das Kontinuum zieht mit dieser Spannung an der aufgeschnittenen Fläche. Um es trotzdem im Gleichgewicht zu halten, muss die Spannung durch äußere Kräfte an der aufgeschnittenen Fläche kompensiert werden. Ist dies nicht der Fall, so wird durch die Kraft ein Verschiebungsfeld entstehen, die Oberfläche und damit auch der ganze Körper deformiert sich.

Normalerweise haben die Wechselwirkungskräfte endliche Reichweite. D.h. aber, dass man nach dem Aufschneiden auch Kräfte im Innern des Körpers angreifen lassen müsste, um das Kontinuum im Gleichgewicht zu halten. Dieses Problem vermeidet man, indem man in der Kontinuumsmechanik eine unendlich kurze Reichweite der inneren Kräfte postuliert. Dadurch bewirkt eine lokale Deformation eine Änderung der inneren Kräfte nur in der unmittelbaren Umgebung, was als **Prinzip der lokalen Antwort** bezeichnet wird. Von diesem Prinzip haben wir bei den vorigen Überlegungen stillschweigend Gebrauch gemacht.

3.3 Der Spannungstensor

Normalerweise zeigen $\hat{n}$ und $\vec{t}$ in verschiedene Richtungen. Wir suchen deshalb nach einer linearen Transformation mit

$$\vec{t}(\vec{r}, \hat{n}) = \underline{T}(\vec{r})\,\hat{n} = n_1 \underline{T}\vec{e}_1 + n_2 \underline{T}\vec{e}_2 + n_3 \underline{T}\vec{e}_3 . \tag{3.3}$$

Die neun Komponenten der Matrix $\underline{T}$ bilden den **Spannungstensor**.

3.3.1 Bedeutung der Komponenten

Da sich $\hat{n}$ und $\vec{t}$ unter Drehungen des Koordinatensystems wie Vektoren verhalten, muss es sich bei $\underline{T}$ um einen Tensor zweiter Stufe handeln. Seine Komponenten lassen sich mit dem Spannungsvektor in Verbindung bringen. Dazu betrachten wir einen rechtwinkligen, unendlich kleinen, Tetraeder (Abb. 3.3), der sich irgendwo im Kontinuum befinden soll.

Wenn der Tetraeder im Gleichgewicht ist, müssen sich die Kräfte, die an seinen vier Seitenflächen angreifen, aufheben:

$$-\vec{t}_1 \Delta A_1 - \vec{t}_2 \Delta A_2 - \vec{t}_3 \Delta A_3 + \vec{t}_n \Delta A = 0 .$$

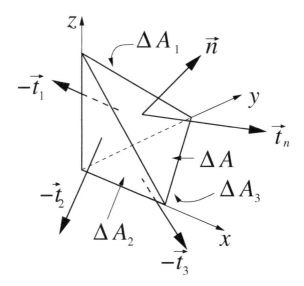

Abb. 3.3 Man denkt sich einen kleinen Tetraeder aus dem Kontinuum herausgeschnitten. Die $\vec{t}_i$ bezeichnen die Kräfte, die an seine Seitenflächen angreifen.

Die Fläche ΔA lässt sich projizieren

$$\Delta A_i = n_i \Delta A, \qquad i = 1, 2, 3 \ .$$

Setzt man dies in die vorige Formel ein und löst nach $\vec{t}_n$ auf, ergibt sich

$$\vec{t}_n = n_1 \vec{t}_1 + n_2 \vec{t}_2 + n_3 \vec{t}_3 \ .$$

Vergleichen wir dies mit (3.3), so muss, da $\hat{n}$ ein beliebiger Vektor sein kann,

$$\vec{t}_i = \underline{T} \vec{e}_i$$

gelten. Multiplikation mit $\vec{e}_j$ ergibt sofort

$$\vec{e}_j \cdot \vec{t}_i = T_{ji} \ .$$

Das Tensorelement T_{ji} beschreibt also die Kraft in Richtung $\vec{e}_j$ auf das Flächenelement mit dem Normalenvektor $\vec{e}_i$. Die auf die Fläche senkrecht wirkenden Kräfte führen zu Normalspannungen und werden durch die Diagonalelemente T_{ii} beschrieben, die Nichtdiagonalelemente bezeichnen die Scherspannungen (Abb. 3.4).

3.3.2   Symmetrie des Spannungstensors

In der Kontinuumsmechanik betrachtet man für gewöhnlich nur Deformationen und sieht von Drehungen einzelner Volumenelemente ab. Aus Abb. 3.4 geht hervor, dass sich

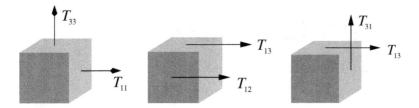

Abb. 3.4 Normalspannungen (*links*) und Scherspannungen (*Mitte*), die an einem Würfel angreifen, werden durch die Diagonalelemente bzw. Nichtdiagonalelemente des Spannungstensors charakterisiert. Rechts: Um Drehungen des Würfels zu vermeiden, müssen sich die beiden Spannungen T_{13} und T_{31} entsprechen.

ein Volumenelement dann dreht, wenn die an zwei angrenzenden Seiten auftretenden Kräfte verschieden sind. Um Drehungen auszuschließen, muss also

$$T_{ij} = T_{ji}$$

gelten, d.h. der Spannungstensor ist symmetrisch. Insbesondere lässt sich ein (lokales) Koordinatensystem finden, in welchem $\underline{T}$ diagonal ist. In diesem System treten dann nur Normalspannungen auf.

3.4   Spannungen und Kräfte

Wir betrachten einen kleinen Quader mit den Seitenlängen $\Delta x, \Delta y, \Delta z$. Um z.B. die x-Komponente der gesamten an dem Quader angreifenden Kraft zu berechnen, müssen wir die Kräfte (in x-Richtung) an allen sechs Seitenflächen addieren:

$$
\begin{aligned}
\Delta F_x^{(in)} = {} & [T_{11}(x + \Delta x, y, z) - T_{11}(x, y, z)]\, \Delta y\, \Delta z \\
& + [T_{21}(x, y + \Delta y, z) - T_{21}(x, y, z)]\, \Delta x\, \Delta z \\
& + [T_{31}(x, y, z + \Delta z) - T_{31}(x, y, z)]\, \Delta x\, \Delta y \\[2mm]
= {} & \frac{[T_{11}(x + \Delta x, y, z) - T_{11}(x, y, z)]}{\Delta x} \Delta V \\
& + \frac{[T_{21}(x, y + \Delta y, z) - T_{21}(x, y, z)]}{\Delta y} \Delta V \\
& + \frac{[T_{31}(x, y, z + \Delta z) - T_{31}(x, y, z)]}{\Delta z} \Delta V
\end{aligned}
$$

Hier haben wir bereits die Symmetrie des Spannungstensors ausgenutzt. Wenn wir nun den Grenzübergang

$$\Delta x, \Delta y, \Delta z \to 0$$

durchführen, erhalten wir sofort

$$dF_x^{(in)} = \left(\frac{\partial T_{11}}{\partial x} + \frac{\partial T_{21}}{\partial y} + \frac{\partial T_{31}}{\partial z} \right) dV = (\text{div}\,\underline{T})_x dV$$

oder, wenn wir die Volumenkraftdichte

$$\vec{f} = \frac{d\vec{F}}{dV}$$

einführen,

$$\vec{f}^{(in)} = \text{div}\,\underline{T} \ .$$

$\vec{f}^{(in)}$ bezeichnet hierbei die **inneren** Kräfte, die sich als Quellen oder Senken des Spannungstensorfeldes $\underline{T}$ ergeben. Im Gleichgewicht müssen diese durch äußere Kräfte kompensiert werden:

$$\vec{f}^{(in)} + \vec{f}^{(a)} = 0 \ .$$

Die Gleichgewichtsbedingung der Kontinuumsmechanik lautet also

$$\text{div}\,\underline{T} + \vec{f}^{(a)} = 0 \ . \tag{3.4}$$

3.5 Das Materialgesetz

Lässt sich $\underline{T}$ aus $\vec{f}$ berechnen? Mit (3.4) haben wir drei Gleichungen hergeleitet, allerdings für sechs Größen, nämlich T_{11}, T_{22}, T_{33}, T_{12}, T_{13}, T_{23}. Das Verschiebungsfeld besteht aber wiederum nur aus drei unabhängigen Komponenten. Wir werden also einen Zusammenhang zwischen den Spannungen und den Deformationen benötigen. Hier müssen die Materialeigenschaften berücksichtigt werden.

Zunächst nimmt man an, dass gleiche Dehnungen gleiche Spannungen hervorrufen, und zwar unabhängig vom Ort. Wir schreiben deshalb

$$\underline{T}(\vec{r},t) = \underline{T}\big(\varepsilon(\vec{r},t)\big) \ .$$

Hier gehen bereits zwei weitere Annahmen ein, nämlich die der Lokalität im Ort und in der Zeit, d.h. Spannungen werden nur von Dehnungen am *gleichen* Ort erzeugt und das Material hat kein Gedächtnis, die Spannungen hängen also nicht von der Vorgeschichte ab[1]. Entwicklung in eine Taylor-Reihe ergibt

$$T_{ij}(\underline{\varepsilon}) = \underbrace{T_{ij}^0}_{\text{const.}} + \sum_{k,l} c_{ijkl}\varepsilon_{kl} + O(\varepsilon^2) \ , \tag{3.5}$$

wobei die Koeffizienten

$$c_{ijkl} = \frac{\partial T_{ij}}{\partial \varepsilon_{kl}}$$

---

[1]Wie wir später sehen werden, gilt dies nicht mehr für Nicht-Newton'sche Flüssigkeiten, Abschn.7.5

die Rolle der Materialkonstanten spielen. In der linearen Elastizitätstheorie kann man $O(\varepsilon^2)$ weglassen. Der Zusammenhang (3.5) wird auch als **verallgemeinertes Hooke'sches Gesetz** bezeichnet, die Koeffizientenmatrix (Tensor 4. Stufe) $\underline{c}$ enthält dann die Federkonstanten. Diese sind nur dann wirklich konstant, wenn wir annehmen, dass die Materialeigenschaften an jedem Ort (und zu jeder Zeit) gleich sind, d.h. das Kontinuum soll homogen sein.

Bei den Komponenten von $\underline{T}^0$ handelt es sich um einen Satz weiterer Konstanten, die man aber weglassen kann, weil nach (3.4) nur Differentiale des Spannungstensors wichtig sind. Zunächst gibt es also $3^4 = 81$ Materialkonstanten c_{ijkl}. Dies ist eine sehr große Zahl. Sie reduziert sich aber sofort, wenn wir die Symmetrie von $\underline{T}$ und $\underline{\varepsilon}$ berücksichtigen, auf 21. Die größte Reduktion erfolgt jedoch dann, wenn es sich um einen isotropen Festkörper handelt, d.h. wenn

$$c_{ijkl} = c'_{ijkl}$$

gilt, wobei der Strich die entsprechende Komponente in einem beliebig gedrehten Koordinatensystem bezeichnen soll. Die Koeffizienten bilden dann einen isotropen Tensor 4. Stufe. Ein isotroper Tensor hat also in allen Koordinatensystemen, die durch Drehungen auseinander hervorgehen, dieselben Komponenten. Ein isotroper Tensor 2. Stufe muss demnach die Form

$$t_{ij} = a\delta_{ij}$$

mit einer beliebigen Konstanten a besitzen. Hieraus lassen sich durch Multiplikation (äußeres Produkt) und Permutation der Indizes genau drei isotrope Tensoren 4. Stufe bilden:

$$\delta_{ij}\delta_{kl}, \qquad \delta_{il}\delta_{kj}, \qquad \delta_{ik}\delta_{jl} \ .$$

Man kann weiter zeigen (hier ohne Beweis), dass sich ein beliebiger isotroper Tensor 4. Stufe in die drei oben genannten Tensoren zerlegen lässt, also

$$c_{ijkl} = a\delta_{ij}\delta_{kl} + b\delta_{il}\delta_{kj} + c\delta_{ik}\delta_{jl}$$

gilt. Setzen wir dies in (3.5) ein ($\underline{T}^0 = 0$), so ergibt sich

$$T_{ij}(\underline{\varepsilon}) = a\delta_{ij}\mathrm{Sp}(\underline{\varepsilon}) + b\,\varepsilon_{ji} + c\,\varepsilon_{ij} = a\delta_{ij}\mathrm{Sp}(\underline{\varepsilon}) + (b+c)\,\varepsilon_{ij} \ . \qquad (3.6)$$

D.h. ein isotropes Medium lässt sich durch nur zwei unabhängige Materialkonstanten, hier a und $b+c$, beschreiben.

3.6 Aufspaltungen des Dehnungstensors

3.6.1 Kompression und Scherung

Wir haben die Form (3.6) durch reine Symmetrieüberlegungen abgeleitet. Eine andere Möglichkeit besteht darin, den Dehnungstensor in einen Diagonalanteil und in einen spurfreien Anteil gemäß

$$\underline{\varepsilon} = \frac{1}{3}\underline{1}\,\mathrm{Sp}\,\underline{\varepsilon} + \underline{\varepsilon}'$$

$$= \frac{1}{3}\begin{pmatrix} \varepsilon_{xx}+\varepsilon_{yy}+\varepsilon_{zz} & 0 & 0 \\ 0 & \varepsilon_{xx}+\varepsilon_{yy}+\varepsilon_{zz} & 0 \\ 0 & 0 & \varepsilon_{xx}+\varepsilon_{yy}+\varepsilon_{zz} \end{pmatrix} \quad (3.7)$$

$$+ \begin{pmatrix} \frac{2}{3}\left(\frac{\varepsilon_{xx}-\varepsilon_{yy}}{2}+\frac{\varepsilon_{xx}-\varepsilon_{zz}}{2}\right) & \varepsilon_{xy} & \varepsilon_{xz} \\ \varepsilon_{xy} & \frac{2}{3}\left(\frac{\varepsilon_{yy}-\varepsilon_{zz}}{2}+\frac{\varepsilon_{yy}-\varepsilon_{xx}}{2}\right) & \varepsilon_{yz} \\ \varepsilon_{xz} & \varepsilon_{yz} & \frac{2}{3}\left(\frac{\varepsilon_{zz}-\varepsilon_{xx}}{2}+\frac{\varepsilon_{zz}-\varepsilon_{yy}}{2}\right) \end{pmatrix}$$

aufzuteilen. Da der Diagonalteil nicht nur diagonal sondern sogar ein Vielfaches der Einheitsmatrix ist (isotropes Medium), hat er in allen gedrehten Koordinatensystemen dieselbe Form. Er beschreibt eine reine, gleichseitige Kompression. Der zweite Teil ist spurfrei, d.h. er bezeichnet eine Deformation, bei der das Volumen erhalten bleibt. Da wir Drehungen bereits vorher im Drehtensor abgespalten hatten, bleibt nur noch eine reine Scherung übrig. Bei der Zerlegung (3.7) handelt es sich also um eine winkeltreue (isotrope) Volumenänderung (Kompression) plus eine volumentreue Gestaltsänderung, die invariant unter orthogonalen Koordinatentransformationen ist.

Der Spannungstensor kann genauso zerlegt werden:

$$\underline{T} = \frac{1}{3}\underline{1}\,\mathrm{Sp}\,\underline{T} + \underline{T}' \ . \quad (3.8)$$

Der Spurteil beschreibt, je nach Vorzeichen, allseitig gleichen (hydrostatischen) Druck oder Zug, die in $\underline{T}'$ zusammengefassten Größen sind dagegen reine Scherspannungen.

Es liegt nahe, die Scherspannungen proportional zu den Scherungen anzunehmen. Aus der Isotropie folgt, dass gleiche Scherungen zu gleichen Scherspannungen führen müssen, unabhängig von der Raumrichtung, man kann also schreiben

$$\underline{T}' = 2G\underline{\varepsilon}'$$

(die 2 ist Konvention) mit dem skalaren **Schubmodul** (oder auch Torsionsmodul) G. Genauso nimmt man einen linearen Zusammenhang zwischen isotroper Kompression und Druck/Zug-Spannungen an

$$\mathrm{Sp}\,\underline{T} = 3K\,\mathrm{Sp}\,\underline{\varepsilon} \quad (3.9)$$

mit dem **Kompressionsmodul** K. Die Größe $1/K$ wird als Kompressibilität bezeichnet. Die Formulierungen (3.8) und (3.9) sind zu (3.6) äquivalent, zwischen den Konstanten besteht der Zusammenhang

$$a = K - \frac{2}{3}G, \qquad b+c = 2G \ .$$

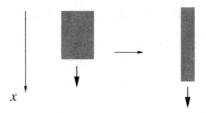

Abb. 3.5 Experiment zur Messung der Young- und Poisson-Zahl. Ein Körper wird durch eine Zugkraft gedehnt. Durch die Verformung wird er aber auch dünner. Durch Messung der Querkontraktion und der Längendehnung lassen sich die Hooke'schen Konstanten bestimmen.

3.6.2 Lamé-Konstanten

Die Schreibweise (3.6) wird in der Theorie häufiger verwendet als (3.8), (3.9), weil keine zusätzlichen Tensoren $\underline{T}'$ und $\underline{\varepsilon}'$ eingeführt werden müssen. Anstatt den Konstanten a und $b+c$ verwendet man allerdings die sogenannten **Lamé-Konstanten**

$$\lambda = a, \qquad \mu = \frac{b+c}{2},$$

d.h. man erhält den linearen Zusammenhang zwischen Dehnungen und Spannungen in der Form

$$T_{ij}(\underline{\varepsilon}) = \lambda\,\delta_{ij}\,\mathrm{Sp}(\underline{\varepsilon}) + 2\mu\varepsilon_{ij} \qquad \text{oder} \qquad \underline{T}(\underline{\varepsilon}) = \underline{1}\,\mathrm{Sp}\underline{\varepsilon} + 2\mu\underline{\varepsilon}\ . \tag{3.10}$$

3.6.3 (*) Young-Modul und Poisson-Zahl

Direkt messen lassen sich die beiden Modulpaare K und G bzw. λ und μ nur schlecht. Zur Messung der Elastizitätseigenschaften im isotropen Festkörper bietet sich folgender einfacher Versuch an (Abb. 3.5).

Man belastet einen Stab der Länge ℓ mit Radius R in x-Richtung durch eine Zugkraft F_1, die zu der Spannung

$$T_{11} = \frac{F_1}{A}$$

führt, wobei $A = \pi R^2$ die Querschnittsfläche des Stabes angibt. Ist der Körper elastisch, so tritt eine Verlängerung in x-Richtung

$$\frac{\Delta\ell}{\ell} = \varepsilon_{11} > 0$$

auf. Gleichzeitig wird der Stab aber auch dünner werden, d.h. eine Verformung in radialer Richtung mit

$$\frac{\Delta R}{R} = \varepsilon_{22} = \varepsilon_{33} < 0$$

kann gemessen werden. Aus der Messung der Längendehnung und der Querkontraktion lassen sich jetzt die beiden Modulpaare K und G oder wahlweise λ und μ bestimmen.

Wir schreiben dazu das Materialgesetz (3.10) für die drei Diagonalelemente aus:

$$\begin{aligned}
T_{11} &= (\lambda + 2\mu)\varepsilon_{11} + \lambda(\varepsilon_{22} + \varepsilon_{33}) \\
T_{22} &= (\lambda + 2\mu)\varepsilon_{22} + \lambda(\varepsilon_{11} + \varepsilon_{33}) \\
T_{33} &= (\lambda + 2\mu)\varepsilon_{33} + \lambda(\varepsilon_{11} + \varepsilon_{22}) \ .
\end{aligned} \qquad (3.11)$$

Seitlich wirkt keine Kraft, also muss

$$T_{22} = T_{33} = 0$$

sein. Dann folgt für das leicht zu messende Verhältnis von Querkontraktion zu Längendehnung aus (3.11)

$$-\frac{\varepsilon_{22}}{\varepsilon_{11}} = -\frac{\varepsilon_{33}}{\varepsilon_{11}} = \frac{\lambda}{2(\lambda + \mu)} \ .$$

Dieses Verhältnis wird durch die (dimensionslose) **Querkontraktionszahl** oder **Poisson-Zahl**

$$\nu \equiv \frac{\lambda}{2(\lambda + \mu)} \qquad (3.12)$$

charakterisiert. Die zweite Materialkonstante ergibt sich aus der gleichen Messung. Hierzu lösen wir das Gleichungssystem (3.11) nach den ε_{ii} auf. Man erhält:

$$\begin{aligned}
\varepsilon_{11} &= \frac{1}{E}\left[T_{11} - \nu(T_{22} + T_{33})\right] \\
\varepsilon_{22} &= \frac{1}{E}\left[T_{22} - \nu(T_{11} + T_{33})\right] \\
\varepsilon_{33} &= \frac{1}{E}\left[T_{33} - \nu(T_{11} + T_{22})\right]
\end{aligned} \qquad (3.13)$$

mit der Abkürzung

$$E \equiv \frac{\mu(3\lambda + 2\mu)}{\lambda + \mu} \ . \qquad (3.14)$$

Material	$E\,[10^9 N/m^2]$	ν	$\mu, G\,[10^9 N/m^2]$	$\lambda\,[10^9 N/m^2]$	$K\,[10^9 N/m^2]$
Aluminium	78-86	0.32-0.34	25-26	46-63	63-80
Kupfer	117-124	0.33-0.36	40-46	85-131	112-148
Stahl	106-114	0.34	41	84-91	112-118
Glas	50-79	0.21-0.27	26-32	15-36	32-58
Gummi	0.76-4.1 $\cdot 10^{-3}$	0.5	0.28-1.4 $\cdot 10^{-3}$	$\infty^{1)}$	$\infty^{1)}$

Tabelle 3.1 E-Modul, Poisson-Zahl, Lamé-Konstanten und Kompressionsmodul für verschiedene Materialien.
1) Weil bei Gummi die Querkontraktion etwa 1/2 ist, ändert sich das Volumen bei dem Experiment nach Abb. 3.5 nicht. Die Kompressibilität geht also gegen null und K (und damit auch λ) gegen unendlich (siehe Aufgabe 3.1).

Weil wieder $T_{22} = T_{33} = 0$ gilt, folgt aus der ersten Gleichung (3.13) sofort

$$T_{11} = E\varepsilon_{11} \ ,$$

d.h. durch Messung der Längendehnung und der Kraft lässt sich E bestimmen. Die Größe E wird als **Young-Zahl** oder als **Elastizitätsmodul** (E-Modul) bezeichnet und hat, wie die Spannung, die Einheit Kraft pro Fläche. Tabelle 3.1 gibt die Werte für einige Materialien an.

Aufgabe 3.1: Ein Aluminiumstab von 1 m Länge und 2 cm Durchmesser werde wie in Abb. 3.5 mit einer Kraft F von $10000N$ belastet.
1. Berechne Längendehnung, Querkontraktion und relative Volumenänderung.
2. Führe dieselbe Rechnung für Gummi durch. Die Kraft sei hier aber nur $100N$.

Lösung:
1. Für die Rechnung verwenden wir die Werte (Tabelle 3.1) $E = 70 \cdot 10^9 N/m^2$ und $\nu = 0.33$. Dann ergibt sich

$$\Delta\ell = \frac{1}{E}\frac{F}{A}\ell \approx 0.014 \cdot 10^{-9} \cdot 10000/\pi \cdot 10^4 m \approx 0.44 \ mm \ .$$

Für die Änderung des Radius folgt

$$\Delta R = \nu R \frac{\Delta\ell}{\ell} \approx 0.33 \cdot 10^{-2} \cdot 0.44 \cdot 10^{-3}m \approx 1.4 \ \mu m \ .$$

Die relative Volumenänderung haben wir in Kapitel 2 als Spur des ε-Tensors gefunden (siehe (2.27)). Mit (3.13) erhalten wir

$$\frac{\Delta V}{V} = \mathrm{Sp}\,\underline{\varepsilon} = \frac{1}{E}(1 - 2\nu)\mathrm{Sp}\,\underline{T} = \frac{1}{E}(1 - 2\nu)T_{11} \ .$$

Setzt man die Zahlen ein, ergibt sich ein Wert von

$$\frac{\Delta V}{V} \approx 0.038 \cdot 10^{-3} \ .$$

2. Die Rechnung mit den Daten für Gummi ($E = 1 \cdot 10^6 N/m^2$) ergibt die folgenden Werte:

$$\Delta\ell \approx 28 \ cm$$

und

$$\Delta R \approx 1.4 \ mm \ .$$

Wegen $\nu = 0.5$ ergibt sich keine Volumenänderung!

Kapitel 4

Die Grundgleichungen
der Kontinuumsmechanik

Bisher hatten wir mit (3.4) einen Zusammenhang zwischen angreifenden Kräften und auftretenden Spannungen gefunden. Mit Hilfe der Materialgesetze lassen sich die Spannungen als (lineare) Funktionen der Verformungen und damit des Verschiebungsfeldes ausdrücken. Letztlich entsteht ein Gleichungssystem für die Komponenten des Verschiebungsfeldes. Hinzunahme von Trägheitskräften führt zu einem zeitabhängigen Gleichungssystem, welches dynamische Lösungen hat. Wir diskutieren aber zunächst den stationären Fall.

4.1 Elastostatik

Für (3.4) benötigen wir $\operatorname{div} \underline{T}$. Wir setzen (3.10) ein und erhalten, ortsunabhängige Lamé-Konstanten vorausgesetzt,

$$\operatorname{div} \underline{T} = \lambda \operatorname{div} \left(\underline{1} \operatorname{Sp} \underline{\varepsilon} \right) + 2\mu \operatorname{div} \underline{\varepsilon} \ .$$

Wegen (2.23) ist aber

$$\operatorname{Sp} \underline{\varepsilon} = \operatorname{div} \vec{S}$$

und (nachzurechnen am besten in Komponentenschreibweise)

$$\operatorname{div} \underline{\varepsilon} = \frac{1}{2} \left(\nabla^2 \vec{S} + \operatorname{grad} \operatorname{div} \vec{S} \right) \ ,$$

wobei

$$\nabla^2 = \partial_{xx}^2 + \partial_{yy}^2 + \partial_{zz}^2$$

der Laplace-Operator ist. Dies eingesetzt in (3.4) ergibt schließlich

$$\mu \, \nabla^2 \vec{S} + (\lambda + \mu) \operatorname{grad} \operatorname{div} \vec{S} + \vec{f} = 0 \ . \tag{4.1}$$

Das sind drei gekoppelte lineare inhomogene partielle Differentialgleichungen, aus denen sich mit zusätzlichen Randbedingungen das Verschiebungsfeld aus den vorgegebenen Kräften berechnen lässt. Die Gleichungen (4.1) bilden die Grundgleichungen der (linearen) Elastostatik und werden als *stationäre Navier-Gleichungen* bezeichnet.

4.2   (*) Fundamentallösung

Die stationäre Navier-Gleichung lässt sich abgekürzt schreiben als

$$\underline{\hat{D}}(\nabla)\vec{S} = -\vec{f} \tag{4.2}$$

mit dem tensoriellen, linearen Differentialoperator (in Komponenten)

$$\hat{D}_{ij}(\nabla) = \mu\delta_{ij}\nabla^2 + (\lambda + \mu)\partial_i\partial_j \ .$$

Die Vorgehensweise zum Auffinden der Fundamentallösung ist dieselbe wie in der Elektrodynamik oder der klassischen Mechanik beim harmonischen Oszillator. Man konstruiert dort die Lösung der angetriebenen Oszillatorgleichung

$$\ddot{x}(t) + \alpha\dot{x}(t) + \omega^2 x(t) = \hat{L}(d_t)x(t) = F(t)$$

durch Inversion des Operators $\hat{L}$, z.B. im Fourier-Raum, und erhält die Auslenkung

$$x(t) = \int_{-\infty}^{t} dt' \, G(t - t')F(t')$$

als lineare Antwort auf die externe Kraft F aufsummiert über alle früheren Zeiten $t' \leq t$. Der Gewichtungsfaktor $G(t)$ wird als *Green'sche Funktion* bezeichnet.

Genauso lässt sich (4.2) nach $\vec{S}$ auflösen:

$$\vec{S}(\vec{r}) = \int_V \underline{G}(\vec{r} - \vec{r}') \, \vec{f}(\vec{r}') \, d^3r' \ , \tag{4.3}$$

wobei die Green'sche Funktion jetzt ein Tensor 2. Stufe sein muss. Das Verschiebungsfeld lässt sich also als Antwort auf die äußere, ortsabhängige Kraft auffassen. Der Zusammenhang ist jedoch nichtlokal, d.h. die Kraft an jedem Punkt des Kontinuums wird durch die elastischen Wechselwirkungen in (4.2) zu dem Verschiebungsfeld an jedem anderen Punkt beitragen.

Wir berechnen jetzt $\underline{G}(\vec{r})$. Setzt man den Ansatz ($g(\vec{r})$ wird als *Galerkin'sches Vektorfeld* bezeichnet)

$$\vec{S}(\vec{r}) = -\frac{\lambda + \mu}{\mu(\lambda + 2\mu)}\text{grad div } \vec{g}(\vec{r}) + \frac{1}{\mu}\nabla^2\vec{g}(\vec{r}) \tag{4.4}$$

in die Navier-Gleichungen (4.1) ein, so folgt[1]

$$\nabla^4 \vec{g}(\vec{r}) = -\vec{f}(\vec{r}) \ .$$

Diese Gleichung löst man wieder mit einer Green'schen Funktion, die, weil der Differentialoperator ∇^4 ein Skalar ist, ebenfalls ein Skalar sein muss. Es gilt für jede Komponente von $\vec{g}$:

$$g_i(\vec{r}) = \int_V H(\vec{r} - \vec{r}')\, f_i(\vec{r}')\, d^3 r' \ .$$

Das ergibt für H die Gleichung

$$\nabla^4 H(\vec{r}) = -\delta(\vec{r})$$

wobei wir $\vec{r} - \vec{r}'$ durch $\vec{r}$ ersetzt haben. Offensichtlich hat die δ-Funktion radiale Symmetrie, es genügt also nach radialsymmetrischen Lösungen für H zu suchen, d.h. wir können

$$\nabla_r^4 H(r) = -\delta(\vec{r}) \tag{4.5}$$

mit $r = |\vec{r}|$ und

$$\nabla_r^4 = (\nabla_r^2)(\nabla_r^2) = (\partial_{rr}^2 + \frac{2}{r}\partial_r)^2$$

schreiben (siehe Anhang (B.54)). Wie man sich durch Nachrechnen leicht überzeugt, gilt

$$\nabla_r^2 r = \frac{2}{r}$$

und

$$\nabla_r^2 (\nabla_r^2 r) = \nabla_r^2 \frac{2}{r} = -8\pi\delta(\vec{r}) \ .$$

Das letzte Gleichheitszeichen gilt, weil $2/r$ das Feld einer Punktladung mit der Ladung $2\delta(\vec{r})$ ist[2]. Damit haben wir aber die Lösung von (4.5) gefunden, wenn wir

$$H(r) = \frac{r}{8\pi}$$

setzen. Dann ist

$$g_i(\vec{r}) = \frac{1}{8\pi} \int_V |\vec{r} - \vec{r}'|\, f_i(\vec{r}')\, d^3 r' \ .$$

Dies in (4.4) eingesetzt ergibt:

$$S_i(\vec{r}) = \int_V \frac{1}{8\pi\mu} \sum_j \left[-\frac{\lambda + \mu}{\lambda + 2\mu} \partial_i \partial_j + \delta_{ij}\nabla^2 \right] |\vec{r} - \vec{r}'| f_j(\vec{r}')\, d^3 r' \ .$$

---

[1]Hier bezeichnet $\nabla^4 = (\nabla^2)^2$ den biharmonischen Operator. In kartesischen Koordinaten gilt $\nabla^4 = \partial_{xxxx}^4 + \partial_{yyyy}^4 + \partial_{zzzz}^4 + 2\partial_{xxyy}^4 + 2\partial_{xxzz}^4 + 2\partial_{yyzz}^4$.
[2]Ein Resultat aus der Elektrodynamik, z.B. [13].

Der Vergleich mit (4.3) führt schließlich auf die gesuchte Green'sche Funktion

$$G_{ij}(\vec{r} - \vec{r}') = \frac{1}{8\pi\mu} \left[-\frac{\lambda + \mu}{\lambda + 2\mu} \partial_i \partial_j + \delta_{ij} \nabla^2 \right] |\vec{r} - \vec{r}'| \tag{4.6}$$

oder in koordinatenfreier Darstellung:

$$\underline{G}(\vec{r} - \vec{r}') = \frac{1}{8\pi\mu} \left[-\frac{\lambda + \mu}{\lambda + 2\mu} (\nabla \circ \nabla) + \underline{1} \nabla^2 \right] |\vec{r} - \vec{r}'| \; . \tag{4.7}$$

4.2.1   Zwei Beispiele singulärer Kraftfelder

Wir zerlegen die äußeren Kräfte in einen Gradientenanteil und in einen Wirbelanteil

$$\vec{f} = -\operatorname{grad} U + \operatorname{rot} \vec{A} \; . \tag{4.8}$$

1. Beispiel: Zunächst untersuchen wir eine Singularität am Ort $\vec{r}_0$ gemäß

$$\vec{A} = 0, \qquad U = U_0 \, \delta(\vec{r} - \vec{r}_0) \; .$$

Der einzige Ort, an dem eine von Null verschiedene Kraft wirkt, ist bei $\vec{r}_0$, wegen der Radialsymmetrie der δ-Funktion ist das Kraftfeld radialsymmetrisch nach außen ($U > 0$) bzw. innen ($U < 0$) gerichtet (Abb. 4.1). Eine solche Singularität wird als **Dilatationszentrum** bzw. **Kompressionszentrum** bezeichnet und kann z.B. als Modell für ein, je nach Vorzeichen von U, zu großes oder zu kleines Fremdatom im sonst regelmäßigen Kristallgitter dienen.

Abb. 4.1 Ein Dilatationszentrum entsteht z.B. durch ein zu großes Fremdatom am Ort $\vec{r}_0$. Das Kraftfeld versucht, die Umgebung von $\vec{r}_0$ kugelsymmetrisch aufzuweiten.

Wir berechnen jetzt das dazugehörende Verschiebungsfeld. Nach Einsetzen der Kraft in (4.3) folgt durch partielle Integration und Auswertung der δ-Funktion

$$\vec{S}(\vec{r}) = -U_0 \int \underline{G}(\vec{r} - \vec{r}') \, \nabla' \delta(\vec{r}' - \vec{r}_0) \, d^3 r'$$

$$= U_0 \int \left(\nabla' \underline{G}(\vec{r} - \vec{r}') \right) \delta(\vec{r}' - \vec{r}_0) \, d^3 r' = -U_0 \operatorname{div} \underline{G}(\vec{r} - \vec{r}_0) \; .$$

Einsetzen von (4.7) ergibt nach kurzer Rechnung das Verschiebungsfeld

$$\vec{S}(\vec{r}) = \frac{U_0}{4\pi(\lambda + 2\mu)} \frac{\vec{r} - \vec{r}_0}{|\vec{r} - \vec{r}_0|^3} \ .$$

Dies entspricht offensichtlich genau dem aus der Elektrodynamik bekannten Feld einer Punktladung am Ort $\vec{r}_0$. Durch Nachrechnen überprüft man, dass überall (außer bei $\vec{r} = \vec{r}_0$) div $\vec{S} = 0$ gilt, d.h. das Kontinuum erfährt keine Volumenänderung.

---

2. Beispiel: Wir betrachten den komplementären Fall

$$U = 0, \qquad \vec{A} = \vec{A}_0 \ \delta(\vec{r} - \vec{r}_0) \ .$$

Durch $\vec{A}_0$ wird eine Richtung vorgegeben, wodurch sich die Symmetrie verringert. Das Kraftfeld ist wiederum nur am Ort $\vec{r}_0$ von Null verschieden. Eine solche Kraftquelle wird als **Rotationszentrum** bezeichnet. Schwankt die Stärke periodisch, so sendet das Rotationszentrum Scherwellen aus.

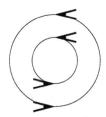

Abb. 4.2 Verschiebungsfeld eines Rotationszentrums. Der Vektor $\vec{A}_0$ steht dabei senkrecht auf der Zeichenebene. Im Fall eines oszillierenden Zentrums entstehen Scherwellen.

Das Verschiebungsfeld berechnet sich wie vorher. Man erhält jetzt jedoch

$$\vec{S}(\vec{r}) = \vec{A}_0 \ \text{rot} \ \underline{G}(\vec{r} - \vec{r}_0) \ .$$

Hier ist die Rotation eines Tensorfeldes über den ϵ-Tensor definiert (B.2), in Komponenten

$$(\text{rot} \ \underline{G})_{i\ell} = \sum_{jk} \epsilon_{ijk} \partial_j G_{k\ell}$$

und ergibt wieder einen Tensor 2. Stufe. Durch Einsetzen von (4.7) folgt dann endgültig der Ausdruck

$$\vec{S}(\vec{r}) = -\frac{1}{4\pi\mu} \vec{A}_0 \times \frac{\vec{r} - \vec{r}_0}{|\vec{r} - \vec{r}_0|^3} \ .$$

Das Verschiebungsfeld hat also die gleiche Abhängigkeit vom Abstand zum Zentrum wie beim vorigen Beispiel, allerdings bildet es jetzt Kreise um $\vec{A}_0$ (Abb. 4.2).

4.3   Elastodynamik

Bisher haben wir Zustände im Gleichgewicht betrachtet. Ändern sich jedoch die äußeren Kräfte mit der Zeit, so muss auch das Verschiebungsfeld zeitabhängig werden. Zusätzlich zu inneren Spannungen und äußeren Kräften kommen dann Trägheitskräfte ins Spiel, die sich durch die Beschleunigung der einzelnen Volumenelemente ausdrücken lassen. Aus Kapitel 2 kennen wir die Beschleunigung eines Volumenelementes als (2.10)

$$\vec{a}(\vec{r},t) = \frac{\partial \vec{v}(\vec{r},t)}{\partial t} + (\vec{v}(\vec{r},t) \cdot \nabla)\vec{v}(\vec{r},t) \ .$$

Die Geschwindigkeit ergibt sich dabei im Euler-Bild durch Zeitableitung der Verschiebung:

$$\vec{v}(\vec{r},t) = \frac{d\vec{r}(t)}{dt} \underbrace{=}_{(2.13)} \frac{\partial \vec{S}(\vec{R},t)}{\partial t} \underbrace{\approx}_{(2.15)} \frac{\partial \vec{S}(\vec{r},t)}{\partial t} \ ,$$

wobei für die letzte Umformung wieder kleine Verschiebungen angenommen wurden, andernfalls würden hier nichtlineare Terme in $\vec{S}$ ins Spiel kommen. Die Beschleunigung ist also eine komplizierte, nichtlineare Funktion des Verschiebungsfeldes der Form

$$\vec{a}(\vec{r},t) = \frac{\partial^2 \vec{S}(\vec{r},t)}{\partial t^2} + \vec{C}(\vec{S}, \partial_t \vec{S}) \ ,$$

wobei die vektorwertige Funktion $\vec{C}$ von mindestens quadratischer Ordnung im Verschiebungsfeld ist. Selbst bei linearen Materialgesetzen handelt es sich also bei der Elastodynamik im Grunde um eine nichtlineare Feldtheorie. Diese Schwierigkeit umgeht man, indem man sich wieder auf kleine Verschiebungen beschränkt und damit $\vec{C}$ komplett vernachlässigt. Man erhält also für die Trägheitskraftdichte $\vec{f}_T$ in linearer Näherung den Ausdruck

$$\vec{f}_T(\vec{r},t) = \rho(\vec{r},t)\frac{\partial^2 \vec{S}(\vec{r},t)}{\partial t^2} \ ,$$

den man jetzt noch zur Kräftebilanz (4.1) addieren muss:

$$-\rho\frac{\partial^2 \vec{S}}{\partial t^2} + (\lambda + \mu)\mathrm{grad}\,\mathrm{div}\,\vec{S} + \mu\nabla^2\vec{S} + \vec{f} = 0 \ . \tag{4.9}$$

Dies sind die nach dem französischen Physiker Claude Navier (1785-1819) benannten **Navier-Gleichungen**. Sie beschreiben das raumzeitliche Verhalten eines isotropen linearen Kontinuums unter der Einwirkung zeitabhängiger äußerer Kräfte. Für eine eindeutige Lösung werden noch zusätzlich Randbedingungen und Anfangsbedingungen notwendig sein.

4.4   Wellen

Die Navier-Gleichungen (4.9) haben durch den $\operatorname{grad}\operatorname{div}$-Term ein ungewohntes Aussehen. Durch folgenden Trick lassen sie sich jedoch auf die bekannte Form der Wellengleichung transformieren.

4.4.1   Wellengleichungen

Wir bilden die Divergenz der Navier-Gleichungen und erhalten die skalare Gleichung

$$-\rho\frac{\partial^2}{\partial t^2}\operatorname{div}\vec{S} + (\lambda + 2\mu)\nabla^2\operatorname{div}\vec{S} + \operatorname{div}\vec{f} = 0 \; . \tag{4.10}$$

Dies ist offensichtlich eine Gleichung für die skalare Feldgröße $\operatorname{div}\vec{S}$. Wir führen die Abkürzung

$$\Theta = \operatorname{div}\vec{S} = \operatorname{Sp}\underline{\varepsilon}$$

ein, die die anschauliche Bedeutung der relativen Volumenänderung oder der Kompression hat (siehe (2.27)). Mit (4.8) wird aus (4.10) die inhomogene Wellengleichung

$$\nabla^2\Theta - \frac{1}{a^2}\ddot{\Theta} = \frac{\nabla^2 U}{\lambda + 2\mu} \; . \tag{4.11}$$

Die Phasengeschwindigkeit a ist gegeben als

$$a \equiv \sqrt{\frac{\lambda + 2\mu}{\rho}} \; .$$

Gleichung (4.11) beschreibt die Ausbreitung von Kompressionswellen in isotropen Medien unter Einwirkung äußerer Kräfte. Die Phasengeschwindigkeit ergibt sich dabei aus den Materialkonstanten (Tabelle 4.1).

Andererseits erhält man durch Rotationsbildung der Navier-Gleichungen drei Gleichungen für die Komponenten der lokalen Drehachse (siehe Abschn. 2.5.3)

$$\vec{\varphi} = \frac{1}{2}\operatorname{rot}\vec{S} = \begin{pmatrix}\varphi_{23}\\\varphi_{31}\\\varphi_{12}\end{pmatrix} \; .$$

Jede einzelne Gleichung hat dabei wieder die Form der Wellengleichung

$$\nabla^2\vec{\varphi} - \frac{1}{b^2}\ddot{\vec{\varphi}} = -\frac{1}{2\mu}\operatorname{rot}\operatorname{rot}\vec{A} \; , \tag{4.12}$$

Material	a $[km/s]$	b $[km/s]$
Aluminium	6.3	3.0
Kupfer	4.6	2.2
Stahl	4.6	2.3
Glas	5.7	3.3

Tabelle 4.1 Phasengeschwindigkeit von Kompressionswellen (a) und von Scherwellen (b) für einige Festkörper.

diesmal allerdings mit der (kleineren) Phasengeschwindigkeit

$$b \equiv \sqrt{\frac{\mu}{\rho}} \; .$$

Stellt man sich eine allgemeine Verformung wie in Abb. 2.9 zerlegt in Dehnungen und Drehungen vor, so zeigen die Gleichungen (4.11) und (4.12), dass sich die beiden Anteile mit verschiedenen Geschwindigkeiten ausbreiten werden.

4.4.2 Lösungen der Wellengleichung

Die inhomogene Wellengleichung hat die allgemeine Standardform

$$\nabla^2 \Psi(\vec{r}, t) - \frac{1}{c^2}\ddot{\Psi}(\vec{r}, t) = -4\pi Q(\vec{r}, t) \; , \tag{4.13}$$

wobei c die Phasengeschwindigkeit und $-4\pi Q(\vec{r}, t)$ die Inhomogenität bezeichnet. Ψ steht dabei für Θ bzw. eine der Komponenten von φ.

Homogene Wellengleichung, ebene Wellen

Wir untersuchen zunächst den homogenen kräftefreien Fall $Q = 0$. Die homogene Wellengleichung wird durch jede beliebige (mindestens zweimal differenzierbare) Funktion

$$\Psi(\vec{r}, t) = \xi(\hat{n} \cdot \vec{r} - ct)$$

gelöst, wie man sich durch Einsetzen leicht überzeugt. Der Einheitsvektor $\hat{n}$ gibt die Richtung der Ausbreitung an. Bei den Lösungen handelt es sich um **ebene Wellen**, weil die Punkte mit konstanter Phase

$$\hat{n} \cdot \vec{r} - ct = \text{const}$$

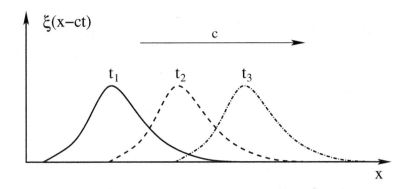

Abb. 4.3 Die Funktion $\xi = \xi(x - ct)$ zu aufeinanderfolgenden, äquidistanten Zeiten $t_1 < t_2 < t_3$. Die Welle bewegt sich dabei jeweils um $\Delta x = c(t_2 - t_1)$ nach rechts ($c > 0$).

auf Ebenen senkrecht zu $\hat{n}$ liegen. Folglich ist auch die Amplitude ξ auf solchen Ebenen konstant. Legt man das Koordinatensystem so, dass die x-Achse mit $\hat{n}$ zusammen fällt, ergibt sich

$$\Psi(\vec{r}, t) = \xi(x - ct) , \tag{4.14}$$

was für festes t eine bestimmte Kurve über der x-Achse beschreibt. Die Kurve wandert dann im Lauf der Zeit entlang der x-Achse nach rechts ($c > 0$) bzw. nach links ($c < 0$), ohne dabei ihre Form zu verändern (Abb. 4.3). Dabei werden die Flächen konstanter Phase (Amplitude), hier senkrecht zur x-Achse, mitgenommen.

Spezielle Lösungen von (4.13) mit $Q = 0$ sind harmonische Wellen mit beliebiger, konstanter Amplitude A_0. Sie lassen sich bequemer in der komplexen Form

$$\Psi(\vec{r}, t) = A_0 e^{ik(\hat{n}\vec{r} - ct)} = A_0 e^{i(\vec{k}\vec{r} - \omega t)} \tag{4.15}$$

schreiben. Hierbei bezeichnet

$$\vec{k} = k\hat{n}$$

den Wellenvektor, der wegen

$$|k| = \frac{2\pi}{\Lambda}$$

sowohl die Wellenlänge Λ als auch die Ausbreitungsrichtung $\hat{n}$ enthält. Die Kreisfrequenz ω hängt mit der Wellenzahl $|k|$ zusammen. Damit (4.15) eine Lösung der homogenen Wellengleichung ist, muss die **Dispersionsrelation**

$$\omega(k) = \pm c|k| \tag{4.16}$$

erfüllt sein, was man durch Einsetzen von (4.15) in (4.13) sofort sieht.

Beliebige Funktionen $\Psi(x, t)$ lassen sich durch eine Fourier-Transformation in harmonische Wellen zerlegen:

$$\Psi(x,t) = \frac{1}{\sqrt{2\pi}} \int_{-\infty}^{\infty} dk\, A(k) \mathrm{e}^{i(kx - \omega(k)t)} + \frac{1}{\sqrt{2\pi}} \int_{-\infty}^{\infty} dk\, B(k) \mathrm{e}^{i(kx + \omega(k)t)} \; .$$

Gehorcht $\omega(k)$ der Dispersionsrelation (4.16), so ist $\Psi(x,t)$ die allgemeine Lösung der Wellengleichung. Sie besteht aus einer Überlagerung aller möglichen harmonischen Wellen mit den Fourier-Amplituden $A(k)$ und $B(k)$. Solche Überlagerungen werden als **Wellenpakete** bezeichnet. Setzen wir (4.16) ein, so ergibt sich nach kurzer Rechnung

$$\Psi(x,t) = \underbrace{\frac{1}{\sqrt{2\pi}} \int_{-\infty}^{\infty} dk\, C(k) \mathrm{e}^{ik(x-ct)}}_{\xi_R = \xi_R(x-ct)} + \underbrace{\frac{1}{\sqrt{2\pi}} \int_{-\infty}^{\infty} dk\, D(k) \mathrm{e}^{ik(x+ct)}}_{\xi_L = \xi_L(x+ct)} \qquad (4.17)$$

mit

$$C(k) = \begin{cases} A(k) & k > 0 \\ B(k) & k < 0 \end{cases} \qquad D(k) = \begin{cases} B(k) & k > 0 \\ A(k) & k < 0 \end{cases} \; .$$

D.h. die allgemeine Lösung der Wellengleichung lässt sich als Summe aus einem rechtslaufenden und aus einem linkslaufenden Wellenpaket aufbauen:

$$\Psi(x,t) = \xi_R(x - ct) + \xi_L(x + ct) \; ,$$

was natürlich auch die spezielle Lösung (4.14) enthält. Die Rechnung wurde bisher in einer Raumdimension durchgeführt. In drei Dimensionen ist das Ganze komplizierter, da es dann nicht nur rechts- und linkslaufende Wellen, sondern Wellen mit unendlich vielen Ausbreitungsrichtungen gibt. Man kann sich jedoch auf linear propagierende Wellen beschränken und das Koordinatensystem so legen, dass die x-Achse parallel zur Ausbreitungsrichtung zeigt.

Bemerkenswert an der Lösung (4.17) ist, dass die beiden Wellenpakete ihre Form beibehalten und jedes für sich mit der Geschwindigkeit c nach rechts bzw. links verschoben wird. Dies ist jedoch ein Spezialfall der Wellengleichung (4.13) und gilt nur, solange die Dispersionsrelation durch (4.16) gegeben ist, denn dann fällt die Gruppengeschwindigkeit

$$v_g = \frac{d\omega}{dk}$$

mit der Phasengeschwindigkeit c zusammen. Dies ist z.B. nicht mehr der Fall bei der Schrödingergleichung. Hier gilt $\omega \sim k^2$ und die Wellenpakete zerfließen entsprechend der zunehmenden Unschärfe von sich in der Zeit entwickelnden quantenmechanischen Zuständen.

Abschließend sei angemerkt, dass die Fourier-Amplituden $C(k)$ und $D(k)$ die Form der Wellenpakete bestimmen und sich aus den inversen Fourier-Transformationen

$$C(k) = \frac{1}{\sqrt{2\pi}} \int_{-\infty}^{\infty} dx\, \xi_R(x) \mathrm{e}^{-ikx}, \qquad D(k) = \frac{1}{\sqrt{2\pi}} \int_{-\infty}^{\infty} dx\, \xi_L(x) \mathrm{e}^{-ikx} \qquad (4.18)$$

gewinnen lassen. Sie sind durch Anfangsbedingungen festgelegt. So erhält man sofort aus (4.17) nach inverser Fourier-Transformation

$$C(k) + D(k) = \frac{1}{\sqrt{2\pi}} \int_{-\infty}^{\infty} dx\, \Psi(x,0) e^{-ikx} \, .$$

Dies reicht allerdings nicht aus, um die beiden Funktionen $C(k)$ und $D(k)$ zu bestimmen. Weil (4.13) von zweiter Ordnung in der Zeit ist, benötigt man noch eine weitere Anfangsbedingung, z.B. $\dot{\Psi}$ bei $t = 0$. Nach Zeitableitung von (4.17) ergibt sich

$$C(k) - D(k) = \frac{i}{\sqrt{2\pi}ck} \int_{-\infty}^{\infty} dx\, \dot{\Psi}(x,t)|_{t=0}\, e^{-ikx} \, ,$$

woraus sich die Koeffizienten zu

$$C(k) = \frac{1}{2\sqrt{2\pi}} \int_{-\infty}^{\infty} dx \left(\Psi(x,0) + \frac{i}{ck}\dot{\Psi}(x,t)|_{t=0} \right) e^{-ikx}$$

$$D(k) = \frac{1}{2\sqrt{2\pi}} \int_{-\infty}^{\infty} dx \left(\Psi(x,0) - \frac{i}{ck}\dot{\Psi}(x,t)|_{t=0} \right) e^{-ikx} \qquad (4.19)$$

berechnen lassen (siehe Aufgabe 4.1).

Inhomogene Wellengleichung, retardierte Potentiale

Wie z.B. aus der Elektrodynamik bekannt, lässt sich die Lösung der inhomogenen Wellengleichung mit Hilfe einer retardierten Green'schen Funktion angeben:

$$\Psi(\vec{r},t) = \int_{V} d^3r' \, \frac{Q(\vec{r}',t - \frac{|\vec{r}-\vec{r}'|}{c})}{|\vec{r} - \vec{r}'|} \, . \qquad (4.20)$$

Interpretieren lässt sich dieser Ausdruck als Überlagerung von Punktladungen am Ort $\vec{r}'$, die, wegen der endlichen Ausbreitungsgeschwindigkeit c, mit der Retardierung, d.h. mit der zeitlichen Verzögerung

$$\frac{|\vec{r} - \vec{r}'|}{c}$$

am Ort $\vec{r}$ wirken.

Aufgabe 4.1: $\Psi(x, t = 0)$ habe die Form eines Rechtecks der Breite b:

$$\Psi(x,0) = \begin{cases} A_0 & \text{für} \quad 0 < x < b \\ 0 & \text{sonst} \end{cases} \, .$$

Das Rechteck soll sich mit der Geschwindigkeit c nach rechts bewegen. Wie lauten die Koeffizienten $C(k)$ und $D(k)$?

Lösung: Mit Hilfe der Stufenfunktion (Heaviside-Funktion)

$$\Theta(x) = \begin{cases} 0 & x < 0 \\ 1 & x > 0 \end{cases}$$

lässt sich $\Psi(x,t)$ geschlossen schreiben als

$$\Psi(x,t) = A_0 \Theta(x-ct)\Theta(ct+b-x) \ .$$

Ableiten nach der Zeit ergibt (Kettenregel) mit $d\Theta/dx = \delta(x)$

$$\dot{\Psi}(x,t)|_{t=0} = A_0 c(-\delta(x)\Theta(b-x) + \delta(b-x)\Theta(x)) = A_0 c(-\delta(x) + \delta(b-x)) \ .$$

Nach Einsetzen in (4.19) und Integration erhält man schließlich

$$\begin{aligned}
C(k) &= \frac{A_0}{2\sqrt{2\pi}} \int_0^b dx \left(1 - \frac{i}{k}(\delta(x) - \delta(b-x))\right) \mathrm{e}^{-ikx} \\
&= \frac{A_0}{2\sqrt{2\pi}} \left\{ \left[\frac{i}{k}\mathrm{e}^{-ikx}\right]_0^b - \frac{i}{k}\left(1 - \mathrm{e}^{-ikb}\right) \right\} \\
&= -\frac{A_0}{\sqrt{2\pi}}\frac{i}{k}\left(1 - \mathrm{e}^{-ikb}\right)
\end{aligned}$$

und

$$\begin{aligned}
D(k) &= \frac{A_0}{2\sqrt{2\pi}} \int_0^b dx \left(1 + \frac{i}{k}(\delta(x) - \delta(b-x))\right) \mathrm{e}^{-ikx} \\
&= \frac{A_0}{2\sqrt{2\pi}} \left\{ \left[\frac{i}{k}\mathrm{e}^{-ikx}\right]_0^b + \frac{i}{k}\left(1 - \mathrm{e}^{-ikb}\right) \right\} \\
&= 0
\end{aligned}$$

also, wie von den Anfangsbedingungen festgelegt, ein Wellenpaket, das nur einen rechtslaufenden Anteil hat.

4.4.3 Reine Kompressionswellen

Bei einer reinen Kompressionswelle muss

$$\mathrm{rot}\,\vec{S} = 0$$

sein, d.h. das Verschiebungsfeld lässt sich durch eine Potentialfunktion ausdrücken:

$$\vec{S} = \nabla\Phi \ .$$

Außerdem sind reine Kompressionswellen nur dann möglich, wenn die äußeren Kräfte ein Potential haben und sich als

$$\vec{f} = -\nabla U$$

schreiben lassen. Dies eingesetzt in (4.9) ergibt nach Integration[3]

$$\nabla^2 \Phi - \frac{1}{a^2} \ddot{\Phi} = \frac{U}{\lambda + 2\mu} \; . \tag{4.21}$$

Insbesondere erhält man für ein schwingendes Kompressionszentrum (als Modell für einen Erdbebenherd, vergl. das Beispiel in Abschn. 4.2.1) der Form

$$U = U_0 \, \delta(\vec{r} - \vec{r}_0) \cos \omega_0 t$$

mit (4.20) die Lösung

$$\Phi(\vec{r}, t) = -\frac{U_0}{4\pi(\lambda + 2\mu)} \frac{1}{|\vec{r} - \vec{r}_0|} \cos \omega_0 \left(t - \frac{|\vec{r} - \vec{r}_0|}{a} \right) \; .$$

Dies sind Kugelwellen, die sich konzentrisch mit der Geschwindigkeit a ausbreiten. Durch Gradientenbildung berechnet man schließlich das Verschiebungsfeld

$$\vec{S} = \frac{U_0}{4\pi(\lambda + 2\mu)} \left[-\frac{\omega_0}{a} \frac{\vec{r} - \vec{r}_0}{|\vec{r} - \vec{r}_0|^2} \sin \omega_0 \left(t - \frac{|\vec{r} - \vec{r}_0|}{a} \right) + \frac{\vec{r} - \vec{r}_0}{|\vec{r} - \vec{r}_0|^3} \cos \omega_0 \left(t - \frac{|\vec{r} - \vec{r}_0|}{a} \right) \right] ,$$

was im stationären Fall $\omega_0 = 0$ natürlich mit der Lösung aus Abschn. 4.2.1 übereinstimmen muss. Bemerkenswert ist, dass es ähnlich wie bei der Dipolstrahlung in der Elektrodynamik im zeitabhängigen Fall ein Fernfeld und ein Nahfeld gibt, da die beiden Terme mit unterschiedlichen Potenzen von $|\vec{r} - \vec{r}_0|$ gegen null gehen. Weit weg vom Erdbebenherd wird also nur noch das Fernfeld

$$\vec{S}_F = -\frac{U_0 \omega_0}{4\pi a(\lambda + 2\mu)} \frac{\vec{r} - \vec{r}_0}{|\vec{r} - \vec{r}_0|^2} \sin \omega_0 \left(t - \frac{|\vec{r} - \vec{r}_0|}{a} \right)$$

zu messen sein, welches mit der Anregungsfrequenz ω_0 anwächst.

4.4.4 Longitudinale und transversale Wellen

Wie schon öfters verwendet, lässt sich jedes beliebige Vektorfeld in eine Summe aus einem quellfreien und einem wirbelfreien Teil zerlegen. Wir schreiben demnach die Verschiebung als

$$\vec{S} = \vec{S}_t + \vec{S}_\ell \; ,$$

mit dem quellfreien Anteil $\vec{S}_t$,

$$\mathrm{div}\, \vec{S}_t = 0$$

und dem wirbelfreien Anteil $\vec{S}_\ell$,

$$\mathrm{rot}\, \vec{S}_\ell = 0 \; .$$

---

[3]Die dabei auftretende Integrationskonstante kann durch Verschieben des Potentials U zum Verschwinden gebracht werden.

Einsetzen der Zerlegung in die Navier-Gleichungen liefert

$$-\rho\ddot{\vec{S}}_t - \rho\ddot{\vec{S}}_\ell + (\lambda + \mu)\mathrm{grad}\,\mathrm{div}\,\vec{S}_\ell + \mu\nabla^2\vec{S}_t + \mu\nabla^2\vec{S}_\ell \underbrace{-\mathrm{grad}\,U + \mathrm{rot}\,\vec{A}}_{\vec{f}} = 0 \ .$$

Anwendung der Divergenz auf diese Gleichung ergibt

$$\mathrm{div}\left[\ddot{\vec{S}}_\ell - a^2\Delta\vec{S}_\ell + \frac{1}{\rho}\mathrm{grad}\,U\right] = 0 \qquad \mathrm{mit} \quad a = \sqrt{\frac{\lambda + 2\mu}{\rho}} \ .$$

Weil auch die Rotation des Ausdrucks in der eckigen Klammer null ist, muss die Klammer (wegen der eindeutigen Zerlegung von Vektorfeldern in ein Rotations- und ein Gradientenfeld) bis auf eine Konstante identisch verschwinden, was wieder in einer (inhomogenen) Wellengleichung resultiert:

$$\nabla^2\vec{S}_\ell - \frac{1}{a^2}\ddot{\vec{S}}_\ell = \frac{\mathrm{grad}\,U}{\lambda + 2\mu} \ . \tag{4.22}$$

Bildung der Rotation der Navier-Gleichungen führt genauso auf eine Wellengleichung für $\vec{S}_t$:

$$\nabla^2\vec{S}_t - \frac{1}{b^2}\ddot{\vec{S}}_t = -\frac{1}{\mu}\mathrm{rot}\,\vec{A} \qquad \mathrm{mit} \quad b = \sqrt{\frac{\mu}{\rho}} \ . \tag{4.23}$$

Im kräftefreien Fall gilt $\vec{A} = U = 0$ und die allgemeine Lösung der beiden Wellengleichungen bilden wieder ebene Wellen:

$$\vec{S}_\ell = \vec{S}_{\ell 0}e^{\pm i(\vec{k}\vec{r}\pm\omega t)}, \qquad \vec{S}_t = \vec{S}_{t0}e^{\pm i(\vec{k}\vec{r}\pm\omega t)} \ .$$

Wegen $\mathrm{div}\,\vec{S}_t = 0$ und $\mathrm{rot}\,\vec{S}_\ell = 0$ folgt aber sofort

$$\vec{k}\cdot\vec{S}_{t0} = 0 \quad \rightarrow \quad \vec{S}_{t0} \perp \vec{k}$$

und

$$\vec{k}\times\vec{S}_{\ell 0} = 0 \quad \rightarrow \quad \vec{S}_{\ell 0} \parallel \vec{k} \ .$$

D.h. der Verschiebungsanteil $\vec{S}_t$ steht senkrecht auf der Ausbreitungsrichtung, der Anteil $\vec{S}_\ell$ parallel dazu. Bei ersterem handelt es sich also um eine **transversale Welle**, vergleichbar mit Lichtwellen, beim zweiten um eine **longitudinale Welle** (Schallwellen in Gasen). Transversale und longitudinale Wellen haben dabei verschiedene Phasengeschwindigkeiten, genau wie Kompressions- und Scherwellen.

Kapitel 5

Ideale Flüssigkeiten

Zum Aufstellen der Grundgleichungen in Flüssigkeiten kann man sich von der im vorigen Kapitel dargestellten Vorgehensweise leiten lassen. Es gibt jedoch zwei grundlegende Unterschiede zum deformierbaren elastischen Festkörper:

- Die Annahme kleiner (relativer) Verschiebungen ist sinnlos, da sich zwei eng benachbarte Flüssigkeitsvolumenelemente (oder kürzer: Teilchen) im Lauf der Zeit beliebig weit von ihrem Ausgangspunkt bzw. voneinander entfernen können.

- Innere Spannungen hängen in Flüssigkeiten normalerweise nicht mehr von der Verformung der Volumenelemente, sondern von ihrer Geschwindigkeit, besser, ihrem Geschwindigkeitsgradienten, ab. (Eine Ausnahme macht die Kompression, die sich auf einen äußeren (hydrostatischen) Druck einstellt.)

Anstatt des Verschiebungsfeldes wird in Flüssigkeiten das Geschwindigkeitsfeld die zentrale Rolle spielen. Die Kräftebilanz führt direkt auf ein partielles Differentialgleichungssystem für das Geschwindigkeitsfeld, in dem die Verschiebung nicht mehr vorkommt. Unter einer *stationären Lösung* werden wir dann den Zustand verstehen, bei dem das Geschwindigkeitsfeld an jedem Ort zeitlich konstant ist, die einzelnen Volumenelemente sich aber bewegen. Der Spezialfall einer ruhenden Flüssigkeit wird als Hydrostatik bezeichnet.

5.1 Euler-Gleichungen

Die im dritten Kapitel hergeleiteten Gleichgewichtsbedingungen (3.4) gelten für beliebige Verschiebungen. Die Annahme kleiner Verschiebungen wurde erst für die (linearisierten) Materialgesetze sowie für die vereinfachte Form der Trägheitskräfte notwendig, was schließlich auf die Navier-Gleichungen (4.9) führte. Wir gehen also zurück zu (3.4), addieren den vollständigen nichtlinearen Ausdruck (2.10) für die Trägheitskräfte und erhalten

$$\rho(\vec{r},t) \left[\frac{\partial \vec{v}(\vec{r},t)}{\partial t} + (\vec{v}(\vec{r},t) \cdot \nabla) \vec{v}(\vec{r},t) \right] = \operatorname{div} \underline{T}(\vec{v},p) + \vec{f}(\vec{r},t) \ . \tag{5.1}$$

Wir schreiben $\underline{T}(\vec{v}, p)$ und deuten damit bereits an, dass im Gegensatz zum elastischen Festkörper bei Flüssigkeiten innere Spannungen von der Geschwindigkeit und nicht von der Verformung abhängen. Allerdings werden wir, wie wir gleich sehen werden, zur vollständigen Beschreibung noch den Druck p benötigen.

Das bis hier Gesagte gilt für alle Flüssigkeiten. Speziell in idealen Flüssigkeiten treten keine Scherspannungen auf, hier gilt also (siehe (3.8))

$$\underline{T}' = 0 \ ,$$

der Spannungstensor besitzt Diagonalform. Betrachten wir eine Ebene mit Normalenvektor $\hat{n}$, so stehen alle dort auftretenden Spannungen senkrecht zu dieser Ebene:

$$\underline{T} \, \hat{n} = \lambda \, \hat{n} \ .$$

Nun muss in einer isotropen Flüssigkeit die Normalspannung λ für alle Orientierungen von $\hat{n}$ dieselbe sein. Dies ist aber nur dann möglich, wenn $\underline{T}$ ein Vielfaches des Einheitstensors ist (für einen Beweis siehe Aufgabe 5.1):

$$T_{ij} = \lambda \, \delta_{ij} \equiv -p \, \delta_{ij}$$

mit dem Druck p. Setzen wir das in (5.1) ein, erhalten wir

$$\rho(\vec{r}, t) \left[\frac{\partial \vec{v}(\vec{r}, t)}{\partial t} + (\vec{v}(\vec{r}, t) \cdot \nabla) \vec{v}(\vec{r}, t) \right] = -\text{grad} \ p(\vec{r}, t) + \vec{f}(\vec{r}, t) \ . \qquad (5.2)$$

Dies sind die nach dem Schweizer Mathematiker Leonhard Euler (1707-1783) benannten **Euler-Gleichungen** für ideale Flüssigkeiten.

Die Euler-Gleichungen sind grundsätzlich nichtlinear, entsprechend kompliziert gestaltet sich ihre Lösung. Eine Linearisierung ist nur für kleine Geschwindigkeiten möglich, etwa bei der Entstehung einer Strömung. Für voll entwickelte Strömungen muss man daher in den meisten Fällen auf Computerrechnungen zurückgreifen.

Neben dem Geschwindigkeitsfeld benötigt man zur Beschreibung von Strömungen noch die Zustandsvariablen Druck und Dichte, für die man weitere Gleichungen formulieren kann. Damit werden sich die beiden nächsten Abschnitte beschäftigen.

———————

Aufgabe 5.1: Zeige, dass der Druck p auf eine Ebene durch einen beliebigen Punkt in der Flüssigkeit nicht von der Orientierung dieser Ebene abhängen kann.

Lösung: Die beiden Einheitsvektoren $\hat{n}_1$ und $\hat{n}_2$ seien linear unabhängig und beliebig orientiert. Sei

$$\begin{aligned} \underline{T}\hat{n}_1 &= -p_1\hat{n}_1 \\ \underline{T}\hat{n}_2 &= -p_2\hat{n}_2 \ , \end{aligned}$$

dann ist zu zeigen, dass $p_1 = p_2$ gilt. Skalare Multiplikation der ersten Gleichung mit $\hat{n}_2$, der zweiten mit $\hat{n}_1$ und Subtraktion ergibt

$$\underbrace{\hat{n}_2 \underline{T} \hat{n}_1 - \hat{n}_1 \underline{T} \hat{n}_2}_{=0} = -(p_1 - p_2)\hat{n}_1 \cdot \hat{n}_2 \; .$$

Die linke Seite veschwindet, weil $\underline{T}$ ein symmetrischer Tensor ist. Weil $\hat{n}_i$ beliebig ist, muss

$$p_1 = p_2 = p$$

sein.

5.2 Kontinuitätsgleichung

5.2.1 Kompressible Flüssigkeiten

Eine Verknüpfung zwischen Dichte und Geschwindigkeitsfeld folgt aus der (lokalen) Massenerhaltung. Diese Gleichung, die wir bereits in Kapitel 2 abgeleitet hatten (2.30), ist die Kontinuitätsgleichung

$$\partial_t \rho + \operatorname{div}(\rho \vec{v}) = \partial_t \rho + (\vec{v} \cdot \nabla)\rho + \rho \operatorname{div} \vec{v} = 0 \; . \tag{5.3}$$

Für ihre Herleitung hatten wir nirgends kleine Verschiebungen vorausgesetzt, so dass die Kontinuitätsgleichung auch in der Hydrodynamik gelten wird. Bei der Linearisierung hatten wir lediglich Terme der Form $(\operatorname{div} \vec{S}) \cdot (\operatorname{div} \vec{v})$ vernachlässigt, was aber mit der Annahme einer infinitesimalen Volumenänderung konsistent ist.

5.2.2 Inkompressible Flüssigkeiten

Im Gegensatz zu Gasen lassen sich Flüssigkeiten nur sehr schwer komprimieren, man kann oft Inkompressibilität annehmen. Dann ändert sich auch die Dichte eines mitschwimmenden Volumenelementes im Lauf der Zeit nicht und es gilt

$$\partial_t \rho + (\vec{v} \cdot \nabla)\rho = 0 \; .$$

Damit wird aber aus (5.3) die **Inkompressibilitätsbedingung**

$$\operatorname{div} \vec{v}(\vec{r}, t) = 0 \; , \tag{5.4}$$

was geometrisch bedeutet, dass das Geschwindigkeitsfeld weder Quellen noch Senken besitzt. Stromlinien können dann im Innern der Flüssigkeit weder enden noch beginnen und sind entweder geschlossen oder laufen auf den Rand.

Für eine inkompressible Flüssigkeit lässt sich der Druck aus den Euler-Gleichungen durch Bilden der Rotation einfach eliminieren. Man erhält so eine Gleichung, die nur noch das Geschwindigkeitsfeld und eventuelle äußere Kräfte, die kein Potential besitzen, enthält (Herleitung siehe Aufgabe 5.2):

$$\partial_t \mathrm{rot}\, \vec{v} = \mathrm{rot}\,(\vec{v} \times \mathrm{rot}\, \vec{v}) + \frac{1}{\rho}\mathrm{rot}\, \vec{f}\,. \tag{5.5}$$

Die vier Gleichungen (5.4) und (5.5) beschreiben ideale inkompressible Flüssigkeiten. Ein weiterer Zusammenhang der Form

$$p = p(\rho)$$

wie wir ihn im übernächsten Abschnitt diskutieren werden, ist nicht notwendig und hat auch wenig Sinn, da ja ρ konstant ist und der Druck nicht mehr als Antwort auf eine Kompression betrachtet werden kann. In diesem Fall kann man den Druck ausrechnen, indem man die Divergenz auf die Euler-Gleichungen anwendet und die resultierende Poisson-Gleichung

$$\nabla^2 p = \rho \left\{ -\mathrm{Sp}\left[(\nabla \circ \vec{v})(\nabla \circ \vec{v}) \right] + \mathrm{div}\, \vec{f} \right\} \tag{5.6}$$

löst (Herleitung siehe Aufgabe 5.2).

––––––––––––

Aufgabe 5.2: Leite die Gleichungen (5.5) und (5.6) aus (5.2) und (5.4) her.

Lösung: Einsetzen der Hilfsformel (B.11)

$$(\vec{v} \cdot \nabla)\vec{v} = \frac{1}{2}\mathrm{grad}\,\, v^2 - \vec{v} \times \mathrm{rot}\, \vec{v}$$

in die Euler-Gleichung ergibt mit $\rho = $ const.

$$\partial_t \vec{v} + \frac{1}{2}\mathrm{grad}\,\, v^2 = \vec{v} \times \mathrm{rot}\, \vec{v} - \mathrm{grad}\,\left(\frac{p}{\rho} \right) + \frac{\vec{f}}{\rho}\,.$$

Durch Anwenden der Rotation verschwinden die beiden Gradienten und man erhält sofort (5.5).

Andererseits ergibt die Divergenz der Euler-Gleichungen

$$\nabla^2 p = \rho \left\{ -\mathrm{div}\,((\vec{v} \cdot \nabla)\vec{v}) + \mathrm{div}\, \vec{f} \right\}\,.$$

Der erste Term auf der rechten Seite lässt sich weiter umformen, am besten in Komponentenschreibweise:

$$\sum_{ij} \partial_i(v_j \partial_j v_i) = \sum_{ij} \partial_i v_j \partial_j v_i + \sum_{ij} v_j \partial_j \partial_i v_i\,.$$

Der letzte Ausdruck rechts verschwindet wegen div $\vec{v} = 0$, der erste ist die Spur des Quadrates des dyadischen Produkts $\nabla \circ \vec{v}$.

5.3 (*) Erhaltungsgleichungen

Gleichungen für die Erhaltung bestimmter Größen wie Impuls oder Energie sind in der Physik von grundlegender Bedeutung. Wir werden in diesem Abschnitt zeigen, wie sich die Euler-Gleichungen auf die Form lokaler Erhaltungsgleichungen bringen lassen. Aus der Erhaltung des Gesamtimpulses einer Flüssigkeit lässt sich ebenfalls eine lokale Erhaltungsgleichung herleiten. Durch Vergleich mit den Euler-Gleichungen ergibt sich so ein Ausdruck für den Impulsstromdichtetensor.

5.3.1   Globale und lokale Erhaltungsgleichungen

Sei Q eine Größe, deren Wert in einem abgeschlossenen Volumen konstant sein soll. Wir ordnen Q durch

$$Q(t) = \int_V d^3\vec{r} \, q(\vec{r}, t)$$

die Volumendichte (kurz: Dichte) q zu. Das Volumen V sei durch die geschlossene Oberfläche $F(V)$ begrenzt. Durch diese Oberfläche soll ein Fluss der Form

$$J(t) = \int_F d^2\vec{f} \cdot \vec{j}(\vec{r}, t)$$

fließen, der zur Änderung von Q führt, wobei $\vec{j}$ die zur Dichte q gehörende Stromdichte ist. Weil der Normalenvektor $d\vec{f}$ per Definition nach außen zeigt, bedeutet $J > 0$ dass von Q mehr aus dem Volumen herausfließt als hinein. Es gilt

$$d_t Q = -J \, ,$$

oder

$$\int_V d^3\vec{r} \, \partial_t q(\vec{r}, t) = -\int_F d^2\vec{f} \cdot \vec{j}(\vec{r}, t) \, ,$$

was man als globale Erhaltungsgleichung bezeichnen kann. Das Oberflächenintegral auf der rechten Seite lässt sich mit Hilfe des Gauß'schen Satzes in ein Volumenintegral umformen:

$$\int_V d^3\vec{r} \, \partial_t q = -\int_V d^3\vec{r} \, \text{div} \, \vec{j} \, .$$

Weil das Volumen aber beliebig sein kann, müssen die Integranden gleich sein und man liest sofort die lokale Erhaltungsgleichung

$$\partial_t q = -\operatorname{div} \vec{j}$$

ab. Vergleichen wir dies mit (5.3), ergibt sich für die Massenstromdichte

$$\vec{j} = \rho \vec{v} \ .$$

5.3.2   Impulsstrom

Handelt es sich bei der erhaltenen Größe um einen Vektor $\vec{Q}$, so lässt sich die Rechnung für jede Komponente Q_k genau wie oben gezeigt durchführen. Man erhält als lokale Gleichungen

$$\partial_t q_k = -\sum_i \partial_i j_{ik}$$

mit dem Stromdichtetensor $\underline{j}$. Wir setzen nun für q_k die Impulsdichte ρv_k ein und leiten aus den Euler-Gleichungen einen Ausdruck für $\partial_t(\rho v_k)$ her. Dazu schreiben wir (5.2) (mit $\vec{f} = 0$) in Komponentenschreibweise

$$\rho \partial_t v_k = -\partial_k p - \sum_j \rho v_j \partial_j v_k \ ,$$

multiplizieren die Kontinuitätsgleichung (5.3) mit v_k

$$v_k \partial_t \rho = -v_k \sum_j \partial_j(\rho v_j)$$

und addieren beide:

$$\partial_t(\rho v_k) = -\partial_k p - \sum_j \partial_j(\rho v_j v_k) \ .$$

Die rechte Seite der letzten Gleichung lässt sich weiter umformen zu

$$-\partial_k p - \sum_j \partial_j(\rho v_j v_k) = -\sum_j \partial_j(\delta_{jk} p + \rho v_j v_k) \ ,$$

was aber nichts anderes als die Divergenz eines Tensors ist. Damit haben wir die Euler-Gleichungen (mit Hilfe der Kontinuitätsgleichung) auf die lokale Erhaltungsform gebracht und den Tensor

$$\Pi_{jk} = \delta_{jk} p + \rho v_j v_k$$

oder

$$\underline{\Pi} = \underline{1}\, p + \rho(\vec{v} \circ \vec{v})$$

als Impulsstromdichte identifiziert.

5.4   Materialgesetze und Zustandsgleichungen

In kompressiblen Flüssigkeiten oder in Gasen gibt es einen Zusammenhang zwischen der Volumenänderung (Sp$\underline{\varepsilon}$) und den auftretenden Normalspannungen (Sp$\underline{T}$). Wie aber oben gezeigt wurde, lassen sich die Normalspannungen durch eine einzige skalare Größe, nämlich den Druck p, ausdrücken. Allgemein erhalten wir also

$$p = p(\rho) \ . \tag{5.7}$$

Dies ist die Materialgleichung, oder besser **Zustandsgleichung**, in die neben der Temperatur Materialeigenschaften (Kompressibilität) eingehen werden. Zusammen mit der Kontinuitätsgleichung und den Euler-Gleichungen haben wir jetzt ein System von insgesamt fünf Gleichungen für die fünf Zustandsvariablen

$$v_x(\vec{r},t), \quad v_y(\vec{r},t), \quad v_z(\vec{r},t), \quad \rho(\vec{r},t), \quad p(\vec{r},t),$$

die den dynamischen Zustand einer Flüssigkeit vollständig beschreiben.

Zustandsgleichungen sind aus der Thermodynamik bekannt und enthalten dort im einfachsten Fall neben dem Druck noch das (Mol-) Volumen V und die Temperatur T. So lässt sich für ein ideales Gas der Zusammenhang

$$\frac{pV}{RT} - 1 = 0$$

angeben, wobei R die universelle Gaskonstante bezeichnet. Der allgemeinere Zusammenhang, der auch reale Gase und Phasenübergänge beschreiben kann, lautet

$$\frac{pV}{RT} - 1 = \sum_{k=1}^{N} B_{k+1}(T)V^{-k} \ . \tag{5.8}$$

Die Größen $B_k(T)$ werden als **Virialkoeffizienten** bezeichnet und sind temperatur- und materialabhängig. Das Molvolumen verhält sich reziprok zur Dichte. Nach Skalierung der Virialkoeffizienten lässt sich (5.8) als Entwicklung bezüglich der Dichte

$$p(\rho) = A(T)\rho + \sum_{k=2}^{N} \tilde{B}_k(T)\rho^k \tag{5.9}$$

formulieren. Die Entwicklung konvergiert schnell für kleine Dichten, also in verdünnten Gasen. Vereinfacht ausgedrückt beschreibt der Virialkoeffizient $\tilde{B}_k$ die Wechselwirkung zwischen k Flüssigkeitsteilchen. Für hohe Dichten dagegen konvergiert die Reihe (5.9) schlecht und findet daher kaum praktische Anwendung.

Eine seit langem verwendete, phänomenologisch begründete Zustandsgleichung ist die **van der Waals-Gleichung** (van der Waals 1873):

$$\left(p + \frac{a}{V^2}\right)\left(V - V_0\right) = RT ,$$

oder

$$p = \frac{RT}{V - V_0} - \frac{a}{V^2}, \qquad V > V_0 . \tag{5.10}$$

V_0 bezeichnet hier ein Minimalvolumen, das nur durch unendlich hohen Druck erreicht werden kann. Mikroskopisch lässt sich der Term durch Abstoßung der Flüssigkeitsteilchen[1] bei sehr kleinen Distanzen erklären. Der Term a/V^2 ergibt dagegen eine Druckabsenkung für mittlere Dichten, entsprechend einer anziehenden Kraft für mittlere Teilchenabstände. Mikroskopisch lässt sich eine Zustandsgleichung wie die von van der Waals z.B. durch ein Paar-Potential der Form

$$U(r) = U_0 \left[\left(\frac{r_0}{r}\right)^m - \frac{m}{n}\left(\frac{r_0}{r}\right)^n\right] \tag{5.11}$$

herleiten, wobei r den Abstand zwischen zwei Gas- oder Flüssigkeitsteilchen bezeichnet. Aus dem Paar-Potential berechnet man die Kraft zwischen den beiden Teilchen wie gewohnt durch Gradientenbildung:

$$F(r) = -\frac{dU(r)}{dr} .$$

Die oft verwendete spezielle Form von (5.11) mit $m = 12$ und $n = 6$ wird als (12,6)-Potential oder als **Lennard-Jones-Potential**[2] bezeichnet (Abb. 5.1).

Thermodynamische Systeme werden durch Zustandsfunktionen beschrieben. Durch die Annahme eines lokalen Gleichgewichts lässt sich dieses Konzept auch auf räumlich variierende Zustandsgrößen erweitern. So lässt sich der Druck aus der freien Energie durch Differenzieren gewinnen:

$$p = -\left(\frac{\partial F(V, T)}{\partial V}\right)_T .$$

Für ein van der Waals-Gas erhält man durch Integration von (5.10) für die freie Energie

$$F(V, T) = -RT \ln(V - V_0) - \frac{a}{V} + f(T) .$$

Abb. 5.2 skizziert das p-V-Diagramm eines realen Gases in der Nähe des Phasenüberganges flüssig/gasförmig. In einem bestimmten Intervall $V_1 \leq V \leq V_2$ existieren zu

---

[1]An dieser Stelle sind tatsächlich mikroskopische Teilchen, also Atome oder Moleküle, gemeint, und nicht wie sonst Volumenelemente.

[2]Nach John E. Lennard-Jones, Theoretischer Physiker und Mathematiker aus England (1894-1954).

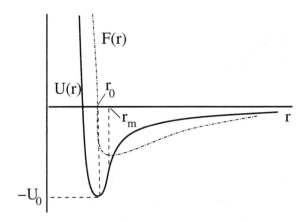

Abb. 5.1 Paar-Potential $U(r)$ und Kraft $F(r)$ (*strichliert*) zwischen zwei Teilchen als Funktion des Abstandes. Die Teilchen stoßen sich bei kleinen Abständen ab, bei großen ziehen sie sich an, r_0 ist der Abstand, bei dem zwei Teilchen im Gleichgewicht sind. Bei r_m hat die anziehende Kraft ihren größten Wert. Für das (12,6)-Potential gilt $r_m \approx 1.1 r_0$.

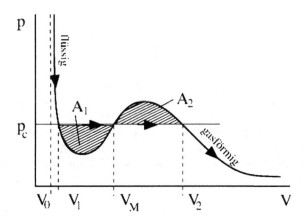

Abb. 5.2 Qualitativer Verlauf einer Isotherme eines realen Gases in der Nähe des Phasenübergangs flüssig/gasförmig. Vermindert man im flüssigen Zustand den Druck, so wird die *dicke Linie* in Pfeilrichtung durchlaufen. Ab dem kritischen Druck p_c setzt Phasenseparation ein, d.h. Teile der Flüssigkeit gehen in den gasförmigen Zustand über. Dadurch vergrößert sich das Gesamtvolumen, ohne das sich der Druck ändert, das System bewegt sich auf einer *geraden Linie* $p = p_c$ entlang der Pfeile. Erst wenn die gesamte Flüssigkeit bei V_2 den gasförmigen Zustand erreicht hat, nimmt der Druck mit zunehmendem Volumen weiter ab. Die *Linie* $p = p_c$ folgt aus einer Maxwell-Konstruktion, die gleiche Flächen $A_1 = A_2$ aus der Isotherme herausschneidet.

jedem Druck drei verschiedene Molvolumen und damit Dichten. Das kleinste Volumen (größte Dichte) lässt sich mit der flüssigen Phase identifizieren, das größte mit dem gasförmigen Zustand. Dazwischen wird ein Phasenübergang durchlaufen. Dies geschieht jedoch nicht kontinuierlich, sondern so, dass sobald der kritische Druck p_c

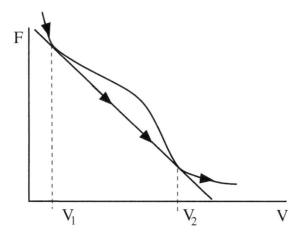

Abb. 5.3 Die zu Abb. 5.2 gehörende freie Energie. Ab V_1 verlässt das System die Kurve und bewegt sich auf der Doppeltangente weiter bis V_2. Dies ist nur möglich durch Phasenseparation.

erreicht wird immer mehr Teile der Flüssigkeit in den gasförmigen Zustand übergehen. Der Druck bleibt dabei gleich, das Volumen vergrößert sich jedoch.

Der Verlauf der freien Energie ist in Abb. 5.3 gezeigt. Da das gesamte System stets seine freie Energie minimiert, muss bei Vergrößerung des Volumens über den Punkt V_1 hinaus Phasenseparation eintreten, d.h. die freie Energie wird sich zwischen V_1 und V_2 auf der Doppeltangente in Abb. 5.3 bewegen. Die Steigung der Doppeltangente ist aber gerade $-p_c$. Andererseits schneidet die Linie $p = p_c$ im p-V-Diagramm aus der Isotherme zwei gleich große Flächen A_1 und A_2 heraus (Abb. 5.2). Auf diese Weise lässt sich p_c geometrisch bestimmen, was als **Maxwell-Konstruktion** bezeichnet wird (siehe Aufgabe 5.3).

––––––––––––

Aufgabe 5.3: Zeige, dass die Doppeltangente in Abb. 5.3 die Steigung $-p_c$ besitzt und gleich dem Wert ist, der sich aus der Maxwell-Konstruktion in Abb. 5.2 ergibt.

Lösung: sei $F_i = F(V_i)$ und $F_i' = \frac{\partial F}{\partial V}\big|_{V_i}$. Wie man aus Abb. 5.3 abliest, hat die Doppeltangente die Steigung

$$m = \frac{F_2 - F_1}{V_2 - V_1} \,. \qquad (5.12)$$

Außerdem muss, damit die Gerade die Kurve in V_i berührt,

$$F_1' = F_2' = m \qquad (5.13)$$

gelten. Aus der Abb. 5.2 berechnet man die beiden schraffierten Flächen zu

$$A_1 = (V_M - V_1)p_c - \int_{V_1}^{V_M} p\,dV = (V_M - V_1)p_c + F_M - F_1$$

$$A_2 = -(V_2 - V_M)p_c + \int_{V_M}^{V_2} p\,dV = (V_M - V_2)p_c + F_M - F_2 \,.$$

Aus der Maxwell-Konstruktion folgt $A_1 = A_2$ und damit

$$p_c = -\frac{F_2 - F_1}{V_2 - V_1} \,.$$

Mit (5.12) verglichen erhalten wir sofort

$$m = -p_c$$

und wegen

$$p(V_1) = p(V_2) = p_c$$

auch (5.13)

$$F_1' = F_2' = -p_c = m \,.$$

5.5 Randbedingungen

5.5.1 Fester Rand und Stromlinien

Unter einem festen Rand verstehen wir eine Berandung, in die die Flüssigkeit nicht eindringen kann. Dies kann ein äußerer Rand sein, es kann sich aber auch um die Begrenzung von sich in der Flüssigkeit befindenden, undurchlässigen Körpern handeln.

Damit keine Strömung durch den Rand fließen kann, muss auf der Randfläche Ω

$$\hat{n} \cdot \vec{j}|_\Omega = \hat{n} \cdot \vec{v}\rho|_\Omega = 0 \qquad \text{oder} \quad \hat{n} \cdot \vec{v}|_\Omega = 0 \tag{5.14}$$

gelten. Hier bezeichnet $\hat{n}$ den Normalenvektor der Randfläche und $\vec{j}$ die Massenstromdichte.

In einer idealen Flüssigkeit können sich die tangential zum Rand zeigenden Geschwindigkeitskomponenten beliebig einstellen, weil keine Scherkräfte existieren. Als Stromlinie eines Geschwindigkeitsfeldes definiert man die Kurve, deren Richtung zu einem bestimmten Zeitpunkt an jedem Ort mit der Richtung des Geschwindigkeitsfeldes über-einstimmt. Ändert sich das Geschwindigkeitsfeld nicht mit der Zeit, so sind die Strom-linien mit den Bahnlinien der Flüssigkeitsteilchen identisch. Eine Gleichung für die Stromlinien ergibt sich aus

$$dx = v_x dt, \quad dy = v_y dt, \quad dz = v_z dt \ .$$

Nach Elimination von dt erhält man

$$\vec{v} \times d\vec{r} = 0 \ ,$$

was aber wegen (5.14) bedeutet, dass Stromlinienelemente senkrecht auf dem Norma-lenvektor der Randfläche stehen. Bei ebenen Strömungen sind Randlinien daher immer auch Stromlinien.

5.5.2   Freie Oberflächen

Die Kraft, die von der Flüssigkeit auf eine freie Oberfläche wirkt, ist durch den Druck an der Oberfläche

$$\vec{f} = \hat{n} \cdot \underline{T}|_\Omega = \hat{n} \cdot \frac{1}{3} \underline{1} \, \mathrm{Sp}\underline{T}|_\Omega = -p|_\Omega \hat{n}$$

gegeben und zeigt in Richtung des Flächennormalenvektors. Diese Kraft kann durch einen äußeren Druck (Luftdruck) und/oder durch Flächenkräfte in der Oberfläche, hervorgerufen durch die Oberflächenspannung, ausgeglichen werden.

Ebene nichtdeformierbare Oberfläche

Man stellt sich die Oberfläche am besten wie eine zunächst ebene Gummimembran vor. Durch Zug entlang der Membran entstehen Kräfte in der Membran-Ebene. Durch Auslenken der Membran senkrecht zur Ebene wird es eine Rückstellkraft ebenfalls senkrecht zur Ebene geben. Ist die Oberfläche nicht gekrümmt, werden keine Kräfte senkrecht zur Oberfläche auftreten (s. nächster Abschnitt). Damit die Oberfläche in Ruhe bleibt, muss dann

$$p|_\Omega = p_a \qquad \text{und} \quad \hat{n} \cdot \vec{v}|_\Omega = 0 \tag{5.15}$$

gelten. Hier bezeichnet p_a den äußeren Druck. Wie vorher nehmen wir an, dass keine Strömung durch die Oberfläche fließen soll. Dies ändert sich, sobald Verdampfung oder Kondensation ins Spiel kommt.

Gekrümmte nichtdeformierbare Oberfläche

Ist die Oberfläche gekrümmt, entsteht durch die Oberflächenspannung eine Kraft senk-recht zur Fläche, die proportional zur Krümmung ist. Dadurch kann der Außendruck je

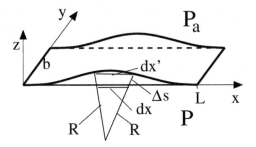

Abb. 5.4 Ein zunächst ebenes Flächenstück wird infinitesimal um Δs ausgelenkt. Im Gleichgewicht hält sich die Differenz zwischen Innen- und Außendruck mit der durch die Deformation zusätzlich erzeugten Oberflächenspannung die Waage. Dies wird durch die Laplace-Formel zum Ausdruck gebracht (siehe Text).

nach Vorzeichen der Krümmung kleiner oder größer als der Innendruck sein. Man denke an einen aufgeblasenen Luftballon, bei dem die Krümmung, von innen betrachtet, positiv und der Innendruck größer als der Außendruck ist.

Wir wollen nun eine Formel für die Druckdifferenz in Abhängigkeit der Krümmung herleiten. Dies lässt sich am einfachsten durch Aufstellen der Energiebilanz erreichen. Wir beschränken uns auf den zweidimensionalen Fall. Ein anfangs ebener Streifen der Länge L und Breite b soll um ein infinitesimales Stück Δs ausgelenkt werden (Abb. 5.4). Dabei wird durch die Druckdifferenz die Arbeit

$$\Delta A_1 = b \int_0^L dx\, (-p + p_a)\Delta s$$

geleistet. Andererseits wird bei der Deformation die Fläche größer. Die Arbeit, die dazu gegen die Oberflächenspannung der Fläche aufgewendet werden muss, ist gleich der Änderung der Fläche multipliziert mit der Oberflächenspannung γ

$$\Delta A_2 = b \int_0^L dx'\, \gamma - b \int_0^L dx\, \gamma \,,$$

wobei dx' andeuten soll, dass über die deformierte Fläche zu integrieren ist.

Wie sich aus der Skizze ablesen lässt, hängt dx' vom Krümmungsradius R ab. Es gilt

$$\frac{dx'}{dx} = \frac{R}{R - \Delta s} = 1 + \frac{\Delta s}{R} \,.$$

Das letzte Gleichheitszeichen gilt für infinitesimales Δs. Ersetzen wir in der Formel für ΔA_2

$$dx' = \left(1 + \frac{\Delta s}{R}\right) dx \,,$$

ergibt sich

$$\Delta A_2 = b \int_0^L dx\, \gamma \frac{\Delta s}{R} \,.$$

Damit die Oberfläche wieder im Gleichgewicht ist, muss die durch die Druckdifferenz aufgebrachte Arbeit gleich der in die Oberfläche gesteckte Energie sein, also

$$\Delta A_1 + \Delta A_2 = 0 \ ,$$

oder

$$\int_0^L dx \ \left(-p + p_a + \frac{\gamma}{R}\right) \Delta s = 0 \ .$$

Weil aber Δs beliebig (klein) sein kann, muss der Ausdruck in der Klammer verschwinden und man erhält endlich

$$p = p_a + \frac{\gamma}{R} \ ,$$

die Formel von Laplace. Der zusätzliche Ausdruck γ/R wird auch als **Laplace-Druck** bezeichnet. Die dreidimensionale Verallgemeinerung lautet

$$p = p_a + \gamma \left(\frac{1}{R_x} + \frac{1}{R_y}\right) \ , \tag{5.16}$$

wobei R_x und R_y die Krümmungsradien in x- bzw. y-Richtung sind. Ist die Oberfläche durch eine Funktion $z = h(x,y)$ gegeben, so gilt für den Fall schwacher Krümmung, dass die Krümmungsradien gleich den negativen zweiten Ableitungen nach der entsprechenden Ortskoordinate sind. Man erhält also für den Druck entlang der Oberfläche

$$p(x, y, z = h) = p_a - \gamma(\partial_{xx}^2 + \partial_{yy}^2)h(x,y) \ . \tag{5.17}$$

Deformierbare Oberfläche

Zum Schluss wollen wir den Fall untersuchen, bei dem sich Form und Lage der Oberfläche zeitlich verändern können. Dies kann wie oben durch eine, jetzt zusätzlich von der Zeit abhängende, Funktion $h(x,y,t)$ beschrieben werden. Wenn sich die Höhe der Grenze an einem Punkt verändert, wird die z-Komponente des Geschwindigkeitsfeldes dort nicht mehr null sein. Vielmehr nimmt die Strömung den Rand mit und man erhält

$$\partial_t h(x, y, t) = v_z(x, y, z = h(x, y, t), t) \ ,$$

eine Randbedingung, die Geschwindigkeit und Höhe der Oberfläche verknüpft. Allerdings kommt noch ein weiterer Term hinzu, den man sich an Abb. 5.5 verdeutlicht. Selbst wenn v_z null ist, kann sich die Höhe ändern, nämlich durch die Mitnahme der Oberfläche durch eine horizontal gerichtete Strömung. Dieser Anteil ergibt sich durch Projektion der horizontalen Geschwindigkeit auf den Normalenvektor der Oberfläche

$$\vec{v}_H \cdot \vec{n} = \frac{-v_x \partial_x h - v_y \partial_y h}{\sqrt{1 + (\nabla h)^2}} \approx -v_x \partial_x h - v_y \partial_y h \ .$$

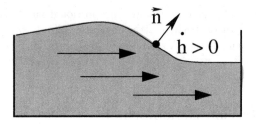

Abb. 5.5 Auch bei einer rein horizontalen Strömung kann sich die Höhe der Oberfläche ändern, wenn die Oberfläche nicht eben ist.

Der letzte Ausdruck gilt wiederum nur näherungsweise für kleine (infinitesimale) Krümmung. Insgesamt erhält man schließlich, zusätzlich zur Laplace-Formel (5.17), die sogenannte **kinematische Randbedingung**

$$\partial_t h = v_z - v_x \partial_x h - v_y \partial_y h \quad \text{bei} \quad z = h \ . \tag{5.18}$$

5.6 Hydrostatik

5.6.1 Grundgleichungen

Wie in der Elastostatik hat man es in der Hydrostatik mit ruhenden Körpern bzw. Flüssigkeiten zu tun, d.h. es gilt

$$\vec{v} = 0, \qquad \partial_t \rho = 0$$

zu allen Zeiten an allen Orten. Die Kontinuitätsgleichung ist identisch erfüllt und von den Euler-Gleichungen bleibt

$$\operatorname{grad} p(\vec{r}) = \vec{f}(\vec{r}) \tag{5.19}$$

übrig. Zusammen mit einer Zustandsgleichung

$$p = p(\rho) \tag{5.20}$$

lassen sich Druck- und Dichteverteilung bei gegebenen äußeren Kräften berechnen. Aus (5.19) ist sofort ersichtlich, dass es nur dann hydrostatische Lösungen geben kann, wenn die äußere Kraftdichte $\vec{f}(\vec{r})$ ein Potential besitzt, es muss also

$$\operatorname{rot} \vec{f}(\vec{r}) = 0 \tag{5.21}$$

gelten. Nichtkonservative Kraftdichten werden immer Strömungen verursachen.

Da Reibungskräfte in viskosen Flüssigkeiten proportional zur Geschwindigkeit sind, unterscheiden sich die hydrostatischen Gleichungen und ihre Lösungen in viskosen und idealen Flüssigkeiten nicht. Dieser Abschnitt gilt also auch für reale, reibende Flüssigkeiten.

5.6.2   Barometrische Höhenformel

Als erste einfache Anwendung leiten wir die barometrische Höhenformel her. Sie gibt an, wie sich Dichte und Druck in einer Gasschicht, die einem konstanten Schwerefeld ausgesetzt ist, mit der Höhe verändern. Die Temperatur wird dabei als konstant angenommen. Wegen $\vec{f} = -g\rho\hat{e}_z$ und (5.21) können Dichte und Druck nur von der Höhe z abhängen. Damit erhält man aus (5.19)

$$d_z p(z) = -g\rho(z) \qquad (5.22)$$

mit g als Gravitationsbeschleunigung. Für (5.20) nehmen wir ein ideales Gas an, d.h. der Druck ist linear zur Dichte:

$$p(\rho) = \frac{p_0}{\rho_0}\rho$$

wobei ρ_0 die Dichte an einem bestimmten Punkt, z.B. auf der Erdoberfläche und p_0 den dort herrschenden Druck bezeichnet. Eingesetzt in (5.22) ergibt sich

$$d_z\rho(z) = -\frac{\rho_0 g}{p_0}\rho(z) \; ,$$

eine Differentialgleichung für $\rho(z)$, die die Lösung

$$\rho(z) = \rho_0 e^{-\frac{\rho_0 g}{p_0}z}$$

hat. Aus der Zustandsgleichung (5.20) folgt dann für den Druck

$$p(z) = p_0 e^{-\frac{\rho_0 g}{p_0}z} \; ,$$

d.h. Luftdruck und Dichte nehmen exponentiell mit der Höhe ab.

Kann dagegen das Gas (oder die Flüssigkeit) als inkompressibel betrachtet werden, so gilt

$$\rho = \rho_0 = \text{const}$$

und der Druck hängt wegen (5.22) linear von der Höhe ab:

$$p(z) = p_0 - \rho_0 g z \; .$$

5.6.3   (*) Reales Gas im konstanten Schwerefeld

Auch in einem realen Gas wird der Druck zunächst mit abnehmender Höhe zunehmen. Kommt er jedoch in die Nähe des kritischen Drucks p_c, bei dem der Phasenübergang einsetzt, so ist zu erwarten, dass die Substanz unterhalb dieser Höhe im flüssigen Zustand vorliegt.

Wir berechnen die Dichteverteilung in einem realen Gas, indem wir (5.22) umschreiben

$$\frac{1}{\rho}dp = -gdz \ .$$

Weil p nur von ρ abhängt, ist

$$dp = \frac{dp}{d\rho}d\rho$$

und

$$\int_{\rho(0)}^{\rho(z)} \frac{1}{\rho}\frac{dp}{d\rho}d\rho = -gz \ .$$

Setzen wir links für p die van der Waals-Zustandsgleichung (5.10) mit $V = m/\rho$ ($m=$ Molmasse) ein und integrieren, ergibt sich

$$z = -\frac{1}{g}\left[B\left(\ln\rho + b\ln(1-b\rho) + \frac{1}{1-b\rho}\right) - 2A\rho\right] + c$$

mit c als Integrationskonstante und den Abkürzungen

$$A = a/m^2, \quad B = RT/m, \quad b = V_0/m \ .$$

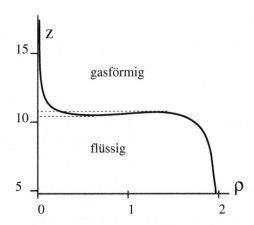

Abb. 5.6 Durch Zunahme des Drucks in der Gasschicht mit abnehmender Höhe stellt sich bei $z \approx 10$ der Phasenübergang gas/flüssig ein. In einem schmalen Bereich zwischen den *gestrichelten Linien* ist die Zuordnung $\rho(z)$ nicht eindeutig (vgl. hierzu Abb. 5.2 und 5.3).

Abb. 5.6 zeigt den Verlauf der Höhe über der Dichte für die Werte $A = B = c = 10$, $g = 10$, $b = 1/2$. Deutlich erkennbar ist die Phasengrenze zwischen den beiden Zuständen. In der Nähe der Grenzschicht existieren jedoch drei verschiedene Dichten bei ein und derselben Höhe . Dies entspricht den dort koexistierenden Phasen. Der sich jeweils einstellende Aggregatzustand wird wieder derjenige sein, der die freie Energie minimiert.

5.6.4   Oberflächengestalt einer rotierenden inkompressiblen Flüssigkeit

Als Nächstes untersuchen wir eine starr rotierende Flüssigkeit im Schwerefeld und fragen nach der Form der freien Oberfläche (Abb. 5.7). Genau genommen handelt es sich hier nicht um eine hydrostatische Problemstellung, da die Flüssigkeit ja (außer bei $r = 0$) nirgends ruht. Man kann jedoch die Euler-Gleichungen in dem mit $\vec{\omega} = \omega \hat{e}_z$ mitrotierenden System aufstellen und erhält als zusätzliche Scheinkraft die Zentrifugalkraft[3], in Polarkoordinaten:

$$\vec{f}_{ZK} = \rho \omega^2 r \hat{e}_r \ .$$

Die Zentrifugalkraft besitzt ein Potential, wenn die Flüssigkeit inkompressibel ist ($\rho = \rho_0$):

$$U_{ZK} = -\frac{1}{2} \rho_0 \omega^2 r^2 \ .$$

Addieren wir hierzu noch die potentielle Energiedichte $\rho_0 g z$, so folgt durch Integration von (5.19) für den Druck

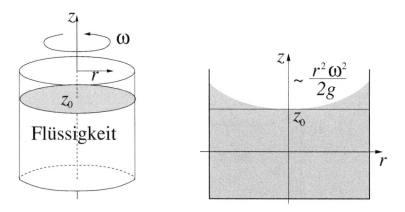

Abb. 5.7 In einem um seine mittlere Achse gleichförmig rotierenden Flüssigkeitszylinder führt die Zentrifugalkraft dazu, dass die Oberfläche die Form eines Rotationsparaboloids annimmt.

---

[3]Die Coriolis-Kraft verschwindet, weil im mitrotierenden System $\vec{v} = 0$ gilt.

$$p = -\rho_0 g z + \frac{1}{2}\rho_0 \omega^2 r^2 + p_0 \ , \qquad (5.23)$$

wobei die Integrationskonstante p_0 dem Druck bei $z = r = 0$ entspricht. Sehen wir von Oberflächenspannungen ab, so muss auf der freien Oberfläche

$$p = p_a$$

mit p_a als äußerem (Luft-) Druck gelten. Aus (5.23) erhalten wir damit die Form der Oberfläche als Rotationsparaboloid

$$z = z_0 + \frac{\omega^2 r^2}{2g} \quad \text{mit} \quad z_0 = (p_0 - p_a)/\rho_0 g \ .$$

5.6.5 Oberflächengestalt unter Berücksichtigung der Oberflächenspannung

Laut obiger Rechnung erwarten wir für $\omega = 0$ eine flache Oberfläche $z = z_0$. Dies ist jedoch nur richtig, wenn die Oberflächenspannung zu vernachlässigen ist. Integration von (5.19) liefert mit $\rho = \rho_0$ und $\vec{f} = -g\hat{e}_z$ für den Druck

$$p = -\rho_0 g z + p_0 \ .$$

Entlang der Oberfläche muss aber auch die Laplace-Formel (5.17) gelten. Wir setzen also (5.17) ein und erhalten ($z = h(x)$, hier der Einfachheit wegen nur eine eindimensionale Rechnung)[4]:

$$p_a - \gamma d_{xx}h(x) = -\rho_0 g h(x) + p_0 \ ,$$

oder, umgeformt, eine Differentialgleichung für die Höhe der Grenzschicht

$$h(x) - a^2 d_{xx}h(x) = h_0 \ , \qquad (5.24)$$

wobei

$$a = \sqrt{\frac{\gamma}{\rho_0 g}}$$

die **Kapillaritätskonstante** (oder Kapillaritätslänge) bezeichnet, die z.B. für Wasser bei Zimmertemperatur etwa 2.7 mm beträgt. Die allgemeine, bzgl. $x = 0$ symmetrische Lösung von (5.24) lautet

$$h(x) = h_0 + A \cosh(kx) \quad \text{mit} \quad k = a^{-1} \ . \qquad (5.25)$$

---

[4]Man beachte, dass die sich anschließende Rechnung nur für schwach gekrümmte Oberflächen gilt, da wir in der Laplace-Formel den inversen Krümmungsradius durch die 2. Ableitung von h genähert haben.

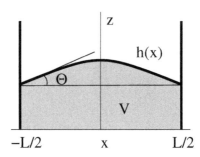

Abb. 5.8 Die Oberfläche einer Flüssigkeit im konstanten Gravitationsfeld krümmt sich konkav, wenn der Benetzungswinkel Θ positiv ist. Die Gestalt der Oberfläche lässt sich aus der Laplace-Formel berechnen (siehe Text).

Die Konstanten h_0 und A folgen aus Rand- und Nebenbedingungen. So kann man z.B. im Falle einer Füssigkeit zwischen zwei vertikalen Platten der Breite b (Abb. 5.8) den Benetzungs- oder Kontaktwinkel Θ sowie das Volumen V vorgeben.

Der Benetzungswinkel muss freilich klein sein, damit die Näherung einer nur schwach gekrümmten Oberfläche noch sinnvoll ist. Aus

$$d_x h|_{x=-L/2} = -Ak\sinh(kL/2) = \tan\Theta \approx \Theta$$

und

$$b \int_{-L/2}^{L/2} dx\, h(x) = \tilde{c}bL + \frac{2Ab}{k}\sinh(kL/2) = V$$

lassen sich

$$h_0 = \frac{V}{Lb} + \frac{a\Theta}{L}, \qquad \text{und} \qquad A = -\frac{\Theta}{k}\operatorname{cosech}(kL/2)$$

berechnen. Weil $A < 0$ ist die Grenzschicht von der Flüssigkeitsseite aus gesehen, konkav gekrümmt (Abb. 5.8). Dieselbe Rechnung ergibt für $\Theta < 0$ eine konvexe Oberfläche.

5.6.6   Tropfenbildung und Kontaktwinkel

Die Lösung (5.25) von (5.24) beschreibt auch einen auf einer flachen, festen Unterlage liegenden (zweidimensionalen) Tropfen (Abb 5.9). Allerdings ist hier die Länge L nicht vorgegeben, sondern wird sich frei einstellen. Die Funktion $h(x)$ muss jetzt bei $x = \pm L/2$ Nullstellen besitzen. Das heißt, die drei Parameter h_0, A und L lassen sich wie oben aus dem vorgegebenen Volumen, dem Kontaktwinkel und der zusätzlichen Bedingung

$$0 = h_0 + A\cosh(kL/2)$$

berechnen.

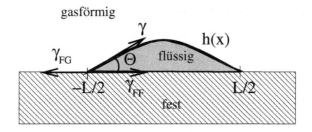

Abb. 5.9 Ein flüssiger Tropfen auf einer festen Unterlage. Der statische Kontaktwinkel Θ folgt aus der Young-Laplace-Relation, eine Gleichgewichtsbedingung für die Kontaktlinien.

Bisher haben wir den Kontaktwinkel als vorgegeben angenommen. Das ist eigentlich jedoch nicht richtig, denn wie man aus Abb. 5.9 entnimmt, muss sich Θ so einstellen, dass der Tropfen in Ruhe bleibt. D.h. aber, dass sich die Oberflächenkräfte an den **Kontaktlinien** $x = \pm L/2$, $z = 0$ aufheben. Nun hängen die Oberflächenspannungen von den angrenzenden Materialien ab und sind verschieden für die drei auftretenden Kombinationen fest/gasförmig (γ_{FG}), fest/flüssig (γ_{FF}) und flüssig/gasförmig (γ). Aus der Forderung nach Kräftegleichgewicht folgt sofort die wichtige **Young-Laplace-Relation**

$$\gamma_{FG} = \gamma \cos \Theta + \gamma_{FF} \ , \tag{5.26}$$

aus der sich der Kontaktwinkel für verschiedene Materialen berechnen lässt.

5.7 Stationäre Strömungen

In diesem Abschnitt wollen wir Strömungen untersuchen, die durch ein nichtverschwindendes aber zeitunabhängiges Geschwindigkeitsfeld

$$\partial_t \vec{v} = 0, \qquad \vec{v} = \vec{v}(\vec{r})$$

beschrieben werden. In einer Strömung mit konstantem Geschwindigkeitsfeld darf aber auch die Dichte (und der Druck) nicht explizit von der Zeit abhängen:

$$\partial_t \rho = 0, \qquad \rho = \rho(\vec{r}) \ .$$

5.7.1 Euler-Gleichungen für eine stationäre Strömung

Die Euler-Gleichungen für eine stationäre Strömung lauten

$$(\vec{v} \cdot \nabla)\vec{v} + \frac{1}{\rho}\nabla p - \frac{\vec{f}}{\rho} = 0 \ , \tag{5.27}$$

was sich mit der Hilfsformel (B.11) in der manchmal praktischeren Form

$$\frac{1}{2}\mathrm{grad}\, v^2 - \vec{v} \times \mathrm{rot}\, \vec{v} + \frac{1}{\rho}\mathrm{grad}\, p - \frac{\vec{f}}{\rho} = 0 \tag{5.28}$$

schreiben lässt. Die Kontinuitätsgleichung lautet dann einfach

$$\text{div}\,(\rho\vec{v}) = 0, \qquad \text{oder} \quad \rho\,\text{div}\,\vec{v} + \vec{v}\,\text{grad}\,\rho = 0\ . \tag{5.29}$$

In der zweiten Schreibweise erkennt man sofort, dass für inkompressible stationär strömende Flüssigkeiten die Dichte nicht vom Ort abhängen kann.

5.7.2   Ebene, inkompressible Strömung, Stromfunktion

Unter einer ebenen Strömung versteht man ein Geschwindigkeitsfeld, dessen Feldlinien in einer Ebene liegen. Außerdem sollen alle Variablen nur von den beiden Koordinaten (z.B. x, y) abhängen, die die Ebene aufspannen:

$$v_x = v_x(x,y), \quad v_y = v_y(x,y), \quad \rho = \rho(x,y)\ .$$

Natürlich gibt es auch zeitabhängige ebene Strömungen. Wir wollen uns hier aber auf den stationären Fall beschränken. Ist die Flüssigkeit zusätzlich inkompressibel, so ist wegen

$$\partial_x v_x + \partial_y v_y = 0, \qquad \text{und} \quad \rho = \rho_0 = \text{const}$$

die Strömung der Flüssigkeit durch eine einzige skalare Funktion Ψ mit

$$v_x(x,y) = \partial_y\Psi(x,y), \qquad v_y(x,y) = -\partial_x\Psi(x,y) \tag{5.30}$$

bestimmt, die als **Stromfunktion** bezeichnet wird. Aus Abschn. 5.5.1 wissen wir, dass das Linienelement $d\vec{r}$ einer Stromlinie senkrecht zum Geschwindigkeitsfeld stehen muss, was für eine ebene Strömung

$$v_x dy - v_y dx = 0$$

bedeutet. Setzen wir hier (5.30) ein, erhalten wir

$$\frac{\partial\Psi}{\partial y}dy + \frac{\partial\Psi}{\partial x}dx = 0\ .$$

Nun ist aber die linke Seite gleich dem totalen Differential oder der Änderung von Ψ entlang der Stromlinie. Da diese verschwinden muss, ist $\Psi = \text{const}$ entlang jeder Stromlinie. Die Kurven

$$\Psi = \text{const}\ ,$$

die Konturlinien von Ψ, beschreiben demnach die Teilchenbahnen einer (stationär strömenden) Flüssigkeit. Besitzt Ψ irgendwo ein Maximum, so wird dieser Punkt von geschlossenen Konturlinien umgeben sein. Aus der Definition (5.30) folgt, dass ein Maximum der Stromfunktion gegen den Uhrzeigersinn, ein Minimum im Uhrzeigersinn umströmt wird (Abb. 5.10).

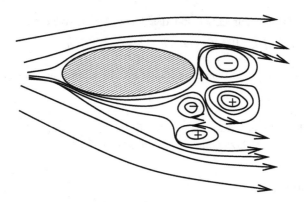

Abb. 5.10 Die *Stromlinien* sind die Konturlinien der Stromfunktion. Maxima der Strom-funktion werden gegen den Uhrzeigersinn umströmt, Minima im Uhrzeigersinn. In den *schraf-fierten Bereich* kann die Flüssigkeit nicht eindringen.

Später werden wir das Wirbelfeld

$$\vec{\omega} = \frac{1}{2} \text{rot}\, \vec{v} \;,$$

welches gerade gleich der Zeitableitung des in Abschn. 4.4.1 definierten Drehvektors $\vec{\varphi}$ ist, ausführlich diskutieren. Bei einer in der xy-Ebene liegenden ebenen Strömung hat das Wirbelfeld nur eine z-Komponente, wobei die Beziehung

$$\omega_z = \frac{1}{2} (\text{rot}\, \vec{v})_z = -\frac{1}{2} \Delta_2 \Psi$$

mit

$$\Delta_2 = \partial_{xx}^2 + \partial_{yy}^2$$

zwischen Wirbelstärke und Stromfunktion besteht. Im Zentrum eines im Uhrzeigersinn drehenden Wirbels ist ω negativ.

Eine Gleichung für die Stromfunktion erhält man durch Bilden der Rotation von (5.27) und Einsetzen von (5.30):

$$\mathcal{J}(\Psi, \Delta_2 \Psi) = \Delta_2 A \;. \tag{5.31}$$

Hier haben wir das sogenannte **Jacobi-Produkt**, aus der Mechanik besser bekannt als „Poisson-Klammer", eingeführt, das folgendermaßen definiert ist:

$$\mathcal{J}(g, h) \equiv \partial_x g \partial_y h - \partial_y g \partial_x h, \qquad g = g(x, y), \quad h = h(x, y) \;. \tag{5.32}$$

Außerdem haben wir die Kraft (in zwei Dimensionen) wieder in Potentialteil und Wir-belteil

$$\vec{f}(x, y) = -\nabla_2 U(x, y) + \text{rot}\, [A(x, y) \hat{e}_z]$$

zerlegt. Wie man leicht nachrechnet, hat das Jacobi-Produkt die Eigenschaft

$$\mathcal{J}(g,h) = 0 \qquad \text{wenn} \quad h = h(g) \quad \text{oder} \quad g = g(h)$$

ist. Das heißt aber, dass alle Stromfunktionen, die die elliptische Gleichung

$$\Delta_2 \Psi = f(\Psi) \tag{5.33}$$

mit *beliebigem* f lösen, auch Lösung von (5.31) für den Fall konservativer äußerer Kräfte ($A = 0$) sind. Wir werden jetzt einige Spezialfälle von (5.33) diskutieren.

Laplace-Gleichung

Für $f = 0$ erhalten wir die Laplace-Gleichung, auf die wir im Abschnitt über Potentialströmungen ausführlich eingehen werden. Die auftretenden Strömungen sind durch die Randbedingungen dominiert. So lässt sich leicht zeigen, dass sowohl für periodische Randbedingungen, als auch für $\Psi = 0$ oder $\partial_n \Psi = 0$ auf einem geschlossenen Rand innerhalb der Berandung nur die triviale Lösung $\Psi = 0$ existiert.

Ebene Wellen

Wählen wir f als lineare Funktion

$$f(\Psi) = -k^2 \Psi \ ,$$

so wird aus (5.33) die Helmholtz'sche Differentialgleichung. Als Lösungen sind ebene Wellen der Form

$$\Psi(x,y) = A \cos(k_x x + k_y y + \varphi)$$

mit

$$k_x^2 + k_y^2 = k^2$$

und beliebigem A und φ bekannt. Wir interessieren uns hier speziell für eine Überlagerung aus N solcher Wellen

$$\Psi(x,y) = \sum_n^N A_n \cos(k_x^{(n)} x + k_y^{(n)} y + \varphi_n)$$

mit sternförmiger Verteilung der Wellenvektoren im k-Raum:

$$k_x^{(n)} = k \cos \alpha_n, \quad k_y^{(n)} = k \sin \alpha_n, \quad \alpha_n = \pi(n-1)/N \ .$$

Setzen wir alle $\varphi_n = 0$ und wählen die Amplituden A_n gleich, so ergeben sich für N=1 parallele Streifen, für $N = 2,3$ periodisch angeordnete, rechts und links drehende Wirbel (Abb. 5.11). Ab $N > 3$ entstehen dagegen komplizierte quasiperiodische Strukturen, die $2N$-zählige Rotationssymmetrie aufweisen. Die Amplituden A_n können aber auch beliebig verteilt sein. Die untere Reihe in Abb. 5.11 zeigt Strukturen, wie sie durch zufällig verteilte A_N zustande kommen.

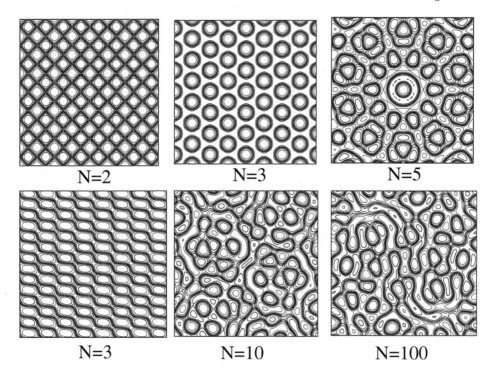

Abb. 5.11 Überlagerungen von N ebenen Wellen mit gleichen Amplituden und Wellenvektoren gleicher Länge sind spezielle Lösungen der Helmholtz'schen Differentialgleichung. Ab $N > 3$ entstehen quasiperiodisch angeordnete Wirbel. Die *untere Reihe* zeigt dieselben Lösungen für zufällig gesetzte Amplituden.

Nichtlineare Gleichungen

Zum Schluss wollen wir noch einen nichtlinearen Zusammenhang zwischen Wirbelstärke und Stromfunktion untersuchen, nämlich

$$f(\Psi) = \exp(-2\Psi) \ .$$

Gleichung (5.33) wird dann als „Stuart-Gleichung" bezeichnet. Es existiert eine exakte Lösung der Form

$$\Psi(x, y) = \ln\left(c\cosh y + \sqrt{c^2 - 1}\cos x\right)$$

mit $c \geq 1$. Es handelt sich um eine Wirbelstraße in x-Richtung mit Abstand 2π zwischen den Wirbeln (Abb. 5.12). Die Integrationskonstante c ändert die Wirbeldichte. Für $c \longrightarrow \infty$ werden die Wirbel punktförmig und die Lösung lautet

$$\Psi(x, y) = \ln\left(\cosh y + \cos x\right) + \text{const} \ .$$

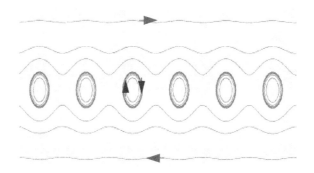

Abb. 5.12 Eine Wirbelstraße als exakte Lösung der Stuart-Gleichung.

5.7.3   Potentialströmung

Jetzt untersuchen wir stationäre inkompressible Strömungen, die außerdem noch wirbelfrei sein sollen. Wegen

$$\operatorname{rot} \vec{v} = 0$$

besitzt das Geschwindigkeitsfeld ein Potential $\Phi(\vec{r})$:

$$\vec{v} = \operatorname{grad} \Phi \ . \tag{5.34}$$

Aus der Inkompressibilitätsbedingung folgt aber durch Einsetzen von (5.34) die Laplace-Gleichung

$$\Delta \Phi = 0 \ , \tag{5.35}$$

die Φ (und damit natürlich auch $\vec{v}$) zusammen mit Randbedingungen eindeutig festlegt. Bemerkenswert ist, dass die Euler-Gleichungen nicht mehr zur Berechnung des Geschwindigkeitsfeldes gebraucht werden. Aus ihnen folgt vielmehr der Druck als die einzig noch unbestimmte Größe. Verwenden wir die Form (5.28), so ergibt sich

$$\frac{1}{2}\operatorname{grad} v^2 + \frac{1}{\rho}\operatorname{grad} p - \frac{\vec{f}}{\rho} = 0 \ ,$$

woraus man abliest, dass es nur dann eine wirbelfreie Strömung geben kann, wenn die Kraft ebenfalls ein Potential U besitzt. Man erhält

$$\operatorname{grad} \left[\frac{1}{2}v^2 + \frac{p + U}{\rho} \right] = 0 \ ,$$

und, nach Integration, den **Satz von Bernoulli** (Bernoulli 1738):

$$\frac{1}{2}\rho v^2 + p + U = E \ . \tag{5.36}$$

Identifiziert man die Integrationskonstante E mit der Gesamtenergie, so lässt sich (5.36) als Energieerhaltung im mitschwimmenden Volumenelement interpretieren. Der Wert der Summe aus der kinetischen Energiedichte $\frac{1}{2}\rho v^2$ sowie aus der äußeren und inneren (Druck) potentiellen Energiedichte ist zeitlich konstant und an jedem Ort der Flüssigkeit gleich.

Es sei angemerkt, dass der Satz von Bernoulli auch in Wirbelströmungen gelten kann, nämlich genau dann, wenn Wirbel- und Geschwindigkeitsfeld überall dieselbe Richtung haben, also

$$\vec{v} \times \operatorname{rot} \vec{v} = 0$$

gilt.

Randwertprobleme

Zur eindeutigen Lösung der Laplace-Gleichung (5.35) gehören Randbedingungen. In der Potentialtheorie unterscheidet man zwischen drei Randwertaufgaben, von denen hier die ersten beiden wichtig sind. Das *1. Randwertproblem* besteht darin, (5.35) bei vorgegebenem Φ auf dem Rand zu lösen. Ist aber Φ vorgegeben, dann sind auch die Ableitungen tangential zur Randfläche und damit die Geschwindigkeitskomponenten entlang der Randfläche

$$\vec{v}_{\text{tang}} = \hat{n} \times \operatorname{grad} \Phi$$

festgelegt, der Normalenvektor der Randfläche sei $\hat{n}$. Man bezeichnet diese Art von Bedingung auch als **Dirichlet-Randbedingungen**.

Das *2. Randwertproblem* gibt die Ableitung senkrecht zum Rand von Φ und damit die Normalkomponente der Geschwindigkeit auf dem Rand vor:

$$\partial_n \Phi \big|_{\text{Rand}} = \hat{n} \cdot \operatorname{grad} \Phi \big|_{\text{Rand}} = \vec{v} \big|_{\text{Rand}} \cdot \hat{n} \;.$$

Dies sind die **Neumann'schen Randbedingungen**. Wählt man speziell

$$\partial_n \Phi \big|_{\text{Rand}} = 0 \;,$$

so kann die Flüssigkeit nicht in die Randschicht eindringen.

––––––––––––

Aufgabe 5.4: Gegeben sei eine Flüssigkeit in einer Wanne mit Höhe h (Abb. 5.13). Auf dem Boden der Wanne befindet sich eine kleine Öffnung, durch die die Flüssigkeit mit der Geschwindigkeit v austritt. Bestimmen Sie v, wenn sich der Flüssigkeitsspiegel nur langsam absenkt.

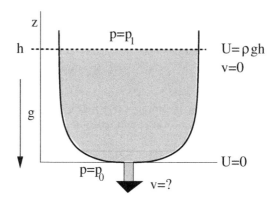

Abb. 5.13 Zur Herleitung der Ausflussformel von Torricelli. Man beachte, dass v von der Form der Wanne nicht abhängt.

Lösung: Wenn man annimmt, dass sich der Flüssigkeitsspiegel nur langsam absenkt, kann man die Flüssigkeit in der Wanne näherungsweise als ruhend betrachten. Mit dem Satz von Bernoulli ergibt sich

$$p_1 + \rho g h = p_0 + \frac{1}{2}\rho v^2$$

oder, nach der Austrittsgeschwindigkeit v aufgelöst

$$v = \sqrt{\frac{2(p_1 - p_0)}{\rho} + 2gh}\ .$$

Ist der Außendruck nicht von der Höhe abhängig, erhält man einfach

$$v = \sqrt{2gh}\ ,$$

die berühmte **Torricelli'sche Ausflussformel**.

5.8   Ebene Potentialströmung

5.8.1   Erhaltung des Wirbelfeldes

Wie schon in Abschn. (5.7.2) werden wir eine ebene, inkompressible Strömung untersuchen, die jetzt auch noch wirbelfrei sein soll. Dies mag zunächst nach einer zu starken Einschränkung klingen. Ein wichtiger Satz besagt jedoch, dass einmal wirbelfreie Bereiche einer idealen Flüssigkeit für alle Zeiten wirbelfrei bleiben. Hat man es also zu irgendeinem Zeitpunkt mit einer Potentialströmung zu tun, so können auch später keine Wirbel mehr entstehen, vorausgesetzt die angreifenden Volumenkräfte lassen sich durch ein Potential ausdrücken. Um dies zu zeigen, verwenden wir Gleichung (5.5) mit rot $\vec{f} = 0$, die durch Rotationsbildung aus den Euler-Gleichungen hervorging:

$$\frac{\partial \vec{\omega}}{\partial t} - \text{rot}\,(\vec{v} \times \vec{\omega}) = 0 \ .$$

Hier haben wir bereits das Wirbelfeld

$$\vec{\omega} = \frac{1}{2}\text{rot}\,\vec{v}$$

eingeführt. Mit der Hilfsformel (B.15) lässt sich das doppelte Vektorprodukt umformen:

$$\frac{\partial \vec{\omega}}{\partial t} - \vec{v}\,\text{div}\,\vec{\omega} + \vec{\omega}\,\text{div}\,\vec{v} - (\vec{\omega} \cdot \nabla)\vec{v} + (\vec{v} \cdot \nabla)\vec{\omega} = 0 \ .$$

Der zweite Term verschwindet identisch, weil das Wirbelfeld nach Definition keine Quellen und Senken haben kann, der dritte ist null, wenn die Flüssigkeit inkompressibel ist. Es bleibt

$$\frac{d\vec{\omega}}{dt} = \frac{\partial \vec{\omega}}{\partial t} + (\vec{v} \cdot \nabla)\vec{\omega} = (\vec{\omega} \cdot \nabla)\vec{v} \ ,$$

der **Wirbelsatz von Helmholtz**. Offensichtlich gilt, dass in einer laminaren Strömung mit $\vec{\omega} = 0$ auch $\vec{\omega}$ zu allen späteren Zeitpunkten null bleiben muss. Andererseits zeigt die Beobachtung, dass Wirbel in Strömungen erzeugt, vernichtet und transportiert werden können. Wir werden im übernächsten Kapitel sehen, dass hierbei die Reibung in der Flüssigkeit nicht vernachlässigt werden darf.

5.8.2 Stromfunktion und Potential

Der Helmholtz'sche Wirbelsatz gilt in drei und natürlich auch in zwei räumlichen Dimensionen. Wir werden uns im Rest des Kapitels auf ebene Strömungen beschränken. Wegen Divergenz- und Wirbelfreiheit des Geschwindigkeitsfeldes gilt für die Stromfunktion Ψ *und* für das Potential Φ jeweils die (zwei-dimensionale) Laplace-Gleichung

$$\Delta_2 \Psi(x,y) = 0, \qquad \Delta_2 \Phi(x,y) = 0 \ .$$

Außerdem ist wegen

$$\begin{aligned} v_x &= & \partial_y \Psi & = \partial_x \Phi \\ v_y &= & -\partial_x \Psi & = \partial_y \Phi \end{aligned} \tag{5.37}$$

auch

$$(\nabla_2 \Psi \cdot \nabla_2 \Phi) = 0 \ ,$$

d.h., die Konturlinien (und damit auch die Feldlinien) von Stromfunktion und Potential stehen senkrecht aufeinander. Je nach Aufgabenstellung, Geometrie und Art der Randbedingungen wird man eine Lösung der Laplace-Gleichung für Ψ oder für Φ suchen und hat damit das Strömungsproblem gelöst. Wir demonstrieren dies am folgenden Beispiel eines umströmten Zylinders.

5.8.3   Der umströmte Zylinder

Wir berechnen die ebene Strömung um einen unendlich langen Zylinder mit Radius R (Abb. 5.14). Dem Problem angepasst sind Polarkoordinaten. Als Randbedingung soll das Geschwindigkeitsfeld im Unendlichen vorgegeben sein,

$$v_x(r \to \infty) = v_\infty, \qquad v_y(r \to \infty) = 0 \; .$$

Das Potential

$$\Phi_\infty = v_\infty x = v_\infty r \cos \varphi$$

erfüllt die Laplace-Gleichung und ergibt im Unendlichen das richtige Geschwindigkeitsfeld. Durch den Einfluss des Zylinders wird die Strömung aber auch von y abhängen und muss die Randbedingung

$$\hat{e}_r \cdot \vec{v}\big|_{r=R} = 0$$

erfüllen. Als gesamte Lösung setzen wir daher

$$\Phi = \Phi_\infty + \Phi_1, \qquad \Phi_1 = \text{const für} \quad r \to \infty$$

an und bestimmen jetzt Φ_1. Um die Randbedingung am Zylinder zu erfüllen, wählen wir

$$\Phi_1(r, \varphi) = h(r) \, v_\infty \cos \varphi \; .$$

Außerdem muss wegen

$$\hat{e}_r \cdot \hat{v}\big|_{r=R} = \vec{e}_r \cdot \nabla \Phi\big|_{r=R} = \partial_r \Phi_\infty\big|_{r=R} + \partial_r \Phi_1\big|_{r=R} = 0$$

auch

$$h'\big|_{r=R} = -1$$

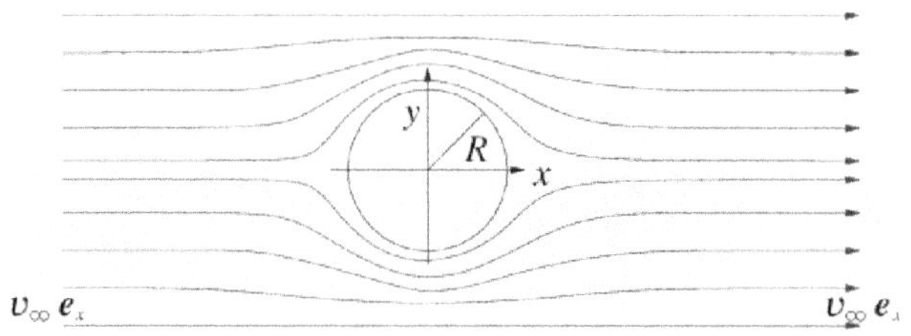

Abb. 5.14 Ein unendlich langer Zylinder mit Radius R wird von einer ebenen Potentialströmung umströmt.

gelten. Die Forderung $\Phi_1(r \to \infty) = \text{const}$ führt auf die zweite Randbedingung

$$h'\big|_{r \to \infty} = 0 \ ,$$

was zusammen mit

$$\Delta_2 \Phi_1 = h'' + \frac{1}{r}h' - \frac{1}{r^2}h = 0 \tag{5.38}$$

die Funktion $h(r)$ festlegt. Differentialgleichungen vom Typ (5.38) werden durch den Ansatz

$$h(r) \sim r^n$$

gelöst. Einsetzen ergibt eine quadratische Gleichung für n

$$n(n-1) + n - 1 = 0 \ ,$$

die die beiden Lösungen

$$n = \pm 1$$

besitzt. Die allgemeine Lösung von (5.38) lautet demnach

$$h(r) = ar + \frac{b}{r} \ .$$

Die beiden Konstanten a und b ergeben sich aus den Randbedingungen für h zu $a = 0$ und $b = R^2$. Man erhält schließlich

$$\Phi_1(r, \varphi) = \frac{R^2}{r} v_\infty \cos \varphi$$

und

$$\Phi = \Phi_1 + \Phi_\infty = v_\infty r \left(1 + \frac{R^2}{r^2} \right) \cos \varphi \ . \tag{5.39}$$

Das Geschwindigkeitsfeld folgt durch Gradientenbildung und lautet in Polarkoordinaten

$$\vec{v}(r, \varphi) = \nabla_2 \Phi = v_\infty \left[\left(1 - \frac{R^2}{r^2} \right) \cos \varphi \, \hat{e}_r - \left(1 + \frac{R^2}{r^2} \right) \sin \varphi \, \hat{e}_\varphi \right] \ . \tag{5.40}$$

Die Stromfunktion lässt sich auf ähnliche Art berechnen (siehe Aufgabe 5.5). Man erhält

$$\Psi = v_\infty r \left(1 - \frac{R^2}{r^2} \right) \sin \varphi \ . \tag{5.41}$$

In Abb. 5.14 sind die Konturlinien der Stromfunktion, also die Stromlinien, eingezeichnet. Wie man sieht, bildet die Zylinderbegrenzung selbst eine Stromlinie (vergleiche

hierzu Abschn. 5.5.1) und der Zylinder wird symmetrisch bezüglich der x-Achse umströmt.

Aufgabe 5.5: Berechne die Stromfunktion (5.41) des umströmten Zylinders.

Lösung: Wie das Potential setzen wir auch die Stromfunktion als Summe zweier Komponenten an:

$$\Psi = \Psi_\infty + \Psi_1$$

mit

$$\Psi_\infty = v_\infty y = v_\infty r \sin \varphi \; .$$

Die Randbedingungen am Zylinder lauten jetzt

$$\hat{e}_r \cdot \vec{v}\big|_{r=R} = \frac{1}{r} \partial_\varphi \Psi \big|_{r=R} \; .$$

Wie vorher führt ein Separationsansatz

$$\Psi_1(r, \varphi) = -g(r)\, v_\infty \sin \varphi$$

zum Erfolg. Einsetzen in die Laplace-Gleichung und Berücksichtigen der Randbedingungen ergibt genau wie oben

$$g(r) = \frac{R^2}{r}$$

und für Ψ schließlich das Resultat (5.41).

Wie schon weiter vorne erwähnt, folgt das Geschwindigkeitsfeld alleine aus der Lösung
der Laplace-Gleichung und den Randbedingungen. Die Euler-Gleichungen können dazu
verwendet werden, den Druck und daraus die auf den Zylinder wirkende Kraft zu berechnen, was wir im Folgenden machen werden. Wir verwenden die Bernoulli-Gleichung
(5.36) und erhalten mit $U = 0$ den Druck

$$p = -\frac{\rho}{2} v^2$$

bis auf eine unwesentliche Konstante. Die Kraft ergibt sich durch Integration über die
Zylinderoberfläche

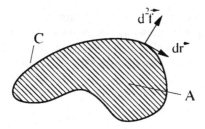

Abb. 5.15 Um die Kraft auf einen umströmten Körper beliebiger Kontur zu berechnen, formt man ein Flächenintegral mit Flächenelement $d\vec{f}$ in ein Linienintegral mit Linienelement $d\vec{r}$ um.

$$\vec{F} = \frac{\rho}{2} \oint_F d^2\vec{f}\, v^2 ,$$

was sich mit (5.40) leicht ausrechnen lässt. Wir wollen hieraus jedoch eine viel allgemeinere Formel herleiten, die die Kraft auf einen Körper mit einer beliebigen ebenen Kontur C ergibt. Das Flächenelement $d^2\vec{f}$ steht immer senkrecht auf C. Es lässt sich deshalb durch das Linienelement $d\vec{r}$ ausdrücken (Abb. 5.15):

$$d^2\vec{f} = -L\hat{e}_z \times d\vec{r} ,$$

wobei L die Länge senkrecht zur Fläche misst. Oben eingesetzt erhält man sofort

$$\vec{F} = -\frac{L\rho}{2}\hat{e}_z \times \oint_C d\vec{r}\, v^2 . \tag{5.42}$$

Setzt man das Geschwindigkeitsfeld (5.40) ein und wählt für C die Berandung des Zylinders, so erhält man das vielleicht zunächst verblüffende Ergebnis, dass die Kraft auf den umströmten Zylinder verschwindet. Dies lässt sich noch verallgemeinern. Mit Hilfe des Stokes'schen Satzes (B.22) lässt sich das Integral auf der rechten Seite in (5.42) umformen (A bezeichnet die in C eingespannte Querschnittsfläche, $d^2\vec{a}$ das Flächenelement von A welches parallel zu $\hat{e}_z$ ist)

$$\oint_{C(A)} d\vec{r}\, v^2 = \int_A d^2\vec{a} \times \operatorname{grad} v^2 .$$

Einsetzen der Stromfunktion $v^2 = (\nabla_2\Psi)^2$ führt auf

$$\int_A d^2\vec{a} \times \operatorname{grad} v^2 = \int_A d^2\vec{a} \times \operatorname{grad}(\nabla\Psi)^2 = 2\int_A d^2\vec{a} \times \nabla\Psi\, \Delta_2\Psi ,$$

wobei der letzte Ausdruck nach zweimaliger partieller Integration folgt (die Randterme liefern dann keinen Beitrag, wenn der Rand $C(A)$ mit einer Stromlinie zusammenfällt).

Wegen $\Delta_2\Psi = -(\text{rot }\vec{v})_z$ verschwindet aber das Integral, wenn die Strömung im Innern des Körpers (man muss sie sich dort fortgesetzt vorstellen) wirbelfrei ist, und zwar für beliebige Fächen und damit auch für beliebige Konturen C. Dies ist ein äußerst wichtiges Ergebnis: eine Potentialströmung kann keine Kraft auf einen von ihr umströmten Körper ausüben, und zwar *unabhängig von seiner Form*. Dies steht im Widerspruch zur Erfahrung, denn bekanntlich schwimmt es sich ja mit dem Strom wesentlich leichter als dagegen. Offensichtlich kann eine ideale Flüssigkeit, die in ihr schwimmende Gegenstände mitnimmt, nicht wirbelfrei strömen. Bei viskosen Flüssigkeiten werden, wie wir später sehen, Reibungseffekte die Dinge verändern. Jedoch werden sich auf jeden Fall Wirbel in einer Randschicht um den Körper herum ausbilden, die dann zu einer Kraft führen können. Wir wollen dies in den nächsten beiden Abschnitten näher untersuchen.

5.8.4   Komplexe Funktionentheorie

Gleichungen der Art (5.37) kommen in einem ganz anderen Zusammenhang in der komplexen Funktionentheorie vor. Sei $\Omega(z)$ eine beliebige, komplexe Funktion der komplexen Variablen $z = x + iy$. Mit Φ und Ψ bezeichnen wir ihren Real- bzw. Imaginärteil

$$\Omega(z) = \Omega(x + iy) = \Phi(x,y) + i\Psi(x,y)$$

und nehmen an, dass Ω im Komplexen differenzierbar sein soll. Definiert man die Ableitung wie für reelle Funktionen über den Differenzenquotient

$$\frac{d\Omega}{dz} = \lim_{\Delta z \to 0} \frac{\Omega(z + \Delta z) - \Omega(z)}{\Delta z} ,$$

so darf das Ergebnis nicht von der Richtung abhängen, von der man sich z in der komplexen Ebene beim Grenzübergang $\Delta z \to 0$ nähert. Speziell untersuchen wir die beiden Fälle $\Delta z = \Delta x$ und $\Delta z = i\Delta y$. Wir erhalten

$$\frac{d\Omega}{dz} = \frac{\partial\Omega}{\partial x} = \frac{\partial\Phi}{\partial x} + i\frac{\partial\Psi}{\partial x} \qquad \text{für} \quad \Delta z = \Delta x$$

und

$$\frac{d\Omega}{dz} = -i\frac{\partial\Omega}{\partial y} = -i\frac{\partial\Phi}{\partial y} + \frac{\partial\Psi}{\partial y} \qquad \text{für} \quad \Delta z = i\Delta y .$$

Da die beiden auf verschiedene Weise berechneten Ableitungen gleich sein müssen, ergeben sich durch Gleichsetzen der Real- und Imaginärteile die beiden Gleichungen

$$\frac{\partial\Phi}{\partial x} - \frac{\partial\Psi}{\partial y} = 0$$

$$\frac{\partial\Phi}{\partial y} + \frac{\partial\Psi}{\partial x} = 0 . \tag{5.43}$$

Dies sind die **Cauchy-Riemann'schen Differentialgleichungen**, die letztlich die Existenz von $\frac{d\Omega}{dz}$ gewährleisten. Offensichtlich sind die Gleichungen (5.43) mit (5.37) identisch, wenn wir den Realteil von Ω mit dem Geschwindigkeitspotential, den Imaginärteil mit der Stromfunktion identifizieren. Außerdem gilt, wie man unter Verwendung von (5.43) leicht nachprüft:

$$\Delta_2 \Phi = \Delta_2 \Psi = 0$$

und damit auch

$$\Delta_2 \Omega = 0 \ .$$

Hieraus folgt der wichtige Satz:

Jede im Komplexen differenzierbare Funktion $\Omega(z)$ bildet eine Lösung der zweidimensionalen Laplace-Gleichung.

Wir geben ein Beispiel. Gegeben sei die Funktion

$$\Omega(z) = z + \frac{1}{z} \ .$$

Aufspalten in Real- und Imaginärteil ergibt

$$\Phi(x,y) = x + \frac{x}{x^2 + y^2}, \qquad \Psi(x,y) = y - \frac{y}{x^2 + y^2} \ .$$

Man überzeuge sich durch Einsetzen, dass sowohl Φ als auch Ψ die Laplace-Gleichung erfüllt. Interpretieren wir Φ als Potential, so erhalten wir das dazu gehörende Geschwindigkeitsfeld wie immer aus

$$\vec{v} = \nabla_2 \Phi \ ,$$

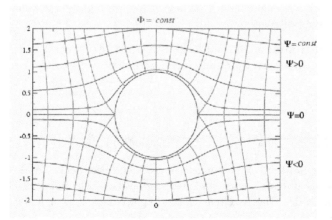

Abb. 5.16 Konturlinien von Realteil und Imaginärteil der komplexen Funktion $\Omega = z + 1/z$. Interpretiert man den Imaginärteil als Stromfunktion, dann entspricht der Realteil dem Geschwindigkeitspotential.

$\Psi(x, y)$ ist dann die Stromfunktion. Abb. 5.16 zeigt die Konturlinien von Φ und Ψ in der komplexen Zahlenebene. Da Ψ auf einem Kreis um $z = 0$ mit Radius $|z| = 1$ konstant (nämlich null) ist, fällt der Einheitskreis mit einer Stromlinie zusammen. Andererseits gilt $\partial_r \Phi = 0$ für $r = 1$ (r, φ Darstellung der komplexen Zahlen), d.h. Potential und Stromfunktion erfüllen die Randbedingungen des umströmten Zylinders. In der Tat sind die Ausdrücke für Φ und Ψ identisch mit denen, die wir in Abschn. 5.8.3 berechnet hatten. Anstatt Differentialgleichungen zu lösen, hat man das Problem damit auf das Auffinden von komplexen Funktionen, die bestimmte Randbedingungen in der Gauß'schen Zahlenebene erfüllen, reduziert.

Das komplexe Potential für einige einfache Strömungen

Die Funktion $\Omega(z)$ heißt *komplexes Potential*. Bilden wir die Ableitung

$$\frac{d\Omega}{dz} = \frac{\partial \Phi}{\partial x} + i\frac{\partial \Psi}{\partial x} = -i\frac{\partial \Phi}{\partial y} + \frac{\partial \Psi}{\partial y}$$

und wählen Φ als Potentialfunktion der Geschwindigkeit, so sieht man mit den Cauchy-Riemann'schen Differentialgleichungen sofort, dass

$$\frac{d\Omega}{dz} = v_x - iv_y$$

gilt. Deshalb wird $d\Omega/dz$ auch als *komplexe Geschwindigkeit* bezeichnet.

Wir werden jetzt einige wichtige Grundtypen für bestimmte Strömungen angeben. Wie wir am Beispiel des umströmten Zylinders sahen, lassen sich Potentiale beliebig superponieren, d.h. man kann immer kompliziertere Strömungen aus einfachen Grundströmungen zusammenbauen (siehe z.B. Abb. 5.19).

a) Konstante Strömung. Die einfachste Strömung ist $\vec{v} =$const. Legen wir die x-Achse in Richtung von $\vec{v}$, so lautet das komplexe Potential

$$\Omega(z) = vz \ . \tag{5.44}$$

Man erhält sofort die schon bekannten Ausdrücke $\Phi = vx$ und $\Psi = vy$.

b) Quellen und Senken. Eine punktförmige Quelle oder Senke der Stärke Q bei z_0 entspricht einer nichtverschwindenden Divergenz des Geschwindigkeitsfeldes an diesem Punkt. Außerhalb der Quelle gelten wieder Laplace-Gleichungen für Ψ und Φ. Das komplexe Potential

$$\Omega(z) = \frac{Q}{2\pi}\ln(z - z_0) \tag{5.45}$$

ist Lösung der Laplace-Gleichung mit Ausnahme der Stelle $z = z_0$ an der sich eine Singularität der Stärke Q befindet.

Ist z_0 der Ursprung der komplexen Zahlenebene, so erfolgt die Trennung in Real- und Imaginärteil am besten durch Übergang in die Exponentialform $z = r\exp(i\varphi)$. Man erhält Potential und Stromfunktion in Polarkoordinaten:

$$\Phi = \frac{Q}{2\pi}\ln r, \qquad \Psi = \frac{Q}{2\pi}\varphi \; .$$

Abb. 5.17 zeigt die Konturlinien von Φ und Ψ. Durch Vertauschen von Φ und Ψ, was durch Multiplikation von (5.45) mit $-i$ erreicht wird (die Wirbelstärke bezeichnet man normalerweise mit Γ) ergibt sich

$$\Omega(z) = -\frac{i\Gamma}{2\pi}\ln(z - z_0) \qquad (5.46)$$

und daraus das Potential und die Stromfunktion eines *Potentialwirbels* (Abb. 5.17 rechts):

$$\Phi = \frac{\Gamma}{2\pi}\varphi, \qquad \Psi = -\frac{\Gamma}{2\pi}\ln r \; .$$

Der Begriff „Potentialwirbel" erscheint zunächst paradox, zeichnen sich doch Potentialströmungen gerade dadurch aus, dass das Geschwindigkeitsfeld wirbelfrei ist und keine geschlossenen Stromlinien existieren können. Schaut man sich das Potential jedoch genauer an, so sieht man, dass es einen Sprung der Größe Γ macht, wenn φ den Wert 2π passiert. Deshalb ist Φ nicht mehr differenzierbar und es existiert gar kein Potential, wohl aber eine Stromfunktion. Berechnung der Wirbelstärke nach Abschn. 5.7.2 ergibt

$$\omega = \frac{1}{2}(\operatorname{rot}\vec{v})_z = -\frac{1}{2}\Delta_2\Psi = \frac{1}{2}\Gamma\delta(\vec{r}), \qquad \vec{r} = \begin{pmatrix} x - x_0 \\ y - y_0 \end{pmatrix} \; .$$

D.h. aber, dass der Potentialwirbel der Form (5.46) nur am Ort $z_0 = x_0 + iy_0$ ein (unendlich großes) Wirbelfeld erzeugt. Es handelt sich also um einen Punktwirbel.

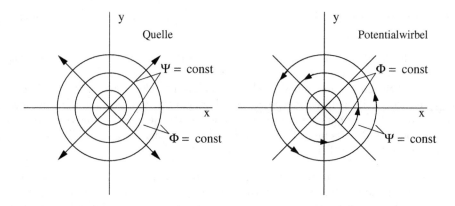

Abb. 5.17 Konturlinien von Potential und Stromfunktion einer Quelle bei $z = 0$ nach (5.45) (*links*) und eines Potentialwirbels nach (5.46) (*rechts*).

c) Strudel. Überlagert man eine Quelle oder Senke mit einem Potentialwirbel, so entsteht ein spiralförmiger Strudel (Abb. 5.18):

$$\Omega(z) = \frac{Q - i\Gamma}{2\pi} \ln(z - z_0) \ . \tag{5.47}$$

Je nach Vorzeichen von Q und Γ gibt es vier topologisch verschiedene Möglichkeiten, nämlich linksdrehende Quelle $(+, +)$, rechtsdrehende Quelle $(+, -)$ und linksdrehende $(-, +)$ bzw. rechtsdrehende $(-, -)$ Senke. Bei Strudeln kann es sich ebenfalls um keine Potentialströmungen mehr handeln, da auch hier das „Potential"

$$\Phi(r, \varphi) = \frac{Q}{2\pi} \ln r + \frac{\Gamma\varphi}{2\pi}$$

einen Sprung der Größe Γ macht.

d) Superposition. Durch Addieren der oben aufgeführten Grundtypen lassen sich komplizierte Strömungsmuster aufbauen. So zeigt z.B. Abb. 5.18 die Überlagerung zweier Strudel bei $z_0 = 1/2 + i/2$ und $z_0 = -1/2 - i/2$. Für das Potential ergibt sich folglich

$$\Omega(z) = \frac{Q_1 - i\Gamma_1}{2\pi} \ln(z - 1/2 - i/2) + \frac{Q_2 - i\Gamma_2}{2\pi} \ln(z + 1/2 + i/2) \ ,$$

für Wirbel- und Quellstärke wurde $Q_1 = 0.4$, $Q_2 = -0.4$, $\Gamma_1 = -2$, $\Gamma_2 = 2$ gewählt.

Eine Superposition einer Senke, einer Quelle und dreier Wirbel zeigt schließlich Abb. 5.19.

e) Methode der Bildladungen. Bisher haben wir Randbedingungen außer Acht gelassen bzw. nur Strömungen untersucht, die sich ins Unendliche ausdehnen. Durch geschicktes Anbringen von fiktiven Wirbeln oder Quellen/Senken außerhalb der Flüssigkeit lassen sich jedoch durch geometrische Überlegungen gewisse Randbedingungen erfüllen, zumindest für einfache Strömungen und Geometrien. Dies erinnert an die aus der Elektrodynamik bekannte Methode der Bild- oder Spiegelladungen, die wir an einem Beispiel erklären wollen.

Wenn die Strömung aus einem linksdrehenden Wirbel bei $x = -1/2$, $y = 1/2$ besteht, so lässt sich z.B. durch drei weitere Wirbel erreichen, dass die Normalkomponente der Strömung entlang der Linie $x = 0$, $y = 0$ verschwindet (Abb. 5.20). Die Strömung erfüllt dort die Bedingungen, die für eine undurchdringbare Randfläche (hier Linie) gelten. Dieselbe Vorgehensweise wäre auch für Quellen oder Strudel denkbar.

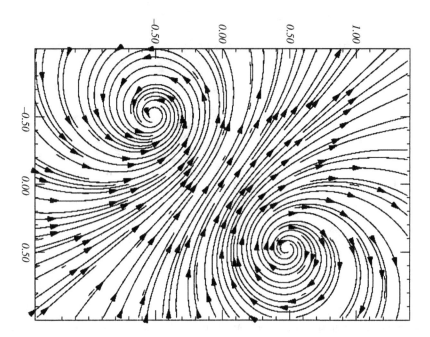

Abb. 5.18 Superposition zweier gegenläufiger Strudel mit derselben Wirbel- und Quellstärke als Lösung der Laplace-Gleichung mit δ-förmigen Singularitäten.

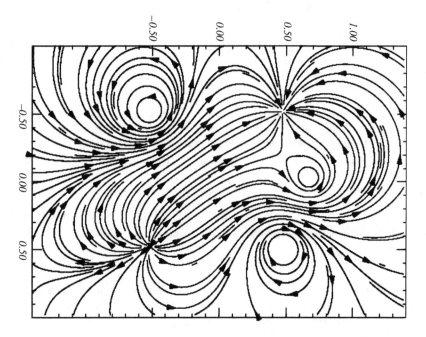

Abb. 5.19 Eine komplizierte Strömung entsteht durch Überlagerung mehrerer Wirbel, Quellen und Senken.

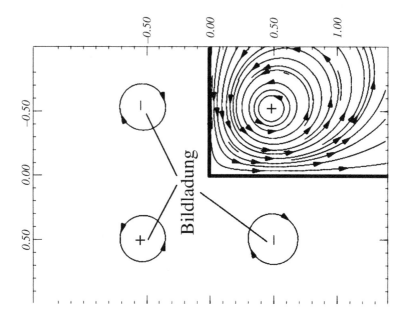

Abb. 5.20 Durch drei fiktive Bildwirbel außerhalb des Strömungsfeldes ergeben sich entlang den *dicken Linien* die Bedingungen für einen undurchlässigen Rand.

5.8.5   (*) Konforme Abbildungen

Eine flexible Möglichkeit, Strömungen in komplizierteren Geometrien bzw. um Hindernisse herum aus einfachen, bekannten Strömungen zu berechnen, besteht darin, komplexe Abbildungen der Form

$$w = f(z) \tag{5.48}$$

zu suchen, die einfache Geometrien auf kompliziertere abbilden. Wie man zeigen kann, bleiben bei Abbildungen der Form (5.48) Winkel erhalten und (infinitesimale) Dreiecke gehen in ähnliche Dreiecke über. Abbildungen mit dieser Eigenschaft werden als „konform" bezeichnet. Haben wir eine (einfache) Strömung in der w-Ebene mit Hilfe des komplexen Potentials

$$\Omega = \Omega(w)$$

gefunden, so lässt sich diese Strömung durch eine Abbildung (5.48) auf ein anderes, komplizierteres Gebiet transformieren

$$\tilde{\Omega}(z) = \Omega(w(z)) \ .$$

Wenn $w(z)$ differenzierbar ist, erfüllt auch $\tilde{\Omega}(z)$ die Cauchy-Riemann'schen Differentialgleichungen und Real- und Imaginärteil von $\tilde{\Omega}$ bilden ebenfalls Potential bzw. Stromfunktion einer inkompressiblen, ebenen Strömung.

Wir erklären die Methode weiter an einem einfachen Beispiel. Die w-Ebene soll durch x' und iy' aufgespannt werden. Eine konstante Strömung in der w-Ebene in x'-Richtung wird dann durch das Potential

$$\Omega(w) = v_0 w$$

beschrieben. Die Transformation

$$w(z) = z^{\pi/\alpha}$$

bildet jeden Punkt in der oberen w-Halbebene auf einen Keil mit Öffnungswinkel α in der z-Ebene ab (Abb. 5.21). Genauso wird auch die Strömung abgebildet. Aus

$$\tilde{\Omega}(z) = \Omega(w(z)) = v_0 z^{\pi/\alpha}$$

lässt sich auf nun schon gewohnte Weise Stromfunktion und Potential berechnen und man erhält die Strömung um einen (spitzen) Winkel.

Als zweite Anwendung kehren wir zum umströmten Zylinder aus Abschn. 5.8.3 zurück. Wir wollen eine konforme Abbildung suchen, die einen Zylinder mit Radius R in einen Körper transformiert, der mehr Ähnlichkeit mit einem Flügelprofil hat. Da unendlich weit weg vom Flügel das Strömungsfeld unverändert bleiben soll, muss

$$w = f(|z| \gg R) \approx z$$

gelten. Weil für das gewünschte Profil in der w-Ebene ein Kreis mir Radius R, $w = R\exp(i\varphi)$ herauskommen soll, ist es einfacher, zunächst die Umkehrfunktion

$$z = f^{-1}(w)$$

zu suchen und die durch φ parametrisierte Linie

$$z(\varphi) = f^{-1}(R\exp(i\varphi)), \qquad \varphi = 0 \dots 2\pi$$

in der z-Ebene zu zeichnen. Wir untersuchen die spezielle Abbildung

$$z = \frac{1}{w + w_0} + w + w_0 \tag{5.49}$$

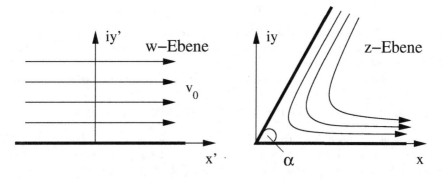

Abb. 5.21 Konforme Abbildung der oberen komplexen Halbebene auf einen Keil mit Öffnungswinkel α. Eine konstante Strömung wird dann auf eine Strömung um α abgebildet.

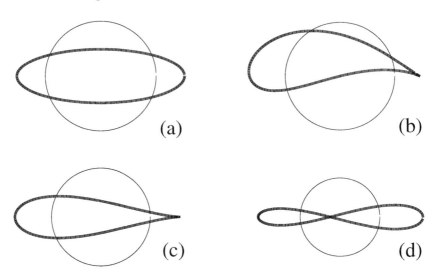

Abb. 5.22 Flügelprofile, erhalten aus konformen Abbildungen eines Kreises mit Radius R (*dünne Linie*) nach (5.49) für verschiedene w_0. (a): $w_0 = 0$, $R = 7/5$, (b): $w_0 = (i-1)/3$, $R = \sqrt{17}/3$, (c): $w_0 = -1/4$, $R = 5/4$, (d): $w_0 = -1/4$, $R = 1$.

für verschiedene Werte von w_0. Abb. 5.22 zeigt die Transformation eines Kreises mit Radius R. Die Profile (b) und (c) kommen einem Flügelquerschnitt sehr nahe. Die Funktion $w(z)$ lässt sich im Prinzip durch Auflösen von (5.49) nach w bestimmen. Dies ist jedoch nicht ganz so einfach, weil es für bestimmte Werte von z und w_0 zwei verschiedene w gibt, d.h. die Umkehrfunktion von (5.49) ist nicht eindeutig. Ein wichtiger Punkt ist, dass sich für bestimmte Werte von R und w_0 in der z-Ebene eine Spitze ausbildet. An der Spitze divergiert dw/dz oder

$$\frac{dz}{dw}\bigg|_{w=w_s} = -\frac{1}{(w_s + w_0)^2} + 1 = 0 . \tag{5.50}$$

Daraus lässt sich w_s bestimmen:

$$w_s = 1 - w_0 .$$

Eingesetzt in (5.49) sieht man sofort, dass die Spitze immer bei $z_s = 2$ liegt. Damit das Profil überhaupt eine Spitze hat, muss w_s auf dem Kreis mit Radius R liegen, d.h. es muss zwischen R und w_0 der Zusammenhang

$$R = |1 - w_0|$$

gelten. Dies ist aber nur für die Parameter aus Abb. 5.22 (b) und (c) der Fall.

Zuletzt wollen wir noch das Strömungsfeld transformieren. Weiter oben (siehe Abb. 5.16) haben wir das komplexe Potential für einen umströmten Zylinder mit Radius 1 angegeben. Wir verwenden jetzt das allgemeinere Potential

$$\Omega(w) = v_\infty \left(w e^{-i\theta} + \frac{R^2}{w e^{-i\theta}} \right) \tag{5.51}$$

bei dem der Anströmwinkel θ (der Winkel zwischen v_∞ und der x-Achse) auftritt. Berechnen wir $w(z)$ mit der konformen Abbildung (5.49), so ergeben sich für verschiedene Flügelprofile und Anströmwinkel die in der Abb. 5.23 gezeigten Strömungen. Das Geschwindigkeitsfeld folgt wie oben aus dem komplexen Potential durch Differenzieren

$$v_x - iv_y = \frac{d\Omega}{dz} = \frac{d\Omega}{dw}\frac{dw}{dz} \ . \tag{5.52}$$

Wie schon bemerkt, gilt $dz/dw = 0$ an der Flügelspitze ($z = 2$), d.h. dort divergiert die Geschwindigkeit. Dies lässt sich durch Einführen einer zusätzlichen Wirbelströmung

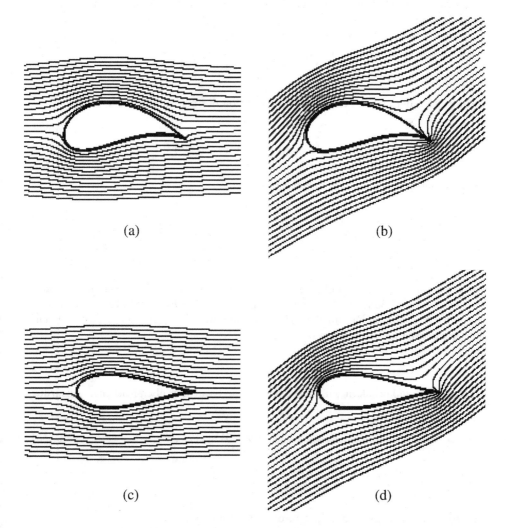

(a)   (b)

(c)   (d)

Abb. 5.23 Strömungsfeld um einen Flügel für die Anströmwinkel $\theta = 0$ (*links*) und $\theta = 30^0$. Die Profile wurden wieder durch die konforme Abbildung eines Kreises (5.49) erzeugt. (a,b): $w_0 = (i-1)/3$, $R = \sqrt{17}/3$, (c,d): $w_0 = -1/4$, $R = 5/4$.

um den Flügel herum beheben, was dann zu einer Auftriebskraft führt. Wir werden darauf im nächsten Abschnitt zurückkommen.

5.8.6   Die Auftriebsformel von Kutta und Joukowsky

Der Satz von Blasius

Wir wollen uns jetzt noch einmal fragen, welche Kraft auf einen umströmten Körper wirkt. Dafür schreiben wir die Formel (5.42), die für beliebige Konturen C gilt, in Komponenten:

$$\begin{pmatrix} F_x \\ F_y \end{pmatrix} = -\frac{1}{2}L\rho \oint_C v^2 \begin{pmatrix} -dy \\ dx \end{pmatrix} \ .$$

Multiplikation der ersten Zeile mit i und Addition der beiden Gleichungen ergibt

$$i\,F_x + F_y = -\frac{1}{2}L\rho \oint_C v^2(dx - idy) \ .$$

Das Linienintegral wird weiter umgeformt zu

$$\oint_C (v_x^2 + v_y^2)(dx - idy) = \oint_C (v_x^2 - 2iv_xv_y - v_y^2)(dx + idy) + 2\oint_C (iv_x + v_y)\underbrace{(v_y\,dx - v_x\,dy)}_{\vec{v}\times d\vec{r}=0} \ .$$

Das letzte Integral verschwindet genau dann, wenn C mit einer Stromlinie zusammenfällt. Da Berandungen umströmter Körper immer auch Stromlinien sein müssen, können wir von diesem Fall im Weiteren ausgehen. Mit der schon weiter oben verwendeten komplexen Geschwindigkeit

$$W(z) = v_x - iv_y$$

und $dz = dx + idy$ erhalten wir schließlich für die Kraft den übersichtlichen Ausdruck

$$i\,F_x + F_y = -\frac{1}{2}L\rho \oint_C W^2(z)dz \ , \tag{5.53}$$

der auch als der **Satz von Blasius** bezeichnet wird.

Cauchy'scher Integralsatz und Laurent-Reihe

Der Integralsatz von Cauchy besagt, dass das Linienintegral über eine Funktion $f(z)$ von einem bestimmten Punkt in der komplexen Ebene zu einem anderen Punkt dann vom Weg unabhängig ist, wenn $f(z)$ differenzierbar ist. Dann gilt speziell (siehe Aufgabe 5.6)

$$\oint_C f(z)dz = 0 \ ,$$

wenn f innerhalb der beliebigen Kontur C differenzierbar ist. Das heißt aber, dass (5.53) nur dann eine Kraft ungleich null liefert, wenn W^2 innerhalb der Kontur des umströmten Körpers an mindestens einer Stelle singulär, also nicht differenzierbar, ist.

Wir berechnen (5.53) mit der Annahme, dass W bei $z = z_0$ singulär sein soll. Hierzu zerlegen wir W in eine sogenannte **Laurent-Reihe**, d.h., wir entwickeln W nach Potenzen von $(z - z_0)^n$ (Taylor-Reihe) *und* $(z - z_0)^{-n}$:

$$W(z) = \ ... \ \frac{a_{-n}}{(z - z_0)^n} + \ ... \ + \frac{a_{-1}}{z - z_0} + a_0 + a_1(z - z_0) + \ ... \ a_m(z - z_0)^m + \ ... \ .$$

Weil W weit weg vom umströmten Körper $(z \to \infty)$ konstant und gleich W_∞ sein soll, muss

$$a_0 = W_\infty \qquad \text{und} \quad a_n = 0 \quad \text{für} \quad n > 0$$

gelten. Wir erhalten demnach

$$W(z) = W_\infty + \frac{a_{-1}}{z - z_0} + \ ... \ + \frac{a_{-n}}{(z - z_0)^n} + \ ... \tag{5.54}$$

und nach Quadrieren

$$W^2(z) = W_\infty^2 + \frac{2W_\infty a_{-1}}{z - z_0} + \frac{2W_\infty a_{-2} + a_{-1}^2}{(z - z_0)^2} + \ ... \ . \tag{5.55}$$

Es bleibt noch in (5.53) das Linienintegral über die Kontur C zu berechnen. Wir zeigen zunächst, dass es keinen Unterschied macht, anstatt entlang C auf einem Kreis um z_0 mit Radius R zu integrieren (Abb. 5.24). Das von den Kurven C_1 bis C_4 eingeschlossene Gebiet soll keine singulären Punkte enthalten. Dann gilt mit dem Satz von Cauchy

$$\int_{C_1} W^2 dz + \int_{C_2} W^2 dz - \int_{C_3} W^2 dz + \int_{C_4} W^2 dz = 0$$

(vor dem dritten Integral steht ein Minuszeichen, weil C_3 im negativen Sinne durchlaufen wird). Lassen wir die Kurve C_2 gegen C_4 gehen, so hebt sich der zweite mit dem vierten Anteil auf und aus C_1 wird C, aus C_3 der Kreis mit Radius R. Wir erhalten

$$\oint_C W^2 dz = \oint_{C_R} W^2 dz \ .$$

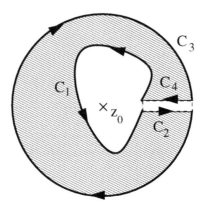

Abb. 5.24 Befindet sich im *schraffierten Bereich* keine Singularität, so erhält man für das Linienintegral entlang C_1 denselben Wert wie entlang C_3.

Auf dem Kreis gilt aber $z = z_0 + R \exp(i\varphi)$ und

$$dz = iR\mathrm{e}^{i\varphi}d\varphi$$

und damit endlich

$$\oint_C W^2 dz = iR \int_0^{2\pi} W^2 \mathrm{e}^{i\varphi}d\varphi \ .$$

Setzen wir noch den Ausdruck (5.55) für W^2 ein, bekommen wir

$$\oint_C W^2 dz = iR \int_0^{2\pi} \left[W_\infty^2 \mathrm{e}^{i\varphi}d\varphi + 2W_\infty a_{-1}R^{-1} + (2W_\infty a_{-2} + a_{-1}^2)R^{-2}\mathrm{e}^{-i\varphi} + ... \right] d\varphi \ .$$

Von der unendlichen Reihe unter dem Integral bleibt aber nur ein Term übrig, nämlich der zweite, der deshalb auch als *Residuum* (=Rest) bezeichnet wird. Alle anderen Summanden enthalten Potenzen des Faktors $\mathrm{e}^{-i\varphi}$, der natürlich 2π-periodisch ist und bei Integration über φ somit null ergibt. Das Residuum selbst hängt nicht vom Winkel ab, so dass die Integration nur einen Faktor 2π liefert:

$$\oint_C W^2 dz = 4\pi i W_\infty a_{-1} \ .$$

Setzen wir dies noch in (5.53) ein, erhalten wir einen Ausdruck, der die Kraft auf den Zylinder mit der Geschwindigkeit im Unendlichen in Relation setzt:

$$i\,F_x + F_y = -2\pi i L\rho a_{-1}(v_{x\infty} - iv_{y\infty}) \ . \tag{5.56}$$

Hier haben wir wieder $W_\infty = v_{x\infty} - iv_{y\infty}$ verwendet.

Zirkulation

In der Formel (5.56) steht als noch unbekannte Größe das Residuum a_{-1}, welches wir jetzt mit dem Geschwindigkeitsfeld entlang des umströmten Körpers in Verbindung bringen wollen. Dazu führen wir den wichtigen Begriff der Zirkulation ein, welche durch das Linienintegral entlang einer geschlossenen, aber sonst beliebigen Kontur C definiert ist:

$$\Gamma \equiv \oint_C \vec{v} \cdot d\vec{r} \ . \tag{5.57}$$

Umformung mit dem Stokes'schen Satz (B.21) ergibt sofort, dass in wirbelfreien Flüssigkeiten die Zirkulation null sein muss. Die Zirkulation lässt sich (genau wie im vorigen Abschnitt W^2) ebenfalls in der komplexen Zahlenebene ausdrücken:

$$\Gamma = \oint_C \vec{v} \cdot d\vec{r} = \oint_C (v_x \, dx + v_y \, dy) = \oint_C (v_x - i \, v_y)(dx + i \, dy) - i \oint_C \underbrace{(v_x \, dy - v_y \, dx)}_{=\vec{v} \times d\vec{r}=0} \ .$$

Der letzte Summand rechts verschwindet, wenn die Kontur C entlang einer Stromlinie verläuft. Der erste lässt sich schreiben als

$$\Gamma = \oint_C W(z) \, dz \ . \tag{5.58}$$

Wir setzen (5.54) ein und erhalten mit derselben Rechnung wie oben den gesuchten Zusammenhang zwischen Residuum und Geschwindigkeit bzw. Zirkulation in der Form

$$\Gamma = 2\pi i \, a_{-1} \ .$$

Dies ist ein äußerst wichtiges Resultat: in wirbelfreien Strömungen hat W offensichtlich keine singulären Stellen. Das heißt aber sofort, dass auch keine Kraft auf beliebige sich in der Strömung befindende Körper wirken kann. Setzen wir nämlich den gerade gefundenen Ausdruck für a_{-1} in (5.56) ein, erhalten wir

$$i \, F_x + F_y = -L\rho\Gamma(v_{x\infty} - iv_{y\infty}) \ ,$$

oder, nach Trennung in Real- und Imaginärteil

$$F_x = L\rho\Gamma v_{y\infty}, \qquad F_y = -L\rho\Gamma v_{x\infty} \ , \tag{5.59}$$

die berühmte **Auftriebsformel von Kutta und Joukowsky**. Wie man leicht sieht, steht die Kraft immer senkrecht zur Strömung im Unendlichen und wird deshalb als Auftriebskraft bezeichnet. Sie hat den Betrag

$$F_A = \rho\Gamma v_\infty \tag{5.60}$$

pro Längeneinheit.

Strömung mit Punktwirbel

Eine im Unendlichen entlang der x-Achse gerichtete Strömung wird also eine Kraft am Zylinder erzeugen, wenn die Zirkulation um den Zylinder herum von null verschieden ist. Die Zirkulation verschwindet aber in unserer bisher verwendeten Potentialströmung der Art (5.40). In Abschn. 5.8.4 haben wir jedoch gesehen, wie man eine Punktwirbelströmung generieren kann (vgl. Abb. 5.17). Wir addieren also zu dem komplexen Potential (5.51) des umströmten Zylinders einfach das Potential eines Punktwirbels bei $z = 0$ und erhalten

$$\Omega(z) = v_\infty \left(z + \frac{R^2}{z} \right) - \frac{i\Gamma}{2\pi} \ln(z) \ .$$

Um die Strömung zu visualisieren ist es am einfachsten, die Stromfunktion zu berechnen

$$\Psi(r, \varphi) = \mathrm{Im}(\Omega) = v_\infty r \sin\varphi \left(1 - \frac{R^2}{r^2} \right) - \frac{\Gamma}{2\pi} \ln r$$

und die Konturlinien zu plotten (Abb. 5.25). Man sieht, wie für zunehmende Wirbelstärken die Stromlinien unterhalb des Zylinders zusammengedrückt werden. Dort ist die Geschwindigkeit demnach größer und, nach dem Satz von Bernoulli, der Druck entsprechend kleiner. Dadurch entsteht eine Kraft in negative y-Richtung, in Übereinstimmung mit der Auftriebsformel (5.59).

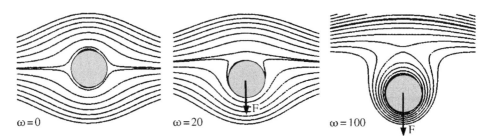

Abb. 5.25 Stromlinien für verschiedene Stärken $\Gamma = 2\pi\omega R^2$ des Punktwirbels im Innern des Zylinders. Die Winkelgeschwindigkeit der Wirbelströmung entlang des Zylinders wird durch ω angegeben, $F \sim \omega$ bezeichnet die Auftriebskraft.

5.8.7   (*) Der umströmte Tragflügel

In Abschn. 5.8.5 hatten wir die Strömung entlang eines Tragflügels mit Hilfe konformer Abbildungen bestimmt. Ein dabei auftretendes Problem war, dass an der Flügelspitze die Geschwindigkeit nach (5.52) divergiert. Dies lässt sich durch Hinzufügen eines Punktwirbelfeldes zu dem Ausdruck (5.51) verhindern. Wir versuchen

$$\Omega(w) = v_\infty \left(w\mathrm{e}^{-i\theta} + \frac{R^2}{w\mathrm{e}^{-i\theta}} \right) - \frac{i\Gamma}{2\pi} \ln w \tag{5.61}$$

und bestimmen Γ so, dass $d\Omega/dw$ an der Flügelspitze $w_s = 1 - w_0$ verschwindet. Durch diese Art von Regularisierung bleibt $\vec{v}$ bei $z = z_s$ endlich. Aus

$$\left. \frac{d\Omega}{dw} \right|_{w_s} = 0$$

folgt

$$v_\infty \left(\mathrm{e}^{-i\theta} - \frac{R^2}{w_s^2 \mathrm{e}^{-i\theta}} \right) - \frac{i\Gamma}{2\pi} \frac{1}{w_s} = 0 \ .$$

Wegen $|w_s| = R$ können wir

$$w_s = R\mathrm{e}^{i\varphi_s}$$

verwenden und erhalten nach kurzer Rechnung

$$\Gamma = -4\pi R v_\infty \sin\beta \tag{5.62}$$

mit dem jetzt neu definierten Anströmwinkel

$$\beta = \theta - \varphi_s \ .$$

Setzen wir (5.62) noch in die Kutta-Joukowsky-Formel (5.60) ein, erhalten wir endlich für den Auftrieb

$$F_A(\beta) = -4\pi R\rho v_\infty^2 \sin\beta \ . \tag{5.63}$$

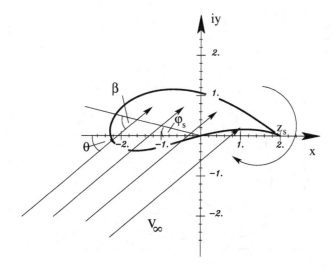

Abb. 5.26 Ein Flügelprofil wie in Abb. 5.22b wird unter dem Winkel θ angeströmt. Aus der Regularisierung der Geschwindigkeit folgt eine Zirkulation in Pfeilrichtung, die für den Auftrieb senkrecht zu v_∞ sorgt. Bei $w_0 = (i-1)/3$ ergibt sich $\varphi_s \approx 14^0$.

Per Definition ist der Anströmwinkel $\beta = 0$ derjenige, bei dem der Auftrieb verschwindet (siehe Abb. 5.26).

Aufgabe 5.6: Beweise den Integralsatz von Cauchy mit Hilfe der Cauchy-Riemann'schen Differentialgleichungen.

Lösung: Der Integralsatz von Cauchy besagt, dass für eine auf dem einfach zusammenhängenden Gebiet A (Abb. 5.27) differenzierbare Funktion $f(z)$ der Ausdruck

$$\int_{z_1}^{z_2} f(z)\, dz = F(z_1, z_2) \tag{5.64}$$

wie im Reellen nur von Anfangs- und Endpunkt abhängt, nicht aber vom Weg. Daraus folgt dann sofort

$$\oint_C f(z)dz = 0 \; .$$

Wir formen mit $f = u + iv$, $z = x + iy$ Gleichung (5.64) um in

$$F = \int_{x_1,y_1}^{x_2,y_2} f(z)\, dz \; = \; \int_{x_1,y_1}^{x_2,y_2} (udx - vdy) \; + \; i \int_{x_1,y_1}^{x_2,y_2} (udy + vdx)$$

und untersuchen zunächst den Realteil dieses Ausdrucks:

$$\int_{x_1,y_1}^{x_2,y_2} (udx - vdy) \; .$$

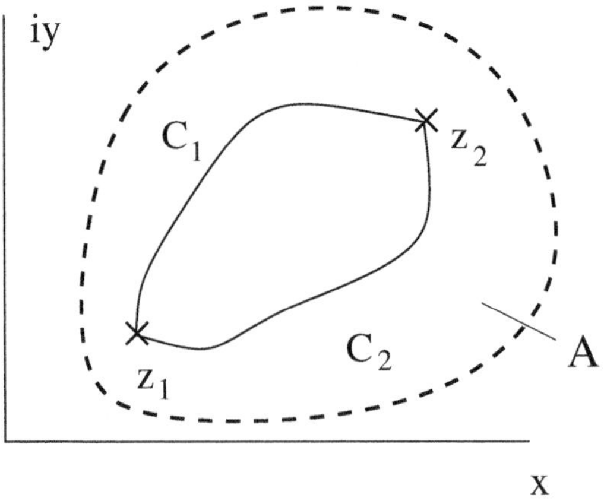

Abb. 5.27 Das Linienintegral von z_1 nach z_2 ist genau dann vom Weg C in A unabhängig, wenn in A die Cauchy-Riemann'schen Differentialgleichungen gelten.

Das Integral hängt genau dann nicht vom Weg ab, wenn sich u und v aus einem Potential herleiten lassen:

$$u = \frac{\partial U}{\partial x}, \qquad v = -\frac{\partial U}{\partial y} \ .$$

Dann gilt aber auch

$$\frac{\partial u}{\partial y} = \frac{\partial^2 U}{\partial x \partial y} = -\frac{\partial v}{\partial x} \ ,$$

was mit der zweiten Cauchy-Riemann'schen Differentialgleichung (5.43) automatisch erfüllt ist. Genauso führt die Auswertung der Imaginärteile auf

$$u = \frac{\partial V}{\partial y}, \qquad v = \frac{\partial V}{\partial x} \ ,$$

was auf

$$\frac{\partial u}{\partial x} = \frac{\partial v}{\partial y}$$

führt und mit der ersten Gleichung (5.43) identisch ist. Die Cauchy-Riemann'schen Differentialgleichungen gewährleisten somit die Existenz einer Potentialfunktion sowohl für den Realteil als auch für den Imaginärteil von F und damit natürlich auch für F selbst.

Kapitel 6

Oberflächenwellen

In diesem Kapitel wollen wir die Entstehung und die Ausbreitung von Wellen untersuchen wie sie an der Oberfläche von Pfützen, Flüssen, Seen oder Ozeanen vorkommen. Hierbei spielen Viskosität und Wirbelbildung eine untergeordnete Rolle. Zur näherungsweisen Beschreibung reichen die Euler-Gleichungen für eine inkompressible und wirbelfreie Strömung aus. Hinzu kommen Randbedingungen für eine freie und deformierbare Oberfläche, die wir schon in Abschn. 5.5.2 kennen gelernt haben. Der überwiegende Teil des Kapitels ist den Schwerewellen gewidmet. Wie bei einem Pendel wirkt die Gravitation der Auslenkung der Oberfläche aus ihrer Ruhelage entgegen, es entstehen Schwingungen. Wichtige Grenzfälle sind Flachwasser- und Tiefwasserwellen, bei denen die Wellenlänge groß bzw. klein gegenüber der Wassertiefe angenommen wird. Für größere Amplituden kommen nichtlineare Effekte ins Spiel. Das Oberflächenprofil weicht mehr und mehr von der harmonischen (Sinus-) Form ab und die Ausbreitungsgeschwindigkeit ändert sich mit der Wellenhöhe. Im tiefen Wasser sind die sogenannten Stokes-Wellen ein typischer Vertreter (schwach) nichtlinearer Wellen. Ein Spezialfall nichtlinearer Flachwasserwellen sind solitäre Wellen oder Solitonen, die aus räumlich lokalisierten Erhebungen der Oberfläche bestehen und weit über das Gebiet der Hydrodynamik hinaus auftreten. Schließlich wird bei sehr kurzen Wellenlängen (bei Wasserwellen in der Größenordnung Zentimeter) die Oberflächenspannung eine Rolle spielen, man spricht von Kapillarwellen.

6.1 Grundgleichungen und Randbedingungen

Ausgangspunkt ist die Laplace-Gleichung, die sich nach Einführen der Potentialfunktion (vergl. Abschn. 5.7.3)

$$\vec{v}(\vec{r}, t) = \nabla\Phi(\vec{r}, t)$$

aus der Kontinuitätsgleichung für inkompressible Flüssigkeiten (5.4) ergibt:

$$\Delta\Phi = 0 \ . \tag{6.1}$$

Im Gegensatz zu Abschn 5.7.3 wollen wir jetzt *zeitabhängige* Problemstellungen unter-

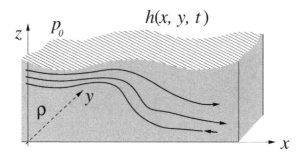

Abb. 6.1 Eine wirbelfrei strömende, inkompressible Flüssigkeit hat bei $z = h(x, y, t)$ eine freie, deformierbare Oberfläche, auf der der konstante Außendruck p_0 herrschen soll.

suchen. Die freie, deformierbare Oberfläche der Flüssigkeit soll sich bei

$$z = h(x, y, t)$$

befinden (Abb. 6.1).

Dort gilt die bereits in Abschn. 5.5.2 hergeleitete kinematische Randbedingung (5.18):

$$\partial_t h = \partial_z \Phi\big|_{z=h} - \nabla \Phi\big|_{z=h} \cdot \nabla h \ . \tag{6.2}$$

Außerdem soll die vertikale Geschwindigkeitskomponente auf dem Boden der Flüssigkeit verschwinden,

$$\partial_z \Phi\big|_{z=0} = 0 \ . \tag{6.3}$$

Bleiben noch die Euler-Gleichungen, die durch geeignete Wahl des Druckes erfüllt werden müssen und nach Einführen der Potentialfunktion und Integration die Form

$$\partial_t \Phi = -\frac{1}{\rho}(p + U) - \frac{1}{2}(\nabla \Phi)^2 \tag{6.4}$$

annehmen. Oft interessiert die Druckverteilung im Innern der Flüssigkeit wenig. Nichts desto weniger ist (6.4) wichtig zur Lösung der eigentlichen Differentialgleichung (6.1). Normalerweise ist der Druck an der Oberfläche gegeben, er ist entweder gleich dem Außendruck oder er enthält noch einen zusätzlichen Anteil von der Oberflächenspannung (vgl. Abschn. 5.5.2). Wertet man die Euler-Gleichungen an der Oberfläche $z = h$ aus, so wird aus (6.4) eine weitere, zeitabhängige Randbedingung, die $\nabla \Phi$, h und $\partial_t \Phi$ miteinander verbindet. Wir werden dies im nächsten Abschnitt verdeutlichen.

6.2 Schwerewellen

Eine ruhende Flüssigkeit wird im Schwerefeld der Erde eine senkrecht zur Schwerkraft orientierte ebene Oberfläche ausbilden. Stört man diese, etwa durch Erschütterung

(Steinwurf) oder Wind, so werden angehobene Teile der Oberfläche durch die Schwerkraft nach unten gedrückt, abgesenkte nach oben. Ohne Dämpfungsmechanismen wird die Oberfläche zwar zunächst in ihre (ebene) Ruhelage zurückkehren, dann aber, wegen der Trägheit der Volumenelemente, über „das Ziel hinaus schießen" und somit für eine anhaltende Schwingung der Oberfläche in Form von laufenden oder stehenden Wellen sorgen. Solche Wellen werden als Schwerewellen bezeichnet.

6.2.1 Grundgleichungen

Wir nehmen an, dass eine konstante Schwerkraft in vertikaler Richtung wirkt und schreiben in (6.4) für $U = U_0 + g\rho z$. Wir vernachlässigen zunächst die Oberflächenspannung und setzen $p = p_0$ bei $z = h$. Durch Auswerten von (6.4) an der Oberfläche erhalten wir dann eine zusätzliche Randbedingung der Form

$$\partial_t \Phi \big|_{z=h} = -\frac{p_0 + U_0}{\rho} - gh - \frac{1}{2}(\nabla \Phi)^2_{z=h} \qquad (6.5)$$

mit dem Außendruck p_0. Die mittlere Wassertiefe soll gleich h_0 sein. Solange die Auslenkungen a klein bleiben (Abb. 6.2), lassen sich die Randbedingungen linearisieren. Wir werden also Lösungen für das lineare System

$$\Delta \Phi = 0 \qquad (6.6a)$$

$$\partial_t h - \partial_z \Phi \big|_{z=h_0} = 0 \qquad (6.6b)$$

$$\partial_t \Phi \big|_{z=h_0} + g(h - h_0) = 0 \qquad (6.6c)$$

$$\partial_z \Phi \big|_{z=0} = 0 \qquad (6.6d)$$

suchen müssen. In (6.6c) haben wir die potentielle Energie bei $z = 0$ durch $U_0 = -\rho g h_0 - p_0$ festgelegt. In (6.6b) und in (6.6c) wurden die Ableitungen von Φ bei $z = h_0$ anstatt bei h ausgewertet. Der Fehler, den man hierbei macht, ist aber von derselben

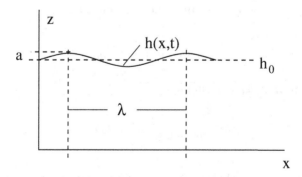

Abb. 6.2 Eine sinusförmige Auslenkung mit der Amplitude a und Wellenzahl $|k| = 2\pi/\lambda$ der Oberfläche um h_0. Die Randbedingungen lassen sich linearisieren, solange $a \ll h_0$ gilt.

Größenordnung wie die nichtlinearen Ausdrücke, die wir ebenfalls vernachlässigt haben. Dies ist leicht durch eine Taylor-Entwicklung der entsprechenden Funktionen um $z = h_0$ zu sehen.

6.2.2   Dispersionsrelation

Als Lösung der Laplace-Gleichung (6.6a) setzen wir einen Produktansatz aus ebenen Wellen in horizontaler Richtung sowie einer noch zu bestimmenden reellen Funktion $f(z)$ an:

$$\Phi(\vec{r}, t) = f(z)\, \mathrm{e}^{i(\vec{k}\vec{x} - \omega t)} + \text{c.c.} = 2f(z)\cos(\vec{k}\vec{x} - \omega t) \;, \tag{6.7}$$

wobei c.c. das komplex konjugierte bezeichnet und $\vec{k}$ und $\vec{x}$ die ebenen Vektoren

$$\vec{k} = (k_x, k_y), \qquad \vec{x} = (x, y) \;.$$

Einsetzen von (6.7) in (6.6a) ergibt

$$d_z^2 f - k^2 f = 0 \;,$$

was wegen (6.6d) durch

$$f(z) = \alpha \cosh(|k|z)$$

gelöst wird. Lösen wir (6.6c) nach h auf und setzen (6.7) ein, so erhalten wir

$$h(\vec{x}, t) = h_0 + \frac{i\omega\alpha}{g}\cosh(|k|h_0)\, \mathrm{e}^{i(\vec{k}\vec{x} - \omega t)} + \text{c.c.} \;. \tag{6.8}$$

Die Ausdrücke (6.7) und (6.8) in (6.6b) eingesetzt ergibt als Zusammenhang zwischen ω und $|k|$ die **Dispersionsrelation für Oberflächenwellen**

$$\omega(k) = \pm\sqrt{g|k|\tanh(|k|h_0)} \tag{6.9}$$

und daraus die **Phasengeschwindigkeit**

$$c(k) = \frac{\omega}{|k|} = \sqrt{\frac{g}{|k|}\tanh(|k|h_0)} \;. \tag{6.10}$$

Offensichtlich hängt c von $|k|$ ab. D.h. aber, dass Pakete aus Wasserwellen verschiedener Wellenlängen im Lauf der Zeit durch Dispersion ihre Form ändern und auseinander laufen. Weil c mit zunehmendem k abnimmt, spricht man von **normaler Dispersion**.

6.2.3   Oberflächenprofil und Potential

Wenn wir wie in Abb. 6.2 die Oberfläche durch

$$h = h_0 + a\sin(\vec{k}\vec{x} - \omega t)$$

charakterisieren, so besteht nach (6.8) der Zusammenhang

$$\alpha = \frac{g}{2\omega\cosh(|k|h_0)}a = \frac{\omega}{2|k|\sinh(|k|h_0)}a \ .$$

Dies eingesetzt in (6.7) ergibt schließlich für das Geschwindigkeitspotential

$$\Phi(\vec{r},t) = \frac{a\omega}{|k|\sinh(|k|h_0)}\cosh(|k|z)\cos(\vec{k}\vec{x} - \omega t) \ . \tag{6.11}$$

Durch Differenzieren lassen sich daraus leicht die Geschwindigkeitskomponenten berechnen:

$$v_x = \partial_x\Phi = -\frac{k_x}{|k|}\frac{a\omega}{\sinh(|k|h_0)}\cosh(|k|z)\sin(\vec{k}\vec{x} - \omega t) \tag{6.12a}$$

$$v_y = \partial_y\Phi = -\frac{k_y}{|k|}\frac{a\omega}{\sinh(|k|h_0)}\cosh(|k|z)\sin(\vec{k}\vec{x} - \omega t) \tag{6.12b}$$

$$v_z = \partial_z\Phi = \ \frac{a\omega}{\sinh(|k|h_0)}\sinh(|k|z)\cos(\vec{k}\vec{x} - \omega t) \tag{6.12c}$$

6.2.4   Teilchenbahnen

Um die Bahn eines Teilchens oder Volumenelements in einer Welle im Lauf der Zeit zu verfolgen, müssen wir ins Lagrange-Bild gehen. Wir legen die x-Achse des Koordinatensystems parallel zu $\vec{k}$ und können uns so auf zweidimensionale Bewegungen beschränken. Der Ort eines bestimmten Volumenelements zum Zeitpunkt $t = 0$ werde wie in Abschn. 2.2 mit X und Z bezeichnet, die Teilchenbahn mit $x(t)$ und $z(t)$. Die Bahnkurven ergeben sich dann als Lösung des DGL-Systems (2.5), welches mit (6.12)

$$\frac{dx}{dt} = -\frac{a\omega}{\sinh(kh_0)}\cosh(kz)\sin(kx - \omega t)$$

$$\frac{dz}{dt} = \frac{a\omega}{\sinh(kh_0)}\sinh(kz)\cos(kx - \omega t) \tag{6.13}$$

lautet. Hinzu kommen die Anfangsbedingungen

$$x(0) = X, \qquad z(0) = Z \ .$$

Hier sind nur noch numerische Lösungen möglich. Eine gute Näherung lässt sich jedoch durch folgende Abschätzung erreichen. Der Betrag der Teilchengeschwindigkeit im zeitlichen Mittel ($< ... > =$ Mittelung über eine Periode $T = 2\pi/\omega$) ist sicher an der Oberfläche am größten. Dort erhält man nach kurzer Rechnung aus (6.12)

$$< |v|_{z=h_0} > = \frac{a\omega}{\sinh(kh_0)} \left[1/2 + \sinh^2(kh_0) \right]^{1/2} .$$

Dieser zunächst kompliziert aussehende Ausdruck vereinfacht sich beträchtlich, wenn man die beiden Grenzfälle $kh_0 \gg 1$, entsprechend kleiner Wellenlänge im Vergleich zur Tiefe, und $kh_0 \ll 1$ untersucht. Für den ersten Fall ergibt sich

$$|v|_{z=h_0} = a\omega = ack = \frac{2\pi a}{\lambda} c ,$$

für den zweiten

$$|v|_{z=h_0} = \frac{1}{\sqrt{2}} \frac{a\omega}{kh_0} = \frac{1}{\sqrt{2}} \frac{a}{h_0} c .$$

Nun haben wir die Amplitude der Wellen a als klein gegenüber h_0 angenommen, so dass im zweiten Fall sicher $|v| \ll c$ gilt. Im Fall kurzer Wellen wird das ebenfalls gelten, wenn nur die Wellenlänge genügend groß gegenüber der Amplitude ist. Wenn die Teilchengeschwindigkeit $|\vec{v}|$ aber wesentlich kleiner als die Phasengeschwindigkeit ist, dann wird jedes Volumenelement im Laufe einer Periode $T = 2\pi/\omega$ in der Nähe seines Anfangsorts X, Z bleiben. Dann können wir, zumindest für nicht zu große Zeiten, in (6.13) auf den rechten Seiten $x(t)$ durch X, $z(t)$ durch Z ersetzen und einfach über die Zeit integrieren. Damit erhalten wir die Teilchenbahnen näherungsweise als

$$x(t) \ = X + A\omega \int_0^t dt' \ \sin(kX - \omega t') \ = X + A(\cos(kX - \omega t) - \cos(kX))$$

$$z(t) \ = Z + B\omega \int_0^t dt' \ \cos(kX - \omega t') \ = Z - B(\sin(kX - \omega t) - \sin(kX)) \ (6.14)$$

mit den Abkürzungen

$$A = -\frac{a}{\sinh(kh_0)} \cosh(kZ), \qquad B = \frac{a}{\sinh(kh_0)} \sinh(kZ) . \qquad (6.15)$$

Nach Quadrieren und einigen Umformungen lassen sich die beiden Gleichungen (6.14) auf die Form

$$\frac{(x - X')^2}{A^2} + \frac{(z - Z')^2}{B^2} = 1$$

mit

$$X' = X - A\cos(kX), \qquad Z' = Z + B\sin(kX)$$

bringen. Dies bedeutet aber, dass das Teilchen, welches zur Zeit $t = 0$ bei $x = X$, $z = Z$ war, auf einer Ellipse um X', Z' mit den beiden Halbachsen A und B umläuft, und zwar im Uhrzeigersinn genau einmal in der Periode T. Wir behandeln die beiden oben genannten Grenzfälle ausführlicher.

Flachwasserwellen, lange Wellen

Ist die Wellenlänge wesentlich größer als die Tiefe, dann gilt

$$kh_0 = 2\pi h_0/\lambda \ll 1$$

und die Hyperbelfunktionen in (6.15) lassen sich um null entwickeln:

$$\sinh\alpha \approx \alpha, \qquad \cosh\alpha \approx 1 \quad \text{für} \quad \alpha \ll 1 \,.$$

Entsprechend erhält man

$$|A| \approx \frac{a}{kh_0}, \qquad |B| \approx \frac{aZ}{h_0} \,.$$

Die horizontale Halbachse ist also unabhängig von der Tiefe und auf jeden Fall viel größer als die Amplitude, aber immer noch wesentlich kleiner als die Wellenlänge. Die vertikale Halbachse dagegen hat ihr Maximum bei $Z = h_0$ und ist dort gleich der Wellenhöhe. Mit zunehmender Tiefe wird sie kleiner und verschwindet schließlich bei $Z = 0$. Auf dem Grund bewegt sich die Flüssigkeit also nur noch in horizontaler Richtung hin und her (Abb. 6.3).

Mit derselben Entwicklung lässt sich die Dispersionsrelation (6.9) umformen zu

$$\omega(k) = k\sqrt{gh_0} \,. \tag{6.16}$$

Flachwasserwellen haben demnach keine Dispersion, ihre Phasengeschwindigkeit

$$c = \sqrt{gh_0} \tag{6.17}$$

ist unabhängig von der Wellenlänge.

Tiefwasserwellen, kurze Wellen

Im anderen Grenzfall kleiner Wellenlänge relativ zur Tiefe spricht man von Tiefwasserwellen. Hier gilt offensichtlich

$$kh_0 = 2\pi h_0/\lambda \gg 1$$

und die Argumente der Hyperbelfunktionen in (6.15) sind entsprechend groß. Dann gilt näherungsweise

$$\sinh\alpha \approx \cosh\alpha \approx \frac{1}{2}\,\mathrm{e}^{\alpha} \quad \text{für} \quad \alpha \gg 1 \,,$$

wovon man sich leicht durch Verwenden der Exponentialschreibweise überzeugt. Für die Halbachsen der Teilchenbahnen ergibt sich diesmal

$$|A| \approx |B| \approx a\,\mathrm{e}^{k(Z-h_0)} \,.$$

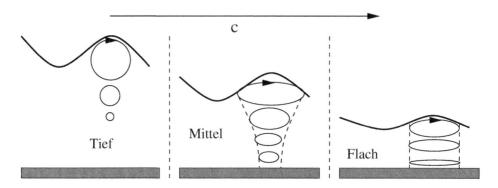

Abb. 6.3 In tiefem Wasser bewegen sich die Volumenelemente auf Kreislinien in einer schmalen Randschicht (*links*). In flachem Wasser dagegen bewegt sich die gesamte Wassersäule bis zum Grund (*rechts*). Läuft die Welle wie hier nach rechts, dann bewegen sich die Flüssigkeitsteilchen im Uhrzeigersinn.

Die Volumenelemente bewegen sich auf Kreisen, deren Radius an der Oberfläche gleich der Wellenamplitude ist und mit zunehmender Tiefe rasch abnimmt. Die gesamte Bewegung konzentriert sich auf eine Randschicht unter der Oberfläche mit der Eindringtiefe von der Ordnung der Wellenlänge. Am Grund bleibt die Flüssigkeit vollständig in Ruhe.

Die Dispersionsrelation für Tiefwasserwellen lautet

$$\omega(k) = \sqrt{g\bar{k}} \ ,$$

(6.18)

Frequenz und Phasengeschwindigkeit

$$c = \sqrt{\frac{g}{k}}$$

(6.19)

sind unabhängig von der Wassertiefe.

Stokes-Drift

Die Erfahrung zeigt, dass mitschwimmende Gegenstände durch Meerwellen langsam in Richtung der Welle transportiert werden. Dies scheint zunächst im Widerspruch mit den rein periodischen Lösungen (6.14) zu stehen, die ein Hin- und Herschwingen um einen konstanten Mittelwert ergeben würden. Bei (6.14) handelt es sich jedoch nur um eine Näherung, die wir jetzt etwas verbessern wollen. Wir kehren zurück zu den noch exakten Gleichungen (6.13) und schreiben die erste in der Form

$$\frac{dx}{dt} = \varepsilon c \sin(kx - \omega t)$$

(6.20)

mit der kleinen, dimensionslosen Größe

$$\varepsilon = Ak$$

und A aus (6.15). Wir lösen jetzt (6.20), indem wir die Lösung nach ε entwickeln:

$$x(t) = X + \varepsilon x_1(t) + \varepsilon^2 x_2(t) + \ldots \ . \tag{6.21}$$

Da das Teilchen zur Zeit $t = 0$ bei $x = X$ starten soll, muss

$$x_i(t = 0) = 0$$

für alle i gelten. Einsetzen der Entwicklung in (6.20) ergibt zunächst

$$\varepsilon\frac{dx_1}{dt} + \varepsilon^2\frac{dx_2}{dt} + \ldots = \varepsilon c \sin\left(k(X + \varepsilon x_1 + \varepsilon^2 x_2 + \ldots) - \omega t\right)$$

$$= \varepsilon c \left[\sin k(\varepsilon x_1 + \varepsilon^2 x_2 + \ldots)\cos(kX - \omega t) - \cos k(\varepsilon x_1 + \varepsilon^2 x_2 + \ldots)\sin(kX - \omega t)\right] \ . \tag{6.22}$$

Entwickeln wir die Winkelfunktionen nach ε, so können wir die verschiedenen Ordnungen vergleichen. Die Ordnung ε^0 ist trivial erfüllt, in ε^1 erhalten wir

$$\frac{dx_1}{dt} = -c\sin(kX - \omega t) \ ,$$

was nach Integration und Einsetzen der Anfangsbedingungen das schon aus (6.14) bekannte Ergebnis

$$x_1(t) = \frac{c}{\omega}\left(\cos(kX - \omega t) - \cos(kX)\right)$$

liefert. In der Ordnung ε^2 ergibt sich

$$\frac{dx_2}{dt} = ckx_1\cos(kX - \omega t) = c\left(\cos^2(kX - \omega t) - \cos(kX)\cos(kX - \omega t)\right) \ .$$

Integrieren wir diesen Ausdruck in der Zeit über eine Periode $T = 2\pi/\omega$, so verschwindet der letzte Term auf der rechten Seite. Der erste liefert den Beitrag

$$x_2(T) = \frac{Tc}{2} = \pi/k = \lambda/2 \ .$$

Eingesetzt in die Entwicklung (6.21) können wir die Verschiebung Δx_s nach einem Umlauf $t = T$ angeben:

$$\Delta x_s = x(T) - X = \varepsilon^2 x_2(T) = \pi k A^2 \ .$$

Obwohl also die über eine Periode T gemittelte Geschwindigkeit an jedem beliebigen Ort verschwindet (Euler-Bild), wird sich ein Volumenelement im Lauf der Zeit langsam in Wellenausbreitungsrichtung bewegen. D.h. die am Teilchen festgemachte mittlere Geschwindigkeit (Lagrange-Bild) ist von null verschieden und hat den Wert

$$v_s = \frac{\Delta x_s}{T} = \frac{A^2}{2}\omega k = \frac{A^2 k^2}{2}c \ .$$

Eine dreidimensionale Rechnung ergibt genauso

$$\vec{v}_s = \frac{A^2}{2}\omega\vec{k} \ . \tag{6.23}$$

Der Ausdruck (6.23) wird als **Stokes-Drift** bezeichnet und ist von quadratischer Ordnung in A und damit auch in der Wellenhöhe a.

Die Stokes-Drift vereinfacht sich, wenn wir die Grenzfälle für flaches und tiefes Wasser untersuchen. In der Flachwassernäherung ist A und damit v_s unabhängig von z. Man erhält

$$v_s = \frac{a^2}{2}g^{1/2}h_0^{-3/2} \ .$$

Bemerkenswert ist, dass v_s auch nicht von der Wellenlänge bzw. Frequenz abhängt. Wenn wir als Beispiel ein Gewässer mit einem Meter Tiefe nehmen, so ergibt sich mit $a = 10$ cm $v_s \approx 1.5$ cm/s bei einer Phasengeschwindigkeit von $c \approx 3$ m/s.

Für den Grenzfall kurzer Wellen hängt v_s von der z-Koordinate ab. Werten wir v_s an der Oberfläche $z = h_0$ aus, ergibt sich eine ähnliche Formel wie vorher:

$$v_s = \frac{a^2}{2}g^{1/2}k^{3/2} \ ,$$

in der diesmal aber die Wellenlänge enthalten ist.

6.2.5   Stromlinien

Um die Stromlinien auszuwerten, müssen wir zunächst die Stromfunktion bestimmen. Man erhält diese in zwei Dimensionen durch Integration von (6.12a) bezüglich z bzw. von (6.12c) bezüglich x:

$$\Psi(x,z,t) = -\frac{a\omega}{k\sinh(kh_0)}\sinh(kz)\sin(kx - \omega t) \ . \tag{6.24}$$

Abb. 6.4 zeigt Konturlinien von Ψ zu einem bestimmten Zeitpunkt ($t = 0$). Anders als im stationären Fall unterscheiden sich die Stromlinien von den Teilchenbahnen. Zu einer festen Zeit geben sie Aufschluss über die *momentane* Teilchenbewegung. Da sich die Konturlinien der Stromfunktion mit der Phasengeschwindigkeit c nach rechts bewegen, sieht das Stromlinienbild zu einem späteren Zeitpunkt vollkommen anders aus. Die einzelnen Volumenelemente bewegen sich aber mir einer viel kleineren Geschwindigkeit und werden den in Abb. 6.3 skizzierten Bahnkurven folgen.

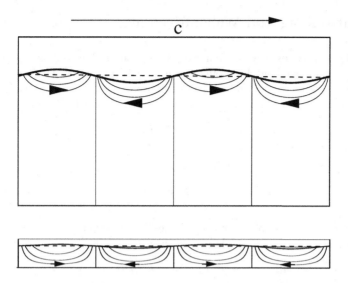

Abb. 6.4 Stromlinien zu einem festen Zeitpunkt. Unter einem Wellenberg bewegen sich die Teilchen in Ausbreitungsrichtung der Welle, unterhalb eines Wellentales entgegengesetzt. Das *obere Bild* zeigt eine Tiefwasserwelle, das untere eine Welle in flachem Wasser.

6.3 Wellen mit endlicher Amplitude – Stokes-Wellen

Die linearisierten Gleichungen, die wir bisher untersuchten, machen nur Sinn, solange die Wellenamplitude a klein gegenüber der Tiefe h_0 bzw. bei kurzen Wellen klein im Vergleich zur Wellenlänge bleibt. Ist dies nicht mehr der Fall, so müssen die nichtlinearen Terme in den Randbedingungen (6.2) und (6.5) mitgenommen werden. Wir beschränken uns wieder auf eine horizontale Dimension (x) und geben alle Gleichungen noch einmal in der Form (6.6) an[1]:

$$(\partial_{xx}^2 + \partial_{zz}^2)\Phi = 0 \tag{6.25a}$$

$$\partial_t h - \partial_z \Phi\big|_{z=h} = -\left(\partial_x h\right)\left(\partial_x \Phi\right)_{z=h} \tag{6.25b}$$

$$\partial_t \Phi\big|_{z=h} + g(h - h_0) = -\frac{1}{2}\left((\partial_x \Phi)^2 + (\partial_z \Phi)^2\right)_{z=h} \tag{6.25c}$$

$$\partial_z \Phi\big|_{z=0} = 0 . \tag{6.25d}$$

Neben einer direkten numerischen Simulation gibt es verschiedene Methoden zur näherungsweisen analytischen Lösung, denen wir den Rest des Kapitels widmen wollen.

---

[1]Die Randbedingungen müssen jetzt bei $z = h$ ausgewertet werden, und nicht wie vorher bei h_0, was nur in der linearen Ordnung konsistent war.

6.3.1   Aufsteilung und Wellenbrechung

Zunächst soll gezeigt werden, was Nichtlinearitäten von der Form wie sie in den Euler-Gleichungen vorkommen, bewirken können. Ein wesentlicher Punkt ist, dass sie zu einer Aufsteilung einer Welle führen und unter bestimmten Umständen sogar ihre Brechung verursachen. Wir demonstrieren das an einem einfachen Beispiel. Die lineare Gleichung

$$\partial_t u(x,t) = -c \, \partial_x u(x,t) \tag{6.26}$$

hat als Lösung laufende Wellen der Form

$$u(x,t) = f_0(x - ct) \ ,$$

wobei f_0 eine differenzierbare, aber sonst beliebige Funktion ist. Fügen wir auf der linken Seite von (6.26) eine (schwache) Nichtlinearität hinzu

$$\partial_t u(x,t) = -c\partial_x u(x,t) - \varepsilon u(x,t)\partial_x u(x,t) \ , \tag{6.27}$$

so lässt sich die Lösung nach dem kleinen Parameter ε entwickeln:

$$u(x,t) = f_0(x - ct) + \varepsilon f_1(x,t) + \varepsilon^2 f_2(x,t) + \ldots \ .$$

Einsetzen der Entwicklung in (6.27) ergibt in erster Ordnung von ε

$$\partial_t f_1 = -c \, \partial_x f_1 - f_0 \partial_x f_0 \ . \tag{6.28}$$

Wenn sich f_0 mit der konstanten Geschwindigkeit c nach rechts bewegt, können wir das sicher auch für f_1 annehmen. Um (6.28) zu erfüllen, müssen wir aber noch eine zusätzliche Zeitabhängigkeit zulassen. Wir setzen

$$f_1(x,t) = f_1(x - ct, t)$$

an und erhalten damit aus (6.28)

$$\partial_t f_1 = -f_0 \partial_x f_0 \ ,$$

oder nach Integration

$$f_1 = -t f_0 \partial_x f_0 \ , \tag{6.29}$$

also eine linear anwachsende Funktion (im Sinne der oben gemachten Entwicklung gilt dies natürlich nur, solange f_1 klein bleibt, d.h. also für kleine Zeiten). Wir wollen untersuchen, wie sich eine bestimmte, vorgegebene Wellenform durch die Nichtlinearität verändert und setzen für f_0 z.B. eine nach rechts laufende Front an (Abb. 6.5):

$$f_0(x - ct) = -\tanh(x - ct) \ . \tag{6.30}$$

Eingesetzt in (6.29) erhalten wir

$$f_1 = -\frac{\tanh(x - ct)}{\cosh^2(x - ct)} \, t \ . \tag{6.31}$$

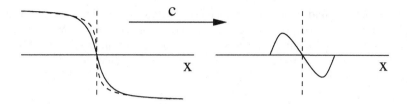

Abb. 6.5 *Links*: eine Front nach (6.30) ist eine exakte Lösung der linearen Gleichung (6.26). Nichtlineare Terme wie in (6.27) führen in höherer Ordnung zu dem rechts skizzierten Anteil f_1. Dadurch wird die Front im Lauf der Zeit immer steiler.

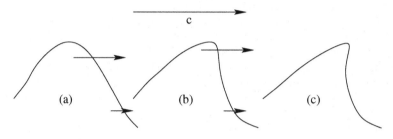

Abb. 6.6 (a) Eine Welle läuft mit der Geschwindigkeit c nach rechts. Durch nichtlineare Effekte vergrößert sich die Phasengeschwindigkeit jedoch mit der Amplitude, so dass die Wellenberge die Wellentäler einholen, was zunächst zu einer Aufsteilung führt (b). Schließlich wird die Steigung an der Vorderfront unendlich und es kommt zur Brechung (c).

Abb. 6.5 rechts zeigt f_1 zu einem bestimmten Zeitpunkt. Der Verlauf an der Front ähnelt dem von f_0 und wird im Lauf der Zeit zu einer Verstärkung der negativen und positiven Werte von u führen und damit zu einer Aufsteilung. Teile mit großem u laufen schneller nach rechts als die mit kleinerem (negativem). Eine rechtslaufende Front mit positiver Steigung würde sich entsprechend abflachen. Dies führt letztlich dazu, dass anfangs harmonische Wellen immer spitzer werden und Sägezahnform annehmen. Wird die Steigung irgendwo unendlich, macht eine Beschreibung mit einer Differentialgleichung wie (6.27) keinen Sinn mehr, da dann die Amplitude u nicht länger als Funktion von x aufgefasst werden kann (Abb. 6.6). Es kommt zur Wellenbrechung.

6.3.2 Dispersion

Bisher haben wir eine Gleichung untersucht, bei der alle Wellen dieselbe Phasengeschwindigkeit c hatten. Das Auftreten einer Singularität in u kann aber durch Dispersion vermieden werden. Intuitiv ist klar, dass durch die Nichtlinearität im Fourier-Spektrum von u immer mehr Anteile mit kurzer Wellenlänge dazukommen. Ein Aufsteilen ist nur dann möglich, wenn eine Art Resonanz entsteht, d.h. wenn alle Wellen beieinander bleiben. Dazu müssen sie aber mit derselben Phasengeschwindigkeit unterwegs sein. Hängt diese jedoch von k ab, was in dispergierenden Medien die Regel ist, kann der Aufsteilungseffekt vollständig unterdrückt werden. Andererseits können sich auch Dispersion und Nichtlinearität genau die Waage halten, was zu nichtlinearen Wellen führen wird, die, ohne ihre Form zu verändern, durch das Medium laufen. Ein typisches Beispiel hierfür sind die Solitonen, die wir im übernächsten Abschnitt ausführlich untersuchen werden. Hier wenden wir uns zunächst den noch länger bekannten Stokes-Wellen zu.

6.3.3   Stokes-Wellen

Als Stokes-Wellen bezeichnet man nichtlineare Wellen auf tiefen Gewässern, entsprechend des in Abschn. 6.2.4 besprochenen Grenzfalles kurzer Wellen. Um Lösungen endlicher, aber immer noch kleiner Amplituden näherungsweise zu bestimmen, liegt es nahe, Potential und Oberflächenprofil nach Potenzen von a zu entwickeln. In erster Ordnung ergeben sich die schon bekannten linearen Lösungen aus Abschn. 6.2.3. Die zweite Ordnung erhält man durch Einsetzen der ersten Ordnung in das volle System (6.25) und Inversion des linearen Teils usw.

Die Näherungslösung von Stokes

Eine einfachere Möglichkeit zur Bestimmung des Oberflächenprofils wurde von Stokes bereits 1847 vorgeschlagen. Wir folgen hier im Wesentlichen der Präsentation von H. Lamb[2]. Da man nach Lösungen sucht, die sich mit einer konstanten Geschwindigkeit bewegen ohne dabei ihre Form zu verändern, ist es naheliegend, auf dieses Koordinatensystem zu transformieren und dort nach *stationären* Lösungen zu suchen. Durch Einführen der neuen Koordinate

$$x' = x - ct$$

lässt die sich eine Lösung der Laplace-Gleichung (6.25a) als[3]

$$\Phi'(x', z, t) = -cx' + ac\, e^{k(z - h_0)} \sin kx' \qquad (6.32)$$

formulieren (vergl. (6.11)). Der zusätzliche Term cx' tritt wegen der Transformation auf ein mit c bewegtes System auf, da sich dann auch die Geschwindigkeit entsprechend

$$v'_x = v_x - c$$

transformieren muss, was sofort auf

$$\Phi' = \Phi - cx'$$

führt. In ähnlicher Weise lässt sich die Stromfunktion darstellen. Auch sie muss Lösung der Laplace-Gleichung sein und lautet analog zu (6.24)

---

[2]Siehe [5].

[3]Der Leser mag sich über die jeweils vertauschten Winkelfunktionen $\sin kx'$ und $\cos kx'$ wundern. Die Formeln können aber leicht durch Verschieben des Ursprungs um $\pi/2$ nach links ineinander übergeführt werden.

$$\Psi'(x', \varepsilon, t) = -c\varepsilon + ac\,\mathrm{e}^{k\varepsilon}\cos kx' \,, \tag{6.33}$$

wobei wir bereits als Abkürzung

$$\varepsilon = z - h_0$$

verwendet haben. Der große Trick besteht darin auszunutzen, dass die Oberfläche als Randlinie im mitbewegten System mit einer Stromline Ψ' =const zusammenfallen muss (siehe hierzu Abschn. 5.5.1). Wir schreiben zunächst (6.33) als implizite Gleichung einer Stromlinie $\varepsilon(x')$.

$$\varepsilon = a\,\mathrm{e}^{k\varepsilon}\cos\,kx' + \text{const} \tag{6.34}$$

Da für $a = 0$ die gesuchte Stromlinie, nämlich die Oberfläche, gleich h_0 sein soll, liefert Nullsetzen der Konstanten eine Gleichung für die Oberfläche. Beachtet man, dass die Abweichungen von der flachen Oberfläche ε zwar endlich aber immer noch klein sein sollen, lässt sich die Exponentialfunktion nach ε entwickeln:

$$\varepsilon = a\left(1 + k\varepsilon + \frac{1}{2}k^2\varepsilon^2 + ... \right)\cos kx' \,. \tag{6.35}$$

Die (nichtlineare) Amplitude ε muss eine Funktion von a sein und lässt sich für kleine a als Potenzreihe gemäß

$$\varepsilon = \sum_n a^n f_n(x') \tag{6.36}$$

mit noch zu bestimmenden Funktionen f_n ausdrücken. Einsetzen in (6.35) ergibt in erster Ordnung das schon aus der linearen Theorie (Abschn. 6.2.3) bekannte Resultat (diesmal natürlich mit $\cos kx'$ anstatt $\sin kx'$):

$$f_1 = \cos kx' \,.$$

In der zweiten Ordnung folgt nach Einsetzen von f_1

$$f_2 = k\cos^2(kx') = \frac{k}{2}(1 + \cos 2kx') \,,$$

in der dritten

$$f_3 = \frac{9k^2}{8}\cos kx' + \frac{3k^2}{8}\cos 3kx'$$

usw. Zusammengefasst ergibt sich für ε und damit für die Oberfläche bis zur dritten Ordnung in a die Reihe

$$\begin{aligned} \varepsilon = h(x,t) - h_0 = \frac{1}{2}ka^2 + \left(a + \frac{9}{8}k^2a^3\right)\cos k(x - ct) \\ + \frac{1}{2}ka^2\cos 2k(x - ct) + \frac{3}{8}k^2a^3\cos 3k(x - ct) \,. \end{aligned} \tag{6.37}$$

Gleichung (6.37) ist eine Fourier-Reihe in der Variablen $x' = x - ct$. Das Auftreten von Vielfachen der Wellenzahl k (Oberschwingungen) bedeutet, dass das Oberflächenprofil bei größeren Amplituden a mehr und mehr von der Sinusform abweicht. Weil sich aber alle Fourier-Moden mit derselben Geschwindigkeit c bewegen, läuft die Welle als Ganzes nach rechts, ohne dabei ihre Form zu verändern.

Phasengeschwindigkeit

Es bleibt noch zu zeigen, dass die Lösung (6.32) bzw. (6.33) die beiden Randbedingungen (6.25b) und (6.25c) in der entsprechenden Ordnung von ε erfüllt. Wie man sich durch Einsetzen überzeugen kann, wird (6.25b) exakt gelöst. Randbedingung (6.25c) lautet im mitbewegten System[4]

$$g(h - h_0) + \frac{1}{2} \left(\partial_{x'}\Phi'\right)^2_{z=h} + \frac{1}{2} \left(\partial_z\Phi'\right)^2_{z=h} = \text{const} .$$

Einsetzen von (6.32) führt mit (6.34) nach einigen Umformungen auf den noch exakten Ausdruck

$$\varepsilon \cdot (g - c^2 k) + \frac{c^2}{2} + \frac{1}{2} a^2 c^2 k^2 \, \mathrm{e}^{2k\varepsilon} = \text{const} ,$$

was nicht für alle $\varepsilon(x')$ erfüllt sein kann. Entwickeln wir jedoch die e-Funktion wieder bis zur linearen Ordnung in ε, so erhalten wir

$$\varepsilon \cdot (g - c^2 k + a^2 c^2 k^3) = \text{const} ,$$

mit einer anderen Konstanten. Dies gilt genau dann für alle $\varepsilon(x')$, wenn der Ausdruck in der Klammer verschwindet. Nach c aufgelöst ergibt sich

$$c^2 = \frac{g}{k - a^2 k^3} ,$$

also eine von der Amplitude abhängige Phasengeschwindigkeit. Da die oben gemachte Entwicklung der e-Funktion nur bis zur Ordnung a^2 richtig ist, können wir den Nenner genauso weit entwickeln und erhalten den in a^2 konsistenten Ausdruck

$$c = \sqrt{\frac{g}{k}\left(1 + a^2 k^2\right)} = \sqrt{\frac{g}{k}\left(1 + 4\pi^2(a/\lambda)^2\right)} . \tag{6.38}$$

Wellen mit großer Amplitude breiten sich folglich schneller aus als kleinere Wellen, was mit der Erfahrung in Einklang steht. In linearer Näherung ergibt sich, wie es sein muss, die Dispersionsrelation für Tiefwasserwellen (6.19).

Wellenformen und Schaumkronen

Abb. 6.7 zeigt $h(x')$ für verschiedene Amplituden. Die Oberschwingungen führen zu einer Verbreiterung der Wellentäler und zu einem Zuspitzen der Berge. Eine direkte Lösung von (6.34) (z.B. durch Auflösen nach x) zeigt für größeres a allerdings schnell ein qualitativ abweichendes Verhalten von der Näherung (6.37). So bildet sich bei einem bestimmten $a = a_c$ an den Maxima ($x' = 2n\pi$) eine Kuspe aus und $\varepsilon(x')$ ist dort nicht länger differenzierbar (Abb. 6.9). Für $a > a_c$ gibt es immer breitere Bereiche, in denen ε nicht existiert.

---

[4]Die Konstante tritt auf, weil im mitbewegten System eine zusätzliche kinetische Energie vorhanden ist.

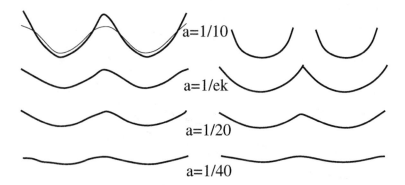

Abb. 6.7 Nichtlineare Lösungen für das Oberflächenprofil für verschiedene Werte von a und einer Wellenlänge $\lambda = 1$. *Links*: Profile nach der Fourier-Reihe (6.37). Für großes a sieht man deutlich die Abweichung von einer Sinuskurve (*dünne Linie links oben*). *Rechts*: Exakte Lösung der Gleichung (6.34). Für $a = 1/ek$ entsteht bei $x' = 2n\pi$ eine Kuspe, für größere Werte von a ist das Höhenprofil nicht mehr durchgehend definiert (siehe auch Abb. 6.9).

Abb. 6.8 Stokes-Wellen im Mittelmeer, fotografiert vom Autor.

Das Maximum von ε ergibt sich als (reelle) Lösung der transzendenten Gleichung

$$\varepsilon_m = a \, e^{k\varepsilon_m} \; . \tag{6.39}$$

Um a_c zu finden, kann man z.B. eine graphische Lösungskonstruktion versuchen (Abb. 6.9). Für $a < a_c$ besitzt (6.39) immer zwei reelle Lösungen. Für $a = a_c$ berührt die e-Funktion die Ursprunsgerade und die beiden Lösungen fallen zusammen, im Berührpunkt gilt

$$a_c k \, e^{k\varepsilon_m} = 1 \; .$$

Eingesetzt in (6.39) folgt damit

$$\varepsilon_m = \frac{1}{k}$$

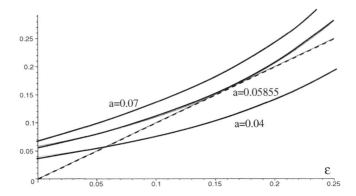

Abb. 6.9 Zur graphischen Lösung von (6.39). Für $a = a_c = 1/(2\pi e)$ (bei $\lambda = 1$) berührt die e-Funktion die Ursprungsgerade und es gibt bei $x' = 0$ genau eine Lösung von (6.39). Für $a > a_c$ existiert keine Lösung mehr.

und schließlich

$$a_c = \frac{1}{ek} \ .$$

Für größeres a existieren keine Schnittpunkte und (6.39) besitzt keine reellen Lösungen mehr, was natürlich physikalisch keinen Sinn macht. D.h. aber, Stokes-Wellen können einen bestimmten maximalen Hub (Differenz zwischen Wellenberg und Tal) von

$$\varepsilon_m - \varepsilon_0 \approx 0.22\lambda$$

nicht überschreiten, wobei ε_0 die Wellentäler misst und durch

$$\varepsilon_0 = -a \ \mathrm{e}^{k\varepsilon_0}$$

festgelegt wird.

So können Wellen mit einer Wellenlänge von z.B. 10 Metern nicht höher als ca. 2 Meter werden. Der Versuch, noch höhere Wellen anzuregen würde zur Bildung der bekannten Schaumkronen an den Spitzen führen (Abb. 6.10).

Exakte Lösung in der Nähe der Krone

Bisher entstand vielleicht der Eindruck, die Lösung (6.32) bzw. (6.33), wäre exakt und vollständig. Dies ist jedoch nur bis zur Ordnung a^3 richtig, die vollständige Lösung der Laplace-Gleichung beinhaltet vielmehr Oberwellen und hat anstatt (6.32) die Form

$$\Phi'(x', z, t) = -cx' + \sum_{n=1}^{\infty} C_n \ \mathrm{e}^{nk(z-h_0)} \sin nkx' \ .$$

Abb. 6.10 Schaumkronen am Strand von Binz, Rügen, fotografiert vom Autor.

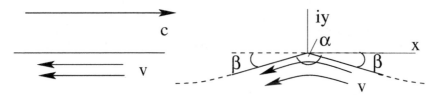

Abb. 6.11 *Links*: Vom mit c bewegten System aus gesehen bewegt sich die Flüssigkeit bei flacher Oberfläche gleichförmig mit $-c$. *Rechts*: Genau an der Spitze einer Kuspe ruht die Flüssigkeit im mitbewegten System. Das Strömungsfeld in der Nähe der Kuspe kann durch eine konforme Abbildung der gleichförmigen Strömung links gefunden werden.

Dadurch verändern sich die Resultate aus dem vorigen Abschnitt zwar, bleiben jedoch qualitativ richtig. Nach wie vor existiert eine maximale Amplitude, bei der eine Kuspe entsteht. Allerdings hat bei exakter Rechnung a_c einen etwas anderen Wert und der Öffnungswinkel der Kuspe ist ebenfalls verschieden. Stokes zeigte bereits 1880, dass der Winkel α genau 120^0 sein muss (Abb. 6.11), unabhängig von der Wellenlänge oder von sonstigen Parametern. Wir geben seine geniale Argumentation im Folgenden wieder und folgen dabei H. Lamb[5]. Die Rechnung ist gleichzeitig eine interessante Anwendung der im vorigen Kapitel studierten konformen Abbildungen.

Im mit c nach rechts bewegten Koordinatensystem hat eine ruhende Flüssigkeit überall die Geschwindigkeit

$$\vec{v} = -c\hat{e}_x \ .$$

Abb. 6.11 skizziert die Strömung in der Nähe der Kuspe. Da $\vec{v}$ überall differenzierbar sein muss, muss $|v|$ an der Spitze verschwinden und damit auch $\vec{v} = 0$ gelten. Eine

---

[5]Siehe [5].

analoge Strömung haben wir in Abschn. 5.8.5 (Abb. 5.21) mittels einer konformen Abbildung berechnet. Wir setzen deshalb in der Nähe der Spitze das komplexe Potential als

$$\Omega(z) = -k_0 z^{\pi/\alpha} e^{i\beta}$$

mit einer reellen, positiven Konstanten k_0 an. Der Ursprung der komplexen z-Ebene fällt dabei mit der Spitze zusammen. Der Imaginärteil von Ω ist gleich der Stromfunktion. Sie lautet in Polarkoordinaten

$$\Psi(r, \varphi) = -k_0 r^{\pi/\alpha} \sin(\beta + \pi\varphi/\alpha) \ .$$

Daraus ergibt sich die radiale Geschwindigkeit und damit die Geschwindigkeit entlang der Oberfläche als

$$v_r = -\frac{1}{r}\partial_\varphi \Psi \bigg|_{\varphi=-\beta} = \frac{\pi}{\alpha} k_0 r^{\pi/\alpha-1} \cos(\beta - \pi\beta/\alpha) = k_1 r^{\pi/\alpha-1} \qquad (6.40)$$

mit einer weiteren positiven Konstanten k_1. Im mitbewegten System ist aber das Geschwindigkeitsfeld stationär, d.h., es gilt der Satz von Bernoulli (5.36) entlang der Oberfläche:

$$\frac{1}{2}v_r^2 \bigg|_{\varphi=-\beta} + p + gh = \text{const} \ .$$

Setzen wir (6.40) ein und berücksichtigen, dass der Druck auf der Oberfläche konstant ist, so ergibt sich mit $h = -r\sin\beta$

$$\frac{1}{2}k_1^2 r^{2\pi/\alpha-2} - gr\sin\beta = 0 \ . \qquad (6.41)$$

Hierbei darf rechts keine Konstante mehr auftreten, weil ja v_r gerade an der Spitze, also bei $h = 0$, verschwinden soll. Gleichung (6.41) soll für alle r gelten. Dies ist aber nur möglich, wenn sich r kürzen lässt, also

$$\frac{2\pi}{\alpha} - 2 = 1$$

gilt oder

$$\alpha = \frac{2}{3}\pi \ . \qquad (6.42)$$

Damit haben wir ohne irgendeine Näherung zu machen gezeigt, dass unabhängig von Materialgrößen und äußeren Parametern der Öffnungswinkel der Kuspe immer 120^0 betragen muss.

6.4 Flachwassergleichungen

6.4.1 Reduzierte Gleichungen

Bisher haben wir nach speziellen Lösungen der Gleichungen (6.25) gesucht. Wir sind davon ausgegangen, das sich diese als Fourier-Reihen schreiben lassen, wobei die höheren Harmonischen immer unwichtiger werden. Eine direktere Vorgehensweise wäre, das System (6.25) numerisch zu lösen. Dies ist, weil es sich um ein dreidimensionales Problem handelt, mit einem gewissen, nicht unbeträchtlichen Aufwand verbunden. Andererseits haben wir in den vorhergehenden Abschnitten gesehen, dass sich in den beiden Grenzfällen kurzer und langer Wellen entsprechend tiefem und flachem Wasser die z-Abhängigkeit des Geschwindigkeitsfeldes sehr einfach darstellen lässt (Abb. 6.4). In tiefem Wasser findet eine Strömung nur in einer dünnen Schicht unterhalb der Oberfläche statt, diese hat die Ausdehnung von der typischen Längenskala des Oberflächenprofils in horizontaler Richtung. Im flachen Wasser dagegen ist die z-Abhängigkeit monoton und lässt sich, wie wir zeigen werden, durch ein einfaches Polynom separieren. Auf jeden Fall ist die vertikale Koordinate ausgezeichnet, so dass es nahe liegt, eine Reduktion des dreidimensionalen Systems auf ein zweidimensionales, in welchem nur noch die horizontalen Koordinaten vorkommen, zu versuchen. Dies ist ein sehr weitreichendes Konzept, um Strömungsprobleme und Instabilitäten in (dünnen) Schichten zu untersuchen. Es wird uns im Verlauf des Buches noch oft begegnen.

6.4.2 Lange Wellen – Skalierung und Kleinheitsparameter

Die Gleichungen (6.25) beschreiben eine wirbelfreie und ideale Flüssigkeit exakt. Wir wollen jetzt reduzierte Gleichungen herleiten, die näherungsweise für dünne Flüssigkeitsschichten bzw. lange Wellen gelten. Hierzu führt man einen dimensionslosen Kleinheitsparameter

$$\delta = \frac{h_0}{\ell} \ll 1 \tag{6.43}$$

ein. Wie vorher beschreibt h_0 die mittlere Tiefe. Die Länge ℓ misst eine typische horizontale Ausdehnung. Dies kann eine Wellenlänge sein oder, im Fall einer seitlich begrenzten Flüssigkeit, die Breite[6]. Mit den Skalierungen

$$x = \tilde{x} \cdot \ell , \quad y = \tilde{y} \cdot \ell , \quad z = \tilde{z} \cdot h_0 , \quad t = \tilde{t} \cdot \tau \tag{6.44}$$

für die unabhängigen Variablen sowie

$$h = \tilde{h} \cdot h_0 \qquad \Phi = \tilde{\Phi} \cdot \frac{\ell^2}{\tau} \tag{6.45}$$

für die abhängigen werden dimensionslose Größen eingeführt, wobei τ eine zunächst beliebige für das System typische Zeit sein kann.

---

[6]In diesem Fall wird δ als Seitenverhältnis, engl. *aspect ratio*, bezeichnet.

Um die Rechnung übersichtlicher zu halten, beschränken wir uns ab hier auf eine horizontale Dimension (x). Wo notwendig, werden wir die wichtigen Gleichungen aber in beiden horizontalen Koordinaten angeben. Setzt man die Skalierungen (6.44) bzw. (6.45) in (6.25) ein, so ergibt sich ein (dimensionsloses) Gleichungssystem (wir lassen alle Schlangen wieder weg) der Form:

$$(\delta^2 \partial_{xx}^2 + \partial_{zz}^2)\Phi = 0 \tag{6.46a}$$

$$\partial_t h - \delta^{-2}\partial_z \Phi\big|_{z=h} = -(\partial_x h)(\partial_x \Phi)_{z=h} \tag{6.46b}$$

$$\partial_t \Phi\big|_{z=h} + G(h-1) = -\frac{1}{2}\left((\partial_x \Phi)^2 + \delta^{-2}(\partial_z \Phi)^2\right)_{z=h} \tag{6.46c}$$

$$\partial_z \Phi\big|_{z=0} = 0 \tag{6.46d}$$

mit der dimensionslosen Gravitationszahl G als

$$G = \frac{gh_0 \tau^2}{\ell^2} \ .$$

Wir können noch frei über τ verfügen und damit die Zeiteinheit ändern. Die Wahl $\tau = \ell/\sqrt{gh_0}$ würde z.B. auf $G = 1$ führen. Typische Relaxationszeiten hängen dann von der Geometrie des Gewässers ab. So erhält man z.B. für eine Pfütze mit der horizontalen Ausdehnung von einem Meter und der Tiefe 1 cm $\tau \approx 3$ s, für den im Mittel nur 3 m tiefen Plattensee in Ungarn dagegen $\tau \approx 1h$ (wenn $\ell \approx 15$ km angenommen wird).

6.4.3 Iterative Lösung der Laplace-Gleichung

Wie vorher beginnen wir mit der Lösung der Laplace-Gleichung (6.46a). Anstatt in ebene Wellen zerlegen wir diesmal das Potential aber in eine Potenzreihe bezüglich δ^2:

$$\Phi(x, z, t) = \Phi^{(0)}(x, z, t) + \delta^2 \Phi^{(1)}(x, z, t) + O(\delta^4) \ .$$

Setzen wir das in (6.46a) ein, so erhalten wir in der Ordnung δ^0:

$$\partial_{zz}^2 \Phi^{(0)} = 0 \ ,$$

was wegen der Randbedingung (6.46d) nur dann gelöst werden kann, wenn $\Phi^{(0)}$ keine Funktion von z ist:

$$\Phi^{(0)} = \Phi^{(0)}(x, t) \ .$$

Damit erhalten wir in der Ordnung δ^2

$$\partial_{zz}^2 \Phi^{(1)}(x, z, t) = -\partial_{xx}^2 \Phi^{(0)}(x, t) \ ,$$

was, weil die rechte Seite nicht von z abhängt, sich sofort integrieren lässt:

$$\Phi^{(1)}(x, z, t) = -\frac{z^2}{2}\partial_{xx}^2 \Phi^{(0)}(x, t) + d(x, t)z + \varphi^{(1)}(x, t) \tag{6.47}$$

mit weiteren, nicht von z abhängenden Funktionen d und φ_1. Wegen (6.46d) muss aber $d = 0$ sein. Diese Ordnung in die Laplace-Gleichung eingesetzt ergibt dann die Ordnung δ^4 usw. Wir können also auf diese Art und Weise (6.46a) iterativ lösen und, das ist der Trick an der Sache, dabei die z-Abhängigkeit der verschiedenen Ordnungen explizit als Polynome angeben, und das bei beliebiger x-Abhängigkeit. Bis zur zweiten Ordnung erhält man demnach den Ausdruck

$$\Phi(x, z, t) = \Phi^{(0)}(x, t) + \delta^2 \left[-\frac{z^2}{2} \partial_{xx}^2 \Phi^{(0)}(x, t) + \varphi^{(1)}(x, t) \right] +$$

$$+ \delta^4 \left[\frac{z^4}{24} \partial_{xxxx}^4 \Phi^{(0)}(x, t) - \frac{z^2}{2} \partial_{xx}^2 \varphi^{(1)}(x, t) + \varphi^{(2)}(x, t) \right] + O(\delta^6) \ .$$

$$(6.48)$$

6.4.4   Die Flachwassergleichungen

Die Lösung (6.48) der Laplace-Gleichung erfüllt bereits die untere Randbedingung (6.46d) in jeder Ordnung. Es bleiben noch die beiden dynamischen Randbedingungen (6.46b) und (6.46c) zu befriedigen. Einsetzen von (6.48) ergibt in der Ordnung δ^0 die **Flachwassergleichungen in einer Dimension** :

$$\partial_t h = -h \partial_{xx}^2 \Phi^{(0)} - (\partial_x h)\left(\partial_x \Phi^{(0)}\right) \qquad (6.49\text{a})$$

$$\partial_t \Phi^{(0)} = -G(h-1) - \frac{1}{2}\left(\partial_x \Phi^{(0)}\right)^2 \ . \qquad (6.49\text{b})$$

Damit haben wir die vorher beschriebene Reduktion um eine räumliche Dimension erreicht. Die Gleichungen (6.49) stellen ein geschlossenes partielles, nichtlineares Differentialgleichungssystem für die beiden Funktionen $h(x, t)$ und $\Phi^{(0)}(x, t)$ dar und beschreiben die raumzeitliche Entwicklung dieser Funktionen. Daraus lässt sich dann sofort mit Hilfe von (6.48) das Geschwindigkeitsfeld (bis zur Ordnung δ^2) angeben.

Wir merken an, dass sich die rechte Seite von (6.49a) in konservativer Form schreiben lässt:

$$-h \partial_{xx}^2 \Phi^{(0)} - (\partial_x h)\left(\partial_x \Phi^{(0)}\right) = -\partial_x \left(h \partial_x \Phi^{(0)}\right) \ ,$$

wodurch (6.49a) die Form einer (eindimensionalen) Kontinuitätsgleichung annimmt (vergl. Abschn. 5.2). Integrieren wir (6.49a) bezüglich x über den gesamten Bereich, so sieht man sofort, dass

$$\partial_t \int_0^L dx\, h = -\left(h \partial_x \Phi^{(0)}\right)\Big|_{x=0}^{x=L}$$

verschwindet, wenn $v_x = \partial_x \Phi^{(0)}$ an den Rändern verschwindet, also keine Strömung durch den Rand hindurchfließen kann[7]. Dann ändert sich das von der Flüssigkeit einge-

---

[7]Eine andere Möglichkeit, die zum gleichen Resultat führt, wären periodische Randbedingungen.

nommene Volumen im Lauf der Zeit nicht, was, wegen der konstanten Dichte, identisch zur Massenerhaltung ist.

Abschließend geben wir noch die zweidimensionale Form von (6.48) an, die man auf dieselbe Art und Weise erhält (wir lassen die (0) bei Φ weg) :

$$\partial_t h = -\nabla_2 \left(h \nabla_2 \Phi \right) \tag{6.50a}$$

$$\partial_t \Phi = -G(h-1) - \frac{1}{2} \left(\nabla_2 \Phi \right)^2 \ . \tag{6.50b}$$

6.4.5   Dispersionsrelation

Führen wir die Variable (Amplitude)

$$a(x,t) = h(x,t) - 1$$

als kleine Abweichung von der flachen Oberfläche ein, so lässt sich (6.49) linearisieren:

$$\partial_t a = -\partial_{xx}^2 \Phi \tag{6.51a}$$

$$\partial_t \Phi = -Ga \ . \tag{6.51b}$$

Ableiten von (6.51a) nach der Zeit und zweimaliges Ableiten von (6.51b) nach x ergibt nach Elimination von Φ eine Wellengleichung für a und damit natürlich auch für h :

$$\partial_{tt}^2 h - c^2 \, \partial_{xx}^2 h = 0 \tag{6.52}$$

mit der Phasengeschwindigkeit $c = \sqrt{G}$. Machen wir die Skalierungen von x, t und G rückgängig, so ergibt sich

$$c = \sqrt{g h_0}$$

in Übereinstimmung mit dem Resultat (6.16) für lange Wellen.

6.4.6   Numerische Lösungen

Abb. 6.12 zeigt eine numerische Lösung der Flachwassergleichungen in einer Dimension. Für Details zum numerischen Verfahren verweisen wir auf Kapitel 10. Deutlich ist zu erkennen, dass laufende Wellen auftreten, die durch die periodischen Randbedingungen beliebig oft umlaufen können. Andererseits breitet sich aber auch eine Welle mit kleinerer Amplitude nach links aus und scheint die größere, rechtslaufende Welle mehr oder weniger wechselwirkungsfrei zu durchdringen. Dies ist ein erstes Anzeichen für die berühmten Solitonen, lokalisierte Anregungen verschiedener Höhe und Breite, die mit verschiedenen Geschwindigkeiten unterwegs sind. Wir kommen darauf ausführlich im nächsten Unterkapitel zurück.

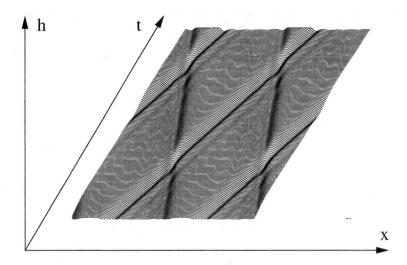

Abb. 6.12 Numerische Lösung der Flachwassergleichungen in einer Dimension. Die Zeit ist nach hinten aufgetragen.

Eine numerische Lösung in zwei räumlichen Dimensionen zeigt Abb. 6.13. Es handelt sich dabei um einen Schnappschuss einer zeitlichen Entwicklung, wobei die Anfangsverteilung zufällig gewählt war. Allerdings wurden sehr kurze Wellenlängen durch eine zusätzliche Dämpfung der Form

$$\nu \Delta_2 \Phi$$

auf der rechten Seite von (6.50b) herausgefiltert. Der Dämpfungsterm ist notwendig, um numerische Stabilität des verwendeten Verfahrens (siehe Kapitel 10) zu erreichen. Er lässt sich phänomenologisch durch Reibung in der Flüssigkeit rechtfertigen. In einer realen Flüssigkeitsschicht, auf die nur die Gravitationskraft wirkt, wird nach einer bestimmten Zeit jegliche Bewegung aufhören und die Oberfläche flach werden.

Dies ist dann der Fall, wenn die gesamte kinetische Energie in Wärme umgesetzt wurde. Ohne Dämpfung ist dies nicht möglich, anfängliche Störungen der flachen Oberfläche würden beliebig lange weiter bestehen und die Flüssigkeit käme nie zur Ruhe. Der eingeführte Dämpfungsterm ergibt eine Relaxationszeit von (siehe Aufgabe 6.1)

$$\tau_R = \frac{\tau}{4\pi^2 \nu} \; .$$

Für die gezeigte Abbildung wurde ein Wert von $\nu = 0.001$ gewählt. Bei der vorher genannten Pfütze würde das $\tau_R \approx 75s$ ergeben, der Plattensee würde dagegen einen Tag benötigen, um Oberflächenwellen und Geschwindigkeiten um den Faktor $1/e$ durch Reibung zu vermindern.

Aufgabe 6.1: Um Reibung in Flüssigkeiten richtig zu beschreiben, benötigt man die Navier-Stokes-Gleichungen (Kapitel 7). Vernachlässigt man die nichtlinearen Terme,

Abb. 6.13 Numerische Lösung der Flachwassergleichungen in zwei Dimensionen, Momentbild der Oberfläche. *Gestrichelte Konturlinien* zeigen Wellentäler an, durchgezogene entsprechen Wellenbergen.

so gehorcht ein gegebenes Geschwindigkeitsfeld ohne äußere Kräfte der Diffusionsgleichung

$$\partial_t \vec{v} = \nu \Delta \vec{v} \, , \qquad\qquad (*)$$

wobei ν als *kinematische Viskosität* bezeichnet wird und für Wasser bei 20^0 etwa den Wert $\nu = 10^{-6} m^2/s$ hat. Machen Sie eine Abschätzung für die Relaxationszeit von (z.B. durch einen Sturm erzeugte) Wellen mit 10 m Länge bei (a) dem Plattensee (mittlere Tiefe 3 m), sowie (b) im tiefen Meer.

Lösung: Wir definieren als Relaxationszeit τ_r die Zeit, nach der Geschwindigkeit und Wellenhöhe auf $1/e$ ihrer Anfangswerte abgeklungen sind. Um die lineare Gleichung

(*) zu lösen, macht man den Fourier-Ansatz

$$\vec{v} = \vec{v}_0 \exp(-t/\tau_R) \exp\left(2\pi i \left(\frac{x}{\lambda_x} + \frac{y}{\lambda_y} + \frac{z}{\lambda_z}\right)\right) .$$

Hier bezeichnet λ_x etc. die typische Längenskala der Strömung in der entsprechenden Raumrichtung. Eingesetzt in (*) ergibt

$$\tau_R = \frac{1}{4\pi^2 \nu} \left(\frac{1}{\lambda_x^2} + \frac{1}{\lambda_y^2} + \frac{1}{\lambda_z^2}\right)^{-1} .$$

(a) Beim Plattensee gilt, zumindest für längere Wellen, $\lambda_z^2 \ll \lambda_x^2, \lambda_y^2$. Man erhält näherungsweise

$$\tau_R \approx \frac{\lambda_z^2}{4\pi^2 \nu} \approx 9 \cdot 10^6 / (4\pi^2) s \approx 60 h .$$

(b) Tiefwasserwellen haben in vertikaler Richtung dieselbe typische Länge wie in horizontaler Richtung (Wellenlänge). Für Wellen in x-Richtung ergibt sich also $\lambda_x = \lambda_z = \lambda$ und

$$\tau_R \approx \frac{\lambda^2}{8\pi^2 \nu} \approx 100 \cdot 10^6 / (8\pi^2) s \approx 300 h .$$

Das Meer braucht also viele Tage, bis so große Wellen verschwinden. Wellen mit einem Meter Länge wären dagegen schon nach etwa 3 Stunden relaxiert.

Die Relaxationszeiten erscheinen zu lang. Bei unserer einfachen Abschätzung sind wir von einer laminaren Strömung ausgegangen und haben nichtlineare Effekte komplett vernachlässigt. In Wirklichkeit wären Strömungen, die so große Wellen hervorrufen, turbulent und anstatt mit der normalen Viskosität zu rechnen, müsste man die sogenannte turbulente Viskosität verwenden, die, je nach der Reynolds-Zahl der Strömung, um mehrere Größenordnungen darüber liegen kann[8]. Dies würde die Werte für τ_R deutlich nach unten korrigieren.

6.4.7   Lange Wellen über variablem, zeitlich konstantem Grund

Wellen auf flachem Wasser werden von der Form des Grundes mehr oder weniger stark beeinflusst werden. Bisher gingen wir von einem ebenen Grund bei $z = 0$ aus. Ein vom Ort abhängender Boden lässt sich dann konsistent in die Flachwassergleichungen einbauen, wenn die Änderungen ebenfalls auf der Längenskala ℓ stattfinden und damit klein gegenüber der absoluten Tiefe h_0 sind.

---

[8]Auf die Eigenschaften turbulenter Strömungen können wir in diesem Buch nicht eingehen. Wir verweisen z.B. auf [2].

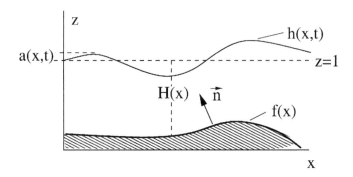

Abb. 6.14 Wellen über einem sich bezüglich der Tiefe langsam verändernden Grund.

Der Grund sei durch $f(x)$ gegeben (Abb. 6.14). An den Ausgangsgleichungen (6.25) ändert sich nur die untere Randbedingung. Mit der Annahme, dass die Geschwindigkeit senkrecht zum Grund verschwinden muss (undurchlässiger Rand), erhält man anstatt (6.25d)

$$\vec{v} \cdot \hat{n} = \operatorname{grad} \Phi \cdot \hat{n} = 0$$

mit $\hat{n}$ als Normalenvektor senkrecht zum Boden:

$$\hat{n} = \begin{pmatrix} -\partial_x f \\ 1 \end{pmatrix} \frac{1}{\sqrt{1 + (\partial_x f)^2}} \ .$$

Nach Skalierung (6.44), (6.45) (f skaliert wie h und z mit h_0) ergibt sich

$$\delta^2 \, (\partial_x \Phi)(\partial_x f) - \partial_z \Phi = 0 \qquad \text{für} \quad z = f(x) \ . \tag{6.53}$$

Wegen der geänderten Randbedingung erhalten wir für die erste Näherung in (6.47) eine nichtverschwindende Funktion $d(x)$:

$$d(x) = (\partial_x f)(\partial_x \Phi^{(0)}) + f \, \partial_{xx}^2 \Phi^{(0)}$$

und damit für Φ bis zur Ordnung δ^2:

$$\Phi(x, z, t) = \Phi^{(0)}(x) - \delta^2 \left[\partial_{xx}^2 \Phi^{(0)} \left(\frac{z^2}{2} - f\,z \right) - (\partial_x f)(\partial_x \Phi^{(0)})z \right] \ .$$

Verwenden wir dies in (6.46b) und (6.46c), so ergibt sich nach kleinen Umformungen

$$\partial_t h = -\partial_x \left((h - f)\partial_x \Phi \right) \tag{6.54a}$$

$$\partial_t \Phi = -G(h - 1) - \frac{1}{2} (\partial_x \Phi)^2 \ , \tag{6.54b}$$

wobei wir die hochgestellte Null bei Φ weggelassen haben. Die beiden Gleichungen beschreiben also Wellen über langsam variierendem Untergrund, gegeben durch die Funktion $f(x)$. Die linearisierten Gleichungen, die eine gute Näherung für Wellen mit geringer Höhe im Vergleich zur Tiefe darstellen, lauten jetzt in Verallgemeinerung zu (6.52)

$$\partial_{tt}^2 h(x, t) - G\partial_x \left(H(x)\partial_x h(x, t) \right) = 0 \ , \tag{6.55}$$

mit der Funktion

$$H(x) = 1 - f(x) \ ,$$

die die mittlere effektive Tiefe über Grund misst (Abb. 6.14). Vernachlässigt man den Gradienten von H, so erkennt man aus (6.55), dass die Wellen sich mit der Phasengeschwindigkeit

$$c(x) \approx \sqrt{GH(x)}$$

ausbreiten werden. Im flachen Wasser kommen Wellen also langsamer voran als an tieferen Stellen.

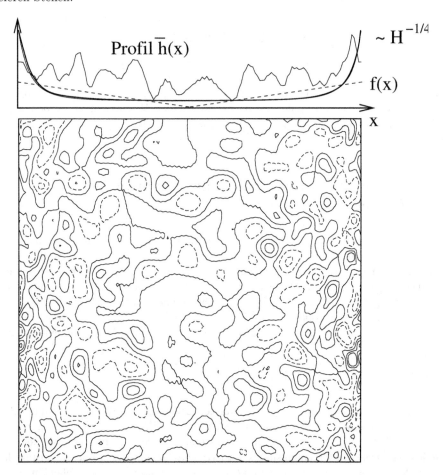

Abb. 6.15 Momentaufnahme von Wellen über einem symmetrischen Graben der minimalen Tiefe 0.2 an den Rändern *links* und *rechts*. Für das numerische Verfahren wurden periodische Randbedingungen gewählt. Das *obere Bild* zeigt die über y gemittelte Amplitude $\bar{h} = <h(x,y)>_y$ im Vergleich zu den Funktionen $H^{-1/4}$ (siehe Text) und f (nicht maßstabsgetreu).

Der Vollständigkeit halber geben wir wieder die zweidimensionale Erweiterung von (6.54) an, wobei f jetzt eine sich in x und y langsam verändernde Funktion ist:

$$\partial_t h = -\nabla_2 \left((h - f)\nabla_2 \Phi \right) \tag{6.56a}$$

$$\partial_t \Phi = -G(h - 1) - \frac{1}{2} \left(\nabla_2 \Phi \right)^2 . \tag{6.56b}$$

Entsprechend lautet die linearisierte Form:

$$\partial_{tt}^2 h(x, y, t) - G\nabla_2 \left(H(x, y)\nabla_2 h(x, y, t) \right) = 0 . \tag{6.57}$$

Abb. 6.15 zeigt eine numerische Lösung in zwei Dimensionen von (6.56). Der Grund hat dabei die Form eines Grabens in y-Richtung:

$$f(x) = 2(1 - b)\frac{|x|}{L}, \qquad -L/2 < x < L/2 ,$$

b (hier $b = 0.2$) beschreibt die (minimale) Tiefe bei $x = \pm L/2$. Auf der Abbildung ist deutlich zu sehen, wie die Wellen im flacher werdenden Wasser kürzer werden. Dass dabei auch ihre Amplitude zunehmen muss (oberes Bild), zeigen wir im folgenden Abschnitt.

6.4.8 Lineare Wellengleichung mit ortsabhängiger Phasengeschwindigkeit

Lineare Gleichungen der Art (6.57) sind aus der Elektrodynamik, hier speziell aus dem Gebiet der Wellenausbreitung (Wellenoptik) in Materie bekannt. Anstatt der Tiefe H tritt dort der (ortsabhängige) Brechungsindex n auf, der vom Material, aber auch von äußeren Parametern wie Druck oder Temperatur abhängen kann. Viele Resultate aus der Wellenoptik, reduziert auf zwei räumliche Dimensionen, werden sich also direkt übernehmen lassen. Wir wollen hier ein Verfahren aus der Strahlen- oder geometrischen Optik vorstellen und daraus das Green'sche Gesetz für Oberflächenwellen entwickeln.

Geometrische Optik und Eikonalgleichung

Unter der geometrischen Optik versteht man den Übergang der Wellenoptik, die direkt aus den Maxwell'schen Gleichungen der Elektrodynamik folgt, zu einer Beschreibung, die auf der Ausbreitung und Krümmung von Lichtstrahlen in optischen Medien mit räumlich variierendem Brechungsindex basiert. Dies ist natürlich eine Näherung der exakten Maxwell-Gleichungen und funktioniert dann gut, wenn die Wellenlänge des Lichts klein gegenüber den räumlichen Änderungen des Brechungsindexes ist.

Die in der Strahlenoptik verwendeten Methoden lassen sich auf (6.57) anwenden, wenn die Oberflächenwellen kurz im Verhältnis zu den Änderungen des Grundes sind. Wäre H in (6.57) konstant, so würde eine exakte Lösung

$$h(x, y, t) = A\mathrm{e}^{i(\vec{k}\vec{x} - wt)}$$

mit $\vec{x} = (x, y)$ lauten und laufende Wellen mit der konstanten Phasengeschwindigkeit

$$c = \frac{\omega}{|\vec{k}|} = \sqrt{GH}$$

in Richtung $\vec{k} = (k_x, k_y)$ beschreiben. Wenn H (und damit c) vom Ort abhängt, kann man den Ansatz

$$h(x, y, t) = A(x, y)\, \mathrm{e}^{i(S(x,y)-\omega t)}$$

versuchen, wobei $A(x, y)$ die jetzt ortsabhängige Amplitude und $S(x, y)$ eine Phase beschreibt. Die Funktion S wird in der geometrischen Optik als **Eikonal** oder Lichtweg bezeichnet, warum werden wir gleich sehen. Für konstantes H gilt also

$$\nabla_2 A = 0, \qquad \nabla_2 S = \vec{k} \ .$$

Setzen wir den Ansatz in die Wellengleichung ein, so erhalten wir nach Trennung von Real- und Imaginärteil die beiden (noch exakten) Gleichungen

$$\frac{\omega^2}{GH} + \left(\frac{\nabla_2 H}{H}\right)\left(\frac{\nabla_2 A}{A}\right) + \left(\frac{\Delta_2 A}{A}\right) - (\nabla_2 S)^2 = 0 \qquad (6.58a)$$

$$\left(\frac{\nabla_2 H}{H}\right)\nabla_2 S + 2\left(\frac{\nabla_2 A}{A}\right)\nabla_2 S + \Delta_2 S = 0 \ . \qquad (6.58b)$$

Jetzt kommen die Näherungen. Wenn wir annehmen, dass sich A im Wesentlichen nur ändert, wenn (und wo) sich H ändert, und beide sich entsprechend den Voraussetzungen der Strahlenoptik langsam gegenüber S verändern, dann können wir die beiden mittleren Terme in (6.58a) vernachlässigen. Man erhält die **Eikonalgleichung**

$$(\nabla_2 S(x, y))^2 = \frac{\omega^2}{GH(x, y)} \ , \qquad (6.59)$$

eine partielle, nichtlineare, inhomogene Differentialgleichung, deren Lösung das Phasenfeld S ergibt. Einsetzen von S in (6.58b) würde dann die Berechnung der Amplitude A erlauben.

Teilchenbahnen und Strahlen

Anstatt die Eikonalgleichung (6.59) zu lösen, was wohl auch nicht wesentlich einfacher wäre, als sofort nach Lösungen der Wellengleichung zu suchen, macht man sich eine Analogie aus der klassischen Mechanik zunutze. Der Energiesatz für ein Teilchen mit Impuls $\vec{p}$ im Potential V lautet aufgelöst nach p^2

$$p^2 = 2m(E - V(x, y)) \ .$$

Wenn wir von einer Wellenbewegung auf Teilchenbahnen (Strahlen) übergehen wollen, so müssen wir Punkte auf den Flächen konstanter Phase im Lauf der Zeit verfolgen. Lichtstrahlen und damit die Teilchenbahnen stehen immer senkrecht auf diesen Flächen und bewegen sich deshalb entlang der Feldlinien des Vektorfeldes $\nabla_2 S$. Wenn $\vec{p}$ der Teilchenimpuls ist, so können wir die Annahme

$$\vec{p} = \nabla_2 S$$

machen. Die Eikonalgleichung (6.59) geht dann in den Energiesatz der klassischen Mechanik[9] über, wenn wir

$$2m(E - V(x,y)) = \frac{\omega^2}{GH(x,y)}$$

setzen. D.h. wir haben einen Zusammenhang zwischen Potential und Wassertiefe hergestellt und können die Teilchenbahnen als Bewegung in der Potentiallandschaft (Abb. 6.16)

$$V(x,y) = E - \frac{1}{2m}\frac{\omega^2}{GH(x,y)}$$

berechnen. Diese „Teilchen" sind auf keinen Fall mit den Flüssigkeitsteilchen oder Volumenelementen zu verwechseln. Sie sind an dieser Stelle rein hypothetisch. Ihnen kommt in der Strahlenoptik nur insofern Bedeutung zu, als dass ihr Weg mit dem der gesuchten Lichtstrahlen zusammenfällt.

Mit Hilfe des Potentials können wir jetzt die Bewegungsgleichung der „Teilchen" formulieren. Für die Bahnkurve $\vec{r}(t)$ ergibt sich

$$m\frac{d^2\vec{r}}{dt^2} = -\nabla_2 V(\vec{r})$$

mit

$$\nabla_2 V = \frac{\omega^2}{2mGH^2}\nabla_2 H \; .$$

Die Bewegungsgleichungen lassen sich bei gegebenem Profil $H(x,y)$ leicht numerisch integrieren. Bahnkurven für verschiedene Formen des Grundes sind in Abb. 6.17 gezeigt. Erhebungen des Bodens wirken wie eine Linse und führen zur Beugung der Strahlen in Richtung der Erhebung. Wellen, die parallel zu einem Strand laufen, werden zur Landseite hin abgelenkt.

---

[9]Eigentlich handelt es sich hierbei um die Hamilton-Jacobi-Gleichung . Die Funktion S entspricht dann der Erzeugenden einer bestimmten kanonischen Transformation. Für Details verweisen wir auf Mechanik-Lehrbücher, z.B. *W.Nolting, Grundkurs Theoretische Physik 2*.

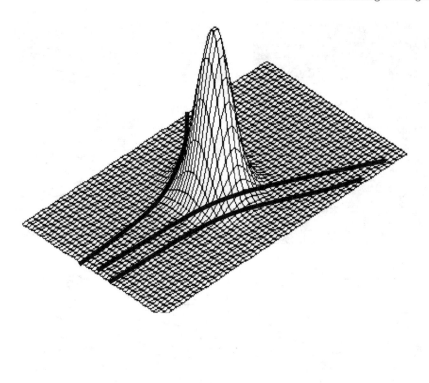

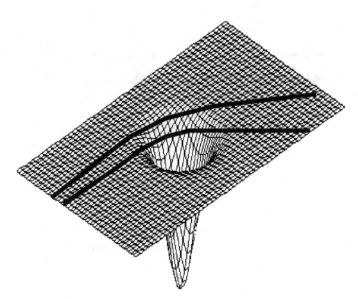

Abb. 6.16 Bewegung eines Massepunktes im Potentialgebirge. Ein Potentialberg weitet die Trajektorien auf, ein Tal bündelt sie dagegen.

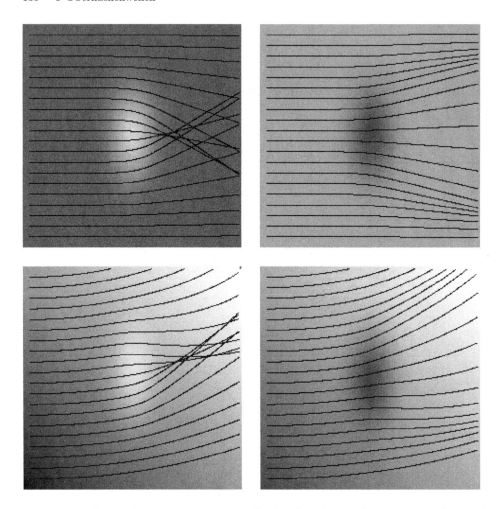

Abb. 6.17 „Strahlen" für verschiedene Profile des Grundes. Tiefere Stellen sind *dunkel* gefärbt. Eine Erhebung des Bodens führt zur Bündelung dahinter (*oben links*), eine Vertiefung zur Aufweitung. Bei den *unteren Bildern* kommt noch eine lineare Abflachung in y-Richtung dazu, die bewirkt, dass die Bahnen zum flacheren Wasser hin gekrümmt werden.

Das Green'sche Gesetz

Das Green'sche Gesetz stellt einen Zusammenhang zwischen Wassertiefe und Amplitude her. Es zeigt sich, dass Wellen höher werden, wenn sie in flacheres Wasser geraten.

Um das Green'sche Gesetz herzuleiten, verwenden wir die Gleichung (6.58b), die wir jetzt aber nur in einer räumlichen Dimension anschreiben. Nach Division mit S' (Striche bedeuten Ableitungen nach x) erhalten wir

$$\frac{H'}{H} + 2\frac{A'}{A} + \frac{S''}{S'} = 0 \ .$$

Mit der (eindimensionalen) Eikonalgleichung

$$S' = \frac{\omega}{\sqrt{GH}}$$

ergibt sich aber

$$\frac{S''}{S'} = -\frac{1}{2}\frac{H'}{H} \;,$$

und, eingesetzt schließlich

$$\frac{H'}{H} + 4\frac{A'}{A} = 0 \;,$$

was durch

$$A = A_0 H^{-1/4} \tag{6.60}$$

gelöst wird. Das ist das Green'sche Gesetz und besagt in Worten, dass die Amplitude einer Welle sich umgekehrt proportional zur 4. Wurzel der Wassertiefe verhält. Dies erklärt das aus der Beobachtung bekannte Anwachsen auf Küstenlinien treffender Sturmwellen, welches fatale Folgen haben kann. Wir werden im Abschnitt über Tsunamis darauf zurückkommen.

Energie einer Flachwasserwelle

Etwas anschaulicher lässt sich das Green'sche Gesetz auch aus einer Energiebetrachtung gewinnen. Sei $h(x)$ eine periodische Funktion mit der Periodenlänge (Wellenlänge) λ. Dann ist die potentielle Energie der Wassersäule mit der Tiefe H, der Länge λ und der Breite b, (in dimensionsbehafteten Größen) durch

$$E_p = bg\rho \int_0^\lambda dx \int_{-H}^a dz \; z$$

gegeben. Wenn sich H wieder nur langsam im Laufe einer Wellenlänge verändert, so gilt bis auf eine unwesentliche Konstante

$$E_p \sim \lambda a^2 \;.$$

Die kinetische Energie ergibt sich aus (6.12). Mit $kh_0 \ll 1$ gilt $v_z \ll v_x$ und nach kurzer Rechnung

$$E_k = \frac{1}{2}b\rho \int_0^\lambda dx \int_{-H}^a dz \; v_x^2 \sim \lambda a^2 \;.$$

Betrachten wir eine auf eine Wellenlänge lokalisierte Anregung. Weil die Wellenlänge proportional mit der Wurzel der Tiefe H geht, kann die Gesamtenergie $E_p + E_k$ nur dann konstant sein, wenn $a \sim H^{-1/4}$ gilt. Nähert sich ein Wellenzug dem Strand, so werden die vorderen Wellen langsamer und damit kürzer. Wie bei einem Verkehrsstau drängen die hinteren Wellen nach und müssen, um die potentielle Energie pro Längeneinheit konstant zu halten, ihre Amplitude entsprechend dem Green'schen Gesetz vergrößern.

Wellen im flacher werdenden Kanal

Wir untersuchen ein spezielles Problem, bei dem ebenfalls das Green'sche Gesetz seine Bestätigung findet. Gegeben sei ein Kanal der Länge L, der an seinem Ende bei $x = 0$ die Tiefe $H = 0$ besitzt und dessen Grund linear mit x abfällt

$$H(x) = x/L, \qquad 0 \le x \le L \,.$$

Auf der linken Seite ($x = L$) soll er in Kontakt mit einem See sein, dessen Wasserspiegel sich periodisch in der Zeit mit der Frequenz Ω bewegt. Die Amplituden der Wellen auf dem Kanal seien so klein, dass sie durch die linearisierte Gleichung (6.55) beschrieben werden können. Um die Randbedingung bei $x = L$ zu erfüllen, machen wir den Ansatz

$$h(x,t) = 1 + a(x) \cos \Omega t$$

und erhalten aus (6.55)

$$\frac{1}{L}\frac{d}{dx}\left(x\frac{da}{dx}\right) + \frac{\Omega^2}{G}a = 0 \,,$$

was nach der Substitution

$$x = \frac{G}{4\Omega^2 L}\xi^2$$

in die Bessel'sche Differentialgleichung

$$\frac{d^2 a}{d\xi^2} + \frac{1}{\xi}\frac{da}{d\xi} + a = 0$$

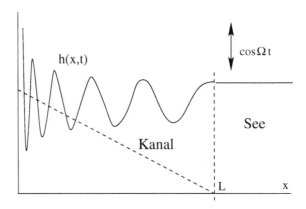

Abb. 6.18 Wellen in einem Kanal mit linear abnehmender Tiefe. Bei $x = L$ mündet der Kanal in einen See, dessen Wasserspiegel sich periodisch in der Zeit ändern soll.

übergeht. Eine nichtsinguläre Lösung ist die Besselfunktion $J_0(\xi)$, man erhält nach Rücksubstitution

$$h(x,t) = 1 + a_0 J_0(\sqrt{kx}) \cos \Omega t \qquad \text{mit} \quad k = 4\Omega^2 L/G \ .$$

Die Lösung ist in Abb. 6.18 dargestellt. Die asymptotische Darstellung der Besselfunktion (für großes ξ) lautet

$$J_0(\xi) = \sqrt{\frac{2}{\pi \xi}} \cos(\xi - \pi/4) \ ,$$

was wiederum die aus dem Green'schen Gesetz bekannte Abhängigkeit der Amplitude von der Wassertiefe widerspiegelt.

6.4.9 Wellenerzeugung durch einen zeitlich variablen Grund

Bisher haben wir die Ausbreitung von Wellen oder allgemeineren periodischen Oberflächenstrukturen untersucht und uns keine Gedanken über ihre Entstehung gemacht. Wellen in tiefem Wasser werden normalerweise von Windströmungen an der Oberfläche erzeugt. Eine andere Möglichkeit sind Bewegungen des Grundes wie sie z.B. durch Erdrutsche oder Seebeben hervorgerufen werden können.

In Abschn. 6.4.7 haben wir die Flachwassergleichungen über einem ortsabhängigen Grund $f(x)$ systematisch hergeleitet. Wir wollen dies nun erweitern und f auch noch als eine Funktion der Zeit betrachten. Wenn wir weiterhin annehmen, dass keine Flüssigkeit in den Grund eindringen kann, so muss die Geschwindigkeit senkrecht zum Grund entlang der ganzen Bodenfläche gleich der dortigen zeitlichen Änderung von $f(x,t)$ sein. Wir erhalten also

$$\vec{v} \cdot \hat{n} = \text{grad}\,\Phi \cdot \hat{n} = \partial_t f$$

mit $\hat{n}$ als Normalenvektor senkrecht zum Boden (siehe Abb. 6.14). Nach der üblichen Skalierung ergibt sich dann anstatt (6.53)

$$\delta^2 (\partial_x \Phi)(\partial_x f) - \partial_z \Phi + \delta^2 \partial_t f = 0 \qquad \text{für} \quad z = f(x,t) \ . \tag{6.61}$$

Mit diesem zusätzlichen Term ändern sich die Flachwassergleichungen (6.54), die Rechnung verläuft genau wie in Abschn. 6.4.7. Wir geben das Ergebnis gleich in zwei horizontalen Dimensionen analog zu (6.56) an:

$$\partial_t h = -\nabla_2 \left((h - f)\nabla_2 \Phi \right) + \partial_t f \tag{6.62a}$$

$$\partial_t \Phi = -G(h - 1) - \frac{1}{2} \left(\nabla_2 \Phi \right)^2 \ . \tag{6.62b}$$

Das Auftreten von $\partial_t f$ auf der rechten Seite von (6.62a) lässt sich folgendermaßen interpretieren: lokale Erschütterungen des Grundes, z.B durch ein Seebeben werden sich instantan, d.h. ohne Verzögerung, in Erschütterungen der Wasseroberfläche darüber manifestieren. Dies klingt zunächst unphysikalisch, wird aber dadurch erklärbar, dass bei allen Rechnungen die Flüssigkeit als inkompressibel angenommen wird. Dadurch verhält sie sich wie ein perfekt starrer Körper und lässt unendlich schnelle Übertragungsgeschwindigkeiten in vertikaler Richtung zu.

Lineare Wellengleichung und retardierte Green'sche Funktion

Um die horizontale Ausbreitung einer lokalen Störung zu untersuchen, genügt es oft, die linearisierten Gleichungen zu verwenden. Differenzieren von (6.62b) und Einsetzen von (6.62a) ergibt nach Vernachlässigung aller nichtlinearer Terme eine inhomogene Wellengleichung der Form

$$\frac{1}{G}\partial_{tt}^2\Phi(x,y,t) - \nabla_2\left(H(x,y,t)\nabla_2\Phi(x,y,t)\right) = \partial_t H(x,y,t) . \tag{6.63}$$

Obwohl von der Struktur her ähnlich wie die Standardform der (inhomogenen) Wellengleichung, die wir in Abschn. 4.4.2 untersucht hatten, ergeben sich hier doch einige zusätzliche Schwierigkeiten. Da es sich um eine lineare Differentialgleichung handelt, lässt sich wieder die schon in Kapitel 4 erläuterte Methode der retardierten Green'schen Funktionen verwenden. Sei D die Green'sche Funktion zu (6.63), so lässt sich die Lösung formal wie (4.20) darstellen:

$$\Phi(x,y,t) = \int_F dx'dy' \int_{-\infty}^t dt' \, D(x-x',y-y',t-t') \, \partial_t H(x',y',t') . \tag{6.64}$$

Allerdings ist die Form der Green'schen Funktion von der Anzahl der Raumdimensionen abhängig. Vernachlässigt man zuächst die räumlichen und zeitlichen Änderungen von H auf der linken Seite von (6.63), d.h. wir setzen dort näherungsweise

$$H(x,y,t) = \bar{H} = \text{const} ,$$

so erhält man nach längerer Rechnung den Ausdruck

$$D(x-x',y-y',t-t') = \frac{c}{2\pi\bar{H}}\frac{1}{\sqrt{c^2(t-t')^2-d^2}}\Theta\left(t-t'-\frac{d}{c}\right) \tag{6.65}$$

mit dem Abstand

$$d \equiv \sqrt{(x-x')^2+(y-y')^2}$$

und der Phasengeschwindigkeit

$$c = \sqrt{G\bar{H}}.$$

Mit der Green'schen Funktion lassen sich einfache Lösungen analytisch angeben. Als Modell für einen Seebebenherd nehmen wir zunächst an, dass sich der Boden an einem bestimmten Ort mit gleichförmiger Geschwindigkeit v_0 in der Zeit $0 < t < t_0$ absenken soll. Wenn die Quelle punktförmig ist (in der Flachwassernäherung heißt das lediglich, die Dimension des Herdes ist klein gegenüber der Wassertiefe), können wir

$$H(x,y,t) = \begin{cases} 1 + v_0 t\delta(x)\delta(y), & 0 \leq t \leq t_0 \\[2mm] 1 + v_0 t_0\delta(x)\delta(y), & t_0 < t \end{cases}$$

ansetzen und daraus

$$\partial_t H = v_0\Theta(t)\Theta(t_0 - t)\delta(x)\delta(y)$$

berechnen (der Ursprung des Koordinatensystems liegt in der Quelle). Setzt man dies in (6.64) ein, so lassen sich alle Integrale ausrechnen. Man erhält für $t > t_0$

$$\Phi(x,y,t) = \begin{cases} \frac{v_0}{2\pi} \ln\left(\frac{t+\sqrt{t^2-(r/c)^2}}{t-t_0+\sqrt{(t-t_0)^2-(r/c)^2}}\right) & r \leq c(t - t_0) \\[4mm] \frac{v_0}{2\pi} \ln\left(\frac{ct}{r} + \sqrt{c^2t^2/r^2 - 1}\right) & c(t - t_0) < r < ct \\[4mm] 0 & ct \leq r \end{cases} \qquad (6.66)$$

mit

$$r = \sqrt{x^2 + y^2} \ .$$

Sind in drei Dimensionen $1/r$-Abhängigkeiten typisch, so bestimmen im ebenen Fall Logarithmen das Verhalten für größere Abstände von der Quelle. Abb. 6.19 zeigt den Verlauf von $\Phi(r,t)$ über r zu verschiedenen Zeiten, wobei $t_0 = 1$ gewählt wurde. Eine

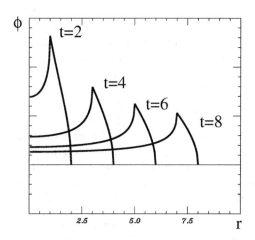

Abb. 6.19 Ein δ-förmiger Herd bei $r = 0$ sendet Kreiswellen aus. Die Abbildung zeigt Momentaufnahmen von Φ (siehe (6.66)) zu äquidistanten Zeiten. Der Herd war von $t = 0$ bis $t = t_0 = 1$ aktiv.

steile Front bewegt sich mit der Phasengeschwindigkeit c (hier eins) in radialer Richtung vom δ-förmigen Herd bei $r = 0$ weg. Ihr Maximum befindet sich im Abstand ct_0 hinter ihrer Spitze. Danach erfolgt ein langsamer und kontinuierlicher Abfall. Die maximale Amplitude nimmt logarithmisch mit t (und damit auch mit r) ab.

Nichtlineare Wellengleichung, numerische Lösung

Will man die vollständigen nichtlinearen Gleichungen (6.62) untersuchen, so sind wieder numerische Methoden anzuwenden. Wir wählen das Profil des Untergrunds wie in Abb. 6.15 als Graben längs der y-Achse. Diesmal geben wir jedoch in der Mitte des Gebietes eine zeitlich harmonisch oszillierende Quelle vor, die eine im Ort gaußverteilte Amplitude hat:

$$H(x, y, t) = 1 + A \exp(-r^2/\beta^2) \cos \Omega t .$$

Die Oberfläche zu verschiedenen Zeitpunkten zeigt Abb. 6.20. Ringwellen breiten sich vom Zentrum mit der Geschwindigkeit $c = \sqrt{GH}$ aus. Kommen sie in die Nähe der flachen (Strand-) Bereiche links und rechts, werden Sie gebremst und ihre Wellenlänge nimmt ab. Entsprechend dem Green'schen Gesetz wird dabei ihre Amplitude jedoch anwachsen.

6.4.10   Tsunamis

Japanische Fischer, die vom Fischfang zurückkamen und ihren Hafen zerstört vorfanden, obwohl auf offener See keine hohen Wellen zu sehen waren, machten eine auf geheimnisvolle Weise im Hafen erzeugte Welle dafür verantwortlich. Sie nannten sie „Tsunami", was wörtlich übersetzt soviel wie „Hafenwelle" bedeutet.

Beim Schreiben dieses Abschnittes ist der Tsunami, der an Weihnachten 2004 große Teile der Küsten von Indonesien, Sri Lanka, Indien und Thailand zerstörte und dabei wohl weit über 300.000 Menschenleben forderte, noch in furchtbarer Erinnerung. Er verursachte die bisher letzte und wohl auch vom Ausmaß her größte Katastrophe, die durch Riesenwellen in Küstenregionen ausgelöst wurden. Andere Verwüstungen sind seit mehreren 100 Jahren bekannt. So folgte dem Erdbeben in Lissabon 1755 eine meterhohe Flutwelle, die große Teile der Stadt zerstörte und bei der 60.000 Menschen starben. Im August 1883 explodierte der Vulkan Krakatau und erzeugte dabei eine Welle, die sieben Mal um die Erde lief. In der Nähe der Explosion entstanden bis zu 40 Meter hohe Wellen und verwüsteten die Küsten von Java und Sumatra. Aber selbst auf der entgegengesetzten Seite der Erdkugel, an der englischen Küste, beobachtete man noch ein Ansteigen des Meeresspiegels um einen halben Meter. Der „Sanriku" genannte Tsunami hatte eine Höhe von 23 Metern und überraschte Japan im Juni 1896.

In den letzten zehn Jahren wurden über 80 Tsunamis beobachtet. Ursachen sind ausnahmslos entweder Seebeben oder Erdrutsche, ausgelöst z.B. durch Vulkanausbrüche. Was unterscheidet nun einen Tsunami von Wellen, die durch Wind erzeugt werden und die ebenfalls Höhen von 30 Metern oder mehr erreichen können, deren zerstörerisches Potential an Land aber mit dem der Tsunamis nicht verglichen werden kann?

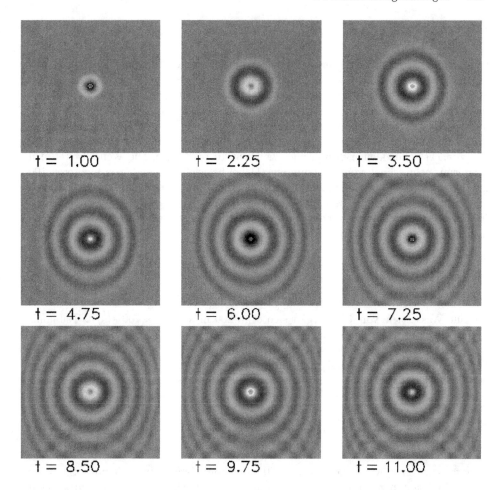

t = 1.00   t = 2.25   t = 3.50

t = 4.75   t = 6.00   t = 7.25

t = 8.50   t = 9.75   t = 11.00

Abb. 6.20 Wellen über einem grabenförmigen Grund wie in Abb. 6.15, diesmal jedoch erzeugt durch eine zusätzliche, in der Zeit periodische Inhomogenität bei $r = 0$. Die Wellen im gesamten Gebiet folgen retardiert den Schwingungen des Zentrums, welches als einfaches Modell eines Seebebenherdes betrachtet werden kann.

Durch Wind erzeugte Wellen bewegen das Wasser in einer zur Tiefe relativ dünnen Schicht an der Oberfläche. Solche Wellen können durch ihre teils sehr hohen Amplituden selbst größte Schiffe zum Kentern bringen, man vermutet, dass die meisten der 200 Schiffe mit über 200 Metern Länge, die in den letzten 20 Jahren gesunken sind, auf ihr Konto gehen. Unterhalb einer Tiefe von der Größenordnung der Wellenlängen, etwa 100 Meter, bleibt der Ozean allerdings auch bei dem größten Sturm weitgehend in Ruhe. Bei Sturmwellen handelt es sich also typischerweise um kurze Wellen oder Tiefwasserwellen, wie wir sie in den Abschnitten 6.2.4 und 6.3.3 ausgiebig untersucht haben, siehe auch die Abbildungen 6.3 und 6.4.

Flachwasserwellen

Ganz anders zeigt sich dagegen das Erscheinungsbild eines Tsunamis. Bedingt durch seine Entstehung am Meeresgrund bewegt sich hier die gesamte Wassersäule oberhalb des Bebenherdes zunächst in vertikaler Richtung. Zum Glück kann nicht jedes Seebeben einen Tsunami auslösen. Es muss eine bestimmte Stärke überschreiten (ca 7 auf der Richter-Skala) und dabei zu einer starken Erdbewegung in senkrechter Richtung führen. Ist die Bodenauslenkung jedoch groß genug, entsteht eine Wasserwelle von zunächst eher kleiner Amplitude, vielleicht 10 bis 50 cm. Die Welle breitet sich ringförmig sehr schnell vom Zentrum aus. Dabei hat sie eine Länge von mehreren 100 km, ist also im Vergleich zur Meerestiefe sehr lang. Damit sind alle Eigenschaften von langen Wellen vorhanden und man kann die in Abschn. 6.4 im Detail untersuchten Flachwassergleichungen anwenden. Speziell die Phasengeschwindigkeit hängt auf offener See nach (6.17) nur von der Wassertiefe ab

$$c = \sqrt{gh_0} \, ,$$

für eine Wassertiefe von 4 km ergibt sich etwa 200 m/s oder ca 700 km/h. Tsunamis durchqueren also innerhalb einiger Stunden ganze Ozeane, ohne dabei (wegen ihrer sehr kleinen Amplituden) wesentlich gedämpft zu werden. In Abschn. 6.2.4 haben wir berechnet, dass sich die Flüssigkeitselemente an der Oberfläche bei langen Wellen mit der Geschwindigkeit

$$v = \frac{a}{h_0} c \tag{6.67}$$

bewegen. Bei einer Amplitude von $a \approx 50$ cm wären das nur etwa 2.5 cm/s. So kleine Geschwindigkeiten gehen natürlich in den an der Oberfläche herrschenden durch Wind verursachten Strömungen vollkommen unter. Die enorme Energie, die beim Auftreffen auf eine Küste bemerkbar wird, steckt in der kollektiven Bewegung der kompletten Wassersäule.

Die Frequenz hängt nach (6.16) von der Wellenlänge ab

$$\nu = \frac{\omega}{2\pi} = \frac{k}{2\pi} \sqrt{gh_0} = \frac{c}{\lambda} \, ,$$

bei $\lambda = 100$ km erhält man $\nu \approx 0.002$ Hz was der Zeit $t = 500$ s zwischen zwei aufeinander folgenden Wellenbergen entspricht.

Wegen der kleinen Amplitude auf hoher See lassen sich hier sicher die linearisierten Flachwassergleichungen nach Abschn. 6.4.9 verwenden. Man wird also auf offener See Lösungen wie in den Abbildungen 6.19 und 6.20 gezeigt erwarten, die jedoch an der Oberfläche nicht bemerkbar oder messbar sind.

Green'sches Gesetz

Dies ändert sich, wenn der Tsunami in flacheres Wasser kommt und auf eine Küste trifft. Das Green'sche Gesetz sagt ein Ansteigen der Wellenhöhe umgekehrt proportional zur vierten Wurzel aus der Wassertiefe voraus (6.60). Erreicht die Amplitude aber eine bestimmte Höhe, so gelten die linearisierten Gleichungen nicht mehr und es kann zu einer weiteren Aufsteilung und Brechung durch Nichtlinearitäten kommen. So können die Wellenfronten leicht Höhen von vielen Metern erreichen.

Verringert sich die Wassertiefe, nimmt gleichzeitig die Phasengeschwindigkeit ab, aber die Teilchengeschwindigkeit und damit die kinetische Energie des Wassers zu. Aus (6.67), (6.17) und dem Green'schen Gesetz erhalten wir

$$\frac{v}{v_0} = \left(\frac{h_0}{h}\right)^{3/4},$$

wobei v_0 die Teilchengeschwindigkeit bei der Tiefe h_0 bezeichnet. Bleiben wir bei dem Beispiel von oben, so würde eine Welle mit einem halben Meter Höhe auf offener See in 10 Meter tiefem Gewässer eine Strömungsgeschwindigkeit von einigen Metern pro Sekunde ergeben.

Der Zusammenbruch des Cumbre Vieja, La Palma

Die eigentliche Gefahr, die von Tsunamis ausgeht, besteht darin, dass räumlich lokalisierte Beben sehr große und weit entfernte Küstenbereiche verwüsten können. Im Gegensatz zu Erdbebenwellen sind Wasserwellen kaum gedämpft, d.h. beinahe die gesamte Energie bleibt über große Strecken in mechanischer Form erhalten. Dadurch können relativ „kleine" Ursachen immense Wirkungen nach sich ziehen, wie eine 2001 erschienene Studie von S. Ward (University of California, Santa Cruz) und S. Day (University College, London) zeigt[10].

Untersucht werden die Folgen eines Zusammenbruchs des Vulkans Cumbre Vieja auf der kanarischen Insel La Palma. Dem Szenario zufolge würden dabei 500 Kubikmeter Gestein mit einer Geschwindigkeit von bis zu 350 km/h ins Meer rutschen. Die dabei frei gesetzte Energie entspricht dem Stromverbrauch der Vereinigten Staaten in einem halben Jahr. In unmittelbarer Umgebung des Erdrutsches würden 900 Meter hohe Wellen entstehen. Der folgende Tsunami wäre der größte aller Zeiten und würde sich mit einer Geschwindigkeit von mehr als 800 km/h im gesamten Atlantik bis nach Grönland ausbreiten. Wellen von über 12 Metern Höhe würden ein bis zwei Stunden später die Küsten von Spanien, Portugal und Frankreich erreichen. In Süd- und Nordamerika, wo der Tsunami nach etwa sechs bis neun Stunden eintreffen würde, wären die Wellen sogar noch wesentlich höher und die Verwüstung entsprechend größer. So zeigen die Simulationen Amplituden von 40 bis 50 Meter in Brasilien, aber auch in Florida

---

[10]S.N.Ward, S.Day: *Cumbre Vieja Volcano – Potential collapse and tsunami at La Palma, Canary Islands*, Geophys. Res. Lett **28**, 3397 (2001)

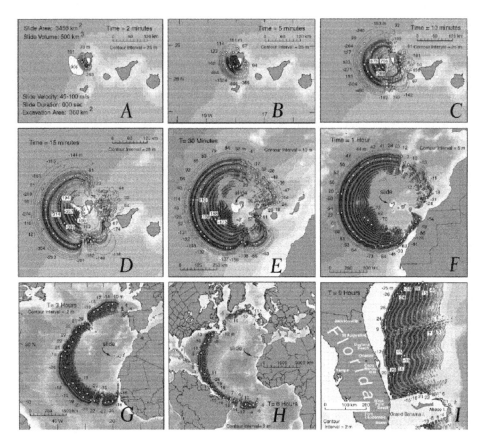

Abb. 6.21 Computerrechnung der Entwicklung ringförmiger Wellen nach dem simulierten Kollaps des Cumbre Vieja auf La Palma. Die Bilder zeigen die Situation zwischen 2 Minuten (A) und 9 Stunden (I) nach dem Erdrutsch. Aus N. Ward, S. Day, Geophys. Res. Lett. **28**, 3397 (2001), ©2001 American Geophysical Union, reproduziert mit Genehmigung der AGU.

```
Date: Sun, 10 Apr 2005 10:54:51 +0000
From: West Coast Alaska Tsunami Warning Center <wcatwc@noaa.gov>
To: "bes@physik.tu-cottbus.de" <bes@physik.tu-cottbus.de>
Subject: TsunamiWatcherMessage

WEPA43 PAAQ 101051
TIBWCA

TO     - TSUNAMI WARNING SYSTEM PARTICIPANTS IN
         ALASKA/BRITISH COLUMBIA/WASHINGTON/OREGON/CALIFORNIA
FROM   - WEST COAST AND ALASKA TSUNAMI WARNING CENTER/NOAA/NWS
SUBJECT - TSUNAMI INFORMATION BULLETIN
BULLETIN NUMBER 1
ISSUED 04/10/2005 AT 1051 UTC

...THIS TSUNAMI INFORMATION BULLETIN IS FOR ALASKA - BRITISH
   COLUMBIA - WASHINGTON - OREGON AND CALIFORNIA ONLY...

NO - REPEAT NO - WATCH OR WARNING IS IN EFFECT.
```

```
EARTHQUAKE DATA
  PRELIMINARY MAGNITUDE - 6.7
  LOCATION -    1.1S   99.4E - SOUTHERN SUMATERA, INDONESIA
  TIME     - 0229 ADT 04/10/2005
             0329 PDT 04/10/2005
             1029 UTC 04/10/2005

EVALUATION BASED ON LOCATION AND MAGNITUDE THE EARTHQUAKE WAS NOT
SUFFICIENT TO GENERATE A TSUNAMI DAMAGING TO CALIFORNIA -
OREGON - WASHINGTON - BRITISH COLUMBIA OR ALASKA. SOME AREAS MAY
EXPERIENCE SMALL SEA LEVEL CHANGES. IN AREAS OF INTENSE
SHAKING LOCALLY GENERATED TSUNAMIS CAN BE TRIGGERED BY SLUMPING.

THE PACIFIC TSUNAMI WARNING CENTER WILL ISSUE TSUNAMI BULLETINS
FOR HAWAII AND OTHER AREAS OF THE PACIFIC.

THIS WILL BE THE ONLY BULLETIN ISSUED FOR THIS EVENT BY THE
WEST COAST AND ALASKA TSUNAMI WARNING CENTER UNLESS CONDITIONS
WARRANT. REFER TO THE INTERNET SITE HTTP://WCATWC.ARH.NOAA.GOV
FOR MORE INFORMATION.
```

Abb. 6.22 e-mail Warnung des West Coast and Alaska Tsunami Warning Center

oder New York. Das dahinter liegende Flachland würde teilweise bis zu 10 km weit überschwemmt werden. Der wirtschaftliche Schaden läge im Bereich von drei bis vier Billionen Euro.

Allerdings wäre eine Voraussetzung für den Zusammenbruch von Cumbre Vieja eine Destabilisierung durch vorhergehende zahlreiche starke Erdbeben begleitet von einer länger anhaltenden Vulkantätigkeit. Da es hierfür aber keine Anzeichen gibt, ist das Szenario laut S. Day in nächster Zeit, d.h. wohl in den nächsten Jahrhunderten, nicht sehr wahrscheinlich.

Frühwarnsysteme

Weil Wassergeschwindigkeiten und Amplituden an der Oberfläche auf hoher See durch gewöhnliche Oberflächenwellen überdeckt werden, lässt sich ein Tsunami nur am Meeresboden nachweisen. So wurde im Pazifik in den Jahren 1950 bis 1965 ein Netz von Seismographen aufgebaut, das durch das 1949 errichtete Pacific Tsunami Warning Center (PTWC) in Honolulu (Hawaii) betrieben und koordiniert wird. Meeresbeben lösen automatische Warnungen über Telefon, Fax, Internet und e-mail in vielen Anrainerstaaten und Inseln des Pazifischen Beckens aus. Das West Coast and Alaska Warning Center (WC/ATWC) in Palmer, Alaska, übernimmt den Schutz der westamerikanischen Küste und Alaskas. Auch Japan verfügt über ein gut ausgebautes Frühwarnsystem, durch das die Bevölkerung unter anderem mittels an den Stränden aufgebauten Lautsprechern und Sirenen unterrichtet wird. Im indischen Ozean wird nach der Katastrophe 2004 ein ähnliches System aufgebaut.

6.5   Solitonen

In Abschn. 6.3.1 haben wir den Einfluss konvektiver Nichtlinearitäten untersucht und dabei erkannt, dass diese in der Regel zum Aufsteilen der Wellenfronten und dann zu Wellenbrechung führen. Andererseits werden sich Wellen mit verschiedener Länge mit unterschiedlicher Phasengeschwindigkeit ausbreiten, was als Dispersion bekannt ist. Bei Wellen im tiefen Wasser ist dies offensichtlich, bei Flachwasserwellen dagegen hängt die Phasengeschwindigkeit nur von der Wassertiefe ab, so dass man hier zunächst keine Dispersion vermuten würde. Dies ist jedoch nur richtig in der bisher gemachten Näherung $k \to 0$. Wir werden in diesem Abschnitt eine Gleichung von höherer Ordnung als die Flachwassergleichungen untersuchen und feststellen, dass sich Dispersion und nichtlineare Einflüsse in bestimmten Situationen gerade aufheben können. Man findet dann Wellen oder lokalisierte Strukturen, die sich über große Strecken ausbreiten, ohne dabei ihre Form zu verändern. Treffen zwei solche Wellen aufeinander, so durchdringen sie sich trotz der nichtlinearen Effekte, und nach der Wechselwirkung beobachtet man dieselben Formen wie davor. Deshalb und wegen der oft starken räumlichen Konzentration der Anregungen in Form von Pulsen kommt diesen Strukturen der Charakter von Teilchen zu. Zabusky und Kruskal prägten dafür 1965 den Begriff **Soliton**[11].

---

[11]N. J. Zabusky, M. D. Kruskal: *Interaction of „solitons" in a collisionless plasma and the recurrence of initial states*, Phys. Rev. Lett. **15**, 240 (1965)

Das Auftreten von Solitonen gehört neben chaotischem Verhalten sicher zu den faszinierendsten Eigenschaften nichtlinearer Systeme. So beobachtet man Solitonen mittlerweile in ganz verschiedenen Bereichen, z.B. in der Festkörperphysik, bei der Ausbreitung von Lichtpulsen durch Glasfasern oder bei der chemoelektrischen Reizübertragung in Nervenbahnen. Selbst in der Elemtarteilchentheorie spielt die Lorentz-invariante Sine-Gordon-Gleichung eine gewisse Rolle. Spannend wurde es jedoch zuerst, wie schon so oft, in der Hydrodynamik, und zwar schon vor über 170 Jahren[12].

6.5.1   Die Entdeckung von John Scott Russell

John Scott Russell beobachtete 1834 auf dem Edinburgh-Glasgow-Kanal eine räumlich lokalisierte Welle von etwa 50 cm Höhe und 10 Meter Länge. Die Welle wurde durch ein Schiff ausgelöst und bewegte sich, ohne dabei ihre Form zu verändern, mit einer Geschwindigkeit von etwa 4 m/s den Kanal entlang. Russell folgte ihr zu Pferde über eine Strecke von mehreren Kilometern bis er sie schließlich aus den Augen verlor. Er nannte die Erscheinung *great wave of translation* und beschrieb seine Entdeckung 1844 mit den folgenden Worten:

I believe I shall best introduce the phenomenon by describing the circumstances of my own first acquaintance with it. I was observing the motion of a boat which was rapidly drawn along a narrow channel by a pair of horses when the boat suddenly stopped – not so the mass of water in the channel which it had put in motion; it accumulated round the prow of the vessel in a state of violent agitation, then suddenly leaving it behind, rolled forward with great velocity, assuming the form of a large solitary elevation, a rounded, smooth and well-defined heap of water, which continued its course along the channel apparently without change of form or diminution of speed. I followed it on horseback, and overtook it still rolling on at a rate of some eight or nine miles an hour, preserving its original figure some thirty feet long and a foot to a foot and a half in height. It's height gradually diminished, and after a chase of one or two miles I lost it in the windings of the channel. Such, in the month of August 1834, was my first chance interview with that singular and beautiful phenomenon which I have called the Wave of Translation, a name which it now very generally bears.[13]

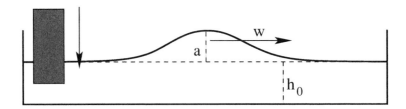

Abb. 6.23 Skizze von Russells Experimenten. Durch einmaliges Senken eines Gewichts wird eine lokalisierte Welle erzeugt. Messungen ergeben, dass sich ihre Geschwindigkeit w proportional zur Amplitude a verhält.

---

[12]Viele Details und Rechnungen zu Solitonen findet man in [3].

[13]J. S. Russell: *Report on waves*, Rept. 14th Meeting of the British Association for the Advancement of Science, John Murray, 311-390, London 1844

Bemerkenswert ist, dass Russell schon damals den Begriff *solitary elevation* verwendete. Nach seiner Beobachtung ging er nach Hause und erzeugte Wellen im Labor, indem er Gewichte am Ende eines Kanals ins Wasser senkte (Abb. 6.23). Er konnte eine Relation zwischen der Höhe der Wellen und ihrer Geschwindigkeit w empirisch bestimmen und fand

$$w = \sqrt{g(h_0 + a)} \; . \tag{6.68}$$

Offensichtlich verhält sich ein Soliton mit sehr kleiner Amplitude $a \to 0$ wie eine lange Schwerewelle. Bei größeren Amplituden kommt ein nichtlinearer Korrekturfaktor zur Phasengeschwindigkeit hinzu, ganz ähnlich wie bei den in Abschn. 6.3.3 untersuchten Stokes-Wellen.

6.5.2   Die Korteweg – de Vries – Gleichung

Herleitung aus den Flachwassergleichungen

Ähnlich wie bei der linearen Wellengleichung aus Abschn. 6.4.5 wollen wir zunächst aus den Flachwassergleichungen (6.49) eine geschlossene Gleichung für die Oberfläche ableiten, diesmal allerdings unter Berücksichtigung der Nichtlinearitäten. Dazu sind verschiedene Näherungen notwendig. zunächst nehmen wir an, dass die Amplituden zwar endlich, aber trotzdem klein (gegenüber der Tiefe) sein sollen und schreiben

$$
\begin{aligned}
h(x,t) &= 1 + \alpha\eta(x,t) \\
\Phi(x,t) &= \alpha\varphi(x,t)
\end{aligned}
\tag{6.69}
$$

mit $\alpha \ll 1$. Wir wissen, dass sich Wellen mit infinitesimaler Amplitude mit der Geschwindigkeit $c = \sqrt{G}$ nach links oder rechts bewegen, ohne dabei ihre Form zu verändern. Wir transformieren deshalb in ein mit c nach rechts bewegtes Koordinatensystem und erhalten in der Näherung für kleine Amplituden

$$
\begin{aligned}
\eta &= \eta(x - ct, \tau) \\
\varphi &= \varphi(x - ct, \tau) \; ,
\end{aligned}
\tag{6.70}
$$

wobei wir, wegen des Einflusses der Nichtlinearitäten, eine schwache, von der Amplitude abhängige zusätzliche Zeitabhängigkeit im mitbewegten System zulassen wollen. Das heißt, wir können

$$\tau = \alpha t$$

annehmen. Die Ortsableitungen in (6.49) bleiben unverändert, die Zeitableitungen gehen jedoch über in

$$\partial_t \eta = \alpha\partial_\tau\eta - c\partial_x\eta, \qquad \partial_t\varphi = \alpha\partial_\tau\varphi - c\partial_x\varphi \; .$$

Eingesetzt in (6.49) erhalten wir die beiden Gleichungen

$$\alpha \partial_\tau \eta - c \partial_x \eta = -(1 + \alpha\eta)\partial_{xx}^2 \phi - \alpha \left(\partial_x \eta\right) \left(\partial_x \varphi\right) \tag{6.71a}$$

$$\alpha \partial_\tau \varphi - c \partial_x \varphi = -c^2 \eta - \frac{1}{2}\alpha \left(\partial_x \varphi\right)^2 \ . \tag{6.71b}$$

Das Ziel ist, eine Gleichung für η in der niedrigsten Ordnung von α herzuleiten. Deshalb entwickeln wir η gemäß

$$\eta = \eta_0 + \alpha\eta_1 + \alpha^2\eta_2 + \dots \ .$$

Wir können jetzt systematisch die Gleichungen (6.71) nach dem Kleinheitsparameter α sortieren. In der Ordnung α^0 ergibt sich

$$c\,\eta_0 = \partial_x \varphi \ . \tag{6.72}$$

In der Ordnung α^1:

$$\partial_\tau \eta_0 = c\,\partial_x \eta_1 - \eta_0 \partial_{xx}^2 \varphi - (\partial_x \eta_0)(\partial_x \varphi) \tag{6.73a}$$

$$\frac{1}{c}\partial_\tau \varphi = -c\,\eta_1 - \frac{1}{2c}(\partial_x \varphi)^2 \ . \tag{6.73b}$$

Differenzieren von (6.73b) nach x und Addieren der beiden Gleichungen ergibt unter Verwendung von (6.72) schließlich

$$\partial_\tau \eta_0 = -\frac{3}{2}c\,\eta_0 \partial_x \eta_0 \ . \tag{6.74}$$

Diese Gleichung haben wir aber, bis auf einen unwesentlichen Vorfaktor, schon in Abschn. 6.3.1 diskutiert. Dort ergab sich, dass laufende (im mitbewegten System ruhende) Wellen sich an der in Laufrichtung liegenden Front aufsteilen und schließlich brechen. Ein Aufsteilen bewirkt jedoch, dass Ableitungen nach x immer größer werden. Deshalb muss die Entwicklung nach δ in (6.48) bis zur nächsten Ordnung mitgenommen werden. Es wird sich zeigen, dass die damit ins Spiel kommende Dispersion die Aufsteilung ausgleichen und das Wellenbrechen und das Auftreten von Diskontinuitäten wie in Abb. 6.6 skizziert verhindern kann.

Berücksichtigung des δ^2 Terms von (6.48) in (6.71b) sowie des δ^4 Terms in (6.71a) ergibt anstatt (6.71) das erweiterte System

$$\alpha \partial_\tau \eta - c \partial_x \eta = -(1 + \alpha\eta)\partial_{xx}^2 \phi - \alpha \left(\partial_x \eta\right) \left(\partial_x \varphi\right) + \frac{\delta^2}{6}(1 + \alpha\eta)^3 \partial_{xxxx}^4 \varphi - \frac{\delta^2}{\alpha}(1 + \alpha\eta)\partial_{xx}^2 \varphi^{(1)} \tag{6.75a}$$

$$\alpha \partial_\tau \varphi - c \partial_x \varphi = -c^2 \eta - \frac{1}{2}\alpha \left(\partial_x \varphi\right)^2 - \frac{c\delta^2}{2}(1 + \alpha\eta)^2 \partial_{xxx}^3 \varphi + \frac{c\delta^2}{\alpha}\partial_x \varphi^{(1)} \ . \tag{6.75b}$$

Die weitere Vorgehensweise ist genau dieselbe wie oben. Die Gleichung (6.74) erhält jetzt einen zusätzlichen Term und lautet

$$\partial_\tau \eta_0 = -\frac{3}{2}c\,\eta_0\partial_x\eta_0 - \frac{1}{6}\frac{\delta^2}{\alpha}c\,\partial^3_{xxx}\eta_0 \ . \tag{6.76}$$

Hierbei reicht es anzunehmen, dass δ mit α gegen null geht.

Dies ist die berühmte, nach ihren „Entdeckern" benannte **Korteweg-de Vries-Gleichung** (KdV-Gleichung)[14].

Dispersionsrelation

Wir bemerken, dass zumindest der lineare Teil der KdV-Gleichung auch über die allgemeine Dispersionsrelation für Schwerewellen (6.9) hergeleitet werden kann. Wenn man alle Skalierungen wieder rückgängig macht, dann lautet der lineare Teil von (6.76)

$$\partial_t h = -\frac{1}{6}h_0^2\sqrt{gh_0}\ \partial^3_{xxx}h \ .$$

Der übliche Ansatz für laufende Wellen $h \sim \exp(i(kx - \omega t))$ ergibt eingesetzt die Dispersionsrelation

$$\omega = -\frac{1}{6}h_0^2\sqrt{gh_0}\ k^3 \ .$$

Entwickelt man (6.9) nach k in eine Taylor-Reihe bis zur 3. Ordnung um $k = 0$, so erhält man aber

$$\omega = \sqrt{gh_0}\left(k - \frac{1}{6}h_0^2\,k^3\right) \ ,$$

ein Ergebnis, das mit der Dispersionsrelation der KdV-Gleichung übereinstimmt, wenn man berücksichtigt, dass (6.76) im mit der Geschwindigkeit $\sqrt{gh_0}$ nach rechts bewegten Koordinatensystem gilt.

Skalierungen

Wir wenden uns wieder der KdV-Gleichung (6.76) zu. Nochmaliges Umskalieren von η_0, Ort und Zeit führt schließlich auf die Normalform

$$\partial_s u = -\partial^3_{\tilde{x}\tilde{x}\tilde{x}}u - u\partial_{\tilde{x}}u \ . \tag{6.77}$$

Hinweise auf numerische Methoden zur Lösung von (6.77) finden sich in Kapitel 10.1.7, analytische Lösungsmethoden werden wir im nächsten Abschnitt diskutieren. Nachdem

---

[14]D. J.Korteweg, G. de Vries, *On the change of form of long waves advancing in a rectangular canal, and on a new type of long stationary waves*, Phil. Mag. **39**, 422 (1895)

wir aber jetzt so viele Skalierungen nacheinander durchgeführt haben, wollen wir vorher noch den Zusammenhang zwischen s, $\tilde{x}$, u und den mit Dimensionen behafteten Ausgangsgrößen t, x und h angeben:

$$t = \frac{2}{9}\sqrt{\frac{h_0}{g}}\, s\, , \qquad x = \frac{h_0}{3}\, \tilde{x}\, , \qquad h = h_0(1 + u)\, . \tag{6.78}$$

Das heißt, sowohl u als auch $\tilde{x}$ sind in Einheiten der Tiefe h_0 (bzw. $h_0/3$) zu verstehen. Geschwindigkeiten skalieren mit dem Quotient aus x und t wie

$$v = \frac{3}{2}\sqrt{gh_0}\, \tilde{v}\, . \tag{6.79}$$

6.5.3   Lösungen der KdV-Gleichung – homokline Orbits

Bevor wir analytische Lösungen von (6.77) diskutieren, wollen wir eine Methode angeben, die sich oft für Gleichungen eignet, die als Lösungen laufende Wellen, Fronten oder Pulse haben. Zunächst beschränkt man sich auf Lösungen, die mit einer noch zu bestimmenden Geschwindigkeit v in der Zeit nach rechts (oder links) laufen *ohne* dabei ihre Form zu verändern:

$$u(\tilde{x}, t) = u(\tilde{x} - vt)\, .$$

Führen wir die neue Variable

$$\xi = \tilde{x} - vt$$

ein (entsprechend der Transformation auf ein mit v bewegtes Koordinatensystem), erhalten wir aus (6.77) eine gewöhnliche Differentialgleichung

$$vu' - u''' - uu' = 0\, , \tag{6.80}$$

wobei ein Strich eine Ableitung nach ξ bedeutet. Lösungen von (6.80) sind also stationär im mit v bewegten System und laufen folglich mit v im ruhenden Koordinatensystem, ohne ihre Form zu verändern.

Gleichung (6.80) lässt sich bezüglich ξ integrieren

$$vu - u'' - \frac{1}{2}u^2 = C\, , \tag{6.81}$$

wobei die Integrationskonstante C durch das asymptotische Verhalten von u für großes ξ festgelegt ist. Nehmen wir an, dass u sowie alle Ableitungen von u im Unendlichen verschwinden (lokalisierte Lösungen haben sicher diese Eigenschaft), so muss $C = 0$ sein. Damit schreiben wir (6.81) um in

$$u''(\xi) = F(u) \qquad \text{mit} \quad F(u) = vu - \frac{1}{2}u^2\, . \tag{6.82}$$

Diese letzte Gleichung lässt sich aber auch ganz anders interpretieren. Wenn wir ξ als Zeit und u als Lagekoordinate eines Massepunktes mit Masse $m = 1$ auffassen, dann entspricht u'' gerade der Trägheitskraft dieses Massepunktes und $F(u)$ der auf ihn wirkenden Kraft. $F(u)$ kann aus einer Potentialfunktion $V(u)$ gemäß

$$F(u) = -\frac{dV(u)}{du}$$

mit

$$V(u) = -\int du\, F(u) = -\frac{1}{2}vu^2 + \frac{1}{6}u^3 \ . \tag{6.83}$$

gewonnen werden, was schließlich die Lösung von (6.82) als Bewegung des Massepunktes im Potentialgebirge (Abb. 6.24) erscheinen lässt.

Der Massepunkt soll zur „Zeit" $\xi \to -\infty$ am „Ort" $u = 0$ mit infinitesimaler Geschwindigkeit starten und das Minimum bei $u = 2v$ mit maximaler Geschwindigkeit durchlaufen. Bei $u = 3v$ wird seine Geschwindigkeit null, der Massepunkt kehrt um und erreicht für $\xi \to \infty$ seinen Ausgangspunkt $u = 0$. Tragen wir die „Bewegung" über der „Zeit" auf, ergibt sich eine pulsförmige Lösung wie in Abb. 6.26. Bevor wir diese berechnen, wollen wir die Trajektorien im Phasenraum untersuchen. Der Phasenraum ist in unserem Beispiel zweidimensional und wird durch die Achsen u („Ort") und $p = u'$ („Impuls") aufgespannt. Die Trajektorien ergeben sich als Lösungen des DGL-Systems

$$\begin{aligned} \partial_\xi u &= p \\ \partial_\xi p &= F(u) \end{aligned} \tag{6.84}$$

mit den entsprechenden Anfangsbedingungen. Es existieren die beiden Fixpunkte $(\partial_\xi u^0 = 0,\ \partial_\xi p^0 = 0)$

$$u_1^0 = 0, \quad p_1^0 = 0, \quad u_2^0 = 2v, \quad p_2^0 = 0 \ .$$

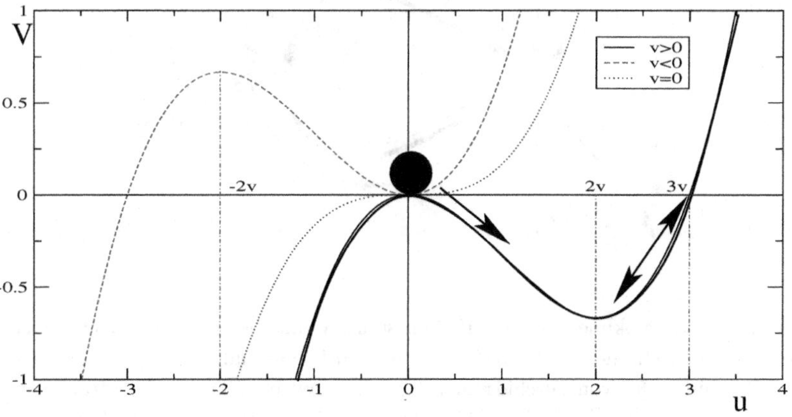

Abb. 6.24 Potentialfunktionen nach (6.83) für verschiedene Werte von v.

Linearisiert man (6.84) um die Fixpunkte, so zeigt sich, dass es sich bei (u_1^0, p_1^0) um einen Sattelpunkt (ein positiver und ein negativer Eigenwert $\lambda = \pm\sqrt{v}$), bei (u_2^0, p_2^0) um ein Zentrum (zwei konjugiert komplexe Eigenwerte $\lambda = \pm i\sqrt{v}$) handelt (für die Vorgehensweise bei einer linearen Stabilitätsanalyse verweisen wir auf Kapitel 8 und Aufgabe 6.2).

Der oben beschriebenen Bewegung entspricht die in Abb. 6.25 eingezeichnete Trajektorie. Sie verlässt den Sattelpunkt in der instabilen Richtung, umrundet das Zentrum im Uhrzeigersinn und kehrt in der stabilen Richtung zum Fixpunkt zurück. In der Sprache der dynamischen Systeme wird eine solche Trajektorie als **homokliner Orbit** bezeichnet. Ein homokliner Orbit separiert den Phasenraum. Eine leicht veränderte Anfangsbedingung würde zu qualitativ anderem Verhalten führen. Startet man zum Beispiel bei $u = \epsilon > 0, p = 0$, so entsteht ein Grenzzyklus, welcher einer periodischen Lösung $u(\xi)$ entspricht. Ein Startpunkt außerhalb des homoklinen Orbits würde zu divergierenden und damit zu im Sinne von (6.80) unphysikalischen Lösungen führen.

Völlig analog zur Vorgehensweise in der klassischen Mechanik lässt sich für (6.82) ein weiteres Integral finden. Hierzu multipliziert man zunächst mit u' und erhält den „Energiesatz"

$$\frac{d}{d\xi}\left(\frac{1}{2}(u')^2 + V(u)\right) = 0$$

oder nach Integration

$$\frac{1}{2}(u')^2 + V(u) = E , \tag{6.85}$$

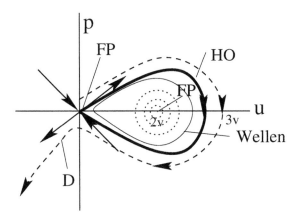

Abb. 6.25 Ein homokliner Orbit (HO) entsteht, wenn die instabile Richtung eines Fixpunktes mit seiner stabilen Richtung verbunden wird. Innerhalb des Orbits befindet sich ein weiterer Fixpunkt, der von geschlossenen Trajektorien umgeben ist (*Zentrum, gepunktet*). Diese Lösungen entsprechen laufenden Wellen in (6.77). Startet man außerhalb des homoklinen Orbits, so divergiert die Trajektorie (D, *strichliert*), was einer unphysikalischen Lösung von (6.77) entspricht.

mit einer weiteren Integrationskonstanten E. Nach wie vor sind wir an lokalisierten Lösungen interessiert, d.h. aber, dass für $\xi \to \pm\infty$ sowohl u (und damit $V(u)$) als auch u' verschwinden. Daraus wird klar, dass für solche Zustände $E = 0$ sein muss. Damit lässt sich (6.85) durch Trennung der Variablen integrieren,

$$\int dt = \pm \int \frac{du}{\sqrt{2(E - V(u))}} + \text{const}$$

was als Lösung ($v > 0$)

$$u(\xi) = \frac{3v}{\cosh^2 k\xi} = \frac{3v}{\cosh^2 k(\tilde{x} - vt)}, \qquad k = \frac{\sqrt{v}}{2} \tag{6.86}$$

ergibt. Damit haben wir eine einparametrige Familie von Lösungen der KdV-Gleichung (6.77) gefunden, die laut Voraussetzung mit der Geschwindigkeit v nach rechts laufen, ohne dabei ihre Form zu verändern. Der Verlauf der Funktionen ist in Abb. 6.26 gezeigt. Aus (6.86) wird klar, dass die maximale Amplitude der Solitonen bei $\tilde{x} = vt$ liegt und proportional zu ihrer Geschwindigkeit v ist. Die Breite der Pulse ist proportional zu $1/k$ und damit zu $1/\sqrt{v}$, d.h. hohe Pulse überholen niedrigere und sind stärker lokalisiert.

Man beachte, dass (6.77) im mit der Geschwindigkeit c nach rechts bewegten System gilt. Als Gesamtgeschwindigkeit der Solitonen erhält man daher

$$w = c + v \, .$$

Macht man alle Skalierungen rückgängig, ergibt sich schließlich mit der Amplitude $a = h_0 u_{\text{max}} = 3h_0 v$

$$w = \sqrt{gh_0} \left(1 + \frac{1}{2} \frac{a}{h_0} \right) \, ,$$

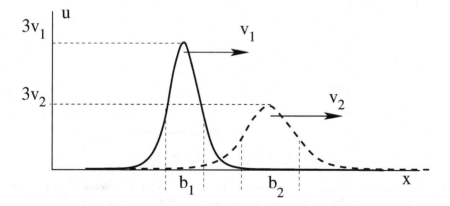

Abb. 6.26 Zwei Solitonen als Lösung (6.86) für zwei verschiedene v. Das schnellere Soliton ist höher und schmäler, die Breite ist $b \sim 1/\sqrt{v}$.

ein Ergebnis, das mit der empirisch von Russell gefundenen Formel (6.68) für kleine Amplitude a (Taylor-Entwicklung) genau übereinstimmt.

6.5.4 Wechselwirkung zweier Solitonen

Auch Lösungen, die aus mehreren Solitonen mit verschiedenen Geschwindigkeiten bestehen, lassen sich analytisch finden. So beschreibt die exakte Lösung der KdV-Gleichung[15]

$$u(x,t) = 12v_2 \frac{\mu E_1 + E_2 + 2(1 - \sqrt{\mu})^2 E_1 E_2 + A(E_1 + \mu E_2)E_1 E_2}{(1 + E_1 + E_2 + AE_1 E_2)^2}$$

einen Zustand, der aus zwei Solitonen mit den Geschwindigkeiten v_i aufgebaut ist. Hierbei bezeichnen

$$E_i(x - v_i t) = \exp \sqrt{v_i}(x - v_i t) \; , \qquad A = \left(\frac{\sqrt{\mu} - 1}{\sqrt{\mu} + 1}\right)^2 \; , \qquad \mu = \frac{v_1}{v_2} \; .$$

Abb. 6.27 zeigt die Wechselwirkung der beiden Solitonen. Das langsamere der beiden wird von dem schnelleren eingeholt. Nach der Kollision trennen sich die Solitonen und nehmen wieder ihre ursprüngliche Form und Geschwindigkeit an. An den strichlierten Linien ist zu erkennen, dass sich die beiden Solitonen nicht einfach wechselwirkungsfrei durchdringen. Vielmehr scheint das größere Soliton einen Schritt nach vorne zumachen, während das kleinere den Kollisionsprozess leicht verzögert verlässt.

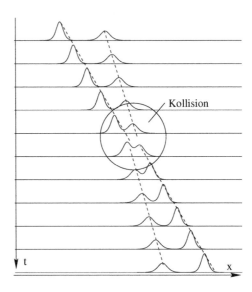

Abb. 6.27 Annäherung, Kollision und anschließende Trennung zweier Solitonen. Die Abbildung zeigt analytische Lösungen für Zeiten im Abstand $t = 6$, $v_1 = 1$, $v_2 = 1/\sqrt{2}$.

---

[15]Siehe [3] und dort weitere Referenzen.

6.5.5   Definition des Solitons

Es ist nicht einfach, eine kurze und genaue Definition des Solitons zu geben. Die Endung „on" weist darauf hin, dass Solitonen bestimmte Teilcheneigenschaften wie Ort und Impuls zukommen werden, und gerade die Art der Wechselwirkung zweier Solitonen, wie wir sie im vorigen Abschnitt untersucht haben, lässt den Eindruck der Kollision zweier Teilchen entstehen.

Neben dem Begriff Soliton hat sich auch der der **solitären Welle** eingebürgert. Diese zeichnen sich dadurch aus, dass sie für $x \to \pm\infty$ asymptotische Werte annehmen und der Übergang zwischen diesen Werten (es kann auch derselbe Wert sein) räumlich scharf lokalisiert ist in Form einer Front oder eines Pulses. Die Front oder der Puls kann sich dabei mit konstanter Geschwindigkeit bewegen. Nach dieser Definition wären die in Abb. 6.26 dargestellten Lösungen der KdV-Gleichung also solitäre Wellen.

Mittlerweile setzt man die folgenden drei Eigenschaften zur Definiton von **Solitonen** voraus:

- Solitonen dürfen ihre Form (in einem mit konstanter Geschwindigkeit bewegten System) nicht verändern.

- Sie sind räumlich lokalisiert, d.h. die Lösung verschwindet oder ist konstant für $x \to \pm\infty$ und ändert sich schnell nur in einem schmalen Bereich.

- Bei der Kollision mit anderen Solitonen wird nach der Wechselwirkung die ursprüngliche Form wieder angenommen (Teilchen).

Im Rahmen der KdV-Gleichung würde man von Solitonen sprechen, wenn, wie z.B. in Abb. 6.27, die Lösung aus mehreren solitären Wellen bestehen würde.

6.5.6   Die Sine-Gordon-Gleichung – heterokline Orbits

Außer der KdV-Gleichung gibt es andere Gleichungen, die solitäre Wellen und z.T. auch Solitonen als typische Lösungen besitzen. Wir wollen kurz auf die sogenannte Sine-Gordon-Gleichung eingehen, die ihren Namen (im Englischen) einem Wortspiel zu verdanken hat. Es handelt sich dabei um eine nichtlineare Erweiterung der **Klein-Gordon-Gleichung**[16] in der Form (hier nur in einer Dimension)

$$\left[c^2 \partial_{xx}^2 - \partial_{tt}^2\right] \Phi(x,t) = \sin \Phi(x,t) \; . \tag{6.87}$$

Wie in Abschn. 6.5.3 wollen wir die Verbindung zu dynamischen Systemen herstellen und Solitonen oder solitäre Wellen als bestimmte Trajektorien im Phasenraum identifizieren. Beschränken wir uns wieder nur auf Lösungen, die im mit v bewegten System

---

[16]Von W. Gordon und O. Klein 1926,27 aufgestellte relativistische Wellengleichung zur Behandlung spinfreier Teilchen mit endlicher Ruhemasse.

stationär sind:

$$\Phi = \Phi(x - vt)$$

so lautet (6.87) in diesem System ($\xi = x - vt$)

$$(c^2 - v^2)\partial^2_{\xi\xi}\Phi(\xi) = \sin\Phi(\xi) \ . \tag{6.88}$$

Dies lässt sich wieder als Bewegung eines Massepunktes im Potential interpretieren. Dazu schreiben wir (6.88) um in

$$\Phi'' = -\frac{dV(\Phi)}{d\Phi} \ , \qquad \text{mit} \quad V(\Phi) = \frac{\cos\Phi}{c^2 - v^2} \ . \tag{6.89}$$

Abb. 6.28 zeigt die einem Soliton entsprechende Bewegung in der Potentiallandschaft. Der wichtige Unterschied zur KdV-Gleichung besteht darin, dass der Massepunkt zwar wieder am Fixpunkt $\Phi = 0$ startet, aber diesmal an einem *anderen* Fixpunkt $\Phi = 2\pi$ endet. Man spricht deshalb im Phasenraum von einem **heteroklinen Orbit**, der die instabile Richtung des einen Fixpunktes mit der stabilen Richtung des zweiten verbindet (Abb. 6.29). Genauso könnte die Kurve in Abb. 6.28 in entgegengesetzter

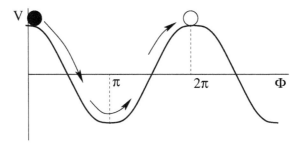

Abb. 6.28 In einem cosinusförmigen Potential wie bei der Sine-Gordon-Gleichung ist die Bewegung von einem Maximum zu einem anderen Maximum möglich. Die Trajektorien sind herokline Orbits.

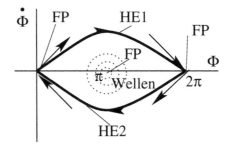

Abb. 6.29 Die beiden heteroklinen Orbits HE1 und HE2 entsprechen in Abb. 6.29 den Bewegungen vom linken zum rechten Maximum bzw. umgekehrt. Schwingungen um das Minimum bei $\Phi = \pi$ gehören wie bei der KdV-Gleichung zu laufenden Wellen.

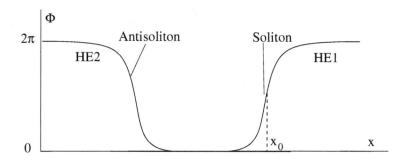

Abb. 6.30 Trägt man die beiden Orbits HE1 und HE2 über x auf, so ergeben sich Solitonen (rechts) und Antisolitonen (links). Beide „Teilchen" können jeweils nach links oder nach rechts laufen.

Richtung durchlaufen werden, das würde dem heteroklinen Orbit HE2 entsprechen. Wir merken an, dass (6.89) ein wohlbekanntes System aus der klassischen Mechanik darstellt, nämlich das mathematische Pendel. Die beiden eben beschriebenen Orbits entsprechen dann der Bewegung, bei der das Pendel in der oberen instabilen Ruhelage startet, durch die untere Ruhelage durchschwingt und die obere Lage (nach unendlich langer Zeit) gerade wieder mit der Geschwindigkeit null erreicht. Da beim Pendel die Winkelvariable periodisch in 2π ist, fallen dort die beiden Fixpunkte in Abb. 6.29 zusammen und man hätte doch wieder einen homoklinen Orbit. Im Fall der Sine-Gordon-Gleichung ist dies jedoch nicht unbedingt der Fall, da es hier, je nach der physikalischen Bedeutung von Φ, sehr wohl einen Unterschied machen kann, ob Φ den Wert null oder 2π annimmt.

Abb. 6.30 zeigt schließlich die Kurven $\Phi(x)$, den beiden heteroklinen Orbits entsprechend. Solche Lösungen haben Soliton-Charakter und werden deshalb auch als Soliton bzw. Antisoliton bezeichnet. Man beachte, dass das Vorzeichen von v in (6.88) nicht eingeht. D.h. sowohl Soliton als auch Antisoliton können mit v sowohl nach rechts als auch nach links laufen, was natürlich seine tiefere Begründung in der Symmetrie $x \to -x$ von (6.87) findet.

Genau wie bei der KdV-Gleichung lässt sich (6.89) weiter integrieren. Man erhält nach kurzer Rechnung

$$\frac{\xi - \xi_0}{\sqrt{(c^2 - v^2)}} = \pm \int_{\Phi(\xi_0)}^{\Phi(\xi)} \frac{d\Phi}{\sqrt{2(E - \cos \Phi)}} \qquad (6.90)$$

mit E als Integrationskonstante. Dies führt für allgemeines E auf ein elliptisches Integral und lässt sich nicht in geschlossener Form ausdrücken. Die in Abb. 6.30 dargestellten Solitonen ergeben sich jedoch gerade für den Spezialfall $E = 1$. Damit lässt sich das Integral weiter ausrechnen (siehe Aufgabe 6.3). Man erhält schließlich eine Lösung der Sine-Gordon-Gleichung (im ruhenden System von (6.87))

$$\Phi(x,t) = 4\arctan\left\{\exp\left(\pm\frac{x-x_0-vt}{\sqrt{c^2-v^2}}\right)\right\} \tag{6.91}$$

mit beliebigem, positivem oder negativem v, $|v| < c$. Das positive Vorzeichen ergibt ein Soliton bei $x = x_0$, das negative das dazugehörende Antisoliton.

Aufgabe 6.2: Geben Sie die Fixpunkte von (6.84) an und untersuchen Sie ihre Stabilität.

Lösung: Für Fixpunkte gilt

$$\partial_\xi u^0 = 0 \ , \qquad \partial_\xi p^0 = 0$$

was wegen (6.84) auf $p^0 = 0$ und $F(u^0) = 0$ führt. Daraus ergeben sich die Fixpunkte

$$u_1^0 = 0, \quad p_1^0 = 0, \quad u_2^0 = 2v, \quad p_2^0 = 0 \ .$$

Stabilität: Man untersucht das „zeitliche" Verhalten von infinitesimalen Störungen der Fixpunkte:

$$u(\xi) = u^0 + a(\xi), \qquad p(\xi) = p^0 + b(\xi) \ .$$

Eingesetzt in (6.84) ergibt nach Linearisierung bezüglich a und b zwei lineare, gekoppelte DGL, die man mit dem Ansatz

$$a(\xi) = a_0\exp(\lambda\xi), \qquad b(\xi) = b_0\exp(\lambda\xi)$$

in ein lineares Eigenwertproblem verwandelt. Aus der Lösbarkeitsbedingung erhält man die Eigenwerte.

Für den ersten Fixpunkt lauten diese $\lambda_{1,2} = \pm\sqrt{v}$. Dies entspricht einem Sattel mit der instabilen Richtung (Eigenvektor zum positiven Eigenwert)

$$\vec{q}_1 = (1, \sqrt{v})$$

und der stabilen Richtung

$$\vec{q}_2 = (1, -\sqrt{v})$$

in der $u - p-$ Ebene. Der zweite Fixpunkt hat die Eigenwerte $\lambda_{1,2} = \pm i\sqrt{v}$. Lösungen in seiner Nähe entsprechen Schwingungen mit der „Frequenz" $\sqrt{v}$ (im Sinne der Interpretation von (6.82) sollte man besser von einer Wellenzahl reden) um das Minimum der Potentialfunktion aus Abb. 6.24.

Aufgabe 6.3: Zeigen Sie, dass aus (6.90) die Soliton-Lösung (6.91) folgt.

<u>Lösung:</u> Aus (6.89) erhält man den „Energie-Satz"

$$\frac{1}{2}(c^2 - v^2)\,(\Phi')^2 = E - \cos\Phi$$

und daraus, nach Trennung der Variablen, das Integral (6.90). Will man solitäre Wellen als Lösung, so muss für $\xi \to \pm\infty$ Φ' verschwinden und das Potential an der Stelle $\Phi(\pm\infty)$ ein Maximum haben. Daraus folgt aber sofort $\cos\Phi(\pm\infty) = 1$ und $E = 1$. Wegen

$$1 - \cos\Phi = 2\sin^2(\Phi/2)$$

lässt sich (6.90) dann integrieren:

$$\frac{\xi - \xi_0}{\sqrt{(c^2 - v^2)}} = \pm\ln\tan\left(\frac{\Phi}{4}\right)\Bigg|_{\Phi(\xi_0)}^{\Phi(\xi)}.$$

Positionieren wir das Soliton so, dass sein Symmetriepunkt ($\Phi = \pi$) bei $\xi = \xi_0$ liegt, so gilt $\Phi(\xi_0) = \pi$ und weiter

$$\frac{\xi - \xi_0}{\sqrt{(c^2 - v^2)}} = \pm\ln\tan\left(\frac{\Phi(\xi)}{4}\right).$$

Auflösen nach $\Phi(\xi)$ und Rücksubstitution von $\xi = x - vt$ ergibt dann den Ausdruck (6.91).

6.6 Kapillarwellen

Die freie Oberfläche einer Flüssigkeit versucht sich möglichst flach einzustellen. Der Grund ist die Schwerkraft, welche dafür sorgt, dass eine horizontale Grenzschicht die potentielle Energie der Flüssigkeit minimiert.

Was passiert mit einer Flüssigkeit im schwerelosen Zustand? Auch hier bildet sich normalerweise eine flache Oberfäche aus, diesmal als Resultat einer minimalen Oberflächenenergie. In Abschn. 5.5.2 haben wir gesehen, dass an einer freien Grenzschicht immer Oberflächenspannung normal zur Oberfläche auftritt, die proportional zur lokalen Krümmung ist. Bisher haben wir diese Spannungen komplett vernachlässigt, was, wie wir gleich zeigen werden, eine sehr gute Näherung für „lange" Wellen ist. „Lang" bedeutet hier lang bezüglich einer Skala, die sich aus dem Verhältnis von Oberflächenspannung zu potentieller Energiedichte verhält. Bei Wasser wären das Wellenlängen von einigen Zentimetern. Unterhalb dieser Wellenlänge kann man den Laplace-Druck nach (5.16) nicht mehr vernachlässigen und muss für den Druck in (6.5) die Form (5.17) verwenden. Anstatt (6.5) ergibt sich also

$$\partial_t \Phi\big|_{z=h} = -\frac{p_0 + U_0}{\rho} - gh + \frac{\gamma}{\rho}\Delta_2 h - \frac{1}{2}(\nabla\Phi)^2_{z=h} \;, \qquad (6.92)$$

die anderen Grundgleichungen bleiben unverändert.

6.6.1 Dispersionsrelation

Zunächst fragen wir nach dem Verhalten von Wellen mit sehr kleiner Amplitude. Wir gehen vor wie in Abschn. 6.2.2 und berechnen den Einfluss der Oberflächenspannung auf die Dispersionsrelation. Die zusätzliche Oberflächenspannung ergibt die abgeänderte Dispersionsrelation

$$\omega(k) = \pm\sqrt{g(1 + \beta^2 k^2)|k|\tanh(|k|h_0)} \qquad (6.93)$$

und die Phasengeschwindigkeit

$$c(k) = \frac{\omega}{|k|} = \sqrt{\frac{g}{|k|}(1 + \beta^2 k^2)\tanh(|k|h_0)} \;. \qquad (6.94)$$

Wir haben hier die bereits in 5.6.5 definierte Kapillaritätskonstante β verwendet

$$\beta = \sqrt{\frac{\gamma}{g\rho}} \;.$$

Oberflächenspannungseffekte werden sich nur dann bemerkbar machen, wenn βk von der Größenordnung eins oder größer ist. Dies bedeutet für die Wellenlänge

$$\lambda < 2\pi\beta \;,$$

was, wenn wir z.B. die Werte für Wasser

$$\gamma \approx 0.07 \; N/m, \qquad \rho \approx 1000 \; kg/m^3, \qquad \beta \approx 2.7 \; mm$$

verwenden, auf die sehr kleine Wellenlänge von

$$\lambda = 2\pi\beta \approx 1.7 \; cm$$

und darunter führt. Wir sehen also, dass es sich bei Kapillarwellen in der Regel um sehr kurze Wellen, auch *Ripples* oder *Kräuselwellen* genannt, handelt .

Kurze Wellen, tiefes Wasser

Ist die Wellenlänge klein gegenüber der Tiefe, können wir wieder

$$\tanh(|k|h_0) \approx 1$$

nähern. Speziell für die Phasengeschwindigkeit ergibt sich dann

$$c(k) = \sqrt{\frac{g}{|k|}(1 + \beta^2 k^2)} \ . \tag{6.95}$$

Abb. 6.31 (links) zeigt den Verlauf für Wasser. Für große Wellenlängen nimmt die Phasengeschwindigkeit mit zunehmender Wellenzahl ab. Bei

$$k_c = \frac{1}{\beta}$$

erreicht sie jedoch ein Minimum

$$c_{\min} = \sqrt{2g\beta}$$

und wächst dann mit weiter steigender Wellenzahl wieder an. Im Gegensatz zu reinen Schwerewellen findet man bei Kapillarwellen *anomale Dispersion*.

Bei Wasser liegt die minimale Phasengeschwindigkeit bei

$$c_{\min} \approx 23 \ cm/s \ .$$

Sehr kurze Kapillarwellen können dabei hohe Geschwindigkeiten erreichen, und man kann sie z.B. beobachten, wenn man einen Stein ins Wasser wirft. Sie eilen dann der eigentlichen ringförmigen Schwerewellenfront voraus.

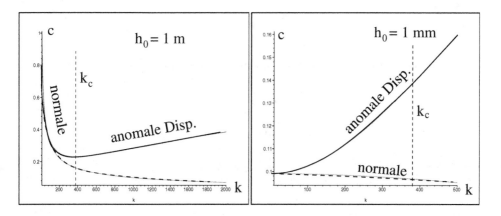

Abb. 6.31 Phasengeschwindigkeit (m/s) als Funktion der Wellenzahl (1/m) mit (*durchgezogen*) und ohne (*gestrichelt*) Oberflächenspannung für Wasser ($\beta = 2.7$ mm). Wellen mit Längen unterhalb $2\pi/k_c$ werden als Kapillarwellen bezeichnet. Im *linken Bild* sind erkennbare Abweichungen nur für sehr kurze Wellen im Vergleich zu h_0 vorhanden. Für ganz dünne Schichten (*rechts*) gehört dagegen der gesamte gezeigte Bereich zu den langen Wellen.

Lange Wellen, flaches Wasser

Nach dem bisher Gesagten sollte sich das Verhalten von langen Wellen durch Berücksichtigung der Oberflächenspannung eigentlich nicht ändern. „Lang" bezieht sich jedoch immer auf die Wassertiefe, so dass in dünnen flüssigen Filmen von vielleicht nur wenigen Millimetern Höhe Wellen mit einigen Zentimetern durchaus als lang bezeichnet werden können. Für flaches Wasser oder lange Wellen gilt die Näherung

$$\tanh(|k|h_0) \approx |k|h_0$$

und aus (6.94) wird

$$c(k) = \sqrt{gh_0(1 + \beta^2 k^2)} \ . \tag{6.96}$$

Der Verlauf der Phasengeschwindigkeit für lange Wellen ist ebenfalls in Abb. 6.31 (rechts) zu sehen und zeigt wieder anomale Dispersion, diesmal allerdings schon für beliebig kleines k. Hier wird noch deutlicher, dass die Oberflächenspannung die Phasengeschwindigkeit erhöht. Das Medium wird sozusagen „härter" und reagiert entsprechend durch stärkere Rückstellkräfte auf Auslenkungen aus der Ruhelage.

6.6.2   Solitonen und Antisolitonen

Da auch kurze Wellen der Größenordnung der Kapillaritätskonstanten in der Langwellen- (oder Flachwasser-) Näherung berechnet werden können, wenn die Flüssigkeitsschicht nur dünn genug ist, macht es durchaus Sinn, die in Abschn. 6.5.2 abgeleitete KdV-Gleichung um den Laplace-Druck zu erweitern. Führt man alle Skalierungen wie vorher aus, so ändert sich zunächst (6.73b). Auf der rechten Seite ergibt sich dort ein zusätzlicher Term

$$\frac{\delta^2}{\alpha} c \tilde{\beta}^2 \partial_{xx}^2 \eta_0 \ ,$$

mit der auf die Schichtdicke skalierten, dimensionslosen Kapillaritätskonstanten

$$\tilde{\beta} = \frac{\beta}{h_0} \ .$$

Durch den Zusatzterm ändert sich die KdV-Gleichung (6.76) zu

$$\partial_\tau \eta_0 = -\frac{3}{2} c \ \eta_0 \ \partial_x \eta_0 \ - \ \frac{1}{6} \frac{\delta^2}{\alpha} c (1 - 3\tilde{\beta}^2) \ \partial_{xxx}^3 \eta_0 \tag{6.97}$$

und die Normalform (6.77) entsprechend

$$\partial_s u = -\zeta \partial_{\tilde{x}\tilde{x}\tilde{x}}^3 u - u \partial_{\tilde{x}} u \tag{6.98}$$

mit

$$\zeta = 1 - 3\tilde{\beta}^2 \ .$$

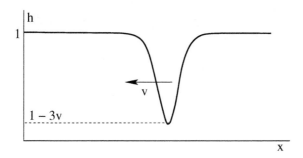

Abb. 6.32 In sehr dünnen Schichten kann die Oberflächenspannung dazu führen, dass sich Löcher bilden, die im bewegten Bezugsystem rückwärts laufen.

Von der Struktur her bleiben die Gleichungen aber unverändert. Sie können durch eine weitere Skalierung von Zeit und Länge

$$\tilde{x} = \bar{x}|\zeta|^{1/2}, \qquad s = \bar{s}|\zeta|^{1/2}$$

ineinander übergeführt werden, d.h. Lösungen wie (6.86) oder die in Abschn. 6.5.4 diskutierte Zwei-Solitonen-Lösung gelten auch in Systemen mit signifikanter Oberflächenspannung. Durch die neue Skalierung mit $\zeta < 1$ werden die Solitonen jedoch schmäler, die Oberflächenspannung „zieht" sie sozusagen zusammen.

Dies gilt jedoch nicht mehr, wenn ζ negativ wird, was für

$$\tilde{\beta} > \frac{1}{\sqrt{3}}$$

bzw.

$$h_0 < h_c = \sqrt{3}\beta$$

der Fall ist. Dann ändert sich die KdV-Gleichung qualitativ zu

$$\partial_{\bar{s}}u = +\partial^3_{\bar{x}\bar{x}\bar{x}}u - u\partial_{\bar{x}}u \ ,$$

was allerdings durch die Substitutionen

$$\bar{x} \rightarrow -\bar{x}, \qquad u \rightarrow -u$$

wieder in die ursprüngliche Form gebracht werden kann. Substituiert man in den Lösungen entsprechend, dann geht das Soliton über in ein Loch (Antisoliton), das sich jetzt im bewegten System zusätzlich nach *links* bewegt (Abb. 6.32). Die kritische Höhe h_c entspricht dabei genau dem Punkt, wo für $k \rightarrow 0$ normale Dispersion in anomale übergeht (vergl. auch Abb. 6.31), also

$$\lim_{k \rightarrow 0} \frac{d^2 c(k)}{dk^2} = 0 \ .$$

Bei Wasser wären Löcher unterhalb von $h_c \approx 4.7$ mm zu erwarten.

Kapitel 7

Viskose Flüssigkeiten

Bisher haben wir Reibung vernachlässigt. Diese ist in zähen oder viskosen Fluiden jedoch immer vorhanden, sobald das Strömungsfeld räumlich inhomogen ist. Im einfachsten Fall einer reinen Scherströmung hängt eine Geschwindigkeitskomponente, z.B. v_x, nur von einer dazu vertikalen Koordinate, z.B. z, ab (Abb. 7.1). (Infinitesimal) benachbarte Schichten haben dann (infinitesimal) verschiedene Geschwindigkeiten und üben gegenseitig Reibungsspannungen Γ aufeinander aus. Man kann demzufolge

$$\Gamma(z) = K \, \frac{v_x(z + \delta z) - v_x(z)}{\delta z} \tag{7.1}$$

vermuten, mit einer Proportionalitäts- oder Reibungskonstanten $K > 0$. In Kapitel 3 haben wir gelernt, dass Gradienten der Spannung sich als Kräfte bemerkbar machen. Herrscht dagegen überall dieselbe Spannung, heben sich die Kräfte auf. Dies ist bei dem Modell nach Abb. 7.1 genauso. Wenn die Spannung durch Reibung zwischen Schicht 1 und 2 dieselbe ist wie die zwischen 2 und 3 wirkt keine Nettokraft auf Schicht 2. Dies wäre bei einem linerearen Geschwindigkeitsprofil $v_x \sim z$ der Fall. Es wird also einen Zusammenhang der Form

$$F_x = \frac{\Gamma(z) - \Gamma(z - \delta z)}{\delta z}$$

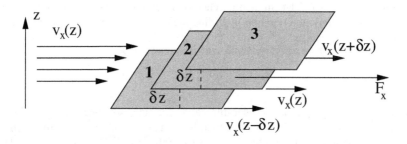

Abb. 7.1 Bei einer Scherströmung entsteht durch Reibung Spannung zwischen den einzelnen Schichten. Aus der Änderung der Spannung lässt sich die Kraft F_x berechnen.

oder, Γ eingesetzt,

$$F_x = K \, \frac{v_x(z+\delta z) - 2v_x(z) + v_x(z-\delta z)}{\delta z^2} \underset{\delta z \to 0}{=} K \, \frac{d^2 v_x}{dz^2}$$

geben. Denkt man sich für einen Moment die äußeren Kräfte wie Schwerkraft oder Druckdifferenzen abgeschaltet, so wird im Lauf der Zeit eine anfangs inhomogene Geschwindigkeits- oder besser Impulsverteilung verschwinden, die Impulsdichte „diffundiert" in der Flüssigkeit mit einer Diffusionskonstanten K, die proportional zur Zähigkeit angenommen werden kann.

Das heißt aber, dass die Bilanzgleichung für den Impuls nach Abschn. 5.3.2 so nicht mehr gelten kann, sondern durch einen Term ergänzt werden muss, der die Diffusion der Impulsdichte zulässt. Die auf solche Art erweiterten Euler-Gleichungen heißen **Navier-Stokes-Gleichungen**. Wir werden sie im nächsten Abschnitt herleiten. Energieerhaltung wie in den Euler-Gleichungen wird in den Navier-Stokes-Gleichungen nicht mehr zu erwarten sein; in der Tat bedeutet Reibung ja nichts anderes als die Umwandlung kinetischer, also mechanischer, Energie in Wärme. Nachdem aber nach wie vor Massenerhaltung gilt, bleibt die Kontinuitätsgleichung (5.3) bzw. für inkompressible, zähe Flüssigkeiten (5.4) unverändert.

7.1   Die Navier-Stokes-Gleichungen

7.1.1   Der zähe Spannungstensor

In Abschn. 5.1 haben wir mit (5.1) eine Erhaltungsgleichung für die Impulsdichte formuliert. Wir fanden, dass für ideale Flüssigkeiten der Spannungstensor die Form

$$T_{ij} = T_{ij}^E = -p \, \delta_{ij}$$

haben muss (der Index „E" steht für „Euler"). Bei den jetzt einzubauenden Reibungen handelt es sich nach Abb. 7.1 primär um Scherspannungen[1]. Aus Kapitel 3 wissen wir, dass diese durch einen symmetrischen nichtdiagonalen Spannungstensor berücksichtigt werden müssen. Der Ansatz

$$\underline{T} = \underline{T}^E + \underline{\sigma} \tag{7.2}$$

für den vollständigen Spannungstensor für zähe Flüssigkeiten liegt nahe, wobei der Reibungsanteil $\underline{\sigma}$ in einer noch zu bestimmenden Form im einfachsten Fall *linear* von den, wie wir oben gesehen haben, *Gradienten* des Geschwindigkeitsfeldes abhängt. Da es

---

[1]Wir werden gleich sehen, dass in bestimmten Fällen auch Kompressionsspannungen eine Rolle spielen können.

sich bei $\underline{\sigma}$ um einen Tensor 2. Stufe handeln muss, müssen wir sämtliche Kombinationen aus ∂_i und v_j berücksichtigen, die unter Koordinatendrehungen invariant bleiben. Es gibt genau drei davon:

$$\sigma_{ij} = a_1 \, \partial_i \, v_j + a_2 \, \partial_j \, v_i + b \, \delta_{ij} \sum_\ell \partial_\ell \, v_\ell \cdot \ . \tag{7.3}$$

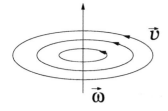

Abb. 7.2 In einer mit ω starr rotierenden Flüssigkeit dürfen keine Reibungskräfte auftreten. Dies schränkt die Form des Zähigkeitstensors ein.

In einer starr rotierenden Flüssigkeit darf es keine Reibungsspannungen geben. Das Geschwindigkeitsfeld einer mit der Winkelgeschwindigkeit ω rotierenden Flüssigkeit (Abb. 7.2) lautet

$$\vec{v} = \vec{\omega} \times \vec{r} \, , \qquad v_i = \sum_{k\ell} \varepsilon_{ik\ell} \, \omega_k \, r_\ell \ .$$

Setzen wir das in (7.3) ein, ergibt sich

$$\sigma_{ij} = a_1 \sum_{k\ell} \varepsilon_{jk\ell} \, \omega_k \underbrace{\partial_i r_\ell}_{\delta_{i\ell}} + a_2 \sum_{k\ell} \varepsilon_{ik\ell} \, \omega_k \underbrace{\partial_j r_\ell}_{\delta_{j\ell}} + b \, \delta_{ij} \sum_{k\ell m} \varepsilon_{\ell k m} \, \omega_k \underbrace{\partial_\ell r_m}_{\delta_{\ell m}}$$

$$= a_1 \sum_k \varepsilon_{jki} \, \omega_k + a_2 \sum_k \varepsilon_{ikj} \, \omega_k + b \, \delta_{ij} \sum_{k\ell} \underbrace{\varepsilon_{\ell k \ell}}_{=0} \, \omega_k = (a_1 - a_2) \sum_k \varepsilon_{jki} \, \omega_k \ .$$

Weil ω_k beliebig wählbar ist, kann $\underline{\sigma}$ nur dann verschwinden, wenn $a_1 = a_2 = a$ gilt. Für den Reibungstensor erhalten wir damit

$$\sigma_{ij} = a(\partial_i v_j + \partial_j v_i) + b \, \delta_{ij} \sum_\ell \partial_\ell v_\ell \ .$$

Wir verfügen, genau wie in der Elastizitätstheorie für isotrope Festkörper, über zwei unabhängige Materialparameter a und b, man vergleiche hierzu die Form (3.6). Im Gegensatz zu den dort eingeführten Lamé-Konstanten werden in der Hydrodynamik allerdings die Spannungen mit den Geschwindigkeiten und nicht mit den Dehnungen verknüpft.

Es ist üblich, die sogenannten **Zähigkeitskoeffizienten** oder **Viskositäten** einzuführen. Dies geschieht formal völlig analog zur Definition von Schub- und Kompressionsmodul in Abschn. 3.6.1. Wir setzen

$$a = \eta \, , \qquad b = \zeta - \frac{2}{3}\eta$$

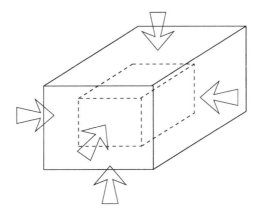

Abb. 7.3 Komprimiert man ein Volumenelement einer zähen Flüssigkeit, so wird dabei ebenfalls Reibung auftreten.

und erhalten

$$\sigma_{ij} = \eta \left(\partial_j v_i + \partial_i v_j - \frac{2}{3} \delta_{ij} \sum_\ell , \partial_\ell v_\ell \right) + \zeta \, \delta_{ij} \sum_\ell \partial_\ell v_\ell \ . \tag{7.4}$$

Die Konstante η entspricht dem Schermodul $2G$ und beschreibt Reibungen infolge von Scherströmung. Sie wird als **Viskosität** oder **Zähigkeit**, manchmal auch als erste Viskosität oder dynamische Viskosität , bezeichnet. Dagegen beschreibt ζ die Spannungen, die sich einstellen, wenn ein Volumenelement komprimiert wird, analog zum Kompressionsmodul K (Abb. 7.3). ζ heißt zweite Viskosität .

Oft verwendet man auch die auf die Dichte bezogene **kinematische Viskosität**, die durch

$$\nu = \frac{\eta}{\rho}$$

definiert ist. Die Einheit der dynamischen Viskosität ist kg/ms oder Ns/m². Andere übliche Einheiten sind Pa·s (Pascal Sekunde) oder **Poise**. Dabei entspricht ein Pa·s einem Ns/m² und ein Poise 0.1 Pa·s. Die kinematische Viskosität wird in m²/s angegeben. Hier ist zusätzlich die Einheit **Stokes** im Gebrauch. Ein Stokes entspricht 10^{-4}m²/s oder 1 cm²/s. Viskositäten sind i. Allg. relativ stark temperaturabhängig, siehe Abb. 7.4. In Tabelle 7.1 sind einige Werte für η und ν für verschiedene Materialien bei Zimmertemperatur aufgelistet.

Die physikalische Bedeutung (und die Dimension) der kinematischen Viskosität ist die einer Diffusionskonstanten. Wie wir gleich sehen werden, reduzieren sich die Gleichungen für das Geschwindigkeitsfeld für kleine Geschwindigkeiten im kräftefreien Fall auf drei Diffusionsgleichungen für die einzelnen Geschwindigkeitskomponenten

$$\partial_t v_k = \nu \Delta v_k \ .$$

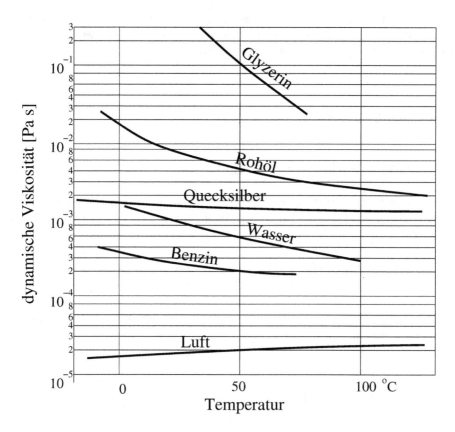

Abb. 7.4 Dynamische Viskosität für verschiedene Substanzen in Abhängigkeit der Temperatur.

Stoff	dyn. V. (η)	kin. V. (ν)	Stoff	dyn. V. (η)	kin. V. (ν)
Wasser	1.0	1.0	Petroleum	0.65	0.76
Quecksilber	1.5	0.11	Pentan	0.23	0.37
Alkohol	1.8	2.2	Blut (37^0)	4 - 25	4 - 25
Glyzerin	850	650	Honig	10.000	7.000
Glas	10^{23}	$0.4 \cdot 10^{23}$	Polymerschmelzen	$10^3 - 10^6$	$10^3 - 10^6$
Sauerstoff	0.019	13	Argon	0.021	12
Neon	0.03	33	Helium	0.019	105
Wasserstoff	0.008	90	Traubensaft	2 - 5	2 - 5
Hexan	0.32	0.5	Olivenöl	100	110
Stickstoff	0.017	14	Luft	0.018	14

Tabelle 7.1 Dynamische und kinematische Viskositäten verschiedener Stoffe bei 20^0C. Dynamische Viskosität in mPa·s oder 10^{-3} kg/ms, kinematische Viskosität in $10^{-6}m^2/s$ oder Zentistokes.

Eine kleine Störung der ruhenden Flüssigkeit in Form von Inhomogenitäten im Geschwindigkeitsfeld wird also mit ν diffundieren und exponentiell in der Zeit $\sim \exp(-t/\tau)$ abklingen. Die typische Zeitkonstante ist dabei durch

$$\tau = L^2/\nu$$

gegeben, wobei L die Größenskala der Störung charakterisiert.

7.1.2 Navier-Stokes-Gleichungen

Um die Navier-Stokes-Gleichungen zu erhalten, brauchen wir nur noch in den im 5. Kapitel formulierten Bilanzgleichungen der Impulsdichte (5.1) den kompletten Spannungstensor

$$T_{ij} = -p\,\delta_{ij} + \eta\left(\partial_j v_i + \partial_i v_j - \frac{2}{3}\delta_{ij}\sum \ell\,\partial_\ell v_\ell\right) + \zeta\,\delta_{ij}\sum_\ell \partial_\ell v_\ell$$

zu verwenden. Wir müssen also div $\underline{T}$ berechnen, was am einfachsten in Komponentenschreibweise geschieht:

$$\sum_i \partial_i T_{ij} = -\partial_j p + \eta \sum_i \left(\partial_j \partial_i v_i + \partial_i \partial_i v_j - \frac{2}{3}\delta_{ij}\sum_\ell \partial_i \partial_\ell v_\ell\right) + \zeta \sum_{i\ell} \delta_{ij}\partial_i \partial_\ell v_\ell$$

$$= \eta(\partial_j \text{div}\,\vec{v} + \Delta v_j) + \left(\zeta - \frac{2}{3}\eta\right)\partial_j \text{div}\,\vec{v}$$

$$= \eta\,\Delta v_j + \left(\zeta + \frac{1}{3}\eta\right)\partial_j \text{div}\,\vec{v}\;.$$

Hier haben wir stillschweigend vorausgesetzt, dass die Zähigkeiten η und ζ nicht vom Ort abhängen. Für ortsabhängige Viskositäten, was, da die Zähigkeit normalerweise von der Temperatur abhängt (Abb. 7.4), strenggenommen auch für Flüssigkeiten mit inhomogener Temperaturverteilung gilt, kommen noch weitere Terme zu div $\underline{T}$ hinzu, die wir diesmal in Vektorschreibweise angeben:

$$\ldots + \nabla\eta\,(\nabla \circ \vec{v} + \vec{v} \circ \nabla) + \nabla\left(\zeta - \frac{2}{3}\eta\right)\text{div}\,\vec{v}\;.$$

Wir werden aber weiter annehmen, dass die Viskositäten konstant sind.

Wir können jetzt die hydrodynamischen Grundgleichungen formulieren. Sie lauten für zähe, kompressible Flüssigkeiten (für die Komponentenschreibweise siehe Anhang B.5)

$$\rho \left[\frac{\partial \vec{v}}{\partial t} + (\vec{v} \cdot \nabla)\vec{v} \right] = -\nabla p + \vec{f} + \eta \, \Delta \vec{v} + \left(\zeta + \frac{\eta}{3} \right) \text{grad div } \vec{v} \qquad (7.5a)$$

$$\frac{\partial \rho}{\partial t} = -\text{div} \left(\rho \, \vec{v} \right) . \qquad (7.5b)$$

Die Grundgleichungen vereinfachen sich wesentlich, wenn die Flüssigkeit inkompressibel angenommen werden kann:

$$\rho \left[\frac{\partial \vec{v}}{\partial t} + (\vec{v} \cdot \nabla)\vec{v} \right] = -\nabla p + \vec{f} + \eta \, \Delta \vec{v} \qquad (7.6a)$$

$$\text{div } \vec{v} = 0 . \qquad (7.6b)$$

Die Gleichungen (7.5a) bzw. (7.6a) heißen **Navier-Stokes-Gleichungen**. Sie wurden zuerst von C. L. Navier 1827 als Modell aufgestellt. Von dem englischen Physiker George Gabriel Stokes stammt eine Herleitung aus der Kontinuumsmechanik (1845). Hinzu kommen Materialgesetze oder Zustandsgleichungen, wie wir sie schon in Abschn. 5.4 ausgiebig untersucht haben.

7.1.3 Randbedingungen

Fester Rand

Die Navier-Stokes-Gleichungen werden durch Randbedingungen vervollständigt. Wie wir schon in Abschn. 5.5.1 gesehen haben, gilt auf einem undurchlässigen Rand Ω

$$\hat{n} \cdot \vec{v}|_\Omega = 0 . \qquad (7.7)$$

Im Falle einer zähen Flüssigkeit kommen aber noch weitere Bedingungen, die sogenannten **no-slip**-Randbedingungen hinzu:

$$\vec{v}|_\Omega = 0 , \qquad (7.8)$$

d.h. alle drei Komponenten des Geschwindigkeitsfelds müssen verschwinden. Die Bedingungen (7.8) beinhalten natürlich (7.7).

Vom mathematischen Gesichtspunkt aus ist klar, dass man für die Navier-Stokes-Gleichungen zusätzliche Randbedingungen braucht. Man hat es hier mit Differentialgleichungen von 2. Ordnung im Ort zu tun, bedingt durch den Reibungsterm. Dies macht es praktisch unmöglich, die Euler-Gleichungen als Näherung für Flüssigkeiten mit kleiner Viskosität zu benutzten. Der Übergang von mehreren Randbedingungen auf eine lässt sich eben nicht durch Entwicklung nach irgendeinem Kleinheitsparameter erreichen. Es wird immer eine endliche Randschicht existieren, in der Reibung eine Rolle spielt. Aber damit nicht genug. Wie wir im Abschnitt über Grenzschichten sehen werden, können in dieser Randschicht Wirbel erzeugt werden, die, wenn sie ins „Innere" der Strömung gelangen, dort das Strömungsverhalten qualtitativ verändern.

Physikalisch bedeutet die no-slip-Bedingung, dass die Tangentialgeschwindigkeit am Rand stetig gegen null geht, die Flüssigkeit haftet an der Randfläche. Dies wird durch Experimente bestätigt und erscheint sinnvoll, da in zähen Flüssigkeiten auch Reibung zwischen dem Rand und der Flüssigkeit vorhanden ist. Eine endliche Tangentialgeschwindigkeit entlang der Berandung würde dann auf unendliche Spannungen und Kräfte führen.

Die Kraft, die auf eine feste, von einer Flüssigkeit umströmten, Fläche wirkt, berechnet sich aus dem Impulsstromtensor $\underline{\Pi}$, den wir in Abschn. 5.3.2 für ideale Flüssigkeiten eingeführt haben, und der jetzt durch den Reibungstensor $\underline{\sigma}$

$$\Pi_{jk} = \delta_{jk}p + \rho v_j v_k - \sigma_{jk}$$

erweitert wird. Die Kraft auf den Rand Ω folgt aus dem Flächenintegral

$$\vec{F} = \int_\Omega \underline{\Pi} \, d^2\vec{f} = \int_\Omega [p + \rho\,(\vec{v} \circ \vec{v}) - \underline{\sigma}] \; d^2\vec{f} = \int_\Omega [p - \underline{\sigma}] \; d^2\vec{f} \, ,$$

wobei in der letzten Umformung verwendet wurde, dass $\vec{v}$ auf Ω verschwindet. Auf ein in der $xy-$Ebene liegendes Flächenelement würde dann die Kraft

$$d\vec{F} = \begin{pmatrix} -\eta\partial_z v_x \\ -\eta\partial_z v_y \\ p - 2\eta\partial_z v_z \end{pmatrix}_\Omega dxdy$$

wirken. Hier haben wir verwendet, dass wegen (7.8) Ableitungen von $\vec{v}$ nach x und y auf dem Rand verschwinden. Ist die Flüssigkeit auch noch inkompressibel, so gilt wegen $\operatorname{div} \vec{v} = 0$ zusätzlich

$$\partial_z v_z|_\Omega = 0 \, .$$

Freie Oberflächen

An der freien ruhenden Oberfläche einer Flüssigkeit müssen im Gleichgewicht alle angreifenden Kräfte verschwinden. Die Überlegungen aus Abschn. 5.5.2 bleiben auch für zähe Flüssigkeiten richtig, wenn wir die Reibungskräfte hinzufügen. Dies geschieht durch Verwendung des kompletten Spannungstensors (7.2). Anstatt (5.15) ergibt sich damit

$$p|_\Omega - \hat{n} \cdot \underline{\sigma}|_\Omega \cdot \hat{n} = p_a \qquad \text{und} \quad \hat{n} \cdot \vec{v}|_\Omega = 0 \qquad (7.9)$$

mit $\hat{n}$ als Flächennormalenvektor und p_a als Außendruck. Bei gekrümmten Flächen mit Oberflächenspannung wird die Kräftebilanz durch den Laplace-Druck vervollständigt.

Als zusätzliche Randbedingungen müssen jetzt aber auch die tangentialen Scherkräfte verschwinden, die es ja in idealen Flüssigkeiten nicht gibt. Es muss also zusätzlich

$$\hat{t}_i \cdot \underline{\sigma}|_\Omega \cdot \hat{n} = 0, \qquad i = 1, 2 \tag{7.10}$$

mit den beiden Tangenteneinheitsvektoren $\hat{t}_i$ gelten, was, wie bei festen Rändern, auf weitere Randbedingungen an das Geschwindigkeitsfeld zäher Flüssigkeiten führt.

Unter bestimmten Bedingungen kann sich die Oberflächenspannung γ längs der Oberfläche ändern. Dadurch entstehen tangentiale Kräfte, die gleich dem Gradienten von γ sind und (7.10) wird zu

$$\hat{t}_i \cdot \underline{\sigma}|_\Omega \cdot \hat{n} = \hat{t}_i \cdot \nabla\gamma(\vec{r})|_\Omega, \qquad i = 1, 2 \ . \tag{7.11}$$

Weil γ von der Temperatur abhängt, ist bei einer nicht isothermen Oberfläche γ eine Funktion des Orts[2]. Dies wird auch bei inhomogenen Mischungen aus mischbaren Komponenten mit verschiedenen Oberflächenspannungen, wie z.B. Wasser und Alkohol, der Fall sein. Die Oberflächenspannung hängt dann von der relativen Konzentration der beiden Komponenten und damit ebenfalls vom Ort ab.

Legen wir die $z-$Achse des Koordinatensystems parallel zum Normalenvektor der (ebenen) Oberfläche, so vereinfachen sich die Randbedingungen für inkompressible Flüssigkeiten zu

$$v_z = 0 \tag{7.12a}$$
$$2\eta\partial_z v_z|_\Omega = p|_\Omega - p_a \tag{7.12b}$$
$$\eta\partial_z v_x|_\Omega = \partial_x\gamma|_\Omega \tag{7.12c}$$
$$\eta\partial_z v_y|_\Omega = \partial_y\gamma|_\Omega. \tag{7.12d}$$

Differenziert man (7.12c) nach x, (7.12d) nach y, ergibt Addition unter Verwendung von div $\vec{v} = 0$ die Randbedingung für inkompressible Flüssigkeiten

$$\eta\partial_{zz}^2 v_z|_\Omega = -\Delta_2\gamma|_\Omega \tag{7.13}$$

oder

$$\eta\partial_{zz}^2 v_z|_\Omega = 0 \tag{7.14}$$

für konstantes γ.

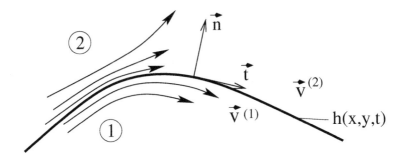

Abb. 7.5 Befinden sich zwei nicht mischbare Flüssigkeiten im Kontakt, so sind die Geschwindigkeitskomponenten an der Grenzfläche stetig. Zusätzlich müssen sich die Kräfte, mit denen sie auf einander einwirken, aufheben.

Zwei nicht mischbare Flüssigkeiten im mechanischen Kontakt

An der Grenzfläche zwischen zwei nicht mischbaren Flüssigkeiten müssen die Geschwindigkeiten stetig sein:

$$\vec{v}^{(1)}|_\Omega = \vec{v}^{(2)}|_\Omega \ , \tag{7.15}$$

obere Indizes beziehen sich auf die beiden Flüssigkeiten (Abb. 7.5). Bewegt sich die Trennschicht nicht, so gilt zusätzlich

$$\hat{n} \cdot \vec{v}^{(1)}|_\Omega = \hat{n} \cdot \vec{v}^{(2)}|_\Omega = 0 \ .$$

Da sich auch die auf die Grenzfläche wirkenden Kräfte aufheben müssen, kommen noch die Bedingungen

$$p|_\Omega^{(1)} - \hat{n} \cdot \underline{\sigma}^{(1)}|_\Omega \cdot \hat{n} = p|_\Omega^{(2)} - \hat{n} \cdot \underline{\sigma}^{(2)}|_\Omega \cdot \hat{n} - \gamma\Delta_2 h \tag{7.16}$$

und

$$\hat{t}_i \cdot \left(\underline{\sigma}^{(1)}|_\Omega - \underline{\sigma}^{(2)}|_\Omega\right) \cdot \hat{n} = \hat{t}_i \cdot \nabla\gamma(\vec{r})|_\Omega \qquad i = 1,2 \tag{7.17}$$

hinzu. In (7.16) haben wir bereits den Laplace-Druck nach (5.17) berücksichtigt.

---

[2]Weil normalerweise die Oberflächenspannung mit zunehmender Temperatur abnimmt, entsteht eine Strömung tangential zur Oberfläche von wärmeren zu kälteren Gebieten. Dies wird als Marangoni-Effekt bezeichnet und kann zu thermischen Instabilitäten führen (siehe Kap. 8).

7.2 Anwendungen

7.2.1 Dissipation der Energie

Durch Reibung wird kinetische Energie in Wärme umgesetzt. Für eine inkompressible Flüssigkeit lautet die kinetische Energie

$$E_{\text{kin}} = \int_V e_{\text{kin}}\, dV = \frac{\rho}{2} \int_V v^2\, dV$$

mit der Energiedichte e_{kin}. Um die Energiedissipation zu berechnen, leiten wir e_{kin} nach der Zeit ab

$$\frac{\partial e_{\text{kin}}}{\partial t} = \rho \sum_i v_i \frac{\partial v_i}{\partial t}$$

und setzen für $\partial v_i/\partial t$ die Navier-Stokes-Gleichung (7.6a) ein:

$$\frac{\partial e_{\text{kin}}}{\partial t} = \sum_i \left[-\frac{1}{2}\rho v_i \partial_i v^2 - v_i \partial_i p + v_i f_i + \sum_k v_i \partial_k \sigma_{ki} \right] \; . \tag{7.18}$$

Wegen div $\vec{v} = 0$ lassen sich die ersten beiden Summen auf der rechten Seite als Divergenz eines Vektors schreiben:

$$\sum_i \left[\frac{1}{2}\rho v_i \partial_i v^2 + v_i \partial_i p \right] = \sum_i \partial_i \left(v_i (\frac{\rho}{2} v^2 + p) \right) = \text{div} \left[\vec{v} \left(\frac{\rho}{2} v^2 + p \right) \right] \; .$$

Den letzten Ausdruck von (7.18) formen wir um zu

$$\sum_{ik} v_i \partial_k \sigma_{ki} = \sum_{ik} \left(\partial_k \left(v_i \sigma_{ki} \right) - \sigma_{ki} \partial_k v_i \right) \; .$$

Damit lässt sich (7.18) in die Form einer Kontinuitätsgleichung mit zusätzlichen Quelltermen

$$\frac{\partial e_{\text{kin}}}{\partial t} = -\text{div}\, \vec{j} + Q_f + Q_D \tag{7.19}$$

mit der Stromdichte

$$\vec{j} = \vec{v} \left(\frac{\rho}{2} v^2 + p \right) - \underline{\sigma} \cdot \vec{v} \tag{7.20}$$

und den Quellen

$$Q_f = \vec{v} \cdot \vec{f}, \qquad Q_D = -\sum_{ik} \sigma_{ki} \partial_k v_i \tag{7.21}$$

bringen. Weil $\underline{\sigma}$ symmetrisch ist, lässt sich der letzte Term weiter umformen zu

$$Q_D = -\frac{1}{2}\sum_{ik}\left(\sigma_{ki}\partial_k v_i + \sigma_{ik}\partial_k v_i\right) = -\frac{1}{2}\sum_{ik}\left(\sigma_{ki}\partial_k v_i + \sigma_{ki}\partial_i v_k\right) = -\frac{\eta}{2}\sum_{ik}\left(\partial_i v_k + \partial_k v_i\right)^2 \; .$$

Hieraus folgt, dass $Q_D < 0$ gilt. Wir diskutieren die Terme im Einzelnen. Der Ausdruck (7.20) stellt die Energiestromdichte dar. Die ersten beiden Terme rühren von den Verschiebungen der Volumenelemente her und sehen für die Euler-Gleichungen genauso aus. Der dritte Term dagegen tritt nur in viskosen Flüssigkeiten auf. Durch die Reibung wird Impuls zwischen aneinander vorbeigleitenden Volumenelementen ausgetauscht. Impulstransport bedeutet aber auch Energietransport.

Der Quellterm Q_f gibt die Änderung der Energiedichte durch äußere Kräfte an. Haben diese ein Potential

$$\vec{f} = -\operatorname{grad} u \; ,$$

so lässt sich weiter umformen:

$$Q_f = -\sum_i v_i \partial_i u = -\sum_i \frac{dx_i}{dt}\partial_i u = -\frac{du}{dt} \; .$$

Dies entspricht gerade der zeitlichen Änderung der potentiellen Energiedichte der Flüssigkeit und lässt sich auf die linke Seite von (7.19) bringen

$$\frac{\partial e}{\partial t} = -\operatorname{div}\vec{j} + Q_D \; , \tag{7.22}$$

wobei jetzt e die gesamte Energiedichte bezeichnet.

Bleibt noch der Quellterm Q_D, der proportional zur Zähigkeit ist. Integriert man (7.22) über das von der Flüssigkeit eingenommene Volumen, so erhält man mit dem Gauß'schen Satz (B.18)

$$\frac{dE}{dt} = \int_V dV\,\frac{\partial e}{\partial t} = \oint_{F(V)} d^2\vec{f}\cdot\vec{j} - \frac{\eta}{2}\int_V dV \sum_{ik}\left(\partial_i v_k + \partial_k v_i\right)^2 \; .$$

Gehen wir davon aus, dass die Geschwindigkeit senkrecht zur Randfläche null ist[3], so verschwindet auch das Oberflächenintegral und man erhält schließlich für die gesamte Energiedissipation im Volumen V

$$\frac{dE}{dt} = -\frac{\eta}{2}\int_V dV \sum_{ik}\left(\partial_i v_k + \partial_k v_i\right)^2 \; . \tag{7.23}$$

Die Energie nimmt also zeitlich monoton ab und ist in einem *abgeschlossenen konservativen System*[4] erst konstant, wenn sämtliche Flüssigkeitsbewegung relativ zur Berandung aufhört. Dann beschreibt aber (7.23) gerade die Energie, die pro Zeiteinheit

---

[3]d.h. aber, es handelt sich um ein stofflich **abgeschlossenes System**.
[4]Der Begriff „konservativ" weist darauf hin, dass die Kraft $\vec{f}$ ein Potential besitzt.

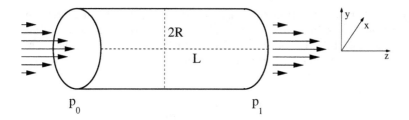

Abb. 7.6 Stationäre Strömung durch ein Rohr mit Durchmesser $2R$ und Länge L. Durch die Druckdifferenz $p_0 - p_1$ entsteht ein parabolisches Geschwindigkeitsprofil entlang der $z-$Achse.

in Wärme umgesetzt wird und letzlich zur Erwärmung der Flüssigkeit bzw. bei nicht isolierten Systemen auch der Umgebung führt. Wir werden dies am Beispiel der Rohrströmung verdeutlichen.

7.2.2   Rohrströmung

Wir behandeln die stationäre Strömung einer inkompressiblen Flüssigkeit durch ein Rohr mit konstantem Radius R und der Länge L (Abb. 7.6). Zur Beschreibung sind Zylinderkoordinaten angebracht, wobei die $z-$Achse in Richtung des Rohres zeigen soll. Die Strömung wird durch die Druckdifferenz

$$\delta p = p_0 - p_1 > 0$$

verursacht.

Geschwindigkeitsprofil

Die laminare Strömung wir aus Symmetriegründen in $z-$Richtung zeigen und dabei nur von r (und t) abhängen:

$$\vec{v} = v(r,t)\,\hat{e}_z \ .$$

Damit ist die Kontinuitätsgleichung automatisch erfüllt. Weil $\nabla \circ \vec{v}$ in radiale Richtung zeigt und deshalb überall senkrecht auf $\vec{v}$ steht, werden die Navier-Stokes-Gleichungen besonders einfach:

$$0 = \partial_r p \tag{7.24a}$$

$$0 = \partial_\varphi p \tag{7.24b}$$

$$\rho\partial_t v(r,t) = -\partial_z p + \eta\left(\frac{1}{r}\partial_r(r\partial_r\,v(r,t))\right) \ . \tag{7.24c}$$

Aus (7.24a,b) folgt sofort, dass der Druck nur von z abhängen kann. Weil aber in (7.24c) z überhaupt nicht vorkommt, muss $\partial_z p$ konstant sein, und, wegen der Randbedingungen, das lineare Druckgefälle

$$p(z) = p_0 - \frac{\delta p}{L}z$$

gelten. Für eine stationäre Strömung muss außerdem $\partial_t v(r) = 0$ sein. Dies wäre in einer idealen Flüssigkeit wegen $\partial_z p \neq 0$ nicht möglich. Die Strömung würde, durch keine Reibungen behindert, im Lauf der Zeit immer schneller werden. Für zähe Flüssigkeiten folgt aber aus (7.24c) die Gleichgewichtsbedingung

$$\frac{1}{r}\partial_r (r\partial_r \, v(r)) = -\frac{\delta p}{\eta L} \, ,$$

und, nach zweimaliger Integration,

$$v(r) = -\frac{\delta p}{4\eta L}r^2 + a \ln r + b \, .$$

Weil v im Mittelpunkt des Rohrquerschnitts $(r = 0)$ endlich bleiben soll, muss $a = 0$ gelten. Am Rand $(r = R)$ soll v dagegen verschwinden, daraus bestimmt man b und erhält das parabolische Geschwindigkeitsprofil (die **Hagen-Poiseuille-Strömung**)

$$v(r) = \frac{\delta p}{4\eta L} \left(R^2 - r^2 \right) \, . \tag{7.25}$$

Offensichtlich ist die Druckdifferenz δp notwendig, um die Flüssigkeit in Bewegung zu halten. Betrachtet man v als vorgegeben, so skaliert δp mit η. Lassen wir η gegen null gehen, wird auch die benötigte Druckdifferenz immer kleiner. Eine ideale Flüssigkeit würde ganz ohne äußere Druckunterschiede durch ein Rohr fließen.

Mit (7.25) lässt sich leicht die Flüssigkeitsmenge pro Zeit (Massenstrom) berechnen, die durch das Rohr fließt. Man erhält mit der Stromdichte $j(r) = \rho v(r)$

$$Q = \int_F j(r) r dr d\varphi = 2\pi \rho \int_0^R v(r) r dr = \frac{\pi \rho \delta p}{8\eta L} R^4 \, . \tag{7.26}$$

Die durchfließende Masse pro Zeit ist also proportional zur 4. Potenz des Radius. Dieser Zusammenhang wird auch als **Hagen-Poiseuille-Gesetz** bezeichnet .

Energiedissipation

Nach (7.23) berechnet man die Energiedissipation. In Zylinderkoordinaten ergibt sich für die Rohrströmung

$$\frac{dE}{dt} = -\frac{\eta}{2} \int_V dV \, 2 \, (\partial_r v)^2 = -\frac{\pi \delta p^2}{2\eta L} \int_0^R r^3 dr = -\frac{\pi \delta p^2 R^4}{8\eta L} \, , \tag{7.27}$$

was sich einfacher mit Hilfe des Massenstroms (7.26) ausdrücken lässt:

$$\frac{dE}{dt} = -\frac{Q}{\rho} \delta p \, . \tag{7.28}$$

Dies ist die Energie, die pro Zeiteinheit im gesamten Rohr in Wärme umgesetzt wird. In einer stationären Strömung darf die Geschwindigkeit und damit auch die mechanische Gesamtenergie sich zeitlich aber nicht verändern. D.h. dass die in Wärme verloren gegangene Energie von außen kontinuierlich wieder zugeführt werden muss. Verschiebt sich ein Volumenelement der Flüssigkeit im Druckgefälle δp um dz, so wird in der Tat an diesem Teilchen die mechanische Arbeit (pro Volumenelement)

$$dw = f dz = \frac{\delta p}{L} \, dz$$

verrichtet. Dies entspricht der zeitlichen Änderung

$$\frac{dw}{dt} = \frac{\delta p}{L} \cdot \frac{dz}{dt} = \frac{\delta p}{L} \, v_z \,,$$

was nach Integration über das gesamte Volumen

$$\frac{dW}{dt} = \int_V dV \, \frac{dw}{dt} = \frac{\delta p}{L} \int_V dV \, v_z = \delta p \, \frac{Q}{\rho} \,,$$

also gerade wieder den Ausdruck (7.28) ergibt.

———————————

Aufgabe 7.1: Durch ein Wasserrohr fließen 0.1 Liter Wasser pro Sekunde. Um wieviel Grad erwärmt sich das Wasser beim Durchfluss, wenn das Rohr 2 cm Durchmesser hat und 10 m lang ist? Was ergibt sich für Luft bei einem Durchsatz von 10 Liter/Sekunde durch dasselbe Rohr?

Lösung: Aus (7.26) lässt sich die Druckdifferenz berechnen:

$$\delta p = \frac{8 Q \eta L}{\pi \rho R^4} \,.$$

Eingesetzt in (7.28) erhält man für die in Wärme umgesetzte Leistung

$$\frac{dE}{dt} = P = \frac{8 Q^2 \eta L}{\pi \rho^2 R^4} \,.$$

Dividiert man P durch Q, so ergibt sich die Energie, die auf 1 Liter Wasser entfällt. Diese Größe durch die spezifische Wärme c geteilt, ergibt schließlich die Erwärmung:

$$\Delta T = \frac{8 Q \eta L}{\pi \rho^2 R^4 c} \,.$$

Für Wasser ist $\eta \approx 0.001$ kg/ms und $c \approx 4200$ J/kg Grad. Man erhält mit $Q = 0.1$ kg/s, $R = 0.01$ m und $L = 10$ m für ΔT den sehr geringen Betrag von

$$\Delta T \approx 0.6 \cdot 10^{-4} \text{ Grad .}$$

Für Luft gilt $\eta \approx 0.018 \cdot 10^{-3}$ kg/ms und $c \approx 1000$ J/kg Grad. Mit $Q = 0.01$ kg/s, ergibt sich eine Erwärmung von immerhin ca. 0.5 Grad.

7.2.3 (*) Strömung zwischen zwei rotierenden, konzentrischen Zylindern

Als nächstes berechnen wir die (ebene) Strömung einer inkompressiblen Flüssigkeit zwischen zwei konzentrischen Zylindern mit den Radien R_1 und $R_2 > R_1$. Der innere Zylinder soll dabei mit der Winkelgeschwindigkeit Ω_1 rotieren, der äußere mit Ω_2 (Abb. 7.7). Zur Beschreibung verwendet man zweckmäßigerweise Zylinderkoordinaten. Die z-Achse des Koordinatenysytems soll mit den Zylinderachsen zusammenfallen. Wenn die Zylinder unendich lang angenommen werden, wird aus Symmetriegründen

$$v_z = v_r = 0, \qquad v_\varphi = v(r), \qquad p = p(r)$$

gelten. Von den stationären Navier-Stokes-Gleichungen bleiben die beiden Gleichungen

$$\frac{dp}{dr} = \frac{\rho v^2}{r} \tag{7.29a}$$

$$\frac{d^2 v}{dr^2} + \frac{1}{r}\frac{dv}{dr} - \frac{v}{r^2} = 0 \tag{7.29b}$$

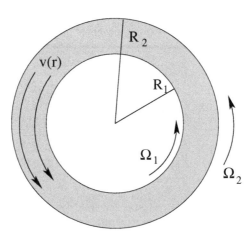

Abb. 7.7 In einer Flüssigkeit zwischen zwei unendlich langen, konzentrischen Zylindern, die sich mit den Winkelgeschwindigkeiten Ω_1 und Ω_2 drehen, entsteht eine Scherströmung.

übrig. Aus (7.29b) berechnet man $v(r)$ mit dem Ansatz $v \sim r^\ell$. Einsetzen ergibt $\ell = \pm 1$, die allgemeine Lösung lautet demnach

$$v(r) = ar + \frac{b}{r} .$$

Die Flüssigkeit soll an den Zylinderwänden haften, d.h. sie bewegt sich dort mit der jeweiligen Geschwindigkeit des Zylinders. Daraus folgen die Randbedingungen

$$v(R_1) = R_1\Omega_1, \qquad v(R_2) = R_2\Omega_2 ,$$

woraus sich a und b bestimmen lassen. Schließlich ergibt sich für $v(r)$

$$v(r) = \frac{\Omega_2 R_2^2 - \Omega_1 R_1^2}{R_2^2 - R_1^2} \, r + \frac{(\Omega_1 - \Omega_2)R_1^2 R_2^2}{R_2^2 - R_1^2} \, \frac{1}{r} . \tag{7.30}$$

Für $\Omega_1 > \Omega_2$ haben wir eine mit zunehmendem Radius monoton abfallende Winkelgeschwindigkeit, für $\Omega_1 < \Omega_2$ eine monoton zunehmende. Diese Strömung wird als **zirkulare Couette-Strömung** bezeichnet und ähnelt der zwischen zwei sich bewegenden parallelen Platten .

Interessant sind die beiden Grenzfälle $\Omega_1 = \Omega_2$ sowie $\Omega_2 = 0$, $R_2 \to \infty$. Im ersten Fall rotiert die Flüssigkeit starr mit den beiden Zylindern, die Geschwindigkeit lautet $v = \Omega \, r$. Im zweiten Fall fehlt der Außenzylinder ganz und die Flüssigkeit erstreckt sich ins Unendliche. Auswertung von (7.30) liefert hier das hyperbolische Profil

$$v(r) = \frac{\Omega_1 R_1^2}{r} .$$

Stabilität der zirkularen Couette-Strömung

Dreht sich der innere Zylinder schneller als der äußere, so beobachtet man im Experiment, dass die Couette-Strömung ab einem gewissen Verhältnis der Winkelgeschwindigkeiten instabil wird und einer komplizierteren, dreidimensionalen Strömung weicht, den sogenannten **Taylor-Wirbeln** (Abb. 7.8). Es handelt sich hierbei um eine *Instabilität*, wir werden auf diesen Themenkreis im folgenden Kapitel ausführlich eingehen. An dieser Stelle sei nur angemerkt, dass die Zentrifugalkraft die ebene Couette-Strömung destabilisieren kann. Volumenelemente in der Nähe des Innenzylinders rotieren schneller als solche weiter außen und spüren deshalb eine stärkere radiale Kraft. Eine einfache Abschätzung ergibt eine Stabilitätsbedingung für die Couette-Strömung. Ein sich auf einer Kreisbahn mit Radius r befindendes Teilchen hat den Drehimpuls

$$L(r) = v(r)r .$$

Dabei wirkt die Zentrifugalkraft

$$F(r) = \frac{v^2}{r} = \frac{L^2}{r^3} ,$$

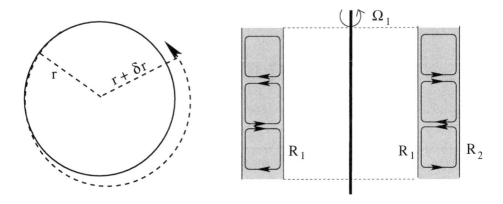

Abb. 7.8 *Links*: Bei der zirkularen Couette-Strömung bewegen sich alle Teilchen auf horizontalen Kreisbahnen. Wird ein Teilchen durch eine Störung aus seiner Kreisbahn ausgelenkt, kommt es in Regionen mit anderer Zentrifugalkraft. Ist diese niedriger als die des Teilchens, wird seine Auslenkung verstärkt und die ursprüngliche Kreisbahn ist instabil.
Rechts: Wenn die ebene Couette-Strömung instabil ist, entstehen dreidimensionale Taylor-Wirbel, die sich wie Reifen zwischen den Zylindern stapeln.

die offensichtlich proportional zu L^2 ist. Wird das Teilchen durch eine kleine Störung um δr nach außen abgelenkt, bleibt sein Drehimpuls konstant (Abb. 7.8). Die Teilchen, die sich jetzt in seiner neuen Umgebung befinden, haben aber den Drehimpuls $L(r+\delta r)$. Wenn

$$L(r) > L(r + \delta r)$$

ist, wird die Zentrifugalkraft auf das ausgelenkte Teilchen größer sein als die auf seine Umgebung und die Auslenkung wird weiter anwachsen, d.h. die ursprüngliche Couette-Strömung ist instabil. Instabilität tritt also auf, wenn

$$\frac{dL}{dr} < 0$$

oder

$$r\frac{dv}{dr} + v < 0$$

gilt. Dies ist das bereits 1888 von Rayleigh aufgestellte Stabilitätskriterium für ideale Flüssigkeiten, Setzt man (7.30) ein, folgt nach kurzer Rechnung

$$\frac{\Omega_1}{\Omega_2} > \left(\frac{R_2}{R_1}\right)^2 . \tag{7.31}$$

Bei der Abschätzung haben wir außer Acht gelassen, dass auf das ausgelenkte Teilchen Reibungskräfte wirken, die den Drehimpuls dann doch verändern. Eine Stabilitätskurve für viskose Flüssigkeiten wurde 1923 von G. I. Taylor angegeben. Die Rechnung hierzu folgt in Kapitel 8.2.

7.2.4   (*) Dämpfung einer Potentialströmung durch Reibung

In Kapitel 6 haben wir Potentialströmungen in idealen Flüssigkeiten untersucht. Verwendet man anstatt der Euler-Gleichungen die Navier-Stokes-Gleichungen, so kommt man zu dem zunächst verblüffenden Ergebnis, dass Potentialströmungen auch in zähen inkompressiblen Flüssigkeiten nicht gedämpft werden. Es gilt ja wegen $\Delta\Phi = 0$ auch

$$\eta\Delta\vec{v} = \eta\Delta\text{grad}\,\Phi = \eta\text{grad}\,\Delta\Phi = 0 \ .$$

Wertet man aber (7.23) für eine Potentialströmung aus, ergibt sich für die Energiedissipation

$$\frac{dE}{dt} = -2\eta \int_V dV \sum_{ik} \left(\frac{\partial^2\Phi}{\partial x_i \partial x_k}\right)^2 \ , \tag{7.32}$$

ein Ausdruck, der sicher von null verschieden ist. Des Rätsels Lösung besteht darin, dass Randbedingungen der Form (7.8) bzw. (7.10) von einer Potentialströmung nicht erfüllt werden können. So erhält man z.B. auf einem festen Rand (no-slip)

$$\Phi = \text{const} \qquad und \qquad \partial_z\Phi = 0 \ ,$$

auf einem freien Rand

$$\Phi = \text{const} \qquad und \qquad \partial_{zz}^2\Phi = 0 \ .$$

Damit ist aber die Laplace-Gleichung überbestimmt und man kann leicht zeigen, dass sie nur noch die triviale Lösung $\Phi = 0$ hat. D.h. zumindest in der Nähe der Randschicht kann die Geschwindigkeit nicht wirbelfrei sein. Wir werden darauf weiter unten im Abschnitt über Grenzschichten eingehen.

Dämpfung der Schwerewellen

In Abschn. 6.4.6 haben wir, teils aus numerischen Gründen, eine phänomenologische Dämpfung der Schwerewellen der Form

$$\nu\Delta\Phi \tag{7.33}$$

eingeführt. Dies lässt sich nachträglich durch die immer vorhandene Energiedissipation (7.32) rechtfertigen. Setzen wir in (7.32) für Φ das Ergebnis aus den linearisierten Gleichungen (6.11) ein, ergibt sich der über eine Wellenlänge integrierte Ausdruck (zweidimensionale Rechnung):

$$\frac{dE}{dt} = -2\eta \int_0^{2\pi/k} dx \int_0^{h_0} dz \sum_{ik} \left(\frac{\partial^2\Phi}{\partial x_i \partial x_k}\right)^2 = -\frac{4\pi\eta a^2\omega^2}{\tanh(|k|h_0)} = -4\pi\eta a^2 gk \ ,$$

wobei für die letzte Umformung die Dispersionsrelation (6.9) verwendet wurde. Die gesamte mechanische Energie berechnet sich zu

$$E = E_{\text{pot}} + E_{\text{kin}} = \int_0^{2\pi/k} dx \int_0^{h(x)} dz \left(\rho g z + \frac{\rho(\text{grad } \Phi)^2}{2} \right) ,$$

was sich mit (6.11) und (6.8) bis zur quadratischen Ordnung der Amplitude a vereinfachen lässt:

$$E = \frac{\pi \rho a^2 g}{k} .$$

(Bei der Rechnung stellt sich übrigens heraus, dass die über eine Wellenlänge gemittelten Werte von E_{kin} und E_{pot} gleich und daher jeweils $E/2$ sind. Dies ist eine Form des *Virialsatzes* und gilt prinzipiell für Systeme, die kleine Schwingungen um ihre Ruhelage ausführen.)

Durch die vorhandene Energiedissipation wird die Geschwindigkeit ohne äußeren Antrieb exponentiell abnehmen

$$\vec{v} = \vec{v}_0 \exp(-\gamma t) ,$$

wobei γ als Dämpfungsfaktor bezeichnet werden kann. Daraus folgt aber für die Energie, die quadratisch von v (oder a) abhängt

$$E = E_0 \exp(-2\gamma t) ,$$

und deshalb

$$\frac{dE}{dt} = -2\gamma E .$$

Setzen wir die oben berechneten Ausdrücke links und rechts ein, ergibt sich der einfache Zusammenhang

$$\gamma = 2k^2 \frac{\eta}{\rho} . \tag{7.34}$$

Der Dämpfungsfaktor ist also proportional zum Quadrat der Wellenzahl, genau wie der phänomenologisch angesetzte Ausdruck (7.33).

7.3   Das Ähnlichkeitsgesetz

Das Ähnlichkeitsgesetz wurde bereits 1883 von Reynolds aufgestellt. Es erlaubt das Skalieren von Strömungen auf andere Längen und Zeiten. Somit lassen sich zum Beispiel Erkenntnisse über Strömungsverhältnisse um Tragflügel oder Autos im verkleinerten Modellversuch gewinnen. Reynolds erkannte, dass Viskosität, Längen- und Zeitskalen in einem bestimmten, für die jeweilige Strömung charakteristischen, Verhältnis zueinander stehen müssen. Später wurde auf dem Reynoldschen Gesetz die **Ähnlichkeitstheorie** aufgebaut, deren Anwendung sich weit über die Hydrodynamik hinaus erstreckt.

Das Ziel dieses Abschnittes ist es, durch Skalierung der Variablen dimensionslose Gleichungen zu erhalten, die so wenig wie möglich Parameter enthalten. Ausgangspunkt sind dabei die Kontinuitätsgleichung sowie die Navier-Stokes-Gleichungen für *inkompressible* Flüssigkeiten. Wenn wir uns die bisher diskutierten Probleme, auch die für ideale Flüssigkeiten, anschauen, so enthielten diese immer eine bestimmte charakteristische „Länge". Die Wahl dieser Länge ist natürlich eher willkürlich. Bei der Rohrströmung wird es sich z.B. um den Durchmesser (oder den Radius, vielleicht aber auch um die Länge) des Rohres handeln, bei Oberflächenwellen um die Wellenlänge oder die Wassertiefe, bei unströmten Hindernissen um deren Ausdehnung. Egal wie definiert, wollen wir diese Länge mit

$$L$$

bezeichnen. Genauso kann man eine charakteristische Geschwindigkeit einführen: die Strömung weit weg von einem Hindernis, die mittlere Geschwindigkeit im Rohr usw. Den Betrag dieser Geschwindigkeit bezeichnen wir mit

$$U \; .$$

Dadurch wird auch eine Zeitskala

$$T = L/U$$

festgelegt.

7.3.1 Skalierung und Reynolds-Zahl

Messen wir $\vec{v}$, $\vec{r}$ und t in den charakeristischen Größen, so erhalten wir neue, dimensionslose Variable

$$\vec{r} = L \cdot \vec{r}\,', \qquad t = T \cdot t', \qquad \vec{v} = U \cdot \vec{v}\,' \; .$$

Die Kontinuitätsgleichung (7.6b) ändert ihre Form nicht. Für die Navier-Stokes-Gleichung erhalten wir (hier ohne äußere Kraft)

$$\frac{\partial \vec{v}\,'}{\partial t'} + (\vec{v}\,' \cdot \nabla')\vec{v}\,' = -\nabla' p' + \frac{1}{R_e}\Delta' \vec{v}\,' \; , \tag{7.35}$$

mit dem dimensionslosen Druck

$$p' = \frac{p}{\rho U^2}$$

(die Striche werden wir in Zukunft wieder weglassen). Hier haben wir den dimensionslosen Parameter

$$R_e = \frac{LU\rho}{\eta} = \frac{LU}{\nu} \tag{7.36}$$

eingeführt, der als **Reynolds-Zahl** bezeichnet wird. In Gleichung (7.35) geht also nur noch dieser eine Parameter ein. Dazu kommen Randbedingungen. D.h. aber, alle Strömungen, die dieselbe Reynolds-Zahl haben und dieselben Randbedingungen erfüllen, sind, bis auf die Skalierungen von Raum- und Zeitkoordinaten, gleich (wegen den verschiedenen Dimensionen ist die Bezeichnung *ähnlich* eher angebracht). Nehmen wir als Beispiel einen umströmten Flügel. Anstatt den Flügel in den Windkanal zu stellen, kann man ein z.B. zehnfach verkleinertes Modell bauen. Aus (7.36) liest man ab, dass man dieselbe Reynolds-Zahl erhält, wenn man die Anströmgeschwindigkeit U verzehnfacht (was dem Experiment natürlich gewisse Grenzen setzt). Würde man denselben Flügel anstatt mit Luft mit Wasser umströmen, müsste man (wegen $\nu_{Luft}/\nu_{Wasser} \approx 14$) U um den Faktor 14 reduzieren.

Eine Strömung wird also weniger durch die Viskosität charakterisiert als vielmehr durch ihre Reynolds-Zahl. Formeln für Auftriebskräfte oder Luftwiderstand werden daher, neben der Geometrie, immer von der Reynolds-Zahl abhängen.

7.3.2   Grenzfälle kleiner und großer Reynolds-Zahl

Die Reynolds-Zahl hat eine unmittelbare physikalische Bedeutung. Sie gibt das Verhältnis zwischen Trägheitskraft und Reibungskraft in der Strömung an.

Kleine Reynolds-Zahl

In diesem Fall überwiegen die Reibungskräfte. Außer in sehr zähen Flüssigkeiten wird dies z.B. bei Strömungen durch dünne Röhren oder Kanäle der Fall sein. Aber auch sehr langsame Strömungen, etwa in der Nähe eines Hindernisses, führen zu kleinen Reynoldszahlen.

Die Navier-Stokes-Gleichungen werden in der Näherung $R_e \ll 1$ in guter Näherung linear:

$$-\nabla p + \frac{1}{R_e}\Delta \vec{v} = 0 \ , \tag{7.37}$$

Gleichung (7.37) wird auch als **Stokes-Gleichung** bezeichnet. Elimination des Drucks durch Bilden der Rotation führt auf

$$\Delta \operatorname{rot} \vec{v} = 0 \ . \tag{7.38}$$

Hieraus und aus den Randbedingungen kann man $\vec{v}$ bestimmen, aus (7.37) lässt sich dann der Druck ausrechnen. Für inkompressible Flüssigkeiten gilt außerdem

$$\vec{v} = \operatorname{rot} \vec{A} \tag{7.39}$$

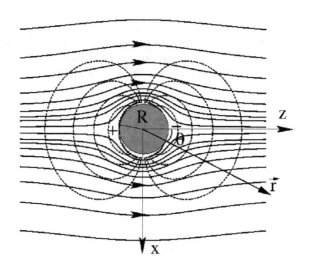

Abb. 7.9 Eine Kugel mit Radius R wird umströmt. Die Geschwindigkeit soll weit weg von der Kugel konstant sein und in z-Richtung zeigen. Stromlinien sind *durchgezogen*, Isobaren *gestrichelt* gezeichnet. Der Druck hat ein Maximum (Minimum) im vorderen (hinteren) Staupunkt. Sämtliche *Linien* sind Schnitte von zur z-Achse rotationssymmetrischer Flächen mit der xz-Ebene.

mit einem beliebigen Vektorpotential $\vec{A}$. Wie in der Elektrodynamik lässt sich $\vec{A}$ „umeichen" (siehe Aufgabe 7.2), so dass immer

$$\operatorname{div}\vec{A} = 0$$

erreicht werden kann. Mit der Hilfsformel (B.12) ergibt sich dann aus (7.38)

$$\Delta^2 \vec{A} = 0 \ . \tag{7.40}$$

Als Beispiel berechnen wir das Geschwindigkeitsfeld einer umströmten Kugel (Abb. 7.9). Wir legen die z-Achse in Richtung der Strömung im Unendlichen und verwenden Kugelkoordinaten (siehe Anhang B.4). Aus Symmetriegründen muss v_φ überall verschwinden. Die übrigen Geschwindigkeitskoordinaten dürfen nur von r und ϑ abhängen. Dies wird durch das (divergenzfreie) Vektorpotential

$$A_r = 0, \qquad A_\vartheta = 0, \qquad A_\varphi = \Psi(r,\vartheta)$$

erreicht, wobei Ψ eine Art Stromfunktion darstellt[5]. Aus (7.39) folgt

$$v_r = \frac{1}{r\sin\vartheta}\frac{\partial(\Psi\sin\vartheta)}{\partial\vartheta}, \qquad v_\vartheta = -\frac{1}{r}\frac{\partial(r\Psi)}{\partial r} \ . \tag{7.41}$$

---

[5]Obwohl die Strömung dreidimensional ist, liegen die Stromlinien in Ebenen tangential zur z-Achse, was die Bescheibung durch eine Stromfunktion wie bei zweidimensionalen Problemen erlaubt.

r soll hierbei, wie alle anderen Variablen, dimensionslos sein. Wir wählen für die Skalierungen den Kugelradius $L = R$ und die Geschwindigkeit im Unendlichen $U = v_0$. Weit weg von der Kugel soll $\vec{v} = v_0\,\hat{e}_z$ gelten, auf der Kugelfläche müssen dagegen beide Geschwindigkeitskomponenten null sein. Dies legt den Produktansatz

$$\Psi(r, \vartheta) = f(r)\sin\vartheta \qquad (7.42)$$

nahe. Aus den Randbedingungen für $\vec{v}$ folgen mit (7.41) Randbedingungen für f. Man erhält im Unendlichen

$$f(r \to \infty) = \frac{r}{2} \qquad (7.43)$$

bzw. auf der Kugel

$$f(1) = 0, \qquad f'(r)|_{r=1} = 0 \;. \qquad (7.44)$$

Setzt man den Ansatz (7.42) in (7.40) ein, so gelingt eine Separation. Aus

$$\Delta^2(f(r)\sin\vartheta\,\hat{e}_\varphi) = 0$$

ergibt sich die „Radialgleichung"[6]

$$f'''' + \frac{4}{r}f''' - \frac{4}{r^2}f'' = 0 \;,$$

die durch den Ansatz $f \sim r^n$ gelöst wird. Einsetzen ergibt die vier Lösungen $n = -2, 0, 1, 3$ und damit die allgemeine Lösung

$$f(r) = \frac{C_{-2}}{r^2} + C_0 + C_1 r + C_3 r^3 \;.$$

Wegen der asymptotischen Bedingung (7.43) muss C_3 verschwinden und $C_1 = 1/2$ sein. Die übrigen Konstanten bestimmt man aus den beiden Bedingungen (7.44) und erhält schließlich

$$\Psi(r, \vartheta) = \frac{1}{2}\left(\frac{1}{2r^2} - \frac{3}{2} + r\right)\sin\vartheta \;.$$

Einsetzen in (7.41) ergibt für das Geschwindigkeitsfeld

$$v_r = \left(\frac{1}{2r^3} - \frac{3}{2r} + 1\right)\cos\vartheta \qquad (7.45a)$$

$$v_\vartheta = \left(\frac{1}{4r^3} + \frac{3}{4r} - 1\right)\sin\vartheta \;. \qquad (7.45b)$$

---

[6]Man beachte, dass $\hat{e}_\varphi$ von ϑ und φ abhängt und entsprechend mitdifferenziert werden muss.

Die Stromlinien berechnet man wie bei kartesischen Koordinaten aus dem Geschwindigkeitsfeld

$$dr = v_r dt, \qquad r d\vartheta = v_\vartheta dt$$

oder, nach Elimination von dt,

$$\frac{v_\vartheta}{r} dr - v_r d\vartheta = 0 \ . \tag{7.46}$$

Setzen wir hier die Ausdrücke (7.41) ein und multiplizieren mit $r \sin \vartheta$, so erhalten wir[7]

$$\frac{\partial(\Psi r \sin \vartheta)}{\partial r} dr + \frac{\partial(\Psi r \sin \vartheta)}{\partial \vartheta} d\vartheta = 0 \ ,$$

was aber offensichtlich nichts anderes als das Verschwinden des totalen Differentials der Funktion

$$\tilde{\Psi} = \Psi r \sin \vartheta \tag{7.47}$$

auf den Stromlinien bedeutet. D.h. aber, dass die Linien $\tilde{\Psi}$=const mit den Stromlinien zusammenfallen, und damit (7.47) den korrekten Ausdruck für die Stromfunktion in Kugelkoordinaten darstellt. Abb. 7.9 zeigt die Höhenlinien von $\tilde{\Psi}$ zusammen mit den Isobaren (Linien konstanten Drucks) die durch Integration von (7.37) folgen. Man erhält nach längerer Rechnung, die sehr zur Übung mit Kugelkoordinaten empfohlen wird, den Ausdruck

$$p(r, \vartheta) = -\frac{3 \cos \vartheta}{2 R_e r^2} \ . \tag{7.48}$$

Zuletzt wollen wir noch die Kraft ausrechnen, die auf die Kugel wirkt. Diese zeigt in z-Richtung und ergibt sich einmal aus dem Druck integriert über die Oberfläche

$$F_z^p = \left[\int_A d^2 f \ \hat{e}_r \, p \right]_z = \frac{3}{2 R_e} \int_A d^2 f \ \cos^2 \vartheta \ ,$$

das andere Mal durch Reibungskräfte, die man aus dem Spannungstensor (nach entsprechender Umskalierung)

$$F_z^R = - \left[\int_A d^2 f \ \hat{e}_r \underline{\sigma} \right]_z = - \int_A d^2 f \ (\sigma_{rr} \cos \vartheta - \sigma_{r\vartheta} \sin \vartheta) = \frac{3}{2 R_e} \int_A d^2 f \ \sin^2 \vartheta$$

ausrechnet (denn Spannungstensor in Kugelkoordinaten entnimmt man aus dem Anhang B.5.3). Aus der Addition der beiden Ausdrücke resultiert die **Stokes'sche Widerstandsformel**

---

[7]Bei $r \sin \vartheta$ handelt es sich um einen „integrierenden Faktor", der für inkompressible Flüssigkeiten aus (7.46) ein vollständiges Differential macht.

$$F = F_z^p + F_z^R = \frac{3}{2R_e} \int_A d^2f = \frac{6\pi}{R_e} \ .$$ (7.49)

Der Vollständigkeit halber geben wir den Ausdruck noch in der üblichen dimensions-behafteten Form wieder:

$$F = 6\pi R \eta v_0 \ .$$ (7.50)

Große Reynolds-Zahl

Im Fall großer Reynolds-Zahlen könnte man auf die Idee kommen, den Reibungsterm in (7.35) einfach wegzulassen und mit den Euler-Gleichungen zu rechnen. Dies ist eine Näherung, die manchmal gemacht wird, die aber nicht systematisch in irgendeinem Kleinheitsparameter $\sim 1/R_e$ sein kann und deshalb zu zu groben Vereinfachungen führen kann. Man sieht das sofort ein, wenn man Strömungen in der Nähe einer Beran-dung oder eines Hindernisses untersucht. Da in der Nähe einer festen Fläche alle drei Geschwindigkeitskomponenten einer zähen Flüssigkeit beliebig klein werden müssen, wird man unterhalb eines bestimmten Abstandes von der Fläche in einer endlichen Rand- oder Grenzschicht immer Reibung berücksichtigen müssen und es zumindest dort mit den vollen Navier-Stokes-Gleichungen zu tun haben. Wie wir schon im Ab-schnitt über Randbedingungen bemerkten, muss eine reale, reibende Flüssigkeiten mehr Randbedingungen erfüllen als eine ideale. Die „Näherung" von zwei oder drei Rand-bedingungen auf nur noch eine, nämlich die Normalkomponente der Geschwindigkeit, lässt sich eben nicht „kontinuierlich" durchführen.

Wir zeigen dies an einem einfachen Beispiel. Dazu betrachten wir eine Flüssigkeit entlang einer in der xy-Ebene unendlich ausgedehnten Wand. Die Strömung soll im oberen Halbraum $z > 0$ von null verschieden sein und weit entfernt von der Platte den

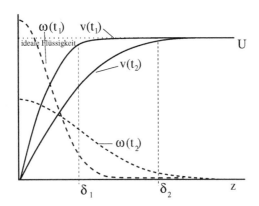

Abb. 7.10 Geschwindigkeitsprofil einer zähen Flüssigkeit in der Nähe eines festen Randes bei $z = 0$ zu zwei aufeinanderfolgenden Zeiten $t_1 < t_2$ (*durchgezogen*). Die *strichlierten Kurven* geben die jeweilige Wirbelstärke an. Die Grenzschicht hat die Breite δ, die mit $\sqrt{t}$ anwächst. Die *punktierte Linie* zeigt die (stationäre) Lösung für eine ideale Flüssigkeit.

konstanten Wert

$$\vec{v}(z \to \infty) = U\hat{e}_x \qquad (7.51)$$

annehmen. Aus Symmetriegründen wird $\vec{v} = v(z)\hat{e}_x$ sein. Eine exakte, stationäre Lösung der Euler-Gleichungen lautet natürlich (die Nichtlinearitäten verschwinden, warum?)

$$\vec{v} = \begin{cases} U\hat{e}_x, & z > 0 \\ 0, & z < 0 \end{cases},$$

d.h. die Geschwindigkeit ist konstant und macht einen Sprung auf null an der Begrenzung (Abb. 7.10). Für viskose Flüssigkeiten ist dies nicht erlaubt, da unendliche Reibungskräfte resultieren würden. Zu (7.51) kommt aber jetzt noch die zweite Randbedingung

$$\vec{v}(z = 0) = 0 \qquad (7.52)$$

dazu, und eine *stationäre* Lösung müsste sich aus dem, was von der Navier-Stokes-Gleichung übrig bleibt, nämlich

$$d_{zz}^2 v_x(z) = 0 , \qquad (7.53)$$

ergeben. Es ist leicht einzusehen, dass (7.53) zusammen mit den Randbedingungen keine Lösung besitzen kann. Multiplikation von (7.53) mit v_x und Integration über z ergibt nämlich nach partieller Integration (die Randterme verschwinden)

$$\int_0^\infty dz\, v_x d_{zz}^2 v_x = -\int_0^\infty dz\, (d_z v_x)^2 = 0,$$

d.h. $v_x =$const wäre die einzige Möglichkeit, was aber nicht mit den Randbedingungen verträglich ist. Im Gegensatz zur Euler-Gleichung existiert also offensichtlich keine stationäre Lösung der Navier-Stokes Gleichung, die die Randbedingung (7.52) erfüllt, egal wie groß die Reynolds-Zahl auch sein wird.

Suchen wir also nach einer zeitabhängigen Lösung der Gleichung

$$\partial_t v_x(z,t) = \frac{1}{R_e}\partial_{zz}^2 v_x(z,t) . \qquad (7.54)$$

Wenn man in (7.54) z mit einem bestimmten Faktor skaliert, dann skaliert die Zeit mit der Wurzel dieses Faktors, was die Transformation auf die neue Koordinate

$$\xi = \frac{z}{\sqrt{t}}$$

nahe legt. Setzen wir dies in (7.54) ein, so resultiert eine gewöhnliche Differentialgleichung der Form

$$-\frac{1}{2}\,\xi\,d_\xi v_x(\xi) = \frac{1}{R_e}\,d^2_{\xi\xi}v_x(\xi)\ ,$$

die sich durch Separation der Variablen einmal integrieren lässt. Man erhält eine Gauß-Funktion

$$d_z v_x(z) = \frac{c}{\sqrt{t}}\exp\left(-\frac{R_e}{4t}z^2\right) \tag{7.55}$$

mit c als Integrationskonstante. Das bedeutet aber, dass sich die Geschwindigkeit im Wesentlichen innerhalb einer Schicht der Breite

$$\delta \sim \sqrt{\frac{t}{R_e}} \tag{7.56}$$

verändert, nämlich von null auf $\approx U$ ansteigt (Abb. 7.10). Diese Schicht wird zwar reziprok zur Wurzel aus R_e kleiner, vergrößert sich jedoch im Lauf der Zeit. Integration von (7.55) liefert schließlich das Geschwindigkeitsprofil

$$v_x(z,t) = U\ \mathrm{erf}\left(\frac{1}{2}\sqrt{\frac{R_e}{t}}z\right)\ ,$$

wobei

$$\mathrm{erf}(x) = \frac{1}{\sqrt{\pi}}\int_0^x dy\ \exp(-y^2)$$

die Fehler-Funktion bezeichnet.

An diesem einfachen Beispiel wird klar, dass Randerscheinungen selbst bei beliebig großer Reynolds-Zahl mit der Zeit ins Innere der Flüssigkeit transportiert werden können und das dortige Verhalten beeinflussen werden. Wir wollen diesen Sachverhalt im folgenden Abschnitt vertiefen.

––––––––––

Aufgabe 7.2: Zeigen Sie, dass man $\vec{A}$ in (7.39) immer so wählen kann, dass div $\vec{A} = 0$ gilt.

Lösung: Da nur der Geschwindigkeit eine physikalische Bedeutung zu kommt, lässt sich zu $\vec{A}$ ein beliebiges Gradientenfeld

$$\vec{A}\,' = \vec{A} + \mathrm{grad}\,f \qquad (*)$$

addieren. Wegen rot grad $f = 0$ ändert sich dadurch $\vec{v}$ nicht. Man kann durch die Wahl von f jetzt aber zusätzlich für $\vec{A}\,'$

$$\mathrm{div}\,\vec{A}\,' = 0$$

fordern, was für f die Gleichung

$$\Delta f = -\mathrm{div}\,\vec{A}$$

ergibt. In der Elektrodynamik wird (*) als „Eichtransformation" bezeichnet.

7.4 Grenzschichten

7.4.1 Wirbelsätze und Wirbeltransport

In Abschn. 5.8.1 haben wir den Wirbelsatz von Helmholtz hergeleitet, der besagt, dass wirbelfreie Bereiche in idealen Flüssigkeiten wirbelfrei bleiben. Dies ändert sich bei zähen Flüssigkeiten. Der Helmholtz'sche Wirbelsatz bekommt noch einen zusätzlichen Diffusionsterm und lautet (in dimensionslosen Variablen)

$$\frac{d\vec{\omega}}{dt} = \frac{\partial \vec{\omega}}{\partial t} + (\vec{v} \cdot \nabla)\vec{\omega} = (\vec{\omega} \cdot \nabla)\vec{v} + \frac{1}{R_e}\Delta\vec{\omega} \ . \tag{7.57}$$

Nun können Wirbel diffundieren und werden z.B. von Randschichten aus ins Innere der Flüssigkeit eindringen. Man sieht dies sofort am Beispiel aus dem vorigen Abschnitt. Ein Geschwindigkeitsfeld der Form $\vec{v} = v(z)\hat{e}_x$ besitzt das Wirbelfeld

$$\vec{\omega} = \frac{1}{2}\mathrm{rot}\,\vec{v} = \frac{1}{2}\partial_z v_x(z,t)\,\hat{e}_y = \omega(z,t)\,\hat{e}_y \ .$$

Setzt man das in (7.57) ein, so ergibt sich

$$\partial_t \omega = \frac{1}{R_e}\partial^2_{zz}\omega \ ,$$

also dieselbe Gleichung wie (7.54), diesmal aber für die Wirbelstärke. Natürlich ist (7.55) auch eine Lösung der Wirbeldiffusionsgleichung (7.57), diesmal allerdings für die asymptotische Randbedingung $\omega(z \to \infty) = 0$, was ja auch für die Wirbelstärke gelten muss (Abb. 7.10).

7.4.2 Skalierung und Dicke der Grenzschicht

Man muss sich also die Grenzschicht als mehr oder weniger dicke Haut vorstellen, die Objekte oder Randflächen in der Flüssigkeit umgibt und in der die Viskosität eine

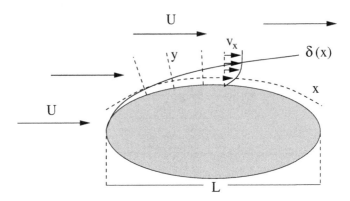

Abb. 7.11 Grenzschicht $\delta(x)$ um einen mit konstanter Geschwindigkeit U angeströmten Körper. Die Grenzschicht verbreitert sich dabei mit zunehmender Entfernung vom Anströmpunkt. Die Koordinatenlinien laufen parallel (x) bzw. senkrecht (y) zum Hindernis.

entscheidende Rolle spielt. Zur weiteren Vorgehensweise untersuchen wir eine zweidimensionale Strömung um ein Hindernis der Länge L (Abb. 7.11). In großer Entfernung vom Hindernis soll die Geschwindigkeit die Größe U haben. Es gelten also die skalierten Gleichungen (7.35), die wir hier in Komponenten (2D) noch einmal angeben

$$\partial_t v_x + v_x \partial_x v_x + v_y \partial_y v_x = -\partial_x p + \frac{1}{R_e} \Delta_2 v_x \qquad (7.58a)$$

$$\partial_t v_y + v_x \partial_x v_y + v_y \partial_y v_y = -\partial_y p + \frac{1}{R_e} \Delta_2 v_y \qquad (7.58b)$$

sowie die Kontinuitätsgleichung

$$\partial_x v_x + \partial_y v_y = 0 . \qquad (7.59)$$

Wegen der Skalierung der Geschwindigkeit auf U wird

$$v_x \sim O(1)$$

gelten. Da alle Längen mit L skalieren und Änderungen in x-Richtung zu der Größe des Hindernisses proportional sein werden, gilt für Ableitungen nach x

$$\partial_x w \sim O(w) ,$$

wobei w für irgendeine ortsabhängige Variable stehen kann (Geschwindigkeit, Druck). Wenn man weiter annimmt, dass die Flüssigkeit am Hindernis haftet, muss sie sich innerhalb der Grenzschicht auf den Wert U ändern. Wenn die Grenzschicht aber die Dicke δ hat, dann gilt

$$\partial_y w \sim \frac{1}{\delta} O(w) .$$

Mit $\partial_x v_x \sim O(1)$ muss wegen der Kontinuitätsgleichung (7.59) auch $\partial_y v_y \sim O(1)$ sein. Daraus folgt, dass

$$v_y \sim \delta$$

ist. Wenden wir diese Größenabschätzungen auf die Gleichungen (7.58) an, stehen auf den linken Seiten Ausdrücke der Größenordnung eins bzw. δ. Wegen

$$\Delta_2 w \sim \frac{1}{\delta^2} O(w)$$

kann dies auf den rechten Seiten nur der Fall sein, wenn $R_e \delta^2 \sim O(1)$ ist. Wir setzen, in Übereinstimmung mit (7.56),

$$\delta = \frac{1}{\sqrt{R_e}} \tag{7.60}$$

und erhalten somit eine Abschätzung für die Dicke der Grenzschicht.

Um wiederum nur noch mit Größen derselben Ordnung zu rechnen, skalieren wir noch einmal um gemäß

$$y = \frac{\tilde{y}}{\sqrt{R_e}}, \qquad v_y = \frac{\tilde{v}_y}{\sqrt{R_e}} \,,$$

der Druck, x und v_x bleiben unverändert. Einsetzen in (7.58) ergibt mit (7.60) schließlich die beiden Gleichungen (wir lassen die Schlangen wieder weg)

$$\partial_t v_x + v_x \partial_x v_x + v_y \partial_y v_x = -\partial_x p + \frac{1}{R_e} \partial_{xx}^2 v_x + \partial_{yy}^2 v_x \tag{7.61a}$$

$$\partial_t v_y + v_x \partial_x v_y + v_y \partial_y v_y = -R_e \partial_y p + \frac{1}{R_e} \partial_{xx}^2 v_y + \partial_{yy}^2 v_y \,. \tag{7.61b}$$

Im Grenzwert großer Reynolds-Zahlen erhalten wir daraus sofort

$$\partial_t v_x + v_x \partial_x v_x + v_y \partial_y v_x = -\partial_x p + \partial_{yy}^2 v_x \tag{7.62a}$$

$$0 = \partial_y p \,. \tag{7.62b}$$

7.4.3 Prandtl'sche Grenzschichtgleichungen

Die Gleichungen (7.62) gelten also innerhalb der Grenzschicht. Sie lassen sich jedoch noch weiter vereinfachen. Aus (7.62b) folgt, dass der Druck nur eine Funktion von x sein kann. D.h. aber, dass ein von außen vorgegebener Wert $p(x)$ in der gesamten Grenzschicht gilt. Außerhalb der Grenzschicht gelten die Euler-Gleichungen, weil dort die Reynolds-Zahl so groß ist, dass die Viskosität vernachlässigt werden kann. Im stationären Fall folgt dort durch Auflösen nach $\partial_x p$

$$\partial_x p(x) = -V_x \partial_x V_x \ ,$$

wobei V_x die Geschwindigkeit im Innern, also außerhalb der Grenzschicht, der Flüssigkeit bezeichnen soll. Einsetzen in (7.62a) liefert schließlich die **Prandtl'schen Grenzschichtgleichungen**:

$$\partial_t v_x + v_x \partial_x v_x + v_y \partial_y v_x - \partial^2_{yy} v_x = V_x \partial_x V_x \qquad (7.63a)$$

$$\partial_x v_x + \partial_y v_y = 0 \ . \qquad (7.63b)$$

Diese gelten für dimensionslose Größen. Rechnet man alle Skalierungen zurück, so ändert sich nur (7.63a) in

$$\partial_t v_x + v_x \partial_x v_x + v_y \partial_y v_x - \nu \partial^2_{yy} v_x = V_x \partial_x V_x \ . \qquad (7.64)$$

Bemerkenswert ist, dass Diffusion des Geschwindigkeitsfeldes (besser des Impulses) nur noch in y-Richtung, also senkrecht zum Rand, stattfindet. Entlang der Grenzschicht werden Inhomogenitäten in der Geschwindigkeit durch den Term $v_x \partial_x v_x$ mit der Strömung transportiert. Im Gegensatz zu den ellipitischen Navier-Stokes-Gleichungen, bei denen jeder Punkt das Geschehen an jedem anderen Punkt zu einer späteren Zeit beeinflussen kann, sind die Prandtl'schen Gleichungen parabolisch in der x-Koordinate. Das heißt, Störungen an einem bestimmten Punkt x_0 werden das Verhalten der Strömung nur stromabwärts, also bei $x > x_0$ verändern können wenn $v_x > 0$ gilt.

Es fehlen noch die Randbedingungen. Am Rand selbst verwendet man die üblichen no-slip-Bedingungen

$$v_x(x,0) = 0, \qquad v_y(x,0) = 0 \ .$$

Ab einem gewissen, noch zu definierenden, Abstand δ vom Rand sollen die Lösungen der Prandtl'schen Gleichungen stetig in die Lösungen im Innern der Flüssigkeit übergehen, man muss also zusätzlich

$$v_x(x,a) = V_x(x), \qquad \text{für} \quad a > \delta$$

fordern.

Als Anwendung berechnen wir die stationäre Strömung um eine Platte in der x-z-Ebene (Abb. 7.12). Die Vorderkante der Platte sei bei $x = 0$, ihre Ausdehnung in (positiver) x- und z-Richtung unendlich. Weit entfernt von der Platte soll die Strömung in x-Richtung verlaufen und die konstante Größe U haben. Das Problem ist zweidimensional, so dass die Einführung einer Stromfunktion nach Abschn. 5.7.2 zweckmäßig erscheint. Wie Blasius bereits 1908 mit Hilfe von Skalierungsüberlegungen zeigte, lässt sich die Stromfunktion ausdrücken als

$$\Psi(x,y) = \sqrt{x} f(\xi), \qquad \text{mit} \quad \xi = \frac{y}{\sqrt{x}} \ .$$

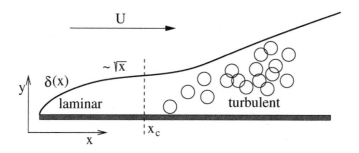

Abb. 7.12 Bei einer angeströmten, unendlich langen Platte wächst die Breite der Grenzschicht zunächst $\sim \sqrt{x}$ an. Ab einer bestimmten kritischen Breite wird jedoch die Strömung in der Grenzschicht ebenfalls turbulent und das Skalierungsgesetz ändert sich.

Daraus ergibt sich das Geschwindigkeitsfeld zu (Striche markieren Ableitungen nach ξ)

$$v_x = \partial_y \Psi = f'(\xi), \qquad v_y = -\partial_x \Psi = -\frac{1}{2\sqrt{x}}\left(f(\xi) - \xi f'(\xi)\right) .$$

Setzt man dies in (7.63a) mit V_x=const ein, so resultiert nach kurzer Rechung eine gewöhnliche Differentialgleichung für f (Blasius-Gleichung):

$$f f'' + 2 f''' = 0 . \tag{7.65}$$

Auf der Platte sollen beide Geschwindigkeitskomponenten null sein, was die beiden Randbedingungen

$$f(0) = f'(0) = 0$$

liefert. Weit entfernt von der Platte muss sich v_x asymptotisch an die Geschwindigkeit U annähern. Daraus folgt als dritte Bedingung

$$f'(\infty) = 1 .$$

Die Gleichung (7.65) mit den spezifizierten Randbedingungen kann nur numerisch gelöst werden. Abb. 7.13 zeigt $v_x = f'(\xi)$. Für großes ξ strebt die Kurve asymptotisch gegen eins, wobei ($\xi \gg 1$)

$$f(\xi) = \xi - \beta, \qquad \text{mit} \quad \beta = 1.72 \tag{7.66}$$

gilt. Die Dicke der Grenzschicht muss noch festgelegt werden. Es gibt verschiedene Definitionen, wir nennen zwei:

(i) Die **0.99 U-Dicke**. Das ist derjenige Wert, bei dem die Geschwindigkeit in der Randschicht 99% der Geschwindigkeit im Unendlichen hat. Diese Definition beinhaltet eine gewisse Willkür, da man natürlich genauso 98 % oder 95 % wählen könnte. Mit

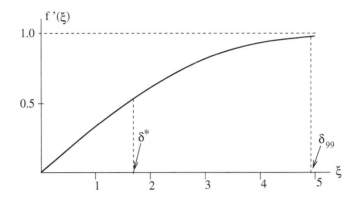

Abb. 7.13 Die Funktion $f'(\xi)$ als numerische Lösung der Blasius-Gleichung (7.65). Hierbei bezeichnet δ^* die Verdrängungsdicke der Grenzschicht, δ_{99} die $0.99\,U$-Dicke (siehe Text).

$f'(\xi_{99}) = 0.99$, was, wie man aus Abb. 7.13 ablesen kann, einem $\xi_{99} \approx 4.9$ entspricht, erhalten wir nach Rücksubstitution für die Breite der Grenzschicht

$$\delta_{99} \equiv y_{99} = \xi_{99}\sqrt{x} \approx 4.9\sqrt{x}$$

oder, in dimensionsbehafteten Größen,

$$\delta_{99} = \approx 4.9\sqrt{\frac{\nu x}{U}} \; .$$

Die Grenzschicht wächst also vom Beginn der Platte wie $\sqrt{x}$ an, was in guter Übereinstimmung mit dem Experiment ist. Mit (7.36) lässt sich eine *lokale* Reynolds-Zahl R_L einführen, die die Strömung innerhalb der Grenzschicht charakterisiert. Wir definieren

$$R_L \equiv \frac{Ux}{\nu} \; .$$

Überschreitet R_L einen bestimmten kritischen Wert R_{ec} der stark von der Beschaffenheit der Platte und der Homogenität der Anströmgeschwindigkeit abhängt, so wird die Strömung in der Randschicht turbulent (und dreidimensional) und die Blasius'sche Gleichung (7.65) kann nicht mehr stimmen. Experimentell ergibt sich für eine angeströmte Platte der Wert $R_{ec} \approx 10^6$, was zu einem Zusammenbruch der Blasius'schen Lösung bei

$$x_c \approx \frac{\nu}{U} \cdot 10^6$$

führt. Für $x > x_c$ wächst die Randschicht schneller als $\sim \sqrt{x}$ an (Abb. 7.12).

Untersuchen wir als Beispiel eine von Wasser mit der Geschwindigkeit $U = 1m/s$ angeströmte Platte. Man erhält mit $\nu = 10^{-6}m^2/s$

$$\delta_{99} \approx 5\,\mathrm{mm} \cdot \sqrt{x} \; ,$$

wobei x in Metern eingesetzt werden muss. D.h. 1 Meter von der Kante der Platte entfernt ist die Grenzschicht nur etwa 0.5 cm dick. Allerdings würde hier wegen $x_c \approx 1$ m auch schon der turbulente Bereich beginnen.

(ii) Die **Verdrängungsdicke** δ^* bietet eine weitere Möglichkeit, die Dicke der Grenzschicht zu definieren, diesmal ohne willkürliche Festlegung. Man berechnet hierzu die Größe, um die man sich die Berandung ins Innere verschoben denken müsste, um dieselbe Menge einer idealen, also grenzschichtfreien, Flüssigkeit pro Zeit zu transportieren. Sei a die Dicke der Grenzschicht und b die Breite in z-Richtung, dann ist der Massetransport durch diese Schicht durch

$$q = \rho \, b \int_0^a v_x dy$$

gegeben. Für eine ideale Flüssigkeit, bei der der untere Rand um die Verdrängungsdicke δ^* verschoben wird, ergibt sich mit $v_x = U$

$$q = \rho \, b \int_{\delta^*}^a v_x dy = \rho \, b \, U(a - \delta^*) \, .$$

Gleichsetzen der beiden Ausdrücke und Auflösen nach δ^* ergibt mit $a \to \infty$ schließlich

$$\delta^* = \int_0^\infty \left(1 - \frac{v_x}{U}\right) dy \, . \tag{7.67}$$

Setzt man hier $v_x = U f'(\xi)$ (jetzt dimensionsbehaftet!) ein, so lässt sich das Integral ausrechnen:

$$\delta^* = \sqrt{\frac{x\nu}{U}} \int_0^\infty (1 - f'(\xi)) d\xi = \sqrt{\frac{x\nu}{U}} (\xi - f(\xi))_{\xi \to \infty} = \beta \sqrt{\frac{x\nu}{U}} \, ,$$

wobei wir für die letzte Umformung den asymptotischen Ausdruck (7.66) verwendet haben. Setzt man noch den in (7.66) angegebenen numerischen Wert für β ein, so ergibt sich endlich

$$\delta^* = 1.72 \sqrt{\frac{\nu x}{U}} \, ,$$

also ein wesentlich kleinerer Wert als für δ_{99}.

7.4.4 Ablösung der Grenzschicht

Ausbreitung der Wirbelstärke in der Grenzschicht

In Abschn. 7.4.1 haben wir eine Diffusionsgleichung (7.57) für das Wirbelfeld $\vec{\omega}$ hergeleitet. Dies lässt sich auch in einer zweidimensionalen Grenzschicht machen. Das Wirbelfeld hat dann nur eine Komponente senkrecht zur Grenzschicht und lautet in der Skalierung von (7.62)

$$\omega_z = \frac{1}{2}\left(\delta\partial_x v_y - \frac{1}{\delta}\partial_y v_x\right) \approx -\frac{1}{2\delta}\partial_y v_x \ ,$$

wobei $\delta = 1/\sqrt{R_e}$ verwendet wurde und die letzte Umformung nur für große Reynolds-Zahlen gilt. Differenzieren wir (7.62a) nach y und berücksichtigen, dass der Druck in der Grenzschicht nur von x abhängt, ergibt sich schließlich eine vereinfachte Transportgleichung für das Wirbelfeld

$$\partial_t\omega_z + (\vec{v}\cdot\nabla)\omega_z = \partial_{yy}^2\omega_z \ . \tag{7.68}$$

Man erkennt, dass wie in (7.57) die Wirbel von der Strömung mitgenommen werden, diesmal aber *nur senkrecht* zur Randfläche diffundieren können. Parallel zum Rand ist (7.68) parabolisch, senkrecht dazu elliptisch. Somit werden sich Einflüsse des Randes nur stromabwärts bzw. durch Diffusion auch langsam senkrecht zum Rand ausbreiten können (Abb. 7.14).

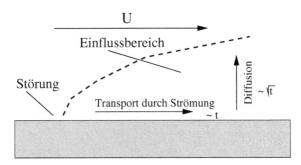

Abb. 7.14 Eine Störung, die ein Wirbelfeld verursacht, breitet sich innerhalb der Grenzschicht in tangentialer Richtung stromabwärts durch Konvektion, in senkrechter Richtung zum Rand durch Diffusion aus.

Einfluss eines Druckgradienten

Im Beispiel der umströmten halbunendlichen Platte (Abb. 7.12) war die äußere Strömung homogen und der Druck konstant. Dies ist jedoch ein Spezialfall. Normalerweise wird in der Grenzschicht ein von außen vorgegebenes Druckgefälle vorhanden sein. Betrachten wir dazu noch einmal die umströmte Kugel Abb. 7.9. In zwei Dimensionen würde das, zumindest qualitativ, einem umströmten Zylinder entsprechen, ein Teil der Randfläche ist in Abb. 7.15 skizziert. Vor dem Zylinder liegt näherungsweise ($R_e \gg 1$) eine Potentialströmung vor. Entlang des Zylindermantels wird sich eine Grenzschicht ausbilden, in der es, wie wir gleich sehen werden, bei genügend großer Reynoldszahl zu Wirbelbildung und Wirbelablösung kommen kann (Abb. 7.16). Die Wirbel werden, hauptsächlich durch die Strömung selbst, ins Innere transportiert. Dadurch bildet sich hinter dem Ablösepunkt das sogenannte Totwassergebiet mit vielen zeitabhängigen Wirbeln aus. Hier ist die Strömung turbulent. Es gelten also weder die Prandtl'schen Gleichungen noch handelt es sich um eine Potentialströmung.

Um den Ablösepunkt zu bestimmen, muss man den äußeren Druckverlauf kennen. Bis zum Scheitelpunkt x_s nehmen die Geschwindigkeit der äußeren Strömung in x-Richtung und demzufolge nach dem Satz von Bernoulli auch der Druck ab. Für $x > x_s$ wächst dagegen der Druck wieder an. Die Grenzschichtgleichung (7.64) an der Zylinderoberfläche ($v_x = v_y = 0$) lautet einfach

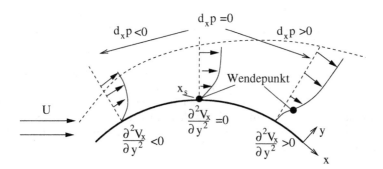

Abb. 7.15 Bei einem umströmten Zylinder besteht innerhalb der Grenzschicht ein durch die äußere Strömung vorgegebenes Druckgefälle. Dies führt zum Auftreten eines Wendepunktes im Geschwindigkeitsprofil für $x > x_s$ und zur Verbreiterung der Grenzschicht (*gestrichelt*).

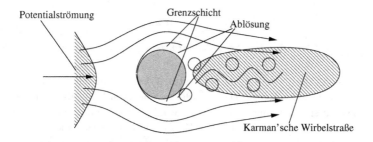

Abb. 7.16 Ab einer bestimmten Anströmgeschwindigkeit (Reynolds-Zahl) kommt es zur Wirbelablösung und zur Bildung der Karman'schen Wirbelstraße.

$$\nu \left.\frac{\partial^2 v_x}{\partial y^2}\right|_{y=0} = \frac{1}{\rho}\frac{\partial p}{\partial x} \ .$$

Vor dem Scheitelpunkt ist die zweite Ableitung von v_x am Rand also negativ, genau wie in der übrigen Grenzschicht. Für $x > x_s$ muss v_x jedoch irgendwo einen Wendepunkt besitzen (vergl. Abb. 7.15). Dadurch wächst v_x langsamer auf seinen Grenzwert V_x an, was dazu führt, dass die Grenzschicht dicker wird.

Ablösung

Ist der Druckgradient groß genug, kann die Steigung von v_x am Rand sogar negativ werden (Abb. 7.17). D.h. aber, dass die Strömung dann unmittelbar an der Wand der Strömung im Innern der Flüssigkeit entgegen läuft. Die Grenzschicht muss sich dort wo

$$\frac{\partial v_x}{\partial y} = 0$$

gilt von der Wand lösen. Deshalb wird x_3 (Abb. 7.17) als Ablösepunkt (in drei Dimensionen als Ablöselinie) bezeichnet.

Untersucht man die Stromlinien in der Nähe des Ablösepunktes, ergibt sich ein Bild wie in Abb. 7.18 skizziert. Für genügend große Reynolds-Zahlen werden die Wirbel aus der Grenzschicht heraus transportiert und von der Hauptströmung mitgerissen. Es entsteht die **Karman'sche Wirbelstraße**, bei der sich links- und rechtsdrehende Wirbel im Totwassergebiet abwechseln und bis weit in das Innere der Flüssigkeit hineingetragen werden können (Abb. 7.16).

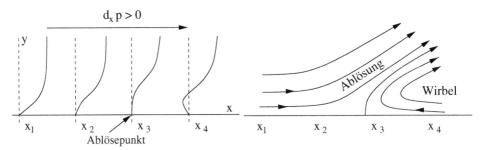

Abb. 7.17 v_x als Funktion von y in der Grenzschicht bei steigendem Druck. Der Wendepunkt entfernt sich mit zunehmendem Druckgradienten von der Wand, bis sich das Vorzeichen der Steigung von v_x bei $y = 0$ ändert. Dies wird als Ablösepunkt definiert.

Abb. 7.18 Stromlinienbild zu Abb. 7.17. Bei x_3 ändert sich die Richtung der Geschwindigkeit in unmittelbarer Nähe der Wand. Dort muss sich die Grenzschicht von der Wand ablösen und es entsteht ein Wirbel.

7.5 Nicht-Newton'sche Flüssigkeiten

7.5.1 Klassifizierung

Bei den bisher untersuchten Flüssigkeiten war der Reibungstensor eine lineare, homogene Funktion der Geschwindigkeitsgradienten. Flüssigkeiten (und Gase), bei denen diese Annahme gilt, werden als Newton'sch bezeichnet. Wir werden weiter annehmen, dass die Inkompressibilitätsbedingung (7.6b) gilt. Dann lässt sich der **Dehnungsratentensor** (kurz: Deformationsrate oder Scherrate)

$$D_{ij} = \frac{1}{2} \left(\partial_j v_i + \partial_i v_j \right)$$

einführen und damit der (Newton'sche) Zusammenhang (7.4) als

$$\underline{\sigma} = 2\eta \underline{D} \tag{7.69}$$

formulieren. Für kleine Gradienten des in Kapitel 2 definierten Verschiebungsfelds lässt sich $\underline{D}$ als Zeitableitung des in Abschn. 2.5.1 eingeführten Dehnungstensors

$$\underline{D} \approx \partial_t \underline{\varepsilon}$$

interpretieren. Für nicht-Newton'sche Flüssigkeiten gilt der einfache lineare Zusammenhang (7.69) nicht mehr. Wir nennen einige Beispiele: Farben, Polymerlösungen, Spätzlesteig, Pudding, Ketchup, Wasser-Öl-Emulsionen, Papierzellstoff oder Kohleschlamm. Im Wesentlichen lassen sich die nicht-Newton'schen Flüssigkeiten in drei Gruppen einteilen:

- *Zeitunabhängige Flüssigkeiten.* Die Dehnungsrate hängt nichtlinear, aber eindeutig (instantan) vom Reibungstensor ab. Es lässt sich der Zusammenhang

$$\underline{D} = \underline{f}(\underline{\sigma})$$

  mit einer nichtlinearen Tensor-Funktion $\underline{f}$ formulieren, bei der es sich aber nicht notwendig um eine geschlossen darstellbare, analytische Funktion handeln muss.

- *Viskoelastische Flüssigkeiten.* Dehnungen, Dehnungsrate und Reibungen hängen voneinander ab. Es gilt ein Materialgesetz der Form

$$\underline{f}(\underline{D}, \underline{\varepsilon}, \underline{\sigma}) = 0 \ .$$

  Weil hier $\underline{\varepsilon}$ und die Zeitableitung $\underline{D}$ vorkommen, handelt es sich normalerweise um ein System von gewöhnlichen Differentialgleichungen. Bei viskoelastischen Flüssigkeiten wird kinetische Energie nicht komplett in Wärme verwandelt, sondern manifestiert sich zum Teil in elastischen, reversiblen Verformungen. Als Modell dient im einfachsten Fall eine Feder mit Dämpfung (siehe unten).

• *Zeitabhängige Flüssigkeiten.* Die Dehnungsrate lässt sich nicht mehr als eindeutige Funktion der Reibung formulieren. Die Viskosität ändert sich im Lauf der Zeit und hängt von der Zeit ab, in der die Scherspannungen in der Flüssigkeit wirken und damit von der Vorgeschichte der Strömung. Man unterscheidet weiter zwischen zwei Fällen:

(i) Thixotrope Flüssigkeiten: Die Viskosität nimmt mit der Zeit ab. Ruht oder bewegt sich die Flüssigkeit gleichförmig, nimmt die Reibung wieder zu, die Flüssigkeit „erholt" sich auf molekularer Ebene. Beispiele sind Druckertinte, Joghurt oder Spritzlack.

(ii) Rheopektische Flüssigkeiten: Die Viskosität nimmt bei Scherbewegungen mit der Zeit zu. Eiweiß, das geschlagen wird, verhält sich entsprechend, aber auch Stärkebrei oder sogenannte Visko-Kupplungen, die schließen, wenn die Reibungskraft zu groß wird.

7.5.2   Zeitunabhängige Flüssigkeiten

Man unterscheidet die zeitunabhängigen Flüssigkeiten, bei denen zwischen Reibung und Dehnungsrate ein instantaner aber nichtlinearer Zusammenhang besteht, in drei Gruppen. Der typische Verlauf von Reibungskraft über Dehnungsrate ist in Abb. 7.19 schematisch dargestellt.

(A) *Plastische Flüssigkeiten.* Eigentlich handelt es sich hier um feste Stoffe, die aber unter Krafteinwirkung Fließverhalten zeigen. Verschwindet die Kraft, bleibt die zuletzt erreichte Form erhalten, d.h. die Verformung ist irreversibel. Anschauliche Beispiele liefern Knet, Zahncreme oder Mayonnaise.

Ein spezielles Materialgesetz erfüllen die Bingham-Plastiken, benannt nach E. C.

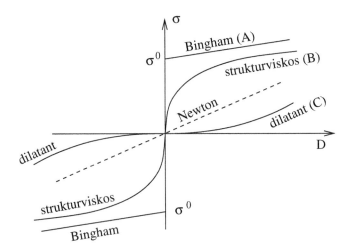

Abb. 7.19 Zusammenhang zwischen Scherrate D und Reibungsspannung σ für verschiedene, zeitunabhängige nicht-Newton'sche Flüssigkeiten.

Bingham. Der Zusammenhang zwischen Dehnungsrate und Scherspannungen ist, wie bei den Newton'schen Flüssigkeiten, linear, aber nicht mehr homogen:

$$\underline{\sigma} = \underline{\sigma}^0 + 2\eta\underline{D} \; . \tag{7.70}$$

D.h. selbst ohne Scherrate, also bei ruhender oder homogen bewegter Flüssigkeit, sind, wie beim Festkörper, Spannungen vorhanden. Die Formulierung (7.70) ist allerdings nicht geschlossen. Ist $\sigma_{ij} < \sigma_{ij}^0$, so gilt $D_{ij} = 0$. Für negative Scherrate wird aber auch die Scherspannung negativ, also muss σ_{ij}^0 das gleiche Vorzeichen wie σ_{ij} haben (vergl. Abb. 7.19).

Als Beispiel wollen wir die Strömung einer Bingham-Plastik durch ein Rohr untersuchen und das Geschwindigkeitsfeld berechnen (Abb. 7.20, siehe auch Abb. 7.6). Formulieren wir (7.24c) mit dem Reibungstensor, ergibt sich in Zylinderkoordinaten

$$\rho\partial_t v(r,t) = -\partial_z p + \frac{1}{r}\partial_r(r\sigma_{rz}) \; , \tag{7.71}$$

wobei $v(r,t)$ die Geschwindigkeitskomponente entlang des Rohres bezeichnen soll. Hier haben wir, wie schon in Abschn. 7.2.2, verwendet, dass alle Variablen nur von r (und t) abhängen können. Wir verwenden die Bezeichnungen aus Abschn. 7.2.2 und suchen nach einer stationären Lösung. Aus (7.71) folgt dann

$$\partial_r(r\sigma_{rz}) = -r\frac{\delta p}{L} \; ,$$

was sich integrieren lässt zu

$$\sigma_{rz} = -\frac{r}{2}\frac{\delta p}{L} \; . \tag{7.72}$$

Setzen wir (7.70) in der Form (Strich heißt Ableitung nach r)

$$\sigma_{rz} = \sigma^0 + \eta v'(r)$$

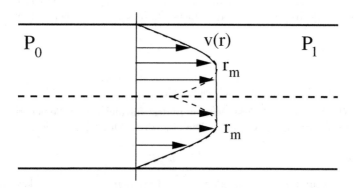

Abb. 7.20 Strömung einer Bingham-Plastik durch ein Rohr. In der Mitte entsteht ein zylinderförmiger Stopfen mit Radius r_m, der sich mit konstanter Geschwindigkeit v_m bewegt. Entlang des Rohres mit der Länge L wirkt der Druckgradient $\delta p/L = (p_0 - p_1)/L > 0$.

ein, so erhalten wir eine Gleichung für $v'(r)$:

$$v' = -\frac{r}{2}\frac{\delta p}{\eta L} - \frac{\sigma^0}{\eta} \ ,$$

die über r integriert zusammen mit der Randbedingung $v(R) = 0$ die Geschwindigkeit

$$v(r) = \frac{\delta p}{4\eta L}\left(R^2 - r^2\right) + \frac{\sigma^0}{\eta}\left(R - r\right) \tag{7.73}$$

ergibt. Wie bei Newton'schen Flüssigkeiten ist das Geschwindigkeitsprofil parabolisch, allerdings liegt das Maximum von (7.73) nicht mehr in der Mitte des Rohres, sondern bei (Abb. 7.20)

$$r_m = -2\sigma_0\frac{L}{\delta p} \ .$$

Es ist zu beachten, dass σ_{rr} negativ ist und deshalb auch $\sigma^0 < 0$ sein muss. In dem Bereich, in dem die Scherspannung aber betragsmäßig kleiner als σ^0 ist, wird die Flüssigkeit sozusagen fest und bewegt sich homogen ($v' = 0$) mit $v = v_m = v(r_m)$. Dies ist genau für $r < r_m$ der Fall. Man erhält also endgültig

$$v(r) = \begin{cases} \frac{\delta p}{4\eta L}\left(R^2 - r^2\right) + \frac{\sigma^0}{\eta}\left(R - r\right), & \text{für} \quad r_m < r < a \\ v_m, & \text{für} \quad 0 < r < r_m \end{cases} \tag{7.74}$$

mit

$$v_m = \frac{1}{\eta}\frac{\delta p}{L}\left(\frac{R}{2} + \frac{\sigma^0 L}{\delta p}\right)^2 \ .$$

(B) *Strukturviskose Flüssigkeiten*, auch pseudo-plastische Flüssigkeiten genannt. Hier verschwinden zwar die Spannungen mit der Scherrate, der Zusammenhang ist jedoch nichtlinear. Bei strukturviskosen Flüssigkeiten nimmt die Steigung der Scherspannung mit zunehmender Scherrate ab. Je größer die Geschwindigkeitsgradienten, desto geringer wird die scheinbare Viskosität, welche man als

$$\eta_s = \frac{\sigma}{2D} \tag{7.75}$$

definieren kann. Für sehr große Scherraten strebt η_s einem Grenzwert entgegen und die Flüssigkeit verhält sich Newton'sch.

Kurve (B) in Abb. 7.19 lässt sich, zumindest für nicht zu große Scherraten, durch ein Potenzgesetz approximieren. Die einfachste Möglichkeit wurde von Ostwald vorgeschlagen und lautet

$$\sigma_{ij} = \mu(2D_{ij})^n \tag{7.76}$$

mit $n < 1$ und $\mu > 0$. Je kleiner der Exponent n, desto stärker weicht das Verhalten der Flüssigkeit von dem Newton'schen linearen Zusammenhang ($n = 1$) ab. Die scheinbare Viskosität nach (7.75) ergibt sich in dem Modell als

$$\eta_s = \mu(2D)^{n-1} \ , \tag{7.77}$$

wobei man auch wieder auf das Vorzeichen von D achten muss, da die Viskosität sicher eine reelle, positive Größe sein muss.

Abschließend nennen wir zwei Beispiele für strukturviskose Flüssigkeiten: **Blut** hat bei kleinen Scherraten eine hohe Viskosität, was wichtig für die schnelle Blutgerinnung ist. Fließt es aber durch dünne Adern, so entstehen größere Scherraten und die Viskosität ist entsprechend kleiner, was die Durchflussmenge pro Zeit bei gleichem (Blut-) Druck vergrößert (siehe auch Aufgabe 7.3).

Ganz Ähnliches gilt für **Wandfarben**. Beim Streichen entstehen große Scherraten und die Farbe sollte möglichst dünnflüssig sein, damit sie sich besser verteilen lässt. Im Zustand geringer Bewegung, also auf der Farbrolle oder nach dem Streichen auf der Wand oder an der Decke, sollten sich keine Tropfen bilden, was eine möglichst hohe Zähigkeit voraussetzt.

(C) *Dilatante Flüssigkeiten.* Bei dilatanten Flüssigkeiten verhält es sich genau umgekehrt wie bei strukturviskosen. Die scheinbare Viskosität nimmt mit den Scherraten zu, die Flüssigkeit wird dickflüssiger, wenn die Gradienten im Geschwindigkeitsfeld größer werden. Zur Beschreibung lässt sich wieder ein Potenzgesetz wie (7.76) verwenden, diesmal natürlich mit $n > 1$ (Abb 7.19).

Aufgabe 7.3: Wie sieht das Geschwindigkeitsprofil einer Rohrströmung für eine nicht-Newton'sche Flüssigkeit, die das Ostwald'sche Potenzgesetz (7.76) erfüllt, aus? Wie hängt die Durchflussmenge pro Zeiteinheit vom Rohrradius ab, wie von der Druckdifferenz δp?

Lösung: Wir verwenden (7.72) und setzen das Potenzgesetz (7.76) mit $D_{rz} = \frac{1}{2}v'(r)$ ein[8]. Nach Ziehen der n-ten Wurzel ergibt sich

$$v' = -\left(\frac{r}{2\mu}\frac{\delta p}{L}\right)^{1/n} \ .$$

Dies lässt sich integrieren, die Integrationskonstante ist dabei wieder wie oben so zu bestimmen, dass $v(R) = 0$ gilt. Schließlich erhalten wir

$$v(r) = \frac{n}{n+1}\left(\frac{\delta p}{2\mu L}\right)^{1/n}\left(R^{(1+1/n)} - r^{(1+1/n)}\right) \ .$$

Der Verlauf der Geschwindigkeit im Rohrinnern ist für verschiedene n in Abb. 7.21 gezeigt. Je kleiner n wird, desto flacher wird das Profil und die Lösung nähert sich der Form des Stopfens für Bingham-Plastiken (Abb. 7.20) an. Dilatante Flüssigkeiten bilden dagegen ein spitzes Profil aus.

---

[8]Weil v' überall negativ ist, muss man das Potenzgesetz eher in der Form $\sigma_{rr} = -\mu(-v')^n$ verwenden.

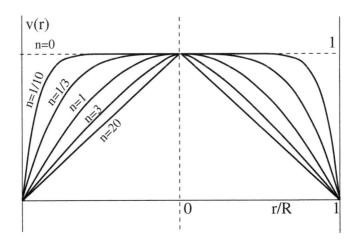

Abb. 7.21 In der Rohrmitte auf eins normierte Geschwindigkeitsprofile für verschiedene Potenzen n. Für $n \ll 1$ (Strukturviskosität) bildet sich, wie bei der Bingham-Plastik, ein Plateau in der Mitte des Rohres, bei $n \gg 1$ (Dilatanz) dagegen eine Spitze.

Um die Durchflussmenge pro Zeit zu erhalten, muss v über die Querschnittsfläche integriert werden:

$$Q = 2\pi\rho \int_0^R dr \, r \, v(r) = \frac{n\pi\rho}{3n+1} \left(\frac{\delta p}{2\mu L} \right)^{1/n} R^{(3+1/n)} \ .$$

Für $n = 1$ ergibt sich das bekannte Resultat (7.26) für Newton'sche Flüssigkeiten. Die Änderung von Q mit der Druckdifferenz berechnet man durch Ableiten von Q:

$$\frac{dQ}{d(\delta p)} = \frac{1}{n} \frac{Q}{\delta p} \ .$$

An der letzten Formel erkennt man, dass die Durchflussmenge für kleine n stärker von den Druckänderungen abhängt als für große. Strukturviskose Flüssigkeiten, also auch Blut, lassen sich mit geringerem Aufwand durch enge Röhren (Adern) pressen als Newton'sche.

7.5.3 Viskoelastische Flüssigkeiten

Viskoelastische Flüssigkeiten haben sowohl viskose als auch von festen Körpern bekannte elastische Eigenschaften. Viele komplexe Flüssigkeiten zeigen Viskoelastizität. Beispiele sind Polymerlösungen oder nanostrukturierte Flüssigkeiten wie Blut. Wir werden uns hier auf den einfachsten Fall eines linearen Zusammenhangs zwischen Dehnungen und Spannungen beschränken.

Lineare Maxwell-Flüssigkeit

Eine Flüssigkeit, bei der das Materialgesetz

$$\underline{\sigma} + \lambda \frac{\partial \underline{\sigma}}{\partial t} = 2\eta \, \underline{D} \tag{7.78}$$

gilt, wird als lineare Maxwell-Flüssigkeit bezeichnet. Die Konstante λ hat dabei die Einheit Zeit und wird, warum, werden wir gleich sehen, als **Relaxationszeit** bezeichnet. Die Maxwell-Flüssigkeit wird sich nur bei zeitabhängigen Strömungen von einer Newton'schen Flüssigkeit unterscheiden. Im stationären Fall gilt ja auch $\partial_t \underline{\sigma} = 0$ und aus (7.78) wird wieder das Newton'sche Materialgesetz (7.69).

Am Beispiel eines mechanischen Modells lässt sich zeigen, wie Reibung und Elastizität in (7.78) eingehen. Man denkt sich hierzu eine Feder, die über einen Dämpfer an der Wand befestigt ist (Abb. 7.22). Die Feder hat die Federkonstante f, der Dämpfer sorgt für eine Reibungskraft proportional zur Geschwindigkeit $-\eta \, d_t x_\eta$. Wir bezeichnen mit

$$x = x_f + x_\eta \tag{7.79}$$

die gesamte Länge der Anordnung. Auf die Feder wirkt dieselbe Kraft F wie auf den Dämpfer (serielle Anordnung), es gilt also

$$F = f x_f = \eta \, d_t x_\eta \; .$$

Hieraus und durch Zeitableitung lassen sich die Geschwindigkeiten

$$d_t x_\eta = \frac{F}{\eta}, \qquad d_t x_f = \frac{1}{f} d_t F$$

als Funktionen der Kraft angeben. Leitet man (7.79) nach der Zeit ab und setzt die Geschwindigkeiten ein, so ergibt sich ein Zusammenhang wie (7.78), wenn wir $d_t x$ mit

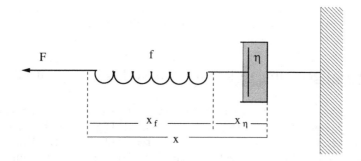

Abb. 7.22 Das mechanische Modell einer linearen Maxwell-Flüssigkeit besteht aus einer Feder mit der Federkonstanten f und aus einem Dämpfer, z.B. einem Schwimmer in einer Newton'schen Flüssigkeit mit Viskosität η.

$\underline{D}$ und $\frac{\eta}{f}$ mit λ identifizieren:

$$F + \frac{\eta}{f}\, d_t F = \eta\, d_t x \; . \tag{7.80}$$

Offensichtlich spielt hier $\lambda = \eta/f$ die Rolle einer Relaxationszeit, mit der die Kraft exponentiell abklingt, wenn die gesamte Auslenkung konstant bleibt ($d_t x = 0$):

$$F_0 \sim \mathrm{e}^{-t/\lambda} \; .$$

Die beiden Grenzfälle (a) reine Dämpfung (Flüssigkeit) und (b) ungedämpfte Schwingungen (fester Körper) sind ebenfalls in (7.80) und damit auch in (7.78) enthalten. Für (a) wird die Feder starr, d.h. $f \to \infty$, für (b) gilt dagegen, dass der Dämpfer unendlich steif sein muss, $\eta \to \infty$.

Integralform des Materialgesetzes

Bei den Zustandsgleichungen (7.78) handelt es sich um einen Satz von gewöhnlichen, inhomogenen Differentialgleichungen für die sechs Komponenten des Reibungstensors $\underline{\sigma}$. Dieser Zusammenhang lässt sich, z.B. durch die Methode variabler Koeffizienten, integrieren zu

$$\underline{\sigma}(t) = 2 \int_{-\infty}^{t} dt'\, \Gamma(t - t')\underline{D} \tag{7.81}$$

mit

$$\Gamma(t) = \frac{\eta}{\lambda} \mathrm{e}^{-t/\lambda} \tag{7.82}$$

als skalarer Green'scher Funktion. In der Schreibweise (7.81) sieht man sofort, dass die Scherbewegung in der Vergangenheit $t' < t$ eine Rolle für die Spannungen zur Zeit t spielt. Die Flüssigkeit hat ein „Gedächtnis", das mit der Relaxationszeit λ länger wird. Einsetzen von (7.81) in die Navier-Stokes-Gleichungen führt auf eine partielle, nichtlineare Integro-Differentialgleichung für das Geschwindigkeitsfeld.

7.5.4 Verallgemeinerte lineare Maxwell-Flüssigkeiten

Das Materialgesetz (7.78) enthält nur zwei Parameter und ist deshalb für viele viskoelastische Flüssigkeiten zu grob. Erweiterungen sind möglich. So lassen sich zum Beispiel N Elemente der Art aus Abb. 7.22 parallel schalten (Abb. 7.23). Die Kraft F ergibt sich dann als Summe über die einzelnen Teilkräfte F_i oder mit den Reibungstensoren ausgedrückt

$$\underline{\sigma} = \sum_{i}^{N} \underline{\sigma}_i \; .$$

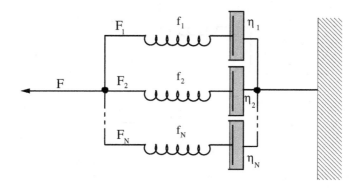

Abb. 7.23 Bei einer verallgemeinerten Maxwell-Flüssigkeit werden N einfache Elemente parallel geschaltet. Dadurch lassen sich komplexe Fluide modellieren.

Für jedes σ_i gilt ein Gesetz wie (7.78), jedoch mit verschiedenen Viskositäten und Relaxationszeiten:

$$\sigma_i + \lambda_i \frac{\partial \sigma_i}{\partial t} = 2\eta_i \, D \; . \tag{7.83}$$

Wieder lässt sich σ als lineare Antwort auf die Scherraten (7.81) formulieren, diesmal mit der Green'schen Funktion

$$\Gamma(t) = \sum_i^N \frac{\eta_i}{\lambda_i} \, \mathrm{e}^{-t/\lambda_i} \; . \tag{7.84}$$

Modell von Jeffrey

Der Spezialfall $N = 2$, $\lambda_2 = 0$ wird als Modell von Jeffrey bezeichnet (Abb. 7.24). Für alle verallgemeinerten Maxwell-Flüssigkeiten lässt sich eine geschlossene Gleichung für σ und D aufstellen, diese enthält allerdings N-fache Zeitableitungen von σ bzw, $N-1$-fache von D. Wir geben diesen Zusammenhang nur für das Modell von Jeffrey an. Aus

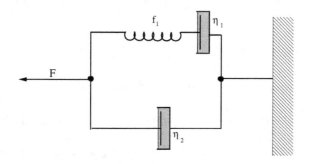

Abb. 7.24 Das Modell von Jeffrey verwendet zwei Elemente, bei denen eines rein viskos ist.

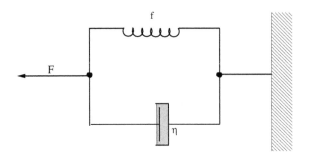

Abb. 7.25 Das Modell von Voigt und Kelvin besteht, wie das Maxwell-Modell, aus einer Feder und einem Dämpfer, diesmal allerdings in Parallelschaltung.

(7.83) werden die beiden Gleichungen

$$\underline{\sigma}_1 + \lambda_1 \frac{\partial \underline{\sigma}_1}{\partial t} = 2\eta_1 \underline{D} \tag{7.85a}$$

$$\underline{\sigma}_2 = 2\eta_2 \underline{D} . \tag{7.85b}$$

Differenzieren von (7.85b) nach der Zeit und Multiplikation mit λ_1 ergibt nach Addition von (7.85a) und (7.85b) das gesuchte Materialgesetz

$$\underline{\sigma} + \lambda_1 \frac{\partial \underline{\sigma}}{\partial t} = 2\eta \underline{D} + 2\kappa \frac{\partial \underline{D}}{\partial t} \tag{7.86}$$

mit

$$\eta = \eta_1 + \eta_2, \qquad \kappa = \eta_2 \lambda_2 .$$

Modell von Voigt und Kelvin

Ein anderer Spezialfall ergibt sich durch Parallelschalten eines Dämpfers und einer Feder, Abb. 7.25. Dies kann, wie das Maxwell-Modell, als Grundbaustein für viskose Flüssigkeiten verwendet werden, ist aber natürlich auch im verallgemeinerten Maxwell-Modell enthalten. Mit $N = 2, \lambda_1 = 0$ und $\eta_2, \lambda_2 \to \infty$ aber $\eta_2/\lambda_2 = f$ mit endlichem f folgt das Materialgesetz

$$\frac{\partial \underline{\sigma}}{\partial t} = 2f \underline{D} + 2\eta_1 \frac{\partial \underline{D}}{\partial t} . \tag{7.87}$$

Harmonische Anregung und komplexer Schubmodul

Eine andere Formulierung des Materialgesetzes knüpft an die der elastischen (Hookschen) Festkörper an (Abschn. 3.6.1). Dort ergab sich der lineare Zusammenhang zwischen Spannungen und Dehnungen (wir verwenden die Bezeichnungsweise aus dem laufenden Kapitel)

$$\underline{\sigma} = 2 G \underline{\varepsilon} \tag{7.88}$$

mit dem reellen Schubmodul G. Ist die Zeitabhängigkeit des Verschiebungsfeldes harmonisch, d.h.

$$\vec{S}(\vec{r}, t) = \vec{S}_0(\vec{r}) \, e^{i\omega t} + c.c. \, ,$$

dann lässt sich die Scherrate $\underline{D}$ schreiben wie

$$\underline{D} = \partial_t \underline{\varepsilon} = i\omega \underline{\varepsilon}_0 \, e^{i\omega t} + c.c. \quad \text{mit} \quad \underline{\varepsilon}_0 = \frac{1}{2}(\nabla \circ \vec{S}_0 + (\nabla \circ \vec{S}_0)^T) \, .$$

Genau wie das Verschiebungsfeld lässt sich der Spannungstensor separieren

$$\underline{\sigma} = \underline{\sigma}_0 \, e^{i\omega t} + c.c.$$

Alles eingesetzt in (7.78) und nach $\underline{\sigma}_0$ aufgelöst ergibt schließlich einen linearen Zusammenhang wie (7.88)

$$\underline{\sigma}_0 = 2 \, \bar{G} \, \underline{\varepsilon}_0 \, , \tag{7.89}$$

diesmal allerdings mit dem komplexen Schubmodul

$$\bar{G}(\omega) = \frac{i\omega\eta}{1 + i\omega\lambda} \, , \tag{7.90}$$

das offensichtlich von der Frequenz ω abhängt[9]. Wir merken an, dass (7.89) nichts anderes als die Fourier-Darstellung der Faltung (7.81) ist und $\bar{G}(\omega)$ der Fourier-Transformierten von $\Gamma(t)$ (bis auf einen Faktor $i\omega$) entspricht. Für die verallgemeinerten Maxwell-Flüssigkeiten ergibt sich ganz genauso

$$\bar{G}(\omega) = i\omega \sum_k^N \frac{\eta_k}{1 + i\omega\lambda_k} \, . \tag{7.91}$$

Abschließend wollen wir die physikalische Bedeutung eines komplexen Schubmoduls zeigen. Dazu berechnen wir die Energie, die die Kraft an der Anordnung aus Federn und Dämpfern während einer Periode leistet. Um die Rechnung nicht zu überladen, beschränken wir uns auf eine eindimensionale Scherbewegung, bei der das Verschiebungsfeld nur eine Komponente $S_y(x,t)$ haben soll. Deshalb haben Spannungs- und Dehnungstensoren nur eine xy-Komponente, die wir mit σ bzw. ε bezeichnen wollen. Für die zugeführte Energie ergibt sich damit

$$\Delta E = \oint \sigma \, d\varepsilon = \int_0^{2\pi/\omega} \sigma \frac{d\varepsilon}{dt} \, dt = i\omega \int_0^{2\pi/\omega} (\sigma_0 e^{i\omega t} + c.c.)(\varepsilon_0 e^{i\omega t} - c.c.) \, dt \, .$$

---

[9]Ein analoger Zusammenhang ist aus der Elektrodynamik bekannt. In dispergierenden Medien hängt die Polarisation bei niedrigen Feldstärken in guter Näherung linear vom elektrischen Feld ab, aber nicht instantan, sondern wie in (7.81) „mit Vorgeschichte". Im Frequenzraum wird aus der Faltung ein Produkt, was dann auf komplexe, frequenzabhängige Suszeptibiliät und Brechungsindex führt. Als Folge davon wird die Phasengeschwindigkeit der elektromagnetischen Wellen ebenfalls frequenzabhängig. Darüber hinaus lässt sich dem Imaginärteil des Brechungsindexes Absorption im Medium zuordnen (Details hierzu findet man in Lehrbüchern der Elektrodynamik, z.B. [13]).

Rechnet man die Integrale aus und verwendet (7.89), so erhält man

$$\Delta E = 8\pi |\varepsilon_0|^2 \, \bar{G}'' \, ,$$

mit

$$\bar{G} = \bar{G}' + i\bar{G}'' \, .$$

Offensichtlich ist die während einer Periode zugeführte (und im Dämpfer in Wärme umgesetzte) Energie proportional zum Imaginärteil des komplexen Schubmoduls. Deshalb wird $\bar{G}''$ auch als **Verlustmodul** bezeichnet. Dagegen beschreibt der Realteil von $\bar{G}$ den Anteil der Energie, der in die Feder gesteckt und reversibel wieder herausgeholt werden kann. Entsprechend heißt $\bar{G}'$ **Speichermodul**.

Für die einfache Maxwell-Flüssigkeit erhalten wir aus (7.90) die Module[10]

$$\bar{G}' = \frac{\omega^2 \eta \lambda}{1 + \omega^2 \lambda^2}, \qquad \bar{G}'' = \frac{\omega \eta}{1 + \omega^2 \lambda^2} \, .$$

Der Speichermodul nimmt monoton mit der Frequenz zu und geht für große Frequenzen gegen den Grenzwert η/λ, was gerade der Federkonstanten f bzw. dem reellen Schubmodul eines elastischen Festkörpers entspricht. Interessanter ist das Verhalten des Verlustmoduls. Bei der Resonanzfrequenz $\omega_c = 1/\lambda$ liegt das Maximum, d.h. die viskoelastische Flüssigkeit nimmt hier am meisten Energie auf (Abb. 7.26). Für große Frequenzen verschwindet $\bar{G}''$, die viskoelastische Flüssigkeit verhält sich dann wie ein elastischer Festkörper.

Verallgemeinerte Maxwell-Flüssigkeiten können mehrere Resonanzen aufweisen. Hier ergibt sich mit (7.91)

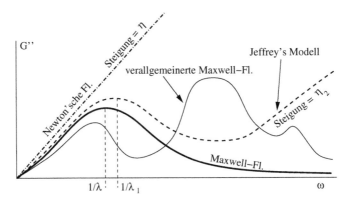

Abb. 7.26 Verlustmodul für harmonische Anregung in Abhängigkeit der Frequenz für verschiedene Flüssigkeitsmodelle.

---

[10]Ebenfalls wie in der Elektrodynamik besteht zwischen G' und G'' ein sehr allgemeiner Zusammenhang, der aus der Kausalität von (7.81) folgt (Kramers-Kronig-Relationen, siehe [13]).

$$\bar{G}' = \omega^2 \sum_k^N \frac{\eta_k \lambda_k}{1 + \omega^2 \lambda_k^2}, \qquad \bar{G}'' = \omega \sum_k^N \frac{\eta_k}{1 + \omega^2 \lambda_k^2} .$$

Für die beiden oben angegebenen Spezialfälle erhält man nach kurzer Rechnung für das Modell von Jeffrey

$$\bar{G}' = \frac{\omega^2 \eta_1 \lambda_1}{1 + \omega^2 \lambda_1^2}, \qquad \bar{G}'' = \omega \left(\frac{\eta_1}{1 + \omega^2 \lambda_1^2} + \eta_2 \right)$$

und

$$\bar{G}' = f, \qquad \bar{G}'' = \omega \eta_1$$

für das Modell von Voigt-Kelvin. Für eine Newton'sche Flüssigkeit ergibt sich einfach

$$\bar{G}' = 0, \qquad \bar{G}'' = \omega \eta .$$

Aufgabe 7.4: Man bestimme das Geschwindigkeitsfeld einer linearen Maxwell-Flüssigkeit hinter einer unendlich ausgedehnten Platte, die in ihrer Ebene harmonische Schwingungen mit der Amplitude A und der Frequenz ω ausführt. Was erhält man für eine Newton'sche Flüssigkeit?

Lösung: Man legt die yz-Ebene des Koordinatensystems so in die Platte, dass ihre Schwingungen in Richtung der z-Achse zeigen. Aus Symmteriegründen muss das Geschwindigkeitsfeld die Form

$$\vec{v} = v(x,t)\, \hat{e}_z$$

haben, es handelt sich also um eine reine Scherbewegung in der Flüssigkeit. Der Spannungstensor hat nur zwei von null verschiedene Elemente, nämlich $\sigma_{xz} = \sigma_{zx} = \sigma(x,t)$, dasselbe gilt für den Scherratentensor $\underline{D}$. Von den Navier-Stokes-Gleichungen bleibt daher

$$\rho \partial_t v = \partial_x \sigma \tag{7.92}$$

übrig. Hinzu kommt das Materialgesetz (7.78)

$$\sigma + \lambda \partial_t \sigma = 2\eta D = \eta \partial_x v . \tag{7.93}$$

Differenzieren von (7.93) nach x und Einsetzen von (7.92) führt auf eine Gleichung für $v(x,t)$:

$$\partial_t v + \lambda\, \partial_{tt}^2 v = \nu\, \partial_{xx}^2 v . \tag{7.94}$$

Diese Gleichung hat dieselbe Form wie die aus der Elektrodynamik bekannte Telegraphengleichung, die die Ausbreitung von elektromagnetischen Wellen auf Drähten mit endlichem ohmschen Widerstand beschreibt.

Die Flüssigkeit soll an der Platte haften, dies ergibt die Randbedingung

$$v(0,t) = A\omega \cos(\omega t) \ .$$

Die Symmetrie der Anordnung legt als Lösung in x-Richtung laufende Scherwellen nahe. Wir versuchen für (7.94) deshalb den Ansatz

$$v(x,t) = \frac{A\omega}{2} \, e^{i(\omega t - \kappa x)} + c.c. \ , \tag{7.95}$$

der die Randbedingung für beliebiges κ erfüllt. Einsetzen in (7.94) ergibt die Dispersionsrelation

$$\kappa^2 = \frac{\omega}{\nu}(\lambda\omega - i) \ ,$$

die komplexe Lösungen für κ besitzt. Wir machen deshalb den Ansatz

$$\kappa = k - i\gamma$$

mit reellem k und γ. Aus (7.95) wird ersichtlich, dass k der Wellenzahl einer ebenen Welle entspricht (Wellenlänge $= 2\pi/k$), deren Amplitude aber exponentiell mit $\exp(-\gamma x)$ abnimmt. D.h. die Scherbewegung in der Flüssigkeit spielt sich im Wesentlichen in einer Schicht der Breite (Eindringtiefe) $1/\gamma$ ab, die, wie wir gleich sehen werden, normalerweise sehr klein ist. Einsetzen in die Dispersionsrelation und Trennen in Real- und Imaginärteil liefert

$$k = \left[\frac{1}{2}\frac{\omega}{\nu}\left(\omega\lambda + \sqrt{\omega^2\lambda^2 + 1}\right)\right]^{1/2} \tag{7.96}$$

und

$$\gamma = \frac{\omega}{2k\nu} = \sqrt{\frac{\omega}{2\nu}}\left(\omega\lambda + \sqrt{\omega^2\lambda^2 + 1}\right)^{-1/2} \ . \tag{7.97}$$

Der Verlauf von k und γ für $\lambda = 0.001 s$ und $\nu = 10^{-6} m^2/s$ über ω ist in Abb. 7.27 gezeigt. Wir diskutieren die beiden Grenzfälle $\omega \to 0$ und $\omega \to \infty$.

(a) *Hochfrequenzlimes*, $\omega \to \infty$. Mit $\lambda\omega \gg 1$ folgt aus (7.96) und (7.97)

$$k = \omega\sqrt{\frac{\lambda}{\nu}}, \qquad \gamma = \frac{1}{2\sqrt{\nu\lambda}} \ .$$

Wellenzahl und Frequenz hängen linear voneinander ab, demzufolge ist die Phasengeschwindigkeit der ebenen Wellen konstant, es gilt $c = \sqrt{\nu/\lambda}$. Wie im elastischen Festkörper gibt es für Wellen mit hohen Frequenzen keine Dispersion. Die Eindringtiefe ist ebenfalls konstant und nur vom Material abhängig, in unserem Beispiel ist $c \approx 3$ cm/s und $1/\gamma \approx 0.063$ mm.

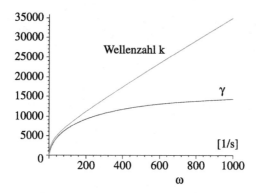

Abb. 7.27 Wellenzahl und Dämpfungsfaktor als Funktion der Anregungsfrequenz für eine viskoelastische Maxwell-Flüssigkeit mit $\lambda = 0.001s$ und $\nu = 10^{-6}m^2/s$.

(b) *Niederfrequenzlimes*, $\omega \to 0$. Sowohl k als auch γ gehen beide gegen null,

$$k = \gamma = \sqrt{\frac{\omega}{2\nu}} \, , \tag{7.98}$$

d.h. Wellenlänge und Eindringtiefe sind gleich und werden unendlich. Für Newton'sche Flüssigkeiten ($\lambda = 0$) gilt derselbe Zusammenhang (7.98) jedoch für beliebige Frequenzen.

Kapitel 8

Hydrodynamische Instabilitäten

Bisher haben wir Strömungen unter vorgegebenen äußeren Kräften und Geometrien untersucht. Die Fragestellung dieses Kapitels ist eine andere: Inwieweit ist eine Strömung, oder besser ein bestimmter Zustand (es kann sich auch um eine Flüssigkeit in Ruhe handeln), stabil unter kleinen äußeren Störungen? Was für eine neue Struktur, im Raum und in der Zeit, tritt jenseits der Stabilitätsgrenzen auf? Wird sie durch die raumzeitliche Form der Instabilität bestimmt?

Instabile Systeme sind aus der Mechanik bekannt. Man denke etwa an einen bis an seine Bruchgrenze belasteten Balken. Die kleinste Störung führt dann zu einem qualitativ anderen Zustand, nämlich dem des gebrochenen Balkens. Ein einfacheres Beispiel, bei dem der neue Zustand eher stetig aus dem alten hervorgeht, ist der einer schweren Kugel im Potentialgebirge (Abb. 8.1). Die Kugel ist dort kräftefrei (sie befindet sich im Gleichgewicht), wo das Potential extremal wird. Offensichtlich hängt die Stabilität des jeweiligen Gleichgewichts vom Vorzeichen der Krümmung des Potentials ab. Wenn wir annehmen, dass die Bewegung der Kugel stark gedämpft ist, so lassen sich Trägheitskräfte vernachlässigen, und man erhält für eine eindimensionale Bewegung $x(t)$ die Bewegungsgleichung

$$\underbrace{m\, d_{tt}^2 x(t)}_{\approx 0} + \gamma\, d_t x(t) = F(x) = -d_x U(x) \ , \tag{8.1}$$

Abb. 8.1 Eine Kugel im Potentialgebirge. Der *linke* Gleichgewichtszustand ist stabil, der *rechte* instabil. Eine beliebig kleine Störung führt zu einem qualitativ neuen Verhalten.

wobei $U(x)$ das Potential und γ die Dämpfungskonstante bezeichnen. Der kräftefreie Zustand, auch Gleichgewichtszustand oder **Fixpunkt** genannt, folgt aus

$$F(x_0) = -d_x U(x)|_{x=x_0} = 0 \ , \tag{8.2}$$

was den Extremalstellen des Potentials entspricht. Im Allg. kann es mehrere Fixpunkte geben, die (8.2) lösen. Wenn man sich dafür interessiert, wie sich eine zunächst beliebig kleine Störung eines Gleichgewichtspunktes am Anfang, also solange die Störung noch klein ist, entwickelt, verwendet man die Methode der **linearen Stabilitätsanalyse**. Dazu betrachten wir zunächst die Störung $u(t)$ als Abweichung vom Fixpunkt x_0

$$x(t) = x_0 + u(t)$$

und setzen dies in (8.1) ein. Beschränkt man sich zunächst auf kleine Störungen, so lässt sich die rechte Seite von (8.1) entwickeln:

$$F(x) = \underbrace{F(x_0)}_{=0} + d_x F(x)|_{x_0} u + \dots \ ,$$

wobei der erste Term rechts wegen (8.2) verschwindet. Aus (8.1) wird damit, wenn man sich auf lineare Terme in u beschränkt, die lineare, homogene Differentialgleichung

$$\gamma d_t u = d_x F|_{x_0} u + O(u^2) \ , \tag{8.3}$$

die wie immer mit dem Ansatz

$$u(t) = u_0 \exp(\lambda t) \tag{8.4}$$

gelöst wird. Man erhält

$$\lambda = \frac{1}{\gamma} \, d_x F|_{x_0} = -\frac{1}{\gamma} \, d_{xx}^2 U|_{x_0} \ . \tag{8.5}$$

Dies ist aber genau die gesuchte Stabilitätsbedingung. Wenn nämlich $\lambda > 0$ und damit die zweite Ableitung von U negativ ist, x_0 also ein Maximum von U bezeichnet, dann wird jede beliebig kleine Anfangsstörung u_0 nach (8.4) in der Zeit exponentiell anwachsen. Der „Flügelschlag eines Schmetterlings" würde genügen, um den Fixpunkt zu verlassen. Umgekehrt verhält es sich in einem Minimum von U. Hier ist $\lambda < 0$ und selbst größere Störungen, solange sie die Linearisierung (8.3) zulassen, werden exponentiell im Laufe der Zeit gegen null gehen.

8.1 Strukturbildung

Wir wollen das gerade entwickelte Konzept jetzt auf kompliziertere Systeme erweitern, bei denen die Variablen nicht nur von der Zeit, sondern auch vom Ort abhängen sollen. Unter *Strukturbildung* versteht man das Entstehen geordneter, makroskopischer Bewegungsformen in der Flüssigkeit, wobei der Begriff „makroskopisch" darauf hinweisen soll, dass die Muster um viele Ordnungen größer sind, als die Volumenelemente (mesoskopisch), von denen jedes einzelne wiederum sehr viele Moleküle oder Atome (mikroskopisch) der Flüssigkeit enthält.

8.1.1   Instabiliäten

Um so einfach wie möglich (aber nicht einfacher) zu beginnen, betrachten wir ein System, das nur durch eine Variable, die einer nichtlinearen Diffusionsgleichung gehorchen soll, beschrieben wird. Außerdem wollen wir zunächst nur die Abhängigkeit von einer Ortskoordinate, und natürlich von der Zeit, zulassen. Die allgemeine Form einer solchen Gleichung lautet

$$\partial_t w(x,t) = D\,\partial_{xx}^2 w(x,t) + f(w(x,t))\ . \tag{8.6}$$

Hier bezeichnet $D > 0$ die Diffusionskonstante und $f(w)$ eine beliebige Funktion, von der wir annehmen, dass sie sich nach Potenzen von w entwickeln lassen soll. In der Hydrodynamik hat man es meistens mit mehreren Variablen zu tun. Nehmen wir also für den Augenblick an, dass es sich bei w um die Konzentration einer chemischen Substanz handelt. Die Funktion $f(w)$ würde sich dann aus der Reaktionskinetik ergeben.

Gehen wir nach derselben Weise wie bei dem mechanischen Modell von vorher vor. Als Erstes wird man einen Fixpunkt suchen:

$$D\,\partial_{xx}^2 w^0(x) + f(w^0(x)) = 0\ . \tag{8.7}$$

Die Lösung von (8.6) kann sich bereits sehr schwierig gestalten, handelt es sich hier doch um eine nichtlineare gewöhnliche Differentialgleichung zweiter Ordnung. Wir können das Problem aber beträchtlich vereinfachen, wenn wir annehmen, dass w^0 eine Konstante, also ein homogener Zustand im Ort (und natürlich auch in der Zeit) sein soll. Dann folgt w^0 einfach aus der algebraischen Gleichung

$$f(w^0) = 0\ .$$

Wie sieht es mit der Stabilität von w^0 aus? Wie vorher untersuchen wir kleine Störungen, die jetzt aber auch vom Ort abhängen dürfen:

$$w(x,t) = w^0 + u(x,t)\ .$$

Einsetzen in (8.6) ergibt eine zu (8.3) analoge Form, bei der es sich diesmal um eine partielle Differentialgleichung handelt:

$$\partial_t u(x,t) = D\,\partial_{xx}^2 u(x,t) + d_w f|_{w^0}\,u(x,t)\ . \tag{8.8}$$

Um Schreibarbeit zu sparen, führen wir die Abkürzung

$$a = d_w f|_{w^0}$$

ein. Gleichungen vom Typ (8.8) löst man mit dem Ansatz[1]

$$u(x,t) \sim \exp(\lambda t + ikx) \tag{8.9}$$

---

[1] Hier spielen Randbedinungen eine wichtige Rolle. Wir werden darauf weiter unten eingehen.

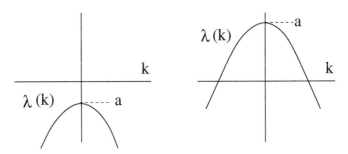

Abb. 8.2 Für $a < 0$ sind alle Moden gedämpft, die alte Lösung bleibt stabil (*links*). Eine Instabilität entsteht, wenn $a > 0$ wird. Dann können Moden mit kleiner Wellenzahl (großer Wellenlänge) linear anwachsen.

und erhält aus (8.8) die **Dispersionsrelation**

$$\lambda(k) = -Dk^2 + a \ . \tag{8.10}$$

Wir sehen, dass eine Instabilität nur dann möglich ist, wenn $a > 0$ gilt. Dann werden aber auf jeden Fall Moden mit $k \approx 0$ die größten Wachstumsraten besitzen und damit die zu erwartenden neuen Strukturen bestimmen[2] (Abb. 8.2). Da aber k der Wellenzahl dieser Moden entspricht, werden die neuen Lösungen eine sehr große räumliche Skala haben, sich also nicht wesentlich von dem homogenen alten Zustand w^0 unterscheiden. Insbesondere sind keine periodischen Lösungen im Ort zu erwarten, da hierzu ein bestimmtes endliches k am schnellsten anwachsen müsste.

8.1.2   Periodische Strukturen im Ort

Wie kann es aber zu den oft beobachteten periodischen Strukturen in der belebten und unbelebten Natur kommen? Es war niemand anderes als der berühmte Alan Turing, maßgeblich an der Entwicklung der theoretischen Grundlagen moderner Computer beteiligt, der erkannte, dass mindestens zwei gekoppelte Gleichungen vom Typ (8.6) notwendig sind, um periodische Strukturen wie Streifen (z. B. bei Zebras) oder Flecken (bei bestimmten Katzen) zu beschreiben[3]. Versuchen wir also den Ansatz

$$\partial_t w_1(x,t) = D_1 \, \partial_{xx}^2 w_1(x,t) + f_1(w_1, w_2) \tag{8.11a}$$

$$\partial_t w_2(x,t) = D_2 \, \partial_{xx}^2 w_2(x,t) + f_2(w_1, w_2) \ , \tag{8.11b}$$

---

[2]Unter „Moden" versteht man Lösungen des linearen Problems (8.8), hier also den Fourier-Ansatz (8.9).

[3]Turing untersuchte Gleichungen der Form (8.11), die eine chemische Reaktion beschreiben, welche in der embryonalen Phase des entsprechenden Lebewesens ablaufen soll. Nachdem sich durch die Reaktion eine Struktur ausgebildet hat, steuert diese die Pigmentzellen, die dann für die Einfärbung von Haut oder Haaren zuständig sind (A. M. Turing: *The chemical basis of morphogenesis*, Phil. Trans. R. Soc. London B 237, 37 (1952)). Wer weiter in die hochinteressante Materie der strukturbildenden biologischen Systeme eindringen will, dem sei das Buch von J. D. Murray [9] empfohlen.

Abb. 8.3 Laut einer Hypothese von A. Turing entstehen Haut-, Schuppen- oder Fellzeichnungen bei Tieren durch eine chemische Instabilität in der embryonalen Phase. Dadurch kommt es oft zu Punkten (*links* beim Paddelbarsch) oder zu Streifen (*rechts* beim Rotfeuerfisch). Das Entstehen von zufälligen Defekten und Versetzungen in den sonst eher regelmäßigen Strukturen scheint Turings Theorie zu bestätigen. Vom Autor fotografiert im Zoo Aquarium Berlin.

wobei w_1 und w_2 Konzentrationen zweier verschiedener chemischer Substanzen beschreiben, die über Reaktionen, deren Kinetik sich in den Funktionen f_i widerspiegelt, wechselwirken und ineinander umgewandelt werden können. Ein Fixpunkt soll, wie vorher, homogen im Ort sein und sich demzufolge aus

$$f_1(w_1^0, w_2^0) = 0, \qquad f_2(w_1^0, w_2^0) = 0$$

berechnen lassen. Mit den Abkürzungen

$$a_1 = \left.\frac{\partial f_1}{\partial w_1}\right|_{w^0}, \quad b_1 = \left.\frac{\partial f_1}{\partial w_2}\right|_{w^0}, \quad a_2 = \left.\frac{\partial f_2}{\partial w_2}\right|_{w^0}, \quad b_2 = \left.\frac{\partial f_2}{\partial w_1}\right|_{w^0}$$

ergibt sich nach Taylor-Entwicklung der f_i und Linearisierung aus (8.11) das System

$$\partial_t u_1(x,t) = D_1\,\partial_{xx}^2 u_1(x,t) + a_1 u_1(x,t) + b_1 u_2(x,t) \qquad (8.12a)$$

$$\partial_t u_2(x,t) = D_2\,\partial_{xx}^2 u_2(x,t) + a_2 u_2(x,t) + b_2 u_1(x,t) \qquad (8.12b)$$

für die Abweichungen $u_i(x,t)$ vom Fixpunkt w_i^0. Wieder führt ein Fourier-Ansatz wie (8.9) weiter,

$$u_j(x,t) = v_j \exp(\lambda t + ikx) \,,$$

der aus (8.12) das Eigenwertproblem

$$(\underline{M} - \lambda\,\underline{1})\,\vec{v} = 0 \qquad (8.13)$$

mit dem Vektor

$$\vec{v} = \begin{pmatrix} v_1 \\ v_2 \end{pmatrix}$$

und der 2x2-Matrix

$$\underline{M} = \begin{pmatrix} -D_1 k^2 + a_1 & b_1 \\ b_2 & -D_2 k^2 + a_2 \end{pmatrix}$$

macht. Das System (8.13) hat genau dann nichttriviale Lösungen, wenn

$$\det(\underline{M} - \lambda \, \underline{1}) = 0$$

gilt. Dies führt auf das charakteristische Polynom

$$\lambda^2 + \lambda(D_1 k^2 + D_2 k^2 - a_1 - a_2) + (D_1 k^2 - a_1)(D_2 k^2 - a_2) - b_1 b_2 = 0 \qquad (8.14)$$

für λ. Anstatt (8.14) nach λ aufzulösen können wir uns auch fragen, für welche Parameterwahl a_i, b_i eine Instabilität auftritt und ein stabiler (alter) Zustand ($\lambda < 0$) instabil wird ($\lambda > 0$). Der **kritische Punkt** der einsetzenden Instabilität wird also durch $\lambda = 0$ festgelegt. Dies vereinfacht (8.14) zu

$$(D_1 k^2 - a_1)(D_2 k^2 - a_2) - b_1 b_2 = 0$$

und ergibt nach a_1 aufgelöst:

$$a_1 = D_1 k^2 - \frac{b_1 b_2}{D_2 k^2 - a_2} \ . \qquad (8.15)$$

a_1 soll immer größer null sein. Weil die beiden Diffusionskonstanten D_i sicher positiv sind, kann dies nur dann für beliebiges k gelten, wenn

$$b_1 b_2 < 0, \qquad \text{und} \quad a_2 < 0$$

ist. Der Wert von a_1 (wie der der anderen Koeffizienten auch) hängt von den ablaufenden Reaktionen ab. Nehmen wir an, wir könnten a_1, z. B. durch Ändern der Temperatur oder des Drucks, von null an beliebig erhöhen. Dann wird die Mode mit derjenigen Wellenzahl $k = \pm k_c$ zuerst anwachsen, bei der (8.15) ein Minimum hat (Abb. 8.4). Das lässt sich natürlich auch berechnen. Nullsetzen der Ableitung von (8.15) nach k ergibt, nach k^2 aufgelöst,

$$k_c^2 = \frac{a_2}{D_2} + \sqrt{-\frac{b_1 b_2}{D_1 D_2}} = \frac{1}{2}\left(\frac{a_1}{D_1} + \frac{a_2}{D_2}\right) \ . \qquad (8.16)$$

Was haben wir nun durch die lineare Stabilitätsanalyse erreicht? Zunächst konnten wir den „kritischen Punkt", also den Parameterwert a_1 berechnen, bei dem der ursprüngliche, homogene Zustand instabil wird. Aber was noch viel wichtiger ist, wir wissen jetzt mit (8.16), welche Wellenzahl und damit auch welche Periodenlänge die neu entstehende Struktur haben wird. In zwei Dimensionen ergibt sich ein ganz ähnliches, wenn auch was die möglichen Strukturen angeht, wesentlich reichhaltigeres Bild. Der Betrag des Wellenvektors ist dann durch (8.16) gegeben, über die Richtung der ebenen Wellen lässt

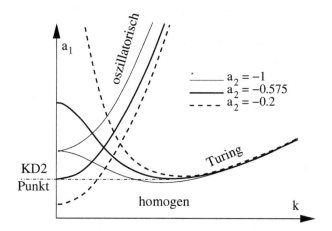

Abb. 8.4 Kritischer Wert für den Kontrollparameter a_1 in Abhängigkeit der Wellenzahl für $D_1 = 1$, $D_2 = 10$, $b_1 = -1$, $b_2 = 1$ und verschiedene Werte von a_2. Für $a_2 < a_2^{KD2}$ wird zuerst die Turing-Mode instabil, für $a_2 > a_2^{KD2}$ die oszillatorische Mode. Für die angegebenen Parameter gilt $a_2^{KD2} = -0.575$. Die oszillatorische Mode setzt immer zuerst mit $k_c = 0$ ein, die Turing-Mode dagegen mit endlichem k_c, entsprechend dem Minimum von a_1.

sich allerdings aus den linearisierten Gleichungen keine Aussage machen. Wegen der Symmetrie des ursprünglichen Zustandes bezüglich Drehungen in der xy-Ebene darf die Wachstumsrate einer Mode auch nicht von ihrer Richtung abhängen. Dies bedeutet, dass zunächst beliebige Überlagerungen ebener Wellen mit beliebigen Richtungen, aber mit denselben Wellenlängen anwachsen können. Dieselbe Situation ist uns schon in Abschn. 5.7.2 begegnet und man erhält Muster wie die in Abb. 5.11 dargestellten. In der Tat beobachtet man bei Instabilitäten dieses Typs (Turing-Instabilitäten) meistens Streifen, Quadrate oder auch Hexagone. Quasiperiodische Strukturen wie die für $N = 5$ (Abb. 5.11) sind dagegen eher selten, aber trotzdem durchaus möglich.

8.1.3   Periodische Strukturen in der Zeit

Um den kritischen Punkt zu berechnen, haben wir in (8.14) einfach $\lambda = 0$ gesetzt. Es gibt jedoch noch eine weitere Möglichkeit für eine Instabilität: λ könnte komplex sein, was dazu führt, dass die Moden in der Zeit oszillieren. Es handelt sich dann um gedämpfte (stabiler alter Zustand) oder exponentiell anwachsende Schwingungen, je nachdem, ob der Realteil von λ größer oder kleiner Null ist. Anstatt am kritischen Punkt $\lambda = 0$ zu setzen, versuchen wir also jetzt

$$\lambda = i\omega ,$$

mit einer reellen, noch zu bestimmenden Frequenz ω. Dies eingesetzt in (8.14) ergibt nach Trennung von Real- und Imaginärteil die beiden Gleichungen

$$\omega^2 = (D_1 k^2 - a_1)(D_2 k^2 - a_2) - b_1 b_2 \tag{8.17a}$$

$$0 = (D_1 + D_2)k^2 - a_1 - a_2 . \tag{8.17b}$$

Aus der ersten bestimmt man die Frequenz, die zweite liefert, analog zu (8.15), den kritischen Punkt in Abhängigkeit von der Wellenzahl:

$$a_1 = (D_1 + D_2)k^2 - a_2 . \tag{8.18}$$

Offensichtlich wird die Mode mit $k = 0$ zuerst instabil, sobald

$$a_1 \geq -a_2$$

gilt. Die oszillatorische Mode wird, wie im Beispiel (8.8), eine langwellige, im Extremfall räumlich homogene Struktur besitzen, entsprechend

$$k_c = 0 . \tag{8.19}$$

Instabilitäten mit einem Paar konjugiert komplexer Eigenwerte werden auch als **Hopf-Instabilitäten**[4] oder Hopf-Moden bezeichnet. Entsprechend heißt die Frequenz am kritischen Punkt **Hopf-Frequenz**. Sie folgt aus (8.17a) als

$$\omega_c = \sqrt{a_1 a_2 - b_1 b_2} = \sqrt{-a_1^2 - b_1 b_2} . \tag{8.20}$$

Man sieht sofort, dass eine Hopf-Instabilität nur dann möglich ist, wenn $b_1 b_2 < 0$, eine Annahme, die wir schon bei der Turing-Instabilität verwendet haben. Dies ist der Grund, warum (8.11) auch als **Aktivator-Inhibitor-System** bezeichnet wird. Sei $b_1 < 0$ und $b_2 > 0$. Dann erzeugt die Substanz w_1 über die Kopplung b_2 die Substanz w_2, während w_2 über b_1 zum Abbau von w_1 führt. Deshalb wird w_1 als (Konzentration des) Aktivator(s) bezeichnet, w_2 als Inhibitor.

Zeitliche Oszillationen eines räumlich homogenen Zustandes wurden zuerst im Experiment bei chemischen Nichtgleichgewichtsreaktionen beobachtet, bei denen der pH-Wert regelmäßige Schwingungen um einen mittleren Wert ausführte (Belousov-Zhabotinskii Reaktion)[5].

8.1.4   (*) Kodimension Zwei

Was passiert aber nun wirklich, wenn einer der Kontrollparameter, sagen wir wieder a_1, erhöht wird? Der homogene stationäre Zustand wird instabil, aber auf welche Art,

---

[4]Benannt nach ihrem „Entdecker", dem Mathematiker E. Hopf (1942).

[5]Für weiterführende Studien zu raumzeitlicher Strukturbildung in Systemen fern vom Gleichgewicht verweisen wir auf die Bücher von H. Haken [7,8].

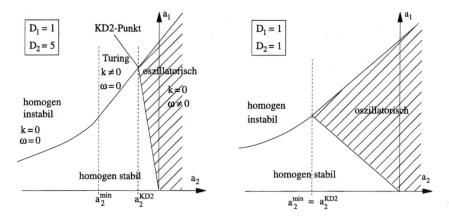

Abb. 8.5 Die verschiedenen Stabilitätsbereiche in der a_1-a_2-Ebene. Wenn das Verhältnis D_2/D_1 kleiner wird, dehnt sich der oszillatorische Bereich aus auf Kosten des Turing-Bereichs, welcher für $D_2/D_1 \leq 1$ schließlich ganz verschwindet. Der homogen instabile Zustand geht dann direkt in den oszillatorischen über.

das entscheiden die anderen Parameter. Je nachdem, welche Werte a_1, b_1 und b_2 sowie die beiden Diffusionskonstanten haben, werden wir zuerst eine in der Zeit periodische (oszillatorische, oder Hopf-) oder eine im Ort periodische (Turing) Instabilität beobachten. Aus der Mathematik ist der Begriff der **Kodimension** bekannt. Die Kodimension gibt die Zahl an zusätzlichen Bedingungen an, die bestimmte geometrische Objekte erfüllen müssen. So besitzt zum Beispiel eine Fläche im dreidimensionalen Raum die Kodimension Eins, eine Linie hat die Kodimension Zwei und ein Punkt die Kodimension Drei. Instabilitätsbedingungen wie (8.15) oder (8.18), die den Wert eines Parameters in Relation zu den anderen festlegen, definieren einen $n-1$– dimensionalen Unterraum im n–dimensionalen Parameterraum und haben demnach die Kodimension 1.

Nun können die Parameter aber auch so eingestellt werden, dass Turing- und Hopf-Mode gleichzeitig instabil werden. Dies schränkt die mögliche Parameterwahl natürlich weiter ein, und zwar auf einen $n-2$–dimensionalen Unterraum. Solche „doppelten" Instabilitäten werden deshalb als Kodimension-Zwei-Instabilitäten bezeichnet.

Wir wollen dies am vorigen Beispiel vertiefen. Um die Darstellung nicht zu sehr zu überladen, setzen wir ohne Einschränkung der Allgemeinheit, $b_1 = -1$, $b_2 = 1$. Setzt man die kritische Wellenzahl (8.16) in (8.15) ein, so erhält man den für eine Turing-Instabilität minimal notwendigen Wert für a_1:

$$a_1^T = \frac{D_1}{D_2}a_2 + 2\sqrt{\frac{D_1}{D_2}} \ . \tag{8.21}$$

Genauso ergibt sich für die oszillatorische Instabilität aus (8.18) mit (8.19)

$$a_1^{os} = -a_2 \ . \tag{8.22}$$

Gleichsetzen der beiden Ausdrücke führt auf eine Bedingung für a_2, entsprechend dem Schnittpunkt der beiden Geraden (8.21) und (8.22) in der a_1-a_2-Ebene (Abb. 8.5):

$$a_2^{KD2} = -2\frac{\sqrt{D_1 D_2}}{D_1 + D_2} \ . \tag{8.23}$$

Dieser Punkt wird dann als **Kodimension-Zwei-Punkt** bezeichnet. Offensichtlich wird für $a_2 > a_2^{KD2}$ zuerst die Hopf-Mode instabil, für $a_2 < a_2^{KD2}$ wird man dagegen die Turing-Mode an der Schwelle beobachten.

Es ist zu beachten, dass die Turing-Linie nur ab

$$a_2 \geq a_2^{min} = -\sqrt{-\frac{b_1 b_2 D_2}{D_1}} \tag{8.24}$$

existiert, da sonst k_c^2 in (8.16) kleiner null wird. Für kleineres a_2 entsteht dann eine homogene Instabilität wie in Abschn. 8.1.1 diskutiert. Um überhaupt eine Turing-Struktur als erste instabile Mode zu bekommen, muss der Kodimension-Zwei-Punkt auf jeden Fall rechts von a_2^{min} liegen, was auf die Bedingung

$$D_2 > D_1$$

führt. Der Inhibitor muss also schneller diffundieren als der Aktivator, was den Nachweis von Turing-Strukturen im Experiment erschwert.

8.1.5   Wellen

Es gibt also entweder eine Turing-Instabilität, die periodisch im Ort und monoton (λ reell, d.h. $\omega = 0$) ist, oder umgekehrt, eine Hopf-Instabilität, bei der λ komplex, aber dafür $k_c = 0$ ist. Offensichtlich kann es bei einem System aus zwei gekoppelten Diffusionsgleichungen keine Hopf-Instabilität mit $k_c \neq 0$ geben. Dies ist jedoch ab einem System aus drei verschiedenen Reaktanten möglich. Ohne näher darauf einzugehen, wollen wir diese Instabilität zunächst als **Welleninstabilität** bezeichnen. Die Moden haben dann die Form

$$u_i(x,t) = v_i \exp(\lambda t) \exp(\pm i(\omega t \pm kx)) \ ,$$

was, je nach Überlagerung der einzelnen Lösungen, stehenden oder laufenden Wellen entspricht.

8.2   Taylor-Wirbel

Nach diesem kleinen Ausflug in die Welt diffusionsgetriebener Instabilitäten kehren wir zur Hydrodynamik zurück. Wir werden eine Reihe von Systemen vorstellen, die nach den oben angegebenen Kriterien klassifizierbare Instabilitäten aufweisen. Beginnen wollen wir mit einem System, das wir schon in Abschn, 7.2.3 vorgestellt hatten, einer Flüssigkeit zwischen zwei konzentrischen, sich mit verschiedenen Winkelgeschwindigkeiten drehenden Zylindern (Abb. 7.7). Wir wollen jetzt mit den vorher diskutierten Methoden zeigen, dass die in Abb. 7.8 gezeigten Taylor-Wirbel als Instabilität vom Turing-Typ aus der Couette-Strömung für eine bestimmte kritische Taylor-Zahl (im Wesentlichen eine Funktion der beiden Winkelgeschwindigkeiten) entstehen.

8.2.1   Das lineare Problem

Zunächst untersuchen wir die Stabilität der zirkularen Couette-Strömung nach (7.30)

$$\vec{v}^{\,0}(r) = \left(ar + \frac{b}{r} \right) \hat{e}_\varphi$$

mit

$$a = \frac{\Omega_2 R_2^2 - \Omega_1 R_1^2}{R_2^2 - R_1^2}, \qquad b = \frac{(\Omega_1 - \Omega_2) R_1^2 R_2^2}{R_2^2 - R_1^2} \; .$$

Hierzu betrachten wir Störungen, die wegen der Axialsymmetrie der Taylor-Wirbel nur von r und z abhängen sollen[6]:

$$\vec{v}(\vec{r}, t) = \vec{v}^{\,0}(r) + \vec{u}(r, z, t) \; . \tag{8.25}$$

Im Gegensatz zu den in Abschn. 8.1 diskutierten Fällen ist die alte Lösung $\vec{v}^{\,0}$ nicht homogen, sondern ortsabhängig, was die Sache etwas schwieriger macht. Die prinzipielle Vorgehensweise bleibt jedoch gleich. Einsetzen von (8.25) in die Navier-Stokes-Gleichung in Zylinderkoordinaten (siehe (B.62)) ergibt nach der Linearisierung

$$\partial_t u_r - 2 \left(a + \frac{b}{r^2} \right) u_\varphi \;\; = \;\; -\frac{1}{\rho} \partial_r p + \nu \Delta u_r$$

$$\partial_t u_\varphi + 2a u_r \;\; = \;\; \nu \Delta v_\varphi \tag{8.26}$$

$$\partial_t u_z \;\; = \;\; -\frac{1}{\rho} \partial_z p + \nu \Delta u_z \; .$$

Hier haben wir bereits die sogenannte *narrow-gap-Näherung* verwendet, in der man alle Terme der Ordnung $1/r$ weglässt (b/r^2 bleibt dabei, weil $b \sim r^2$ ist). Diese Näherung gilt dann, wenn der Abstand (das „gap") $d = R_2 - R_1$ zwischen den beiden Zylindern klein gegenüber R_1, R_2 ist. Genauso lässt sich auch der Laplace-Operator

$$\Delta \approx \partial_{rr}^2 + \partial_{zz}^2$$

---

[6]Es gibt aber auch Instabilitäten, die von φ abhängen und die bei gegendrehenden Zylindern als erste Mode auftreten. Sie werden „Wellenwirbel" genannt. Aus Platzgründen können wir hier nicht darauf eingehen.

nähern. Zusätzlich muss für die Störung die Kontinuitätsgleichung (B.64) gelten, die ebenfalls in der narrow-gap-Näherung

$$\partial_r u_r + \partial_z v_z = 0 \tag{8.27}$$

lautet. Da (8.26) nicht explizit von z abhängt, machen wir den Produktansatz

$$\vec{u}(r, z, t) = \vec{w}(r) \exp(\lambda t + ikz), \qquad p(r, z, t) = \tilde{p}(r) \exp(\lambda t + ikz) \;,$$

wobei $\ell = 2\pi/k$ den Abstand zweier Taylor-Wirbel in senkrechter Richtung angibt. Setzt man dies in (8.26) und (8.27) ein, so lassen sich w_z sowie der Druck eliminieren. Es bleiben die beiden gewöhnlichen Differentialgleichungen

$$\left(d_{rr}^2 - k^2 - \frac{\lambda}{\nu} \right) \left(d_{rr}^2 - k^2 \right) w_r = \frac{2k^2}{\nu} \left(a + \frac{b}{r^2} \right) w_\varphi \approx \frac{2k^2}{\nu} \Omega_1 \left(1 - (1 - \mu)\xi \right) w_\varphi \tag{8.28a}$$

$$\left(d_{rr}^2 - k^2 - \frac{\lambda}{\nu} \right) w_\varphi = \frac{2a}{\nu} w_r \approx \frac{R_1(\Omega_2 - \Omega_1)}{\nu d} w_r \tag{8.28b}$$

übrig, wobei für die jeweils letzten Umformungen wieder „narrow-gap" verwendet wurde. Als neue, dimensionslose Größe haben wir das Verhältnis

$$\mu = \frac{\Omega_2}{\Omega_1}$$

eingeführt. Desweiteren misst ξ den Abstand in radialer Richtung vom inneren Zylinder in Einheiten von d, also

$$r = R_1 + \xi \cdot d, \qquad \text{mit} \quad 0 \le \xi \le 1 \;.$$

Führen wir in (8.28) durchweg auf d skalierte Längen ein, so ergibt sich die dimensionslose Wellenzahl

$$\tilde{k} = k \cdot d \;.$$

Um die Gleichungen übersichtlicher zu gestalten, substituiert man außerdem noch

$$w_\varphi = \tilde{w}_\varphi \frac{2ad^2}{\nu} \qquad \text{und} \qquad \lambda = \tilde{\lambda} \frac{\nu}{d^2}$$

und erhält schließlich aus (8.28) das System

$$\left(d_{\xi\xi}^2 - \tilde{k}^2 - \tilde{\lambda}\right)\left(d_{\xi\xi}^2 - \tilde{k}^2\right)w_r = -T\tilde{k}^2(1 - (1 - \mu)\xi)\tilde{w}_\varphi \tag{8.29a}$$

$$\left(d_{\xi\xi}^2 - \tilde{k}^2 - \tilde{\lambda}\right)\tilde{w}_\varphi = w_r \tag{8.29b}$$

(wir lassen künftig die Schlangen wieder weg). Wir haben hier den wichtigen dimensionslosen Kontrollparameter T eingeführt, die sogenannte **Taylor-Zahl**. Aus der Rechnung ergibt sich (narrow-gap):

$$T = \frac{2d^3R_1}{\nu^2}\Omega_1(\Omega_1 - \Omega_2) = \frac{2d^3R_1\Omega_1^2}{\nu^2}(1 - \mu) . \tag{8.30}$$

Wegen $\mu < 1$ (der innere Zylinder dreht sich schneller) ist die Taylor-Zahl normalerweise positiv.

8.2.2   Eine Näherungslösung des linearen Problems

Wir verwenden weiterhin die narrow-gap-Annahme. Um die kritische Taylor-Zahl zu finden, bei der die Couette-Strömung instabil wird, muss (8.29) mit den Randbedingungen (no-slip, d.h an den Zylindern müssen die Störungen $\vec{w}$ verschwinden)

$$w_r(0) = w_r(1) = d_\xi w_r(0) = d_\xi w_r(1) = w_\varphi(0) = w_\varphi(1) = 0 \tag{8.31}$$

gelöst werden. Dies ist aber, einerseits wegen der Randbedingungen, andererseits wegen der expliziten Abhängigkeit von (8.29a) von ξ nicht so einfach und kann nur näherungsweise durchgeführt werden. Eine beliebte Möglichkeit ist das Zerlegen der Lösungen in linear unabhängige Funktionen, die jede einzeln die Randbedingungen erfüllen (Spektral-Verfahren, siehe Kapitel 10.2)

$$w_r(\xi) = \sum_{n=0}^{N} a_n f_n(\xi), \qquad w_\varphi(\xi) = \sum_{n=0}^{N} b_n g_n(\xi) . \tag{8.32}$$

Einsetzen in (8.29) und Projektion auf bestimmte Testfunktionen (z.B. f_m bzw. g_m) liefert ein lineares Gleichungssystem für die Koeffizienten a_n und b_n, aus dessen Lösbarkeitsbedingung der Eigenwert und die kritische Taylor-Zahl folgen. Verwendet man für f_n und g_n die in Kapitel 10.2.1, 10.2.2 angegebenen, im Intervall $(0,1)$ orthogonalen Polynome, so erhält man schon für kleines N sehr gut konvergierende Werte. Selbst die einfachste Näherung mit jeweils nur einem Polynom (N=0) in (8.32), also

$$w_r(\xi) = a\,\xi^2(1 - \xi)^2, \qquad w_\varphi(\xi) = b\,\xi(1 - \xi) , \tag{8.33}$$

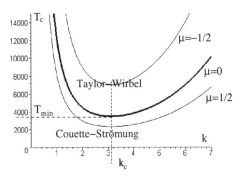

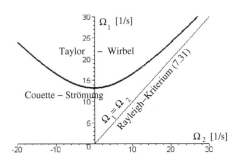

Abb. 8.6 Kritische Taylor-Zahl über der Wellenzahl für verschiedene $\mu = \Omega_2/\Omega_1$. Das Minimum liegt, unabhängig von μ (Näherung), bei $k_c = 3.116$. Bei den Taylor-Wirbeln handelt es sich um eine Turing-Instabilität.

Abb. 8.7 Kritische Linie in der Ω_1-Ω_2-Ebene für ein Silikonöl mit $\nu = 10^{-4} \mathrm{m}^2/\mathrm{s}$ und $R_1 = 10$ cm, $d = 1$ cm (narrow-gap). Die kleinste kritische Winkelgeschwindigkeit für den inneren Zylinder ergibt sich, ebenfalls in der narrow-gap-Näherung, bei ruhendem Außenzylinder.

liefert ein erstaunlich gutes Ergebnis. Einsetzen von (8.33) in (8.29), Multiplikation von (8.29a) mit w_r, (8.29b) mit w_φ und Integration über ξ von 0 bis 1 liefert die beiden Gleichungen (Schlangen sind weggelassen)

$$\left[\frac{4}{9}k^2(k^2 + \lambda) + \frac{16}{3}(2k^2 + \lambda) + 224 \right] a = -T\, k^2 (1 + \mu)\, b \qquad (8.34\mathrm{a})$$

$$\frac{14}{3} \left[k^2 + \lambda + 10 \right] b = -a \, . \qquad (8.34\mathrm{b})$$

Wenn wir nur an einer Turing-Instabilität interessiert sind, können wir $\lambda = 0$ setzen und erhalten aus der Lösbarkeitsbedingung von (8.34) die kritische Taylorzahl in Abhängigkeit der Wellenzahl k:

$$T_c(k^2) = \frac{2.074}{1 + \mu} \left(\frac{5040}{k^2} + 744 + 34k^2 + k^4 \right) \, . \qquad (8.35)$$

Erhöht man die Taylor-Zahl langsam von null (etwa durch immer schnelleres Drehen des inneren Zylinders), so wird die Couette-Strömung instabil, sobald T das Minimum von T_c erreicht (Abb. 8.6). Für $\mu = 0$ (ruhender Außenzylinder) ergibt sich aus unserer Näherung der Wert

$$T_{min} \approx 3500 \, ,$$

ein Resultat, das mit dem exakten (numerischen) Ergebnis[7] $T_{min} = 3415.52$ bis auf

----
[7]Eine genauere Näherungsrechnung wurde schon von G. I. Taylor angegeben. Details findet man z. B in [6].

etwa 2.5% übereinstimmt. Für μ ungleich null folgt mit (8.35)

$$T_{min} \approx \frac{3500}{1+\mu} \; , \tag{8.36}$$

eine Näherung, die im Bereich $-1/2 \le \mu \le 1$ brauchbar ist. Taylor-Wirbel werden mit einer Wellenzahl instabil, die in unserer Näherung nicht von μ abhängen kann. Aus $d_k T_c(k) = 0$ ergibt sich

$$k_c \approx 3.116 \; ,$$

ein Wert, der knapp unter π liegt. Der Abstand zweier übereinander liegender Wirbel beträgt deshalb beinahe genau d, die Taylor-Wirbel sind annähernd kreisförmig in der rz-Ebene.

Abb. 8.7 gibt schließlich den Instabilitätsbereich in der Ω_1-Ω_2-Ebene an, den man erhält, wenn man (8.36) mit (8.30) gleichsetzt und nach Ω_1 auflöst:

$$\Omega_1 = \sqrt{\frac{1750\,\nu^2}{d^3 R_1} + \Omega_2^2} \; . \tag{8.37}$$

8.3   Konvektion

Als Nächstes untersuchen wir eine Flüssigkeit oder ein Gas zwischen zwei horizontalen Platten im homogenen Schwerefeld der Erde (Abb. 8.8). Die untere Platte soll sich bei $z = 0$, die obere bei $z = d$ befinden. Erhitzt man die untere Platte auf die gleichmäßige Temperatur T_u und hält dabei die der oberen Platte konstant auf $T_o < T_u$, so entsteht in der ruhenden Flüssigkeit durch Wärmeleitung ein lineares Temperaturgefälle

$$T_0(z) = T_u + \beta z \tag{8.38}$$

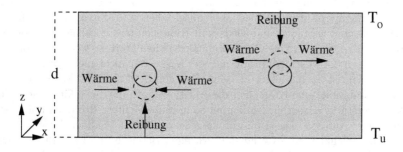

Abb. 8.8 Wird ein Volumenelement der Flüssigkeit nach unten ausgelenkt (*links*), so ist es kälter als seine Umgebung und nimmt Wärme auf. Umgekehrt verhält es sich bei dem Teilchen rechts, welches nach oben bewegt wird. Zusätzlich werden beide Elemente durch die Viskosität gebremst. Übersteigt der vertikale Temperaturgradient $\beta = (T_o - T_u)/d$ jedoch einen bestimmten Betrag, reichen diese beiden stabilisierenden Mechanismen nicht mehr aus und die Flüssigkeit setzt sich überall in Bewegung.

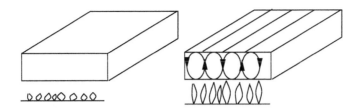

Abb. 8.9 Erhöht man den Temperaturgradienten über den kritischen Wert, setzt die Strömung in Form von regelmäßigen Rollen ein. Lässt man die Oberfläche frei, können auch Hexagone entstehen (wie Abb. 8.10).

mit dem (negativen) Temperaturgradienten

$$\beta = \frac{T_o - T_u}{d} \ . \tag{8.39}$$

Konvektionsgetriebene Systeme finden hauptsächlich Anwendungen in der Geophysik, hier insbesondere bei Strömungen der Atmosphäre, aber auch im äußeren, flüssigen Erdmantel[8]. Daneben wurde die Konvektion während der letzten Jahrzehnte zum Standardbeispiel für makroskopische, selbstorganisierte Strukurbildung fern vom thermischen Gleichgewicht. Die einsetzenden Bewegungsstrukturen können sehr komplex und zeitabhängig sein. Oft findet man aber, ähnlich den Taylor-Wirbeln, einfache streifen- oder hexagonförmige Muster, die nach einer Einschwingphase stationär werden. Aber wie kann eine ruhende Flüssigkeitsschicht durch thermische Einflüsse überhaupt destabilisiert werden?

8.3.1   Strukturen und Instabilitätsmechanismus

Wird ein Volumenelement durch eine zufällige Schwankung z.B. nach oben ausgelenkt, so ist es wärmer als seine Umgebung. Durch die Wärmediffusion in der Flüssigkeit wird sich der Temperaturunterschied aber ausgleichen und durch die Reibung wird das Volumenelement gebremst und wieder zur Ruhe kommen. Erhöht man jedoch den Temperaturgradienten über einen bestimmten kritischen Wert, so werden die dämpfenden Mechanismen der Wärmediffusion und der Viskosität nicht mehr ausreichen. Das wärmere Teilchen ist auch leichter als seine Umgebung, deshalb wirkt, genau wie bei der Taylor-Instabilität, eine Kraft, hier die Auftriebskraft, die die anfängliche zufällige Auslenkung verstärkt. Das Teilchen kommt so in immer kältere Regionen und gewinnt mehr und mehr Auftrieb. Dasselbe gilt umgekehrt für ein Volumenelement, welches nach unten ausgelenkt wird: es gelangt in wärmere Bereiche und ist deshalb schwerer als seine Nachbarelemente. Dadurch sinkt es immer weiter nach unten (Abb. 8.8).

Natürlich verhindern die horizontalen Platten ein beliebiges Anwachsen der Auslenkung in vertikaler Richtung. Außerdem gilt wegen der Massenerhaltung die Kontinuitätsglei-

---

[8]Für eine Übersicht verweisen wir auf das Buch *Mantle Convection, Plate Tectonics and Global Dynamics*, herausgegeben von W. R. Peltier, Taylor & Francis 1989. Dort insbesondere Kapitel 2, *Fundamentals of Thermal Convection* von F. H. Busse.

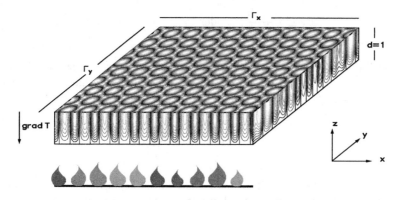

Abb. 8.10 Bei freier Oberfläche und temperaturabhängiger Oberflächenspannung beobachtet man hexagonförmige Temperatur- und Geschwindigkeitsfelder nicht zu weit entfernt vom kritischen Temperaturgradienten. Im Zentrum der Sechsecke steigt die Flüssigkeit nach oben, an den Rändern sinkt sie ab. Das Bild zeigt Konturlinien des Temperaturfeldes. Nach M. Bestehorn, Phys. Rev. E48, 3622 (1993).

chung: Wenn irgendwo Elemente nach oben steigen, dann müssen sich andere Elemente in der Flüssigkeit zum Ausgleich nach unten bewegen. Interessanterweise entsteht aber nicht eine regellose Bewegung der einzelnen Teilchen, sondern eine sehr geordnete in Form von Walzen (Rollen, Abb. 8.9), in denen die Flüssigkeit abwechselnd aufsteigt und absinkt. Ein anderes typisches periodisches Muster sind die in Abb. 8.10 gezeigten, aus einer Computerlösung gefundenen Hexagone (Bienenwaben), die vor mehr als hundert Jahren von Henri Bénard[9] experimentell an einer Talkschicht entdeckt wurden.

Nach den obigen Überlegungen muss der Temperaturgradient die bewegungshemmenden Mechanismen der Wärmediffusion κ und der Viskosität η kompensieren. Der kritische Gradient wird also (β ist negativ, siehe (8.39))

$$\beta_c \sim -\kappa\eta$$

sein. Andererseits muss aber auch der Auftrieb ρg ($g =$ Erdbeschleunigung) eine Rolle spielen. Je größer der Auftrieb, desto kleiner muss β_c sein. Schließlich ist noch der thermische Ausdehnungskoeffizient α, definiert als

$$\alpha = \frac{1}{V}\frac{dV}{dT} = -\frac{1}{\rho}\frac{d\rho}{dT}$$

wichtig, der angibt, wie sich das Volumen bzw. die Dichte mit der Temperatur ändert und der ebenfalls umgekehrt proportional in β_c eingehen muss. Man erhält damit

---

[9]Die Originalarbeiten von Bénard findet man in *Annales de Chimie et de Physique, 23, 62-144 (1901)* und *Revue générale des Sciences pure et appliquées, 11, 1261-71, 1309-28 (1900)* unter dem Titel *Les Tourbillons cellulaires dans une nappe liquide.* Neuere und wesentlich genauere Experimente wurden später hauptsächlich von Koschmieder durchgeführt, siehe die Monografie *E.L. Koschmieder, Bénard Cells and Taylor Vorticies, Cambridge University Press.*

$$\beta_c \sim -\frac{\kappa\eta}{\rho_o g \alpha} \qquad \text{oder} \quad \beta_c = -\tilde{R}_c \frac{\kappa\eta}{\rho_o g \alpha} \; . \tag{8.40}$$

Ein Vergleich der Dimensionen von linker und rechter Seite zeigt, dass die Proportionalitätskonstante $\tilde{R}_c$ die Dimension 1/Länge zur vierten Potenz haben muss. Mit der Substitution $\tilde{R}_c = R_c/d^4$ lässt sich aus (8.40) die dimensionslose Kennzahl

$$R_c = -\frac{\beta_c \rho g \alpha d^4}{\kappa\eta} = -\frac{\beta_c g \alpha d^4}{\kappa\nu} \tag{8.41}$$

gewinnen, welche als **Rayleigh-Zahl** bezeichnet wird. Genau wie die Taylor-Zahl gibt sie den notwendigen kritischen äußeren Parameter, hier den Temperaturgradienten, an, bei dem die Instabilität einsetzt, und zwar in Abhängigkeit von den Materialgrößen κ, η, α, ρ und der Schichtdicke d. Weil normalerweise $\alpha > 0$ und $\beta_c < 0$ gilt, ist R_c positiv[10].

8.3.2   Die Gundgleichungen der Konvektion

Wir wollen die im letzten Abschnitt auf reinen Skalierungsüberlegungen beruhende Definition von R jetzt systematisch herleiten und dabei den Wert von R_c berechnen.

Um die Darstellung nicht zu überladen, beschränken wir uns zunächst auf zweidimensionale Strömungen. Die Variablen lauten also

$$v_x(x,z,t) = \partial_z \Psi(x,z,t), \quad v_z(x,z,t) = -\partial_x \Psi(x,z,t), \qquad p(x,z,t), \tag{8.42}$$

wobei wir wie in Abschn. 5.7.2 verwendet haben, dass sich ebene inkompressible Strömungen durch eine Stromfunktion ausdrücken lassen. Als weitere unabhängige Variable kommt noch die Temperatur hinzu, die wir aber gleich als Abweichung Θ vom linearen Profil (8.38) ansetzen wollen:

$$T(x,z,t) = T_0(z) + \Theta(x,z,t) \; . \tag{8.43}$$

Man hat wieder die Möglichkeit, abhängige und unabhängige Variable zu skalieren und damit dimensionslose Gleichungen für dimensionslose Größen zu erhalten. Gleichzeitig wird dadurch die Anzahl der Parameter auf ein Minimum reduziert (hier zwei). Wir wählen die in der Literatur üblichen Skalierungen

$$x = \tilde{x} \cdot d, \quad z = \tilde{z} \cdot d, \quad t = \tilde{t} \cdot (d^2/\kappa)$$
$$v_x = \tilde{v}_x \cdot (\kappa/d), \quad v_z = \tilde{v}_z \cdot (\kappa/d), \quad T = \tilde{T} \cdot \beta \cdot d \; . \tag{8.44}$$

---

[10]Eine Ausnahme bildet Wasser unterhalb von 4^0C, hier ist $\alpha < 0$. Um eine ruhende Schicht zu destabilisieren, muss dann von oben geheizt werden, also $\beta_c > 0$. Dann gilt aber auch wieder $R_c > 0$.

Konvektionsströmung wird durch Auftrieb erzeugt. Die Volumenkraft in (7.6a) lautet demnach

$$\vec{f} = -\rho(T)\, g\, \hat{e}_z \ .$$

Man nimmt für die Dichte eine lineare Temperaturabhängigkeit

$$\rho(T) = \rho(T_0) + \left.\frac{d\rho}{dT}\right|_{T_0} (T - T_0) = \rho_0(1 - \alpha(T - T_0)) \tag{8.45}$$

mit $\rho_0 = \rho(T_0)$ und der Referenztemperatur T_0 irgendwo in der Flüssigkeit (z.B. $T = T_u$) an. Man berücksichtigt die Temperaturabhängigkeit nur im Auftriebsterm und verwendet sonst $\rho = \rho_0$. Außerdem werden alle anderen Materialgrößen wie ν, κ als konstant angenommen. Dies wird als **Boussinesq-Näherung** bezeichnet.

Alles eingesetzt in die Navier-Stokes-Gleichungen führt nach Differenzieren der Gleichung für die x-Komponente nach z, der für die z-Komponente nach x und Subtraktion der beiden Gleichungen auf die dimensionslose Gleichung (alle Schlangen werden weggelassen):

$$\frac{1}{Pr}\left(\Delta_2 \partial_t \Psi - \mathcal{J}(\Psi, \Delta_2 \Psi) \right) = \Delta_2^2 \Psi + R\, \partial_x \Theta \ , \tag{8.46}$$

mit $\Delta_2 = \partial_{xx}^2 + \partial_{zz}^2$ und $\mathcal{J}$ als dem in (5.32) definierten Jacobi-Produkt.

Zwei dimensionslose Kennzahlen treten auf: Zum Einen die materialabhängige **Prandtl-Zahl**

$$Pr = \frac{\nu}{\kappa} \ , \tag{8.47}$$

die das Verhältnis der Diffusionskonstanten des Impulses und der Wärme und damit zweier typischer Zeitskalen in der Flüssigkeit charakterisiert, zum Anderen die schon durch heuristische Überlegungen in (8.41) eingeführte Rayleigh-Zahl

$$R = -\frac{\beta g \alpha d^4}{\nu \kappa} \ . \tag{8.48}$$

Um die Gleichungen zu schließen, benötigen wir noch die Temperaturverteilung in der Flüssigkeit in Abhängigkeit der Strömung. Hierzu verwendet man die Diffusionsgleichung, die auch als Wärmeleitungsgleichung bezeichnet wird

$$\frac{DT}{Dt} = \kappa \Delta T \ . \tag{8.49}$$

Wie bereits in Abschn. 2.3 erklärt, bezieht sich die Zeitableitung auf ein mitschwimmendes Volumenelement und muss in Euler-Koordinaten durch (2.9) ausgedrückt werden. Einsetzen der dimensionslosen Größen (8.44) und Verwenden von (8.43) ergibt schließlich die Gleichung für die Temperaturabweichung Θ

$$\partial_t \Theta - \mathcal{J}(\Psi, \Theta) = \Delta \Theta + \partial_x \Psi \ , \tag{8.50}$$

die keinerlei Parameter mehr enthält. Die Gleichungen (8.46) und (8.50) bilden zusammen mit den Randbedingungen

$$\Psi = \partial_z \Psi = 0, \qquad \Theta = 0, \qquad \text{für} \quad z = 0, 1 \tag{8.51}$$

die Grundgleichungen der Konvektion für inkompressible Flüssigkeiten in zwei räumlichen Dimensionen in der Boussinesq-Näherung.

8.3.3   Lineares Problem

Die Stabilität des rein wärmeleitenden und strömungsfreien Grundzustandes berechnet man wieder aus den linearisierten Gleichungen, die sich einfach aus (8.46) und (8.50) durch Weglassen der in den Variablen quadratischen Jacobi-Produkte ergeben. Exponentielle Zeitabhängigkeit gemäß Ψ, $\Theta \sim \exp(\lambda t)$ vorausgesetzt, erhält man

$$\frac{\lambda}{Pr}\Delta_2\Psi = \Delta_2^2\Psi + R\partial_x\Theta \tag{8.52a}$$

$$\lambda\Theta = \Delta_2\Theta + \partial_x\Psi \, , \tag{8.52b}$$

wobei Θ und Ψ jetzt nur noch Funktionen von x und z sind und die Randbedingungen (8.51) zu erfüllen haben. Um die Analogie zum Taylor-Problem klar herauszustellen, verwenden wir anstatt der Stromfunktion die vertikale Komponente der Geschwindigkeit v_z. Differenzieren von (8.52a) nach x ergibt dann das System

$$\lambda\frac{1}{Pr}\Delta_2 v_z = \Delta_2^2 v_z - R\,\partial_{xx}^2\Theta \tag{8.53a}$$

$$\lambda\Theta = \Delta_2\Theta - v_z \, . \tag{8.53b}$$

In horizontaler Richtung haben wir noch keine Randbedingungen spezifiziert. Wenn man große Seitenverhältnisse Γ (Seitenlänge/Höhe) der flüssigen Schicht untersucht, wird der Einfluss der Ränder mit zunehmendem Γ immer kleiner werden. Wir setzen daher, wie bei der (unendlich langen) Taylor-Säule, ebene Wellen an, diesmal natürlich in horizontaler Richtung:

$$\Theta(x, z) = \vartheta(z)\,e^{ikx}, \qquad v_z(x, z) = w(z)\,e^{ikx} \, .$$

Damit wird aus (8.53) schließlich

$$\left(d_{zz}^2 - k^2 - \frac{\lambda}{Pr}\right)\left(d_{zz}^2 - k^2\right)w = -R\,k^2\vartheta \tag{8.54a}$$

$$\left(d_{zz}^2 - k^2 - \lambda\right)\vartheta = w \, , \tag{8.54b}$$

ein System, das, inklusive Randbedingungen, große Ähnlichkeit mit (8.29) für den Fall $\mu = 1$ aufweist, wenn man die Taylor-Zahl mit der Rayleigh-Zahl, $w_r(r)$ mit $w(z)$ und $w_\varphi(r)$ mit der Temperatur $\vartheta(z)$ identifiziert. Der einzige Unterschied liegt im Auftreten der Prandtl-Zahl in (8.54a), die das Verhältnis der beiden Diffusionszeiten widerspiegelt. Im Gegensatz zu (8.29) handelt es sich bei (8.54) um ein gekoppeltes System von Geschwindigkeit und Temperatur und eben nicht von zwei mit derselben Stärke diffundierenden Geschwindigkeitskomponenten. Für den Spezialfall gleicher Diffusionskonstanten, $Pr = 1$, sind die beiden Gleichungssysteme aber vollkommen identisch.

Ist man nur an der kritischen Rayleigh-Zahl und dem kritischen Wellenvektor interessiert, genügt es, den Fall $\lambda = 0$ zu untersuchen. Dann tritt aber die Prandtl-Zahl nicht mehr auf und die Ergebnisse aus Abschn. 8.2.2 können direkt übernommen werden. So ergibt sich mit der guten Näherung (8.33) von nur einer Galerkin-Funktion für w und θ die kritische Rayleigh-Zahl nach (8.35) mit $\mu = 1$ zu

$$R_c(k^2) = 1.037 \cdot \left(\frac{5040}{k^2} + 744 + 34\,k^2 + k^4 \right) \; . \tag{8.55}$$

Für den k-Wert der als erstes instabil werdenden Mode erhält man, genau wie oben, $k_c = 3.12$. D.h. die Konvektion setzt mit einer Walzenbewegung ein, deren Querschnitt beinahe kreisförmig ist. Die minimal notwendige Rayleigh-Zahl lautet bei exakter numerischer Rechnung

$$R_{min} = 1707.76 \; .$$

8.3.4 (*) Das lineare Problem für freie Randbedingungen

Man kann die Randbedingungen (8.51) so abändern, dass das System (8.54) analytische Lösungen besitzt. Dies wurde in der ersten theoretischen Behandlung der Konvektionsinstabilität gemacht[11], weshalb wir die Rechnung hier wiederholen wollen.

Nimmt man (eher ungewöhnliche) freie Randbedingungen[12] an der oberen und unteren Platte an, so führt das Verschwinden der tangentialen Oberflächenspannung nach (7.14) auf

$$\partial_{zz}^2 w = 0 \qquad \text{für} \quad z = 0, 1 \; .$$

Außerdem gilt immer noch

$$w = \vartheta = 0, \qquad \text{für} \quad z = 0, 1 \; .$$

Damit lässt sich aber (8.54) durch die trigonometrischen Funktionen

$$w(z) = A_\ell \sin(\ell \pi z), \qquad \vartheta(z) = B_\ell \sin(\ell \pi z), \tag{8.56}$$

---

[11]Lord Rayleigh, Phil. Mag. 32, 529 (1916)

[12]Freie Randbedingungen an der Unterseite (!) der Flüssigkeit wurden im Experiment zumindest näherungsweise realisiert. Die untere „Platte" bestand dabei aus einer Flüssigkeit mit sehr niedriger Viskosität, Quecksilber. R. J. Goldstein und D. J. Graham, *Stability of a Horizontal Fluid Layer with Zero Shear Boundaries, Phys. Fluids 12, 1133 (1969).*

exakt lösen. Einsetzen ergibt ein algebraisches 2x2-System für A_ℓ und B_ℓ, aus dessen charakteristischem Polynom

$$\lambda^2 \frac{\chi^2}{Pr} + \lambda \chi^4 \left(1 + \frac{1}{Pr}\right) + \chi^6 - Rk^2 = 0 \qquad (8.57)$$

man die Eigenwerte

$$\lambda_{1,2}^\ell(k) = -\frac{\chi^2}{2}(1 + Pr) \pm \frac{1}{2}\sqrt{(1 - Pr)^2 \chi^4 + \frac{4Rk^2 Pr}{\chi^2}} \qquad (8.58)$$

ausrechnet. Hierbei wurde die Abbkürzung

$$\chi^2 = \ell^2 \pi^2 + k^2$$

verwendet.

Die Bedeutung von ℓ wird aus (8.56) klar: $\ell - 1$ gibt die Anzahl der Knoten der einzelnen Eigenfunktionen in z-Richtung an (Abb. 8.11). Die kritische Linie $R_c(k^2)$ lässt sich für freie Ränder ebenfalls analytisch angeben. Nullsetzen von λ in (8.57) führt sofort auf

$$R_c(k^2) = \frac{\chi^6}{k^2} = \frac{(\ell^2 \pi^2 + k^2)^3}{k^2} \,, \qquad (8.59)$$

eine Funktion, die dasselbe asymptotische Verhalten wie (8.55) besitzt, deren Minimum aber wesentlich niedriger, nämlich für $\ell = 1$ bei

$$R_{min} = \frac{27}{4} \pi^4 \approx 658$$

liegt (Abb. 8.12). Deshalb beträgt der für das Einsetzen der Konvektion notwendige Temperaturgradient nur rund ein Drittel desjenigen für feste, Ränder. Feste Ränder wirken demnach stabilisierend, sie bremsen die Strömung zusätzlich ab. Für k_c ergibt sich ein wesentlich kleinerer Wert als bei festen Rändern, nämlich

$$k_c = \frac{\pi}{\sqrt{2}} \approx 2.22 \,,$$

d.h. die Konvektionszellen sind nicht mehr rund, sondern haben die Form von Ellipsen.

Bemerkenswert ist, dass es zu jedem ℓ zwei verschiedene Eigenwerte gibt (Abb 8.13). Für $k \to 0$ (langwellige Mode) erhält man

$$\lambda_1^\ell(0) = -Pr\ell^2\pi^2, \qquad \lambda_2^\ell(0) = -\ell^2\pi^2 \,. \qquad (8.60)$$

Offensichtlich geht ein Eigenwert mit Pr gegen null, d.h. in Flüssigkeiten mit kleiner Viskosität (flüssige Metalle, aber auch Gase) sind die zugehörenden Moden praktisch

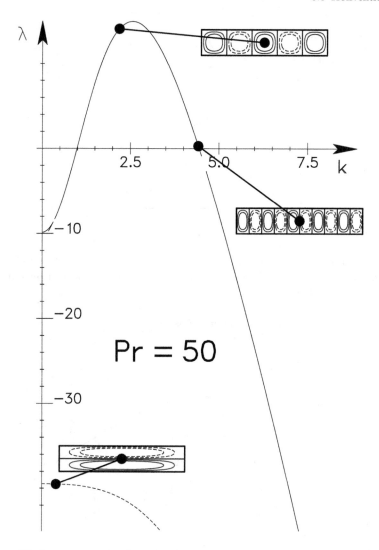

Abb. 8.11 Wachstumsraten für freie Ränder und zugeordnete Moden in der xz-Ebene bei einer Prandtl-Zahl von 50 und deutlich oberhalb des kritischen Punkts, durchgezogen $\ell = 1$, strichliert $\ell = 2$.

für alle $|k|$ nur sehr schwach gedämpft. Wie wir weiter unten sehen werden, kann es dadurch zu schwach turbulentem Verhalten bereits sehr nahe an der Instabilitätsschwelle kommen.

Ein anderer wichtiger Grenzfall ist der großer Prandtl-Zahl, $1/Pr \to 0$. Dies ist im Experiment manchmal gut realisiert, so haben die normalerweise verwendeten Silikonöle oft $Pr = 100...10000$. Das charakteristische Polynom wird dann linear in λ und man erhält den einfachen Ausdruck

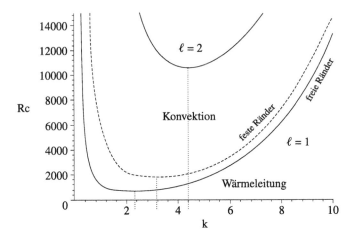

Abb. 8.12 Die kritische Linie gibt den Wert der Rayleigh-Zahl an, oberhalb welcher Konvektion einsetzt. Moden ohne Knoten ($\ell = 1$) werden zuerst instabil und im Experiment beobachtet. Die *obere Linie* mit $\ell = 1$ entspricht festen Rändern, die *untere* freien. Die *gestrichelten Linien* markieren die Minima und damit die kritischen Wellenzahlen, aus denen sich Größe und Abstand der Rollen berechnen lassen.

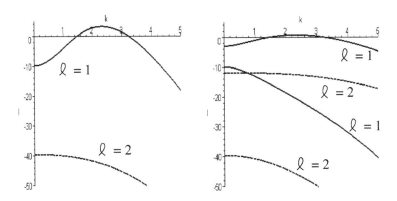

Abb. 8.13 Das Eigenwertspektrum für freie Ränder nach (8.58). *Links*: $Pr = 100$, *rechts*: $Pr = 0.3$. Bei kleiner Prandtl-Zahl nähert sich der obere Eigenwert immer weiter der Achse an, was zu einer schwachen Dämpfung des ganzen Bandes führt. Bei beiden Bildern ist die Rayleigh-Zahl überkritisch, $R = 800$.

$$\lambda_1(k^2) = \frac{R \cdot k^2}{(\ell^2\pi^2 + k^2)^2} - \ell^2\pi^2 - k^2 \ . \tag{8.61}$$

Der andere Eigenwert verhält sich wieder proportional zu Pr und nimmt sehr große negative Werte an:

$$\lambda_2(k^2) = -Pr\left(\ell^2\pi^2 + k^2\right) \ .$$

Abschließend geben wir noch die Formeln für den Fall $Pr \to 0$ an. Man erhält

$$\lambda_1(k^2) = \frac{Pr \cdot R \cdot k^2}{(\ell^2\pi^2 + k^2)^2} - Pr\left(\ell^2\pi^2 + k^2\right) + O(Pr^2)$$

bzw.

$$\lambda_2(k^2) = -\ell^2\pi^2 - k^2 + O(Pr) \ .$$

8.3.5   (*) Vollständig nichtlineare Gleichungen – numerische Lösungen

Die lineare Analyse gibt Auskunft darüber, ab welcher Rayleigh-Zahl und mit welcher Wellenzahl das Strömungsmuster anwächst. Über die Orientierung der Walzen oder Selektion verschiedener Überlagerungen (z.B. quadratische oder hexagonale Strukturen) kann sie nichts aussagen. Erweiterungen auf den sogenannten „schwach nichtlinearen Bereich" sind möglich, indem man die Lösungen nach den linearen Moden entwickelt und dann bei gegebener Ordnung abbricht. Wir wollen diese Vorgehensweise im nächsten Kapitel genauer untersuchen. Hier sollen zunächst numerische Löungen der vollständigen Grundgleichungen angegeben werden, und zwar in drei räumlichen Dimensionen.

Die Grundgleichungen in drei Dimensionen

Für inkompressible Flüssigkeiten ist das Geschwindigkeitsfeld divergenzfrei oder **solenoidal**. Wie sich zeigen lässt, kann man ein solenoidales Feld vollständig in einen **toroidalen** und einen **poloidalen** Anteil zerlegen

$$\vec{v}(\vec{r}, t) = \vec{v}_T(\vec{r}, t) + \vec{v}_P(\vec{r}, t) \ . \tag{8.62}$$

Beide Teile lassen sich durch jeweils nur eine skalare Funktion Φ bzw. Ψ ausdrücken:

$$\vec{v}_T = \nabla \times (\Phi \hat{e}_z) = \begin{pmatrix} \partial_y\Phi \\ -\partial_x\Phi \\ 0 \end{pmatrix}, \qquad \vec{v}_P = \nabla \times \nabla \times (\Psi \hat{e}_z) = \begin{pmatrix} \partial_z\partial_x\Psi \\ \partial_z\partial_y\Psi \\ -\Delta_2\Psi \end{pmatrix} \tag{8.63}$$

mit $\Delta_2 = \partial_{xx}^2 + \partial_{yy}^2$. Dabei spielt Φ die Rolle einer Stromfunktion für das horizontale (also ebene) toroidale Geschwindigkeitsfeld, Ψ kann als verallgemeinertes Potential für das poloidale Feld aufgefasst werden.

Wenn man die Rotation der Navier-Stokes-Gleichungen bildet und von dieser Gleichung die z-Komponente hinschreibt, erhält man eine Gleichung für Φ:

$$\left\{\Delta - \frac{1}{Pr}\partial_t\right\}\Delta_2\Phi(\vec{r}, t) = -\frac{1}{Pr}\left[\nabla \times ((\vec{v} \cdot \nabla)\vec{v})\right]_z \ . \tag{8.64}$$

Der Übersicht wegen haben wir auf der linken Seite $\vec{v}$ stehen lassen, was aber ebenfalls durch (8.62, 8.63) ausgedrückt werden kann. Eine Gleichung für Ψ ergibt sich durch zweimaliges Anwenden der Rotation:

$$\left\{ \Delta - \frac{1}{Pr} \partial_t \right\} \Delta\Delta_2 \Psi(\vec{r}, t) = -R\,\Delta_2 \Theta(\vec{r}, t) - \frac{1}{Pr}\left[\nabla \times \nabla \times ((\vec{v} \cdot \nabla)\vec{v}) \right]_z . \quad (8.65)$$

Die Gleichung für die Temperatur kennen wir schon von (8.49). Wir schreiben sie noch einmal ausführlich für Θ auf (8.43):

$$\left\{ \Delta - \partial_t \right\} \Theta(\vec{r}, t) = -\Delta_2 \Psi(\vec{r}, t) + (\vec{v} \cdot \nabla)\Theta(\vec{r}, t) . \quad (8.66)$$

Hinzu kommen Randbedingungen, die sich für Φ und Ψ aus dem Ansatz (8.62, 8.63) ergeben.

No-slip Randbedingungen für viskose Flüssigkeiten bewirken das Verschwinden aller Geschwindigkeitskomponenten an einem festen Rand. Damit folgt:

$$\Phi(\vec{r}, t) = \Psi(\vec{r}, t) = \partial_{\hat{n}} \Psi(\vec{r}, t) = 0 \quad (8.67)$$

für $\vec{r}$ auf dem entsprechenden Rand und $\hat{n}$ senkrecht dazu. An den Seitenwänden muss zusätzlich

$$\partial_{\hat{n}} \Phi(\vec{r}, t) = 0, \qquad \Delta_2 \Psi(\vec{r}, t) = 0 \quad (8.68)$$

gelten. Für die mathematisch leichter handhabbare Situation freier Ober- und Unterseiten der Flüssigkeit, die wir hier nur der Vollständigkeit halber angeben, folgt aus dem Verschwinden der vertikalen Oberflächenspannungskomponenten:

$$\partial_z \Phi(\vec{r}, t) = \Psi(\vec{r}, t) = \partial_{zz}^2 \Psi(\vec{r}, t) = 0, \qquad z = 0, 1 . \quad (8.69)$$

Die allgemeinen Randbedingungen für das Temperaturfeld lauten

$$\partial_z \Theta(\mathbf{r}, t) = \pm Bi\,\Theta(\mathbf{r}, t) \qquad z = 0, 1, \quad (8.70)$$

wobei die **Biot-Zahl** Bi als ein weiterer dimensionsloser Parameter das Verhältnis der Wärmeleitfähigkeit des Randes zur Flüssigkeit angibt. Ein perfekter Wärmeleiter als Rand entspricht $Bi \to \infty$, ein schlechter Wärmeleiter $Bi \ll 1$.

Mit dem System (8.64 - 8.70) haben wir die Konvektion inkompressibler Newton'scher Flüssigkeiten in der Boussinesq-Näherung vollständig beschrieben.

Numerische Lösungen

Wir wollen jetzt numerische Lösungen zeitlicher Entwicklungen von bei $t = 0$ zufällig verteilten Temperaturfeldern für verschiedene Werte von R und Pr diskutieren. Das

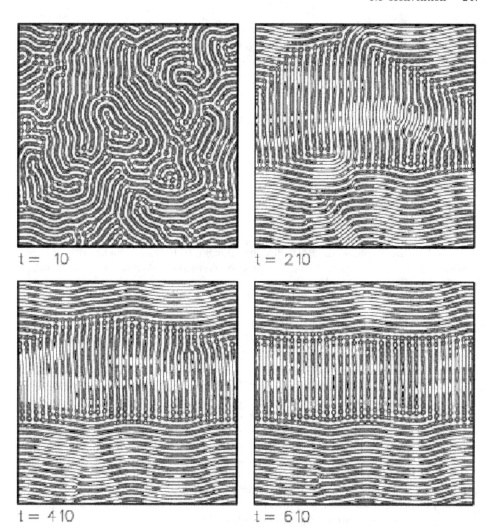

Abb. 8.14 Numerische Lösung als Zeitserie der Navier-Stokes-Gleichungen in drei Dimensionen. Bei großen Prandtl-Zahlen (hier $Pr = 100$) bilden sich in der Nähe der Instabilitätsschwelle (hier $R = 1.1R_c$) Rollen aus, die die Tendenz zeigen, sich im Lauf der Zeit parallel zu stellen. In der Abbildung sind Konturlinien des Temperaturfeldes in der Mittelebene (xy) der Flüssigkeit gezeigt. Die Breite der Rollen beträgt etwa π/k_c, entsprechend der linearen Theorie. Würde man die Rechnung fortsetzen, so würde der Bereich in der Mitte mit in der Zeichenebene senkrecht orientierten Rollen letztlich ganz verschwinden und ein Muster aus horizontal ausgerichteten Rollen übrig bleiben. Numerische Auflösung: $256 \times 256 \times 16$ Gitterpunkte.

verwendete numerische Verfahren kann hier aus Platzgründen nicht beschrieben werden. In Kapitel 10 werden wir aber Methoden für einfachere partielle Differentialgleichungen vorstellen, die ähnlich funktionieren.

Neben der Rayleigh-Zahl bestimmt die Prandtl-Zahl die Qualität der auftretenden Strukturen maßgeblich. Man unterscheidet zwischen den drei Regimen a) hohe (unendliche) Pr, b) mittlere Pr und c) kleine Pr.

a) Hohe Prandtl-Zahl, stationäre Rollen. Bildet man den Grenzwert $Pr \to \infty$, so bleibt von (8.64)

$$\Delta\Delta_2\Phi(\vec{r}, t) = 0$$

übrig, was zusammen mit den Randbedingungen (8.67, 8.68) auf die triviale Lösung

$$\Phi = 0$$

führt. D.h., unser Problem wird vollständig durch die beiden Felder Ψ und Θ beschrieben. Dies schränkt die Dynamik der möglichen Strukturen stark ein. In der Nähe der kritischen Rayleigh-Zahl beobachtet man ein transientes Verhalten, das nach einer bestimmten Einschwingphase auf stationäre Strömungen in Form von mehr oder weniger parallelen Rollen führt (Abb. 8.14). Für größere Werte von R treten weitere Instabilitäten auf und es entstehen komplizierte, teilweise zeitabhängige Strukturen, auf die wir aber hier nicht weiter eingehen können[13].

b) Mittlere Prandtl-Zahl, Spiralturbulenz. Bei Prandtl-Zahlen in der Nähe von Eins (z.B. in komprimierten Gasen) ergibt sich ein komplexeres Bild. Das toroidale Feld ist jetzt nicht mehr zu vernachlässigen und beschreibt eine horizontale, im Vergleich zum Rollendurchmesser großskalige, Strömung, die auch als **mean flow** bezeichnet wird. Wegen der Form der rechten Seite von (8.64) erzeugen exakt parallele Rollen keinen mean flow. Sind die Rollen dagegen in der xy-Ebene leicht gebogen, so entsteht eine horizontale Strömung senkrecht zu den Rollen, die die Biegung verstärkt (Abb. 8.15). Dadurch bricht die Struktur auf und es kommt zur Ausbildung von Spiralen, oder, für noch kleinere Pr oder größere R, zu sehr unregelmäßigem raumzeitlichen Verhalten.

Abb. 8.16 zeigt eine Lösung, bei der durch den mean flow Spiralen entstehen. Diese Spiralen sind zeitabhhängig, es wird auch im Limes $t \to \infty$ kein stationärer Zustand erreicht. Für Strukturen dieser Art, die auch in vielen Experimenten gefunden wurden, hat sich der Begriff **Spiralturbulenz** eingebürgert.

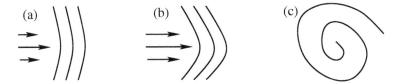

Abb. 8.15 Gebogene Rollen erzeugen einen mean flow (a), der zu einem Anwachsen der Krümmung führt und dadurch verstärkt wird (b). Durch diesen Instabilitätsmechanismus kann es schließlich zur Bildung von Spiralen (c) kommen.

---

[13]Theoretische Ergebnisse wurden zuerst in *F. H. Busse, Nonlinear Proprties of Thermal Convection, Rep. Prog. Phys. 41, 1929 (1978)* veröffentlicht.

Abb. 8.16 Typische Entwicklung der Spiralturbulenz. Spiralen entstehen bei mittleren Prandtl-Zahlen und nicht zu weit von der Schwelle entfernt. Für diese Zeitserie ist $Pr = 1$ und $R = 2R_c \approx 3415$.

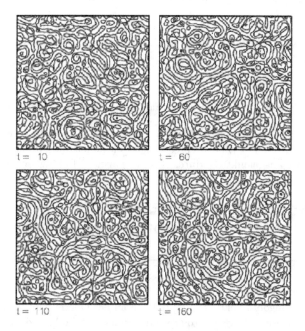

Abb. 8.17 Schwache Turbulenz entsteht bei noch kleineren Prandtl-Zahlen, $Pr = 0.2$, $R = 2R_c$.

c) Kleine Prandtl-Zahl, schwache Turbulenz. Für noch kleinere Pr wird der mean flow stärker und verhindert die Organisation der Strömungsmuster in Spiralen. Stattdessen entstehen kleine Flicken, die zwar immer noch eine typische Länge ungefähr von der Größe der kritischen Wellenlänge haben, die jedoch ein völlig chaotisches und turbulentes Verhalten aufweisen (Abb. 8.17). Die Strukturen unterscheiden sich von der sogenannten voll entwickelten Turbulenz, bei der es keine Längenskala mehr gibt, sondern Wirbel auf allen Größenordnungen angeregt sind. Deshalb spricht man in diesem Fall auch von **schwacher Turbulenz**, manchmal auch von **Phasenturbulenz** (siehe hierzu Kap.9).

8.3.6 Bénard-Marangoni-Konvektion

Wie aus den Computerrechnungen ersichtlich, ist die bevorzugte Struktur des Strömungs- bzw. Temperaturfelds die Rollen- oder Streifenform, mit, je nach Parametern, mehr oder weniger ausgebildeten Defekten und Versetzungen. Dies ändert sich, wenn man die Oberfläche frei lässt, was wir schon mit Abb. 8.10 vorweggenommen haben. Hier kommt zum Auftrieb noch ein weiterer, ganz anderer Instabilitätsmechanismus hinzu, der sich nur an einer freien, sich in Kontakt mit der umgebenden Luft befindenden Flüssigkeitsoberfläche abspielen kann.

Wir haben es hier zum ersten Mal mit einer hydrodynamischen Instabilität zu tun, bei der die Oberflächenspannung eine zentrale Rolle spielt. Alle folgenden Beispiele des restlichen Kapitels werden solche Systeme zum Thema haben.

Normalerweise ist die Oberflächenspannung eine Funktion der Temperatur. Sind die Temperaturunterschiede nicht zu groß, kann man einen linearen Zusammenhang annehmen

$$\gamma(T) = \gamma(T_0) + \gamma_1(T - T_0) \ , \tag{8.71}$$

wobei γ_1 bei den meisten Flüssigkeiten negativ ist (es gibt Ausnahmen).

Der durch (8.71) ermöglichte Instabilitätsmechanismus ist in Abb. 8.18 skizziert: Ein Volumenelement an der Oberfläche einer von unten geheizten Flüssigkeit werde z.B. zufällig nach rechts ausgelenkt. Dadurch strömt wärmere Flüssigkeit von unten nach

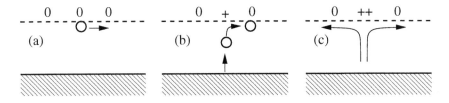

Abb. 8.18 Der Marangoni-Effekt. (a) Ein Teilchen an der Oberfläche wird zufällig seitlich ausgelenkt. (b) Wärmere Flüssigkeit strömt von unten nach und erhitzt die Oberfläche lokal. (c) Der dadurch entstandene Temperaturgradient bedingt einen Gradienten in der Oberflächenspannung, der zu einem Anwachsen der Strömung führt.

und erhöht die Oberflächentemperatur lokal, was zu einem Temperaturgefälle und damit zu einem Spannungsgradienten entlang der Oberfläche führt. Nimmt die Oberflächenspannung mit zunehmender Temperatur ab, so werden weitere Teilchen zur Seite bewegt, was die ursprüngliche zufällige Auslenkung verstärkt. Genau wie vorher gibt
es auch hier wieder die hemmenden Mechanismen der Reibung und der Wärmeleitung,
die zu Impuls- bzw. Temperaturausgleich führen. Ist jedoch der Temperaturgradient
groß genug, so setzt eine von der Seite aus betrachtet walzenförmige Strömung ein.
Im Gegensatz zur rein auftriebsbedingten Konvektion, die mittlerweile als **Rayleigh-
Bénard-Konvektion** bezeichnet wird, hat sich für die durch temperaturabhängige
Oberflächenspannungseffekte hervorgerufene Strömung der Begriff **Bénard-Marangoni-Konvektion** durchgesetzt.

Das lineare Problem

Wie lässt sich die Bénard-Marangoni-Konvektion mathematisch beschreiben? An den
Navier-Stokes-Gleichungen ändert sich natürlich nichts, d.h. auch das lineare Problem
(8.54) bleibt unverändert. Das Entscheidende sind die Randbedingungen an der frei-
en Oberfläche. Man kann weiterhin die Oberfläche als eben und undeformierbar annehmen[14], muss jedoch die Randbedingung (7.13) berücksichtigen, die sich aus dem
Verschwinden der Tangentialspannungen ergibt. Mit (8.71) erhalten wir

$$\eta\, \partial_{zz}^2 v_z = -\Delta_2 \gamma = -\gamma_1 \Delta_2 T, \qquad z = d \ .$$

Führt man dieselben Skalierungen wie in Abschn. 8.3.2 durch, ergibt sich

$$\partial_{zz}^2 v_z = -M\, \Delta_2 \Theta, \qquad z = 1 \tag{8.72}$$

mit der weiteren dimensionslosen Kennzahl

$$M = \frac{\gamma_1 \beta d^2}{\kappa \eta} = \frac{\gamma_1 \beta d^2}{\rho \kappa \nu} \ , \tag{8.73}$$

der **Marangoni-Zahl**. Die Marangoni-Zahl bildet neben der Rayleigh-Zahl den zweiten Kontrollparameter des Systems und hängt ebenfalls linear vom Temperaturgradienten ab. Verändert man β, so bleibt das Verhältnis M/R konstant. Deshalb kann
sich das System nur auf Linien in der Kontrollparameterebene bewegen, die durch den
Ursprung gehen und im Folgenden als „physikalische Linien" bezeichnet werden (Abb.
8.19 links). Aus (8.48) und (8.73) folgt, dass die Steigung der physikalischen Linie durch
die Schichtdicke der Flüssigkeit verändert werden kann:

$$\tan \delta = \frac{M}{R} = -\frac{\gamma_1}{\rho g \alpha d^2} \ .$$

---

[14]Nahe der Schwelle sind Oberflächendeformationen in der Tat zu vernachlässigen. Sie spielen jedoch
in extrem dünnen flüssigen Schichten eine wichtige Rolle, wie wir am Schluss dieses Kapitels zeigen
werden.

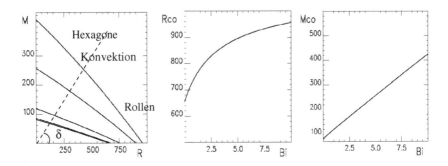

Abb. 8.19 Links: Kontrollparameterebene bei der Bénard-Marangoni-Instabilität mit den kritischen Linien für verschiedene Biot-Zahlen $10, 5, 1, 0.1, 0$ (von oben). Erhöht man den Temperaturgradienten, bewegt sich das System auf der „physikalischen Linie" (strichliert). Rechts von der kritischen Linie setzt Konvektion ein. Die Steigung $\tan\delta$ der physikalischen Linie ist umgekehrt proportional zum Quadrat der Schichtdicke der Flüssigkeit. Die Achsenabschnitte R_{c0} und M_{c0} der kritischen Linien hängen von der Biot-Zahl ab (Mitte und rechts).

Dünne Schichten werden durch den Marangoni-Effekt instabil und es bilden sich Hexagone, dicke Schichten durch Auftriebskräfte. Experimentell stößt man jedoch schnell an eine Grenze: Für sehr große Schichtdicken würde man horizontal sehr ausgedehnte Behälter benötigen, die nicht mehr zu kontrollieren wären. Es ist daher bis jetzt noch nicht möglich in den Bereich vorzustoßen, in dem die Instabilität bei einer freien Oberfläche vorwiegend durch Auftriebskräfte bedingt ist und in dem (nach der Theorie) Rollen stabil sein sollten.

Am Schnittpunkt der kritischen Linie mit der physikalischen Linie (Kodimension 1) setzt Konvektion ein. Die numerische Lösung des linearen Problems zeigt, dass für kleine Biot-Zahlen die kritische Linie in guter Näherung durch

$$\frac{R_c}{R_{c0}} + \frac{M_c}{M_{c0}} = 1 \tag{8.74}$$

gegeben ist, wobei R_{c0} und M_{c0} von der Biot-Zahl abhängen (Abb. 8.19).

Numerische Lösungen

Wir zeigen einige numerische Lösungen der Gleichungen (8.64 - 8.66), diesmal aber mit den Randbedingungen einer freien Oberfläche bei $z = 1$:

$$\Phi = \Psi = 0, \qquad \partial_z \Theta = -Bi\,\Theta, \qquad \partial_{zz}^2 \Psi = M\Theta \ . \tag{8.75}$$

Der untere Rand soll fest und perfekt wärmeleitend sein:

$$\Phi = \Psi = \Theta = \partial_z \Psi = 0 \ . \tag{8.76}$$

Alle Rechnungen werden für $R = 0$ ($\delta = \pi/2$) durchgeführt, d.h. der Marangoni-Effekt ist der einzige in Frage kommende Instabilitätsmechanismus. Dies gilt entweder für sehr dünne Schichten oder in der Schwerelosigkeit, etwa bei Weltraumexperimenten[15]. Die Biot-Zahl wurde mit

$$Bi = 0.6$$

festgelegt, Pr und M verändert. Für die kritische Marangoni-Zahl folgt aus dem linearen Problem für diese Biot-Zahl

$$M_c = M_{c0} \approx 105 \; .$$

a) In der Nähe der Schwelle, Hexagone. Für nicht zu kleine Pr beobachtet man in der Nähe von M_c sogenannte ℓ-Hexagone (liquid). Im Zentrum eines Hexagons strömt die Flüssigkeit nach oben, an den sechs Seiten sinkt sie ab. Das Temperaturfeld ist daran

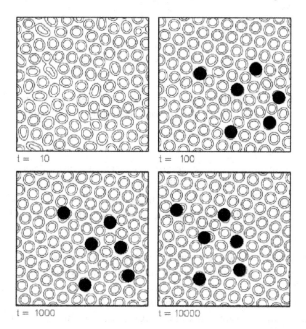

Abb. 8.20 Numerische Lösung für eine freie Oberfläche, $M = 1.1M_c \approx 115$, $R = 0$, $Bi = 0.6$, $Pr = 100$. Schwarze Punkte markieren Zellen mit sieben Nachbarn (Heptagone). Aus topologischen Gründen können Heptagone nur in Verbindung mit Pentagonen vorkommen, daher rührt die Bezeichnung „Penta-Hepta-Defekt". Penta-Hepta-Defekte überleben die Entwicklung zumindest im gezeigten Zeitraum und bewegen sich langsam durch die Struktur. Numerische Auflösung: $128 \times 128 \times 15$ Gitterpunkte.

---

[15]Das erste Experiment dieser Art wurde bereits Anfang 1971 auf dem Mondflug von Apollo 14 durchgeführt, das jedoch misslang. Eine verbesserte Version folgte Ende 1972 in Apollo 17. Ab den 80er Jahren gab es eine ganze Reihe von Versuchen zur Marangoni-Konvektion in der Erdumlaufbahn.. Neue Experimente sind in D.Schwabe, *Marangoni instabilities in small circular containers under microgravity*, DOI 10.1007/s00348-006-0130-0, Experiments in Fluids (2006) veröffentlicht.

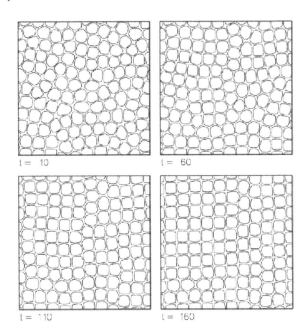

Abb. 8.21 Für größeres M entstehen aus den Hexagonen heraus Quadrate. Der Übergang in eine geordnete Quadratstruktur wird durch den mean flow beschleunigt. $M = 4M_c \approx 420$, $R = 0$, $Bi = 0.6$, $Pr = 40$.

gekoppelt, im Zentrum findet man wärmere Regionen als an den Seitenwänden. Abb. 8.20 zeigt eine Zeitserie für $Pr = 100$, die, wie alle anderen gezeigten Entwicklungen auch, aus einem zufällig verteilten Temperaturfeld bei $t = 0$ hervorgegangen ist. Selbst nach einer längeren Zeit sind immer noch einige Versetzungen (Penta-Hepta-Defekte) zu erkennen, die teilweise sehr stabil sind.

b) Mittlere Marangoni-Zahl, der Übergang zu Quadraten. Erhöht man die Marangoni-Zahl, so beobachtet man eine zweite Instabilität und die Hexagone gehen in ein Quadratmuster über[16] (Abb. 8.21). Dieser Übergang hängt von der Prandtl-Zahl ab, die dazu notwendige Marangoni-Zahl vergrößert sich mit Pr. Der mean flow ist hier für die Dynamik der Phasenumwandlung Hexagone – Quadrate wichtig und wirkt wie eine Art „Schmierstoff". Ohne ihn, also bei $Pr \to \infty$, scheint dieser Übergang unendlich lange zu dauern. Versetzungen und Defekte sind dann derart stabil, dass keine geordnete

---

[16]Obwohl Quadratische Zellen in Konvektionsexperimenten und Theorie schon länger bekannt sind (*D. S. Oliver, Planform of convection with strongly temperature-dependent viscosity, Geophys. Astrophys. Dyn. 27, 73 (1983), D. B. White, The planforms and onset of convection with a temperature-dependent viscosity, J. Fluid Mech. 191, 247(1988), F. H. Busse and H. Frick, Square-pattern convection in fluids with strongly temperature-dependent viscosity, J. Fluid. Mech. 150, 451 (1985)),* wurden sie bei der Bénard-Marangoni-Konvektion erstaunlicherweise erst über 90 Jahre nach Bénard entdeckt, und zwar in Dresden von K. Nitschke-Eckert und A. Thess, und, beinahe zeitgleich aber vollkommen unabhängig, in Austin, Texas von M. Schatz et al., veröffentlicht in *instability in surface-tension-driven Bénard convection, Phys. Rev. E52, R5772 (1995)* bzw. *Time-independent square patterns in surface-tension-driven Bénard convection, Phys. Fluids 11, 2577 (1999).*

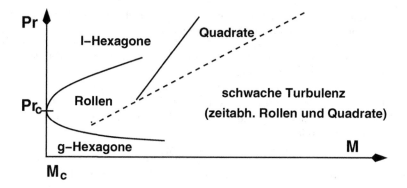

Abb. 8.22 Skizze eines Phasendiagramms in der Pr-M-Ebene. Für sehr kleine Prandtl-Zahlen $Pr < Pr_c \approx 0.27$ bilden sich g-Hexagone.

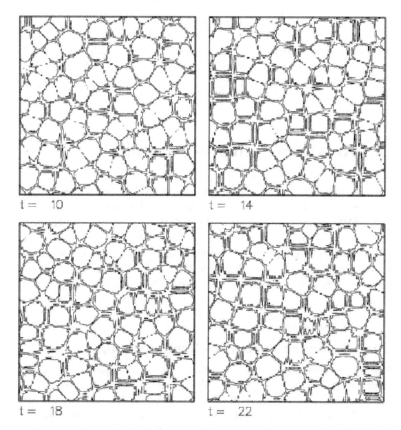

Abb. 8.23 Für sehr großes M werden die Quadrate immer unregelmäßiger und bleiben auch im Limes für lange Zeiten zeitabhängig. $M = 12M_c$, $R = 0$, $Bi = 0.6$, $Pr = 20$.

Quadratstrukur mehr entstehen kann, sondern ein unregelmäßiges Muster aus vielen Pentagonen, Heptagonen, Quadraten und Hexagonen beobachtet wird.

c) Große Marangoni-Zahl, schwache Turbulenz. Erhöht man M weiter, so werden die Quadrate zeitabhängig und bewegen sich chaotisch. Es kommt zum Verschmelzen benachbarter Quadrate, aber auch zur Geburt neuer Zellen. Der Übergang zu den zeitabhängigen Strukturen verschiebt sich ebenfalls mit der Prandtl-Zahl nach oben. Abb. 8.22 skizziert den Zusammenhang, Abb. 8.23 zeigt schließlich eine Zeitserie im schwach turbulenten Bereich.

d) Kleine Prandtl-Zahl in der Nähe der Schwelle. Interessanterweise ändert sich die Symmetrie der Strömung (und der Temperaturabweichung Θ) für sehr kleine Pr. Die Strömung ist dann im Zentrum eines jeden Hexagons abwärts gerichtet und zeigt an den sechs Wänden nach oben. Diese Strömungsform wird als g-Hexagon (Gas) bezeichnet. Es existiert ein kritischer Wert der Prandtl-Zahl

$$Pr_c \approx 0.27 \ ,$$

der allerdings schwach von der Biot-Zahl abhängt, bei dem sich die Hexagone gerade umdrehen. Numerische Simulationen bei diesem Wert von Pr zeigen Rollen die zumindest in der Nähe von M_c stationär sind, ganz wie bei der Rayleigh-Bénard-Konvektion[17].

8.4   Die Kelvin-Helmholtz-Instabilität

Bei der nächsten Instabilität, die wir im Detail untersuchen wollen, spielt wieder die Oberfläche, oder besser die Grenzfläche zwischen zwei Flüssigkeiten oder Gasen, eine wichtige Rolle. Allerdings sind hier keine Oberflächenspannungsgradienten im Spiel. Die entstehenden Strukturen kommen vielmehr durch Verformungen der Grenzfläche zustande. Der Abschnitt knüpft an Kapitel 6 an, in dem wir Oberflächenwellen in idealen, wirbelfreien Flüssigkeiten studierten. Ging es dort in erster Linie um Wellenausbreitung in verschiedenen Geometrien, so wollen wir uns hier mit der Entstehung dieser Wellen befassen.

8.4.1   Ein Mechanismus zur Wellenerzeugung

Wasserwellen werden normalerweise durch Wind erzeugt. Ein vereinfachter, sozusagen „minimaler" Mechanismus ist unter dem Begriff „Kelvin-Helmholtz-Instabilität" bekannt (Abb. 8.24). Zwei Flüssigkeiten (oder ein Gas und eine Flüssigkeit) befinden sich übereinander im Schwerefeld und bilden eine Grenzschicht. Die obere, leichtere Flüssigkeit soll dabei mit der konstanten Geschwindigkeit U nach rechts bewegt werden (Windströmung), die untere ruhen. Die Geschwindigkeit macht also einen Sprung

---

[17]Berechnet wurde die kritische Prandtl-Zahl zuerst in *A. Thess and M. Bestehorn, Planform selection in Bénard-Marangoni convection: ℓ hexagons versus g hexagons, Phys. Rev. E 52, 6258 (1995).*

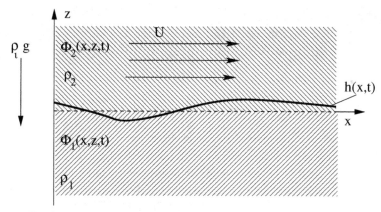

Abb. 8.24 Bei der Kelvin-Helmholtz-Instabilität befinden sich zwei ideale, nichttreibende Flüssigkeiten übereinander und bewegen sich relativ zueinander mit konstanter Geschwindigkeit U entlang ihrer Grenzschicht. Übersteigt U einen bestimmten kritischen Wert, so wird die Grenzschicht deformiert und bildet Strukturen aus.

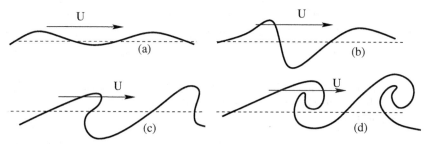

Abb. 8.25 Eine anfangs schwache Auslenkung (a) wird durch den geringeren Druck in der oberen Schicht verstärkt und dabei mit ihr nach rechts transportiert (b). Dabei holt der Wellenberg das Tal ein, es kommt zur Brechung (c) und zum anschließenden Einrollen (d).

an der ebenen Grenzschicht ($z=0$), was nur in idealen, reibungsfreien Flüssigkeiten möglich ist:

$$\vec{v}^{\,0}(z) = \begin{cases} U \cdot \hat{e}_x, & z > 0 \\ 0, & z < 0 \end{cases} .$$

Dies ist der stationäre Grundzustand, dessen Stabilität wir im nächsten Abschnitt untersuchen wollen.

Aus Abb. 8.25 wird klar, warum die ebene Grenzfläche instabil ist und deformiert wird. Eine kleine Abweichung nach oben wird durch die Windströmung in der oberen Schicht nach rechts transportiert. Ist die Strömung stark genug, wächst die Amplitude durch den geringeren Druck in der oberen Schicht (Bernoulli) an und die Welle wird steiler. Im Lauf der Zeit kommt es zur Brechung und zur Bildung der für diese Instabilität typischen Spiralen. Diese Strukturen kann man mit etwas Glück auch in den Wolken beobachten (Abb. 8.26).

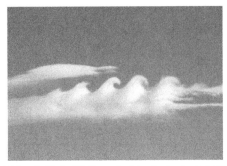 

Abb. 8.26 In Wolken sind typische Instabilitäten manchmal zu entdecken. *Links*: Spiralmuster der Kelvin-Helmholtz-Instabilität, mit freundlicher Genehmigung von Brooks Martner, NOAA, USA, *rechts*: Rayleigh-Taylor-artige Strukturen, fotografiert von Bernhard Heislbetz, DLR, Hardthausen.

8.4.2   Die Grundgleichungen

Wir nehmen an, dass die Strömungen in beiden Schichten wirbelfrei sind und sich jeweils durch ein Potential beschreiben lassen (der Einfachheit halber beschränken wir uns zunächst auf zwei räumliche Dimensionen):

$$\vec{v}_1(x,z,t) = \nabla \Phi_1(x,z,t), \qquad \vec{v}_2(x,z,t) = U \cdot \hat{e}_x + \nabla \Phi_2(x,z,t) \ , \qquad (8.77)$$

wobei wir die konstante Geschwindigkeit U bereits berücksichtigt haben und sich der Index „1" auf die untere Flüssigkeit bezieht. Für die Potentiale gilt außerdem (inkompressible Flüssigkeiten):

$$\Delta \Phi_i = 0 \ . \qquad (8.78)$$

Aus den Euler-Gleichungen folgen die Gleichungen für die beiden Potentiale (vgl. (6.4)):

$$\partial_t \Phi_1 = -\frac{p_1}{\rho_1} - gz - \frac{1}{2}\left(\nabla \Phi_1\right)^2 \qquad (8.79a)$$

$$\partial_t \Phi_2 = -\frac{p_2}{\rho_2} - gz - U\,\partial_x \Phi_2 - \frac{1}{2}\left(\nabla \Phi_2\right)^2 \ , \qquad (8.79b)$$

wobei wir die Konstante $U^2/2$ in p_2 berücksichtigt haben. Im stationären Zustand gilt $\Phi_i = 0$, deshalb muss an der Grenzschicht der Druck verschwinden, $p_1 = p_2 = 0$. Lässt man schwache Deformationen der Trennfläche zu und nimmt an, dass sich diese bei $z = h(x,t)$ befindet (Abb. 8.24), so ergibt sich mit dem Laplace-Druck die Randbedingung

$$p_1|_{z=h} = p_2|_{z=h} - \gamma \partial_{xx}^2 h \qquad (8.80)$$

mit der (konstanten) Oberflächenspannung γ. An der Trennfläche gilt außerdem noch die kinematische Randbedingung (5.18):

$$\partial_t h = \partial_z \Phi_1 - \partial_x \Phi_1 \partial_x h \ . \qquad (8.81)$$

Diese muss aber genauso für die obere Schicht erfüllt sein:

$$\partial_t h = \partial_z \Phi_2 - U \, \partial_x h - \partial_x \Phi_2 \partial_x h \ . \tag{8.82}$$

Das System (8.78)-(8.82) bildet die Grundgleichungen der Kelvin-Helmholtz-Instabilität in idealen Flüssigkeiten.

8.4.3   Lineare Stabilitätsanalyse

Wir wollen die Stabilität des stationären Zustands

$$\Phi_1 = \Phi_2 = h = 0$$

untersuchen. Dazu multiplizieren wir (8.79a) mit ρ_1, (8.79b) mit ρ_2 und subtrahieren die beiden Gleichungen. Das Resultat werten wir bei $z = h$ aus und erhalten, nach Vernachlässigung aller quadratischer Terme und unter Verwendung der Anschlussbedingung (8.80)

$$\rho_1 \partial_t \Phi_1 - \rho_2 \partial_t \Phi_2 = \gamma \, \partial_{xx}^2 h + gh(\rho_2 - \rho_1) + U \, \rho_2 \, \partial_x \Phi_2 \ . \tag{8.83}$$

Aus (8.81) und (8.82) wird nach Linearisierung

$$\partial_t h = \partial_z \Phi_1 \tag{8.84a}$$
$$\partial_t h = \partial_z \Phi_2 - U \, \partial_x h \ . \tag{8.84b}$$

Um das lineare Gleichungssystem (8.83, 8.84) zu lösen werden Randbedingungen benötigt. In horizontaler Richtung bieten sich ebene Wellen an. Wegen (8.78) müssen dann die Potentiale exponentiell von z abhängen. Ein physikalisch sinnvoller Ansatz ist

$$\Phi_1 = A_1 \, e^{ikx+|k|z+\lambda t}, \quad \Phi_2 = A_2 \, e^{ikx-|k|z+\lambda t}, \quad h = B \, e^{ikx+\lambda t}, \tag{8.85}$$

d.h. die Geschwindigkeiten gehen in beiden Schichten mit dem Abstand von der Grenzschicht exponentiell gegen null. Setzt man (8.85) in (8.83, 8.84) ein und wertet sämtliche Ableitungen bei $z = 0$ aus, so ergibt sich ein algebraisches, lineares und homogenes Gleichungssystem der Form

$$\begin{pmatrix} \lambda\rho_1, & -(\lambda + ikU)\rho_2, & \gamma k^2 + g(\rho_1 - \rho_2) \\ -|k|, & 0, & \lambda \\ 0, & |k|, & \lambda + ikU \end{pmatrix} \cdot \begin{pmatrix} A_1 \\ A_2 \\ B \end{pmatrix} = 0 \ . \tag{8.86}$$

Die Eigenwerte λ bestimmt man wie immer durch Nullsetzen der Systemdeterminante. Man erhält die beiden komplexen Lösungen:

$$\lambda_{1,2} = \frac{1}{1+\rho} \left(-ikU\rho \pm \sqrt{\rho k^2 U^2 - g(1+\rho)|k|(\beta^2 k^2 + 1 - \rho)} \right) , \tag{8.87}$$

wobei wir das Dichteverhältnis

$$\rho = \frac{\rho_2}{\rho_1}$$

und die schon in Abschn. 5.6.5 definierte und auf die untere Flüssigkeit bezogene Kapillaritätskonstante

$$\beta = \sqrt{\frac{\gamma}{g\rho_1}}$$

verwendet haben.

Der stationäre Zustand wird instabil, sobald einer der beiden Eigenwerte (8.87) einen positiven Realteil besitzt (Abb. 8.27). Dies ist sicher nur für das positive Vorzeichen möglich, aber auch nur dann, wenn der Ausdruck unter der Wurzel größer Null wird. Diese Bedingung legt ein minimales $U = U_c$ fest (Abb. 8.28):

$$U_c(|k|) = \sqrt{\frac{g(1+\rho)}{\rho}\left(\beta^2|k| + \frac{1-\rho}{|k|}\right)}. \qquad (8.88)$$

Erhöht man U aus dem unterkritischen Bereich, so werden bei

$$U_c^{\min} = \sqrt{\frac{2g\beta(1+\rho)}{\rho}\sqrt{1-\rho}}$$

zunächst periodische Strukturen mit dem Wellenvektor

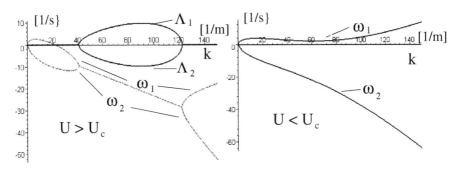

Abb. 8.27 Real- und Imaginärteile der beiden Eigenwerte $\lambda_{1,2} = \Lambda_{1,2} + i\omega_{1,2}$ nach (8.87) für ein (fiktives) System mit $\rho = 1/2$ und $\beta = 1/100$. *Links*: überkritischer Bereich. Λ_1 wird für einen bestimmten Bereich von k positiv. Außerhalb dieses Bereichs ist λ rein imaginär. Für kleines U (*rechts* unterkritisch) bleiben beide Eigenwerte für alle Wellenlängen imaginär, für $U \to 0$ und kleines ρ erhält man die Dispersionsrelation von Kapillarwellen im tiefen Wasser (6.95). Die Beträge der Frequenzen links- bzw. rechtslaufender Wellen unterscheiden sich, weil U die Spiegelsymmetrie $x \to -x$ in (8.83, 8.84) bricht.

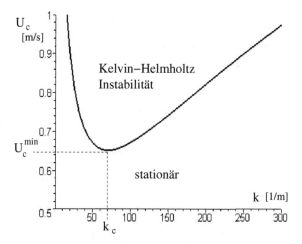

Abb. 8.28 Die kritische Windgeschwindigkeit, ab der Oberflächenstrukturen anwachsen, hängt von deren Wellenlänge ab. Die Kurve zeigt denselben qualitativen Verlauf wie die kritischen Linien bei der Konvektion oder dem Taylor-Problem. $\rho = 1/2$, $\beta = 1$ cm.

$$k_c = \frac{\sqrt{1 - \rho}}{\beta}$$

anwachsen. Für größere Windgeschwindigkeit ist dann ein ganzes Band von Wellenlängen möglich und nur eine Lösung des nichtlinearen Systems wird Auskunft über das wirkliche Geschehen geben. Die Erfahrung zeigt aber, dass bei größerer Windstärke die Wellen immer länger werden.

Luft/Wasser

Zum Schluss zeigen wir noch die Eigenwerte für ein konkretes System, nämlich Luft über Wasser (Abb. 8.29). Es gilt dann

$$\rho \approx 0.001, \qquad \beta \approx 2.7 \text{ mm} .$$

Wellen auf einer glatten Wasseroberflächen werden ab einer Windgeschwindigkeit von $U_c^{\min} \approx 7$ m/s entstehen, und zwar mit der eher kurzen Wellenlänge

$$\lambda_c = 2\pi/k_c \approx 1.7 \text{ cm} .$$

Dies ist aber die bereits in Abschn. 6.6 berechnete Wellenlänge, bei der Kapillarwellen die kleinste Phasengeschwindigkeit haben. Überhaupt gehen für $\rho \to 0$ die Ausdrücke für die Phasengeschwindigkeit (6.95) und für die Windgeschwindigkeit als Funktion der Wellenzahlen (8.88) bis auf den Faktor $\sqrt{\rho}$ ineinander über. Der Wind entfacht also genau die Wellen zuerst, die sich im ungestörten System ($U = 0$) am langsamsten bewegen.

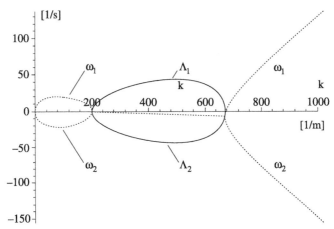

Abb. 8.29 Eigenwerte für eine mit $U = 8$ m/s bewegte Luftschicht über Wasser. Wasserwellen mit Wellenlängen zwischen ca 1 cm und 3 cm können anwachsen.

Die Jet-Instabilität

Bisher haben wir stillschweigend angenommen, dass $\rho < 1$ ist, also dass sich die leichtere Flüssigkeit über der schwereren befindet. Wir können aber zunächst den Grenzfall $\rho = 1$ einschließen. Es könnte sich also um zwei nichtmischbare Flüssigkeiten von genau der gleichen Dichte oder aber um nur eine Flüssigkeit mit verschieden gefärbten Bereichen handeln ($\beta = 0$). Im letzten Fall würden sich die beiden Schichten mit der Zeit durch Diffusion vermischen, auch ohne dass sich die Flüssigkeit bewegt. Diffusion von Materie (in dem Fall gefärbte Flüssigkeit) findet jedoch auf einer im Vergleich zu den Wachstumsraten der Instabilitäten viel langsameren Zeitskala statt und kann an dieser Stelle vernachlässigt werden.

Das Modell mit $\rho = 1$ wird verwendet, um die **Jet-Instabilität** zu untersuchen. Jets sind gerichtete, räumlich durch Grenzschichten von ruhenden Bereichen getrennte Gas- oder Flüssigkeitsströmungen. So kennt man aus der Astronomie Jets im Weltall, die Tausende von Lichtjahren lang sein können und sich annähernd mit Lichtgeschwindigkeit bewegen. Manche dieser Gebilde zeigen Strukturen, die mit denen der Kelvin-Helmoltz-Instabilität große Ähnlichkeit haben.

Für $\rho = 1$ folgt, dass die Grenzschicht für infinitesimale Geschwindigkeiten durch langwellige Moden ($k \to 0$) instabil wird:

$$U_c = \beta\sqrt{2g|k|} \xrightarrow{k \to 0} 0 \ ,$$

die Grenze eines Jets kann also niemals über längere Zeiten eben bleiben. Parallele Strömungen mit verschiedenen Geschwindigkeiten werden im Lauf der Zeit Wirbel an ihrer Grenze ausbilden, selbst wenn sie sich mit noch so kleiner Relativgeschwindigkeit bewegen. Es entstehen die sogenannten „Kelvin-Katzenaugen" (Abb. 8.30).

Abb. 8.30 „Katzenaugen" an der Grenzschicht zweier relativ zueinander bewegter Schichten der selben Flüssigkeit. Der *obere* (schwarz gefärbte) Teil der Flüssigkeit bewegt sich nach rechts. Nach [4], Foto von F. A. Roberts, P. E. Dimotakis, A. Roshko.

Die Rayleigh-Taylor-Instabilität

Was passiert für $\rho > 1$? Dann liegt die schwerere Flüssigkeit über der leichteren, was zunächst unsinnig klingen mag. Für $U = 0$ existiert aber trotzdem eine hydrostatische Lösung der Euler-Gleichungen, allerdings eine instabile. Aus (8.87) wird nämlich mit $U = 0$

$$\lambda_{1,2} = \pm \sqrt{\frac{g}{1+\rho}\left((\rho-1)|k| - \beta^2|k|^3\right)} \, , \qquad (8.89)$$

d.h. ein Eigenwert ist für genügend kleines k immer größer als null und hat ein Maximum bei (Abb. 8.31)

$$k_m^2 = \frac{\rho - 1}{3\beta^2} \, .$$

Betrachtet man als Beispiel eine Wasserschicht, die sich über einer leichteren Ölschicht befindet ($\rho \approx 1.1$), so ergibt sich für die Wellenlänge, die am schnellsten anwächst:

$$\lambda_m = 2\pi/k_m \approx 9 \text{ cm} \, .$$

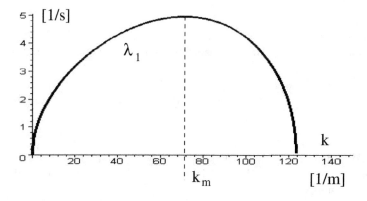

Abb. 8.31 Bei der Rayleigh-Taylor-Instabilität besitzt ein Eigenwert immer einen positiven Realteil für ein ganzes Band von Wellenvektoren (Wasser über Öl, $\rho = 1.1$, $\beta = 2.7$ mm).

Eine Anwendung aus dem täglichen Leben wäre frisch aufgebrachte, noch flüssige Farbe an der Zimmerdecke: Die Oberflächenspannung alleine kann die Farbe nicht halten, die Rayleigh-Taylor-Instabilität macht sich durch Flecken auf dem Fußboden eher störend bemerkbar. Streicht man aber dünn genug (oder verwendet eine sehr teure Farbe) , so wirken intermolekulare Kräfte in der Farbschicht, die Farbe bleibt oben und trocknet. Wir werden im Unterkapitel über dünne Filme auf diese Problematik zurückkommen.

Untersuchte Lord Rayleigh 1883 Instabilitäten geschichteter Flüssigkeiten im Schwerefeld, so konzentrierte G. I. Taylor seine Überlegungen 1950 auf beschleunigte Systeme. Eine gleichförmige Beschleunigung lässt sich physikalisch nicht von einem konstanten Gravitationsfeld unterscheiden. So kann man zeigen, dass bei einer Supernovaexplosion dichteres Gas aus dem Inneren des Sterns gegen leichteres Gas im Außenbereich gedrückt wird. Weil beide Gasschichten nach der Explosion abgebremst werden, wirkt im mitbewegten Koordinatensystem eine Scheinkraft, die nach außen in Richtung des leichteren Gases zeigt und folglich die Grenzfläche Rayleigh-Taylor-instabil werden lässt.

8.4.4   (*) Flachwassergleichungen

Bisher haben wir in vertikaler Richtung unendlich ausgedehnte Flüssigkeitsschichten angenommen. Dies entspricht dem Grenzfall kurzer Wellen aus Kapitel 6, bei dem sich Strömungen im Wesentlichen nur in Schichten in der Größenordnung der Eindringtiefe der lateralen Wellenlängen abspielen. Genauso kann aber auch der Grenzfall langer Wellen betrachtet werden, der Strömungen in endlichen, von außen vorgegebenen Schichten, die viel schmäler als die Wellenlänge sind, entspricht. Wie in Abschn. 6.4 wollen wir jetzt die um eine räumliche Dimension reduzierten Gleichungen für ein Zwei-Schichten-System unter dieser Voraussetzung herleiten und anschließend numerische Lösungen diskutieren.

Skalierung

Wir untersuchen den in Abb. 8.32 skizzierten Aufbau. Die Grenzschicht sei jetzt im stationären Grundzustand bei $z = h_0$, beide Schichten sollen dieselbe Dicke haben und durch unendlich ausgedehnte, horizontale Platten begrenzt sein. Der stationäre Zustand lautet

$$\vec{v}^0(z) = \begin{cases} U \cdot \hat{e}_x, & h_0 < z < 2h_0 \\ 0, & \text{sonst} \end{cases} \quad .$$

Wir verwenden den schon in (6.43) definierten Kleinheitsparameter $\delta = h_0/\ell$ und dieselben dimensionslosen Variablen (6.44, 6.45). Zusätzlich skalieren wir die Drücke und die Geschwindigkeit U mit

$$p_i = \tilde{p}_i \cdot \frac{\ell^2 \rho_1}{\tau^2}, \qquad U = \tilde{U} \cdot \frac{\ell}{\tau}$$

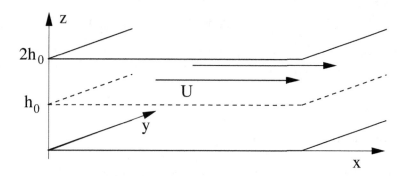

Abb. 8.32 Ein durch zwei unendlich ausgedehnte, horizontale Platten bei $z = h_0$ und $z = 2h_0$ begrenztes Zwei-Schichten-System. Die obere Schicht bewegt sich mit der konstanten Geschwindigkeit U in x-Richtung.

und benutzen die schon vorher definierten dimensionslosen Parameter

$$\rho = \frac{\rho_2}{\rho_1}, \qquad G = \frac{gh_0\tau^2}{\ell^2} \ .$$

Damit wird aus (8.78)

$$(\delta^2\Delta_2 + \partial_{zz}^2)\,\Phi_i = 0 \ , \tag{8.90}$$

und aus (8.79)

$$\partial_t\Phi_1 = -p_1 - G(z-1) - \frac{1}{2}\left((\nabla_2\Phi_1)^2 + \frac{1}{\delta^2}\left(\partial_z\Phi_1)\right)^2\right) \tag{8.91a}$$

$$\partial_t\Phi_2 = -\frac{p_2}{\rho} - G(z-1) - U\,\partial_x\Phi_2 - \frac{1}{2}\left((\nabla_2\Phi_2)^2 + \frac{1}{\delta^2}\left(\partial_z\Phi_2)\right)^2\right) \ , \tag{8.91b}$$

(wir haben alle Schlangen wieder weggelassen). Für die spätere Anwendung haben wir die Gleichungen diesmal in drei Raumdimensionen angeschrieben, Δ_2 bzw. ∇_2 bezeichnen die jeweiligen Operatoren bezüglich der horizontalen Koordinaten x und y.

Iterative Lösung der beiden Laplace-Gleichungen

Randbedingungen für Φ_i folgen aus dem Verschwinden der vertikalen Geschwindigkeitskomponenten an den beiden Platten

$$\partial_z\Phi_1|_{z=0} = 0, \qquad \partial_z\Phi_2|_{z=2} = 0 \ . \tag{8.92}$$

Wir folgen der Vorgehensweise aus Abschn. 6.4 und entwickeln Φ_i nach δ^2. Lösungen, die die Randbedingungen (8.92) erfüllen, lauten:

$$\Phi_1(x,y,z,t) = \Phi_1^{(0)}(x,y,t) + \delta^2 \left[-\frac{z^2}{2}\Delta_2\Phi_1^{(0)}(x,y,t) + \varphi_1(x,y,t) \right] + O(\delta^4) \qquad (8.93a)$$

$$\Phi_2(x,y,z,t) = \Phi_2^{(0)}(x,y,t) + \delta^2 \left[\left(2z - \frac{z^2}{2}\right)\Delta_2\Phi_2^{(0)}(x,y,t) + \varphi_2(x,y,t) \right] + O(\delta^4) \ .$$
$$\qquad (8.93b)$$

Die Zwei-Schichten-Flachwasser-Gleichungen

Einsetzen von (8.93) in (8.91) ergibt nach Auswerten an der Stelle $z = h$ in niedrigster, nichttrivialer Ordnung von δ (wir lassen die hochgestellte Null bei Φ_i weg, Φ_i steht also in Wirklichkeit wieder für $\Phi_i^{(0)}$) :

$$\partial_t\Phi_1 = -p_1 - G(h-1) - \frac{1}{2}\left(\nabla_2\Phi_1\right)^2 \qquad (8.94a)$$

$$\partial_t\Phi_2 = -\frac{p_2}{\rho} - G(h-1) - U\,\partial_x\Phi_2 - \frac{1}{2}\left(\nabla_2\Phi_2\right)^2 \ . \qquad (8.94b)$$

Hinzu kommen die Gleichungen (8.81) und (8.82) in derselben Ordnung:

$$\partial_t h = -h\Delta_2\Phi_1 - (\nabla_2\Phi_1)\cdot(\nabla_2 h) \qquad (8.95a)$$

$$\partial_t h = -U\partial_x h + (2-h)\Delta_2\Phi_2 - (\nabla_2\Phi_2)\cdot(\nabla_2 h) \qquad (8.95b)$$

und die Beziehung zwischen den Drücken an der Grenzfläche (8.80)

$$p_1 = p_2 - \tilde{\gamma}\,\Delta_2 h \qquad (8.96)$$

mit der dimensionslosen Oberflächenspannung (auch diese Schlange lassen wir in Zukunft wieder weg)

$$\tilde{\gamma} = \frac{\tau^2 h_0}{\ell^4 \rho_1}\,\gamma \ .$$

Das System (8.94) - (8.96) bildet die Flachwassergleichungen in drei Dimensionen. Wie bei den Gleichungen für eine Schicht konnten wir die z-Koordinate eliminieren, was eine erhebliche Vereinfachung darstellt. Bevor wir einige numerische Lösungen angeben, untersuchen wir die lineare Stabilität der stationären Grundströmung $\vec{v}^{\,0}(z)$.

Lineare Stabilität

Die Vorgehensweise ist dieselbe wie bei unendlich tiefen Schichten, allerdings hängen jetzt alle Funktionen nur noch von den horizontalen Koordinaten ab. Störungen in y-Richtung, also senkrecht zur Grundströmung, sind weder gedämpft noch anwachsend, es gilt das in Kapitel 6 Gesagte. Folglich genügt es, die Störungen als Funktionen von x anzusetzen. Wir wählen

$$\Phi_1 = A_1 \, e^{ikx+\lambda t}, \quad \Phi_2 = A_2 \, e^{ikx+\lambda t}, \quad h = B \, e^{ikx+\lambda t}, \tag{8.97}$$

und erhalten wie oben ein lineares Gleichungssystem für A_1, A_2, B, aus dessen Lösbarkeitsbedingung sich die beiden Eigenwerte

$$\lambda_{1,2} = \frac{1}{1+\rho} \left(-ikU\rho \pm \sqrt{\rho k^2 U^2 - (1+\rho)k^2(\gamma k^2 + G(1-\rho))} \right) \tag{8.98}$$

finden lassen. Das kritische U folgt wie vorher aus der Forderung, dass der Ausdruck unter der Wurzel größer null wird. In Konsistenz mit den gemachten Näherungen werden lange Wellen ($k \to 0$) zuerst instabil bei

$$U_c = \sqrt{\frac{G(1-\rho^2)}{\rho}} \, .$$

Bei gegebenem $U > U_c$ existiert wieder ein endliches k_m, welches die am schnellsten anwachsende Mode charakterisiert

$$k_m^2 = \frac{\rho}{2\gamma(1+\rho)} \left(U^2 - U_c^2 \right)$$

und das daher die Längenskala der auftretenden Wellen zumindest am Anfang der Entwicklung bestimmen wird.

Numerische Lösungen

Zunächst mag es merkwürdig erscheinen, vier Gleichungen für nur drei Variable zu haben. Andererseits kommt als weitere Funktion der Druck an der Grenzfläche dazu, für den man zwar keine Evolutionsgleichung vorliegen hat, der aber trotzdem irgendwie berechnet werden muss.

Ohne auf Details einzugehen (hierzu mehr in Kapitel 10), wollen wir kurz das Verfahren skizzieren. Wir gehen von dem System gegeben im Zustand t_0 aus

$$\Phi_i(t_0), \quad h(t_0), \quad p_1(t_0)$$

und iterieren die Gleichungen (8.94a) und (8.95a) in der Zeit mit dem diskreten Zeitschritt Δt. Aus (8.94a) lässt sich das Potential

$$\Phi_1(t_0 + \Delta t)$$

ausrechnen, aus (8.95a) das Grenzschichtprofil

$$h(t_0 + \Delta t) \ .$$

Jetzt kann man (8.95b) nach Φ_2 auflösen (dabei muss man Differentialoperatoren invertieren, was aber z.B. mit einem Gauß-Seidel-Verfahren problemlos geht) und erhält damit

$$\Phi_2(t_0 + \Delta t) \ .$$

Löst man die noch nicht verwendete Gleichung (8.94b) nach p_2 auf, ergibt sich

$$p_2(t_0 + \Delta t)$$

und mit (8.96) schließlich

$$p_1(t_0 + \Delta t) \ .$$

Um numerische Stabilität zu erreichen, wurde auf der rechten Seite von (8.95a) noch ein zusätzlicher Diffusionsterm

$$\epsilon \Delta h$$

mit der Diffusionskonstanten $\epsilon = 0.1$ addiert.

Abb. 8.33 zeigt die Entwicklung eines anfangs zufällig verteilten Profils in zwei Dimensionen. Das finite Differenzenverfahren verwendet die Schrittweiten $\Delta x = 0.2$ und $\Delta t = 4 \cdot 10^{-4}$. Die Wellen bewegen sich in Richtung der Grundströmung $U\hat{e}_x$ nach rechts und werden dabei schnell immer steiler. In der Tat erwartet man ja das Einrollen der Grenzschicht in Form von Spiralen wie in Abb. 8.25 angedeutet. Solche Strukturen lassen sich natürlich nicht mehr durch eine Funktion $h(x)$ beschreiben. Numerisch erhält man divergierende Lösungen, wenn die Steigung von h irgendwo gegen unendlich geht. Außerdem gelten die Grundgleichungen sowieso nur für kleine Krümmungen der Oberfläche, also nur in der Anfangsphase der Entwicklung. Trotzdem lässt sich durch die nichtlineare Rechnung mehr über die Strukturbildung aussagen als durch die linearisierten Gleichungen alleine.

In drei Dimensionen ergibt sich ein ähnliches Bild (Abb. 8.34). Auch hier treibt der „Wind" die Wellen vor sich her, die sich dabei schnell senkrecht zur Richtung der Grundströmung stellen. Je nach Größe von U kommt es früher oder später zur Wellenbrechung und das Verfahren divergiert.

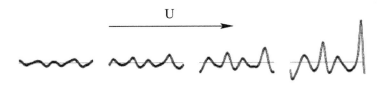

Abb. 8.33 Schnappschüsse der Oberfläche in zwei Dimensionen. Nach $t \approx 55$ würden die Wellen brechen und das numerische Verfahren divergiert. $G = 1$, $\rho = 1/2$, $\gamma = 1/10$, $U = 1.3$, $U_c = 1.22$, 200 Gitterpunkte in horizontaler Richtung.

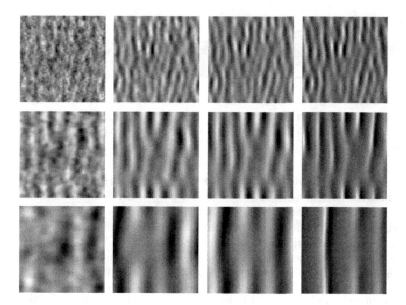

Abb. 8.34 Die Oberflächenentwicklung in drei Dimensionen für verschiedene Werte von U, $U = 3$ (*oben*), $U = 2$ (*Mitte*), $U = 1.5$ (*unten*). Die Steigung von h divergiert nach $t \approx 2.2$ (oben), $t \approx 7.5$ (*Mitte*), $t \approx 27$ (*unten*). Parameter wie in Abb. 8.33, 100 x 100 Gitterpunkte.

8.5   Die Faraday-Instabilität

Michael Faraday[18] entdeckte bereits 1831, dass an der Oberfläche einer Flüssigkeits-schicht regelmäßige Strukturen entstehen, wenn die Flüssigkeit als Ganzes wie in Abb. 8.35 skizziert in vertikaler Richtung vibriert. Er fand, dass die Wellenlänge der beob-achteten Muster von der Anregungsfrequenz abhängt und dass eine bestimmte kritische Amplitude notwendig ist, um überhaupt Strukturen zu sehen. In der Nähe dieser kri-tischen Amplitude bilden sich meist Quadrate, in späteren Experimenten wurden aber auch Streifen (hauptsächlich in zäheren Flüssigkeiten) entdeckt.

Wie die mathematische Behandlung der Faraday-Instabilität zeigt, besteht eine direk-te Analogie zum parametrisch angeregten Pendel, wie es in der klassischen Mechanik untersucht wird. Beide Probleme führen auf die sogenannte Mathieu'sche Differential-gleichung, die wir in diesem Abschnitt untersuchen werden.

8.5.1   Grundgleichungen und lineares Problem

Normalerweise untersucht man das Problem für eine unendlich tiefe Flüssigkeitsschicht, was der Näherung für kurze Wellen aus Kapitel 6 entspricht. Wir wollen hier einen etwas anderen Weg gehen und die Langwellennäherung verwenden, die letztlich auf

---

[18]Englischer Physiker, 1791–1867, besonders berühmt durch seine Arbeiten auf dem Gebiet der Elektrodynamik.

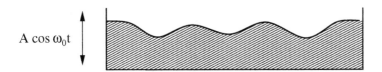

$A \cos \omega_0 t$

Abb. 8.35 Die Faraday-Instabilität. Wenn eine Flüssigkeit in vertikaler Richtung periodisch beschleunigt wird, entstehen ab einer bestimmten frequenzabhängigen kritischen Amplitude Strukturen auf ihrer Oberfläche. Deren Wellenzahl ist dabei proportional zur Anregungsfrequenz ω_0.

Flachwassergleichungen wie in Abschn. 6.4 führt. Dies ist dann gerechtfertigt, wenn es sich um Wellenlängen von vielleicht dem Fünffachen der Schichtdicke handelt. Bei einer experimentell sicher leicht realisierbaren Schichtdicke von ca 0.5 cm entspräche das einer Wellenlänge im Bereich einiger Zentimeter. Um Randeinflüsse zu vernachlässigen, sollte der schwingende Behälter dann eine laterale Dimension von ca. 30-50 cm haben, was ebenfalls technisch möglich sein sollte. Die Antriebsfrequenzen werden dann, wie wir gleich ausrechnen werden, in der Größenordnung von 10 Hz liegen.

Befindet man sich in einem beschleunigten Bezugssystem, so treten Scheinkräfte auf. Die Transformation

$$z = z' + A \cos \omega_0 t$$

mit z' im mitbewegten und z im ruhenden System führt im mitbewegten System auf die zusätzliche vertikale Kraftdichte

$$f' = A \omega_0^2 \rho \cos \omega_0 t.$$

Dies kann am einfachsten durch eine zeitabhängige Gravitationsbeschleunigung

$$g'(t) = g + A \, \omega_0^2 \cos \omega_0 t$$

berücksichtigt werden. Führt man die Skalierungen auf dimensionslose Variable genau wie in Abschn. 6.4 durch, so ergibt sich für die Flachwassergleichungen in zwei Dimensionen (vergl. (6.50)) im beschleunigten System (Striche weglassen)

$$\partial_t h = -\nabla_2 (h\nabla_2 \Phi) \tag{8.99a}$$

$$\partial_t \Phi = -(G + G_1 \cos \Omega t)(h - 1) - \frac{1}{2} (\nabla_2 \Phi)^2 \ , \tag{8.99b}$$

mit der dimensionslosen Anregung (Amplitude) und Frequenz

$$G_1 = \frac{A\omega_0^2 h_0 \tau^2}{\ell^2}, \qquad \Omega = \omega_0 \cdot \tau \ . \tag{8.100}$$

Wie in Abschn. (6.4.5) führen wir (kleine) Abweichungen der Höhe von dem Referenzzustand $h = 1$ ein

$$a(x, y, t) = h(x, y, t) - 1$$

und erhalten wie dort nach Vernachlässigen der Nichtlinearitäten, Differenzieren von (8.99a) nach t und Elimination von Φ eine lineare Wellengleichung der Form

$$\partial_{tt}^2 \, a - (G + G_1 \cos \Omega t) \, \Delta a = 0 \; . \tag{8.101}$$

Neu ist jetzt allerdings, dass es sich um eine Gleichung mit einem zeitabhängigen, periodischen Koeffizienten handelt und dass, wie wir gleich zeigen werden, als Lösung in der Zeit exponentiell anwachsende Funktionen auftreten können, die einer Instabilität der bisher durch die Schwerkraft stabilisierten, glatten Oberfläche entsprechen.

8.5.2 (*) Die Mathieu-Gleichung

Wie immer beseitigen wir die Ortsabhängigkeiten in (8.101) durch den Separationsansatz

$$a(x, y, t) = \eta(t) \, e^{ikx} \; .$$

Skalieren wir außerdem die Zeit um auf

$$\tilde{t} = \frac{\Omega}{2} \, t \; ,$$

so erhalten wir die Normalform (oder kanonische Form) der **Mathieu-Gleichung**

$$\ddot{\eta} + (p^2 + 2q \cos 2\tilde{t}) \, \eta = 0 \tag{8.102}$$

mit

$$p^2 = \frac{4Gk^2}{\Omega^2}, \qquad q = \frac{2G_1 k^2}{\Omega^2} \; . \tag{8.103}$$

Die Mathieu-Gleichung wird in der Literatur ausgiebig untersucht[19]. Man erhält sie auch bei einem periodisch angeregten Pendel mit der Eigenfrequenz $\omega_0 = p\Omega/2$. Aus Experimenten ist bekannt, dass periodische Anregungen je nach Frequenz und Amplitude stabilisierend oder destabilisierend wirken können. So ist es möglich einen Parameterbereich zu finden, in dem die obere, normalerweise instabile Ruhelage des Pendels stabilisiert wird.

Wir sind hier an dem umgekehrten Fall interessiert, bei dem die glatte, stabile Flüssigkeitsoberfläche durch periodische Anregung instabil wird. Schreibt man in (8.102)

$$\cos 2\tilde{t} = \frac{1}{2} \left(e^{2i\tilde{t}} + e^{-2i\tilde{t}} \right) \; ,$$

so ist klar, dass mit der Frequenz n schwingende Anteile von η nur an solche mit den Frequenzen $n \pm 2$ koppeln können. D.h. aber, ungerade Frequenzen koppeln nur an

---

[19]z.B. in [15] oder [16]. In [16] findet man auch das periodisch angeregte Pendel.

ungerade, gerade an gerade. Wir betrachten zunächst die ungeraden Frequenzen und machen daher für (8.102) den Ansatz

$$\eta(t) = e^{\lambda \tilde{t}} \sum_{n=-\infty}^{\infty} A_n \, e^{i(2n-1)\tilde{t}} \,,$$

was auf ein lineares, homogenes Gleichungssystem der Form

$$\sum_{m=-\infty}^{\infty} \left(M_{nm} - p^2 \delta_{nm} \right) A_m = 0 \tag{8.104}$$

führt. Wegen der speziellen Form der Kopplungen sind in M_{nm} nur die Diagonale und die beiden Nebendiagonalen von null verschieden:

$$M_{nn} = -(\lambda + i(2n-1))^2, \qquad M_{n,n+1} = M_{n,n-1} = -q \,.$$

Wieder sind wir nur am kritischen Punkt, d.h. am Vorzeichenwechsel von λ (man kann zeigen, dass λ reell ist) interessiert. Setzen wir also $\lambda = 0$, so entspricht (8.104) einem unendlich dimensionalen Eigenwertproblem für die Eigenwerte p^2. Für die Funktionen mit gerader Frequenz

$$\eta(t) = e^{\lambda \tilde{t}} \sum_{n=-\infty}^{\infty} A_n \, e^{2ni\tilde{t}}$$

ergibt sich dieselbe Form wie (8.104), diesmal allerdings mit der Tridiagonalmatrix

$$M_{nn} = -(\lambda + 2ni)^2, \qquad M_{n,n+1} = M_{n,n-1} = -q \,.$$

Numerisch lassen sich Bandmatrizen mit Standardroutinen einfach und effektiv diagonalisieren[20]. Anstatt unendlich viele Moden zu nehmen, bricht man die Summen bei N ab und erhält ein $N \times N$ System im ersten Fall, ein $(N+1) \times (N+1)$ System im zweiten Fall. Das Verfahren konvergiert schnell. Abb. 8.36 zeigt das Stabilitätsdiagramm in der q-p-Ebene, berechnet mit $N = 3$. Graue Bereiche entsprechen exponentiell anwachsenden Lösungen mit $\lambda > 0$. Ist $p = 1, 2, 3...n$, so genügt eine beliebig schwache Anregung $q \to 0$ um instabile Lösungen zu bekommen. Die Anregungsfrequenz Ω beträgt dann ein n-faches der halben Resonanzfrequenz. Für Frequenzen außerhalb der Resonanzen sind entsprechend stärkere Amplituden notwendig.

Wir wollen die Ergebnisse jetzt auf die Faraday-Instabilität übertragen. Die Resonanzen liegen bei $p = n$. Damit wird aus (8.103) eine Relation zwischen Antriebsfrequenz und kritischer Wellenzahl:

$$k_c = \pm \frac{n\Omega}{2\sqrt{G}}, \qquad k_c = \pm \frac{n\omega_0}{2\sqrt{gh_0}} \tag{8.105}$$

---

[20]Für eine Übersicht über solche und andere Routinen siehe z.B. [10].

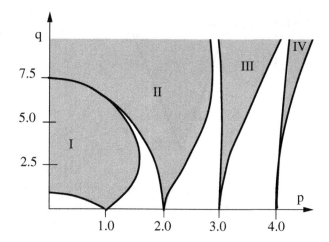

Abb. 8.36 Die sogenannten „Arnold-Zungen" bei der Mathieu-Gleichung (8.102). Graue Bereiche entsprechen instabilen Lösungen.

(die zweite Gleichung gilt jeweils in dimensionsbehafteten Größen). Offensichtlich pflanzen sich die Wellen mit der Phasengeschwindigkeit

$$c = \frac{2}{n}\sqrt{G}, \qquad c = \frac{2}{n}\sqrt{gh_0}$$

fort, die wir für $n = 1$, wenn wir ω mit $\omega_0/2$ identifizieren, schon aus (6.16) kennen. Für $n = 1$ (Bereich I in Abb. 8.36) schwingt die Oberfläche subharmonisch mit der halben Antriebsfrequenz, die Wellen breiten sich genau mit der Phasengeschwindigkeit der Flachwasserwellen aus. Dasselbe gilt sinngemäß für größeres n. Bleiben wir bei unserem Beispiel von vorher mit $h_0 = 0.5$ cm, so wäre eine Anregungsfrequenz von $\nu = \omega_0/2\pi \approx 10$ Hz notwendig, um Wellen mit einer Wellenlänge von ca 5 cm zu erzeugen.

Die kritische Amplitude ($n = 1$, Bereich I) lässt sich näherungsweise aus der Relation

$$q = |1 - p^2|$$

angeben, die in der Nähe von $p = 1$, $q = 0$ gilt. Einsetzen von (8.103) und Auflösen nach G_1 bzw. A ergibt

$$G_1 = 2G \left| \frac{k_c^2}{k^2} - 1 \right|, \qquad A = \frac{1}{2h_0} \left| \frac{1}{k^2} - \frac{1}{k_c^2} \right|, \tag{8.106}$$

eine Linie, die natürlich ihr Minimum bei $A = 0$ in der Resonanz $k = k_c$ hat (Abb. 8.37).

Wir fassen zusammen: Lässt man eine (dünne) Schicht einer idealen Flüssigkeit mit freier Oberfläche in vertikaler Richtung periodisch oszillieren, so reichen beliebig kleine

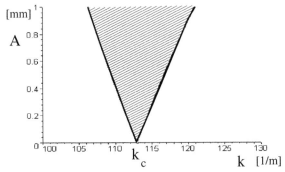

Abb. 8.37 Kritische Amplitude als Funktion des Wellenvektors. Die Werte gelten für $\omega_0 = 50$ Hz, $h_0 = 0.5$ cm. Im schraffierten Bereich ist die glatte Oberfläche instabil gegenüber subharmonischer Anregung (Bereich I in Abb. 8.36) mit der Frequenz $\omega_0/2$.

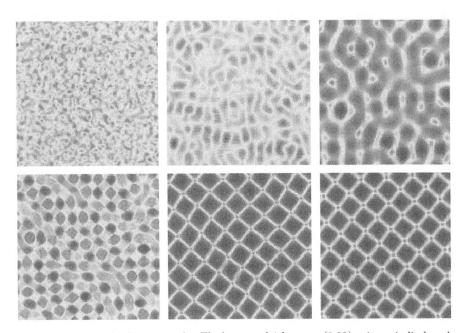

Abb. 8.38 Numerische Lösungen der Flachwassergleichungen (8.99) mit periodischer Anregung $\Omega = 10$, $G = 1$ und $G_1 = 0.3$. Gezeigt sind Schnappschüsse der Oberfläche zu den Zeiten (von *links oben* nach *rechts unten*) $t = 1$, 6, 18, 51, 83, 133. Dunkle Bereiche entsprechen flacheren Stellen. Nach einer gewissen Einschwingphase ensteht eine Struktur aus sehr regelmäßigen Quadraten mit ungefähr der aus der linearen Theorie berechneten kritischen Wellenlänge.

Amplituden aus, um eine Instabilität in Form von in der Zeit exponentiell anwachsenden Oberflächenwellen zu generieren. Diese schwingen (für kleine Schwingungsamplituden) mit einer ganzzahligen Vielfachen der halben Anregungsfrequenz, ihre Phasengeschwindigkeit ist die der Flachwasserwellen. Reale Systeme sind jedoch gedämpft. Bezieht man Reibungseffekte ein, was phänomenologisch durch einen Dämpfungsterm $\sim \dot{\eta}$ in der Mathieu-Gleichung geschehen kann[21], so sind endliche Amplituden der Anregung auch im Resonanzfall für das Auftreten von Instabilitäten notwendig.

8.5.3 Numerische Lösungen der Flachwasser-Gleichungen

Wir schließen das Unterkapitel mit numerischen Lösungen der Gleichungen (8.99) ab. Verwendet wurde dasselbe Verfahren wie schon in Kapitel 6 (siehe Abb. 6.13). Als Anfangsbedingung dienten wieder zufällig verteilte kleine Auslenkungen um $h = 1$. Abb. 8.38 zeigt die Oberfläche zu verschiedenen Zeiten. Bei der Antriebsfrequenz $\Omega = 10$ erwartet man aus den linearen Rechnungen (8.105) eine kritische Wellenlänge von $\Lambda = 2\pi/k_c \approx 1.26$. Dies stimmt etwa mit den Dimensionen der Quadrate nach einer Einschwingzeit von $t \approx 100$ überein. Bei der verwendeten Amplitude $G_1 = 0.3$ ist nach (8.106) bereits ein Band von Wellenlängen zwischen 1.15 und 1.35 instabil. Die komplette Struktur schwingt subharmonisch mit der Frequenz $\Omega/2$.

8.6 Dünne viskose Filme

In den letzten beiden Abschnitten haben wir die Entwicklung selbstorganisierter Oberflächenstrukturen in Flüssigkeiten untersucht, für die die Reibung keine Rolle spielte. Dies entspricht dem in Abschn. 7.3 diskutierten Fall großer Reynolds-Zahlen. Wir wollen jetzt den anderen Grenzfall sehr zäher Flüssigkeiten betrachten, bei dem die Nichtlinearitäten in den Navier-Stokes-Gleichungen gegenüber dem Reibungsterm vernachlässigt werden dürfen. Das Geschwindigkeitsfeld einer solchen (inkompressiblen) Flüssigkeit wird in guter Näherung durch die Stokes-Gleichung (7.37)

$$\eta \, \Delta \vec{v} = \nabla P \qquad (8.107)$$

zusammen mit der Kontinuitätsgleichung

$$\mathrm{div}\, \vec{v} = 0$$

beschrieben und ist normalerweise nicht mehr wirbelfrei. In (8.107) haben wir vorausgesetzt, dass eventuell vorhandene äußere Kräfte ein Potential U haben. Dieses wird im verallgemeinerten Druck

$$P = p + U$$

berücksichtigt.

---

[21]Es gibt aber auch Arbeiten, die die Navier-Stokes-Gleichungen direkt verwenden. Dies ist allerdings wesentlich schwieriger und aufwändiger. Siehe hierzu *J. Beyer und R. Friedrich, Phys. Rev. E51, 1162 (1995)*.

8.6.1   Die Grundgleichungen in der Schmiermittelnäherung

Zunächst wollen wir eine Gleichung für die Änderung der Oberfläche $h(x, y, t)$ einer nach oben offenen Flüssigkeitsschicht (Abb. 8.39) herleiten. Aus Gründen der Übersicht beschränken wir uns dabei auf nur eine horizontale Dimension x, die Rechnung in zwei Dimensionen geht aber genauso. Ausgangspunkt ist die kinematische Randbedingung (5.18) aus Abschn.5.5.2 (siehe auch (6.2))

$$\partial_t h = v_z|_h - v_x|_h \, \partial_x h \; . \tag{8.108}$$

Um v_z an der Oberfläche $z = h$ zu bestimmen, integriert man die Kontinuitätsgleichung über z und erhält mit der Randbedingung $v_z(z = 0) = 0$

$$\int_0^{h(x,t)} \partial_x v_x \, dz \; + \; v_z|_h \; = \; 0 \; .$$

Zieht man die Ableitung nach x vor das Integral und berücksichtigt, dass die obere Grenze eine Funktion von x ist, so ergibt sich nach v_z aufgelöst schließlich

$$v_z|_h \; = \; -\partial_x \int_0^{h(x,t)} v_x \, dz \; + \; v_x|_h \, \partial_x h \; .$$

Dies in (8.108) eingesetzt resultiert in der gesuchten Gleichung für die Änderung der Schichtdicke

$$\partial_t h \; = \; -\partial_x \int_0^{h(x,t)} v_x \, dz \tag{8.109}$$

oder, in zwei lateralen Dimensionen,

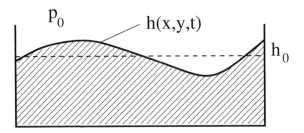

Abb. 8.39 Eine (dünne) flüssige Schicht mit freier Oberfläche liegt auf einer festen, undurchlässigen Unterlage. Die Oberfläche befindet sich bei $z = h(x, y, t)$, p_0 bezeichnet den (konstanten) Außendruck.

$$\partial_t h = -\nabla_2 \cdot \int_0^{h(x,y,t)} \vec{v}_H \, dz \qquad (8.110)$$

mit $\vec{v}_H = (v_x, v_y)$ als horizontaler Geschwindigkeit. Die Gleichung (8.110) hat die Form einer Kontinuitätsgleichung, wenn man

$$\vec{j} = \int_0^h \vec{v}_H \, dz$$

als Stromdichte interpretiert. In der Tat folgt durch Integration von (8.110) über x und y, dass das Gesamtvolumen (und damit bei konstanter Dichte auch die Masse)

$$V = \iint h(x, y, t) \, dx \, dy$$

der Flüssigkeit erhalten bleibt[22].

Um die Gleichungen zu schließen, müssen wir noch v_x berechnen. Dies gelingt durch „Auflösen" der Stokes-Gleichung nach der Geschwindigkeit in der sogenannten **Schmiermittelnäherung.** . Da wir aussschließlich dünne Filme untersuchen wollen, werden wir den schon in Abschn. 6.4.2 definierten Kleinheitsparamater

$$\delta = \frac{d}{\ell} \ll 1$$

mit der mittleren Schichtdicke d und einer typischen horizontalen Länge ℓ verwenden (wir bezeichnen die Schichtdicke jetzt mit d anstatt mit h_0, weil h_0 später die dimensionslose mittlere Dicke bezeichnen wird). Benutzt man die Skalierungen (6.44, 6.45), so wird aus der Stokes-Gleichung (8.107) (wieder nur in einer lateralen Dimension, alle Schlangen weggelassen)

$$\left(\delta^2 \partial_{xx}^2 + \partial_{zz}^2 \right) v_x = \partial_x P \qquad (8.111a)$$

$$\delta^2 \left(\delta^2 \partial_{xx}^2 + \partial_{zz}^2 \right) v_z = \partial_z P \; . \qquad (8.111b)$$

Hier haben wir noch Geschwindigkeit und Druck gemäß

$$v_x = \tilde{v}_x \cdot \frac{\ell}{\tau}, \qquad v_z = \tilde{v}_z \cdot \frac{d}{\tau}, \qquad P = \tilde{P} \cdot \frac{\eta}{\delta^2 \tau}$$

skaliert. Lässt man jetzt δ gegen null gehen, so folgt aus (8.111b) sofort

$$\partial_z P = 0 \qquad \text{oder} \qquad P = P(x) \; .$$

---

[22]Das gilt natürlich nur bei no-flux, no-slip oder periodischen seitlichen Randbedingungen.

Wie bei den Grenzschichtgleichungen aus Abschn. 7.4 hängt der Druck in der niedrigsten Ordnung des Kleinheitsparameters nur von den Koordinaten entlang der Schicht ab. Damit lässt sich aber (8.111a) zweimal über z integrieren, man erhält mit der no-slip Bedingung $v_x(0) = 0$

$$v_x(x,z) = f(x) \cdot z + \frac{1}{2}(\partial_x P(x)) \cdot z^2 \tag{8.112}$$

mit einer noch aus den Randbedingungen an der freien Oberfläche zu bestimmenden Funktion $f(x)$. Hierfür gibt es im Wesentlichen zwei Möglichkeiten: An der freien Oberfläche müssen die tangentialen Kräfte verschwinden, aus (7.10) wird

$$\partial_z v_x|_h = 0 \; ,$$

woraus

$$f(x) = -(\partial_x P) \cdot h$$

folgt. Wenn aber die Oberflächenspannung γ eine Funktion von x ist (etwa durch laterale Temperaturschwankungen), so findet man nach (7.11)

$$\eta \; \partial_z v_x|_h = \partial_x \gamma$$

und deshalb

$$f(x) = \partial_x \Gamma - (\partial_x P) \cdot h$$

mit der dimensionslosen Oberflächenspannung

$$\Gamma = \gamma \frac{\tau d}{\eta \ell^2} \; .$$

Beides lässt sich zusammenfassen in der Form

$$v_x(x,z) = (\partial_x \Gamma - (\partial_x P) \cdot h) \cdot z + \frac{1}{2}(\partial_x P) \cdot z^2 \; . \tag{8.113}$$

Jetzt müssen wir nur noch (8.113) in (8.109) einsetzen, z ausintegrieren und erhalten

$$\partial_t h = -\partial_x \left[-\frac{h^3}{3}\partial_x P + \frac{h^2}{2}\partial_x \Gamma \right] \tag{8.114}$$

bzw. in zwei Dimensionen

$$\partial_t h = -\nabla_2 \cdot \left[-\frac{h^3}{3}\nabla_2 P + \frac{h^2}{2}\nabla_2 \Gamma \right] \; . \tag{8.115}$$

Die Gleichungen (8.114) bzw. (8.115) stellen die Grundgleichungen für die räumliche und zeitliche Entwicklung der Oberfläche eines dünnen Films dar. Man kann jetzt verschiedene Ansätze (Materialgesetze) für den verallgemeinerten Druck sowie für die Oberflächenspannung

$$P = P(h) \, , \qquad \Gamma = \Gamma(h)$$

untersuchen, was wir in den nächsten Abschnitten machen wollen. Die grundlegende Gleichung (8.115) wird oft auch als **Dünnfilmgleichung** bezeichnet.

8.6.2   Laplace-Druck und Gravitation

Die tangential zur Oberfläche gerichteten Spannungen haben wir in (8.115) über die Randbedingungen berücksichtigt. Da wir sehr dünne Filme mit Schichtdicken kleiner einem Millimeter untersuchen wollen, erwarten wir auch Oberflächenstrukturen in dieser Längenskala, also im Bereich der in Kapitel 5 berechneten Kapillarlänge, ab der die senkrecht zur Oberfläche gerichtete Spannung eine wichtige Rolle spielt. Um diese zu berücksichtigen, verwenden wir den Laplace-Druck nach (5.17), d.h. wir substituieren in (8.115)

$$P = P' - q \, \Delta_2 h, \qquad q > 0 \, , \tag{8.116}$$

was, in Übereinstimmung mit der Langwellennäherung, für schwache Krümmungen der Oberfläche eine gute Näherung ist. Die Konstante q hängt mit der sogenannten **Kapillaritätszahl** C zusammen und ergibt sich aus den Skalierungen als

$$q = \gamma \, \frac{\tau d^3}{\ell^4 \eta} = C^{-1} \, \delta^2 \, .$$

Um den Einfluss der Schwerkraft einzubauen, muss man die Potentialdichte $\rho g z$ an der Oberfläche $z = h$ auswerten und zum Druck addieren. In der Skalierung von (8.115) erhält man (konstanten Außendruck p_0 vorausgesetzt)

$$P = p_0 + G(h - 1) - q \, \Delta_2 h \tag{8.117}$$

mit der **Gravitationszahl**

$$G = \frac{d^3 g \tau}{\ell^2 \nu} \, .$$

Man beachte die abweichende Definition von Abschn. 6.4.2 für ideale Flüssigkeiten. Setzt man jedoch die bisher noch frei wählbare Zeitskala τ gleich der vertikalen Diffusionszeit der Impulsdichte

$$\tau = d^2 / \nu \, ,$$

so stimmen beide Zahlen überein.

Einsetzen des kompletten Ausdrucks (8.117) in (8.115) liefert schließlich eine geschlossene partielle Differentialgleichung für h, in der nur noch (dimensionslose) Materialgrößen bzw. Kontrollparameter auftreten. Wenn wir für den Moment annehmen, dass die Oberflächenspannung Γ konstant ist, dann hat sie die Form

$$\partial_t h = \nabla_2 \cdot \left[\frac{h^3}{3} \nabla_2 \left(Gh - q\,\Delta_2\, h \right) \right] \; . \qquad (8.118)$$

Wir wollen zunächst die Stabilität einer glatten Oberfäche bei $h = 1$ untersuchen. Dazu betrachten wir wie immer eine kleine Auslenkung der Form

$$h(x, y, t) = 1 + \eta(x, y, t)$$

und linearisieren bezüglich η. Man erhält

$$\partial_t \eta = \frac{1}{3} \left(G\,\Delta_2\,\eta - q\,\Delta_2^2\,\eta \right) \; , \qquad (8.119)$$

was durch den üblichen Exponentialansatz

$$\eta \sim e^{\lambda t + ikx}$$

auf die Dispersionsrelation

$$\lambda = -\frac{1}{3} \left(Gk^2 + qk^4 \right)$$

führt. Offensichtlich ist λ immer reell und für positives G und q und endliches k kleiner null. Der flache Film kann also unter diesen Bedingungen nicht instabil werden, sowohl Schwerkraft als auch Laplace-Druck wirken, wenn auch mit verschiedenen Potenzen des Wellenvektors, stabilisierend.

Dies ändert sich, wenn man das System „auf den Kopf stellt", also die Richtung der Schwerkraft umkehrt, was zu negativem G führt. Experimentell kann das dadurch erreicht werden, dass der Flüssigkeitsfilm an der Unterseite einer Ebene aufgebracht wird (Abb. 8.40). Die Schwerkraft wirkt dann destabilisierend (Abb. 8.41) für alle Wellenvektoren, die kleiner als

$$k_0 = \sqrt{-\frac{G}{q}}$$

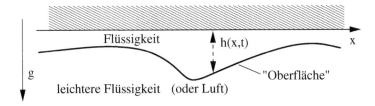

Abb. 8.40 Skizze einer (dünnen) flüssigen Schicht, welche an der Unterseite einer horizontalen Fläche hängt bzw. auf einer leichteren Flüssigkeit schwimmt. Die glatte Oberfläche ist dabei wegen der Schwerkraft immer instabil gegenüber infinitesimalen Störungen. Es bilden sich „Finger" aus und der Film reißt schließlich ab (negatives h).

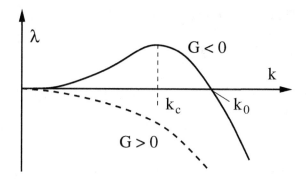

Abb. 8.41 Wachstumsraten einer periodischen Störung in x-Richtung mit Wellenzahl k. Die Situation aus Abb. 8.40 entspricht der *durchgezogenen Linie* $G < 0$. Wellenzahlen mit $k < k_0$ wachsen exponentiell, die Mode mit $k = k_c$ besitzt die stärkste Wachstumsrate. Bei $G > 0$ ist der glatte Film immer stabil.

sind, d.h. die Oberfläche wird mit langen Wellenlängen instabil, bis der Film schließlich abreißt. Dies ist aber genau die schon in Abschn. 8.4 für ideale Flüssigkeiten untersuchte Rayleigh-Taylor-Instabilität, bei der eine schwere Flüssigkeit über einer leichteren angeordnet war. Macht man alle Skalierungen rückgängig, so ergibt sich für die „cut-off"-Wellenzahl

$$k_0 = \sqrt{\frac{g\bar{\rho}}{\gamma}} = \frac{1}{a} \ ,$$

ein Wert, der sich durch die in (5.24) definierte Kapillaritätslänge a ausdrücken lässt. Wie wir dort schon gesehen haben, beträgt diese bei Wasser etwa 2.7 mm, d.h. alle Wellenlängen, die größer sind, würden linear anwachsen.

Die volle numerische Lösung von (8.118) bringt wenig Neues: Zunächst bilden sich, wie von der linearen Theorie vorhergesagt, wellenförmige Instabilitäten mit $k \approx k_c$ an der Oberfläche, bis h schließlich auch negative Werte annimmt. Physikalisch entspricht das einem Riss des flüssigen Films. Dadurch entstehen Singularitäten in den Ableitungen an diesen Stellen und Gleichung (8.118) verliert ihre Gültigkeit.

8.6.3 Variationsprinzip und freie Energie

Gleichung (8.115) wird oft in der allgemeineren Form eines lokalen Erhaltungssatzes (siehe Abschn. 5.3) geschrieben

$$\partial_t h = -\operatorname{div} \vec{j} \ ,$$

wobei die Stromdichte $\vec{j}$ als Produkt einer nichtnegativen Mobilität $Q(h)$ und einer verallgemeinerten Kraft $\vec{K}$ dargestellt werden kann:

$$\vec{j} = Q(h) \cdot \vec{K} \ .$$

Ein Vergleich mit (8.115) zeigt, dass ($\Gamma = $ const)

$$Q(h) = \frac{h^3}{3}, \qquad \vec{K} = -\nabla_2\, P$$

gelten muss. In der Thermodynamik lässt sich der Druck aus einem Potential, der freien Energie F, herleiten

$$P = -\frac{\partial F}{\partial V}\,,$$

wobei V das Volumen bezeichnet. Dieselbe Relation kann man für den verallgemeinerten Druck nach (8.117) finden. Man muss aber berücksichtigen, dass P hier von einer ganzen Funktion, nämlich von $h(x, y, t)$ abhängt; die partielle Ableitung nach dem Volumen wird dann durch die Funktionalableitung bezüglich h ersetzt[23]:

$$P = \frac{\delta F[h]}{\delta h}\,,$$

wobei das Funktional

$$F[h] = \int_A dx\, dy \left[p_0 h + \frac{G}{2}\, (h - 1)^2 + \frac{q}{2} (\nabla_2 h)^2 \right] \tag{8.120}$$

gerade wieder den Ausdruck (8.117) liefert (nachrechnen). Wegen der engen Analogie zur Thermodynamik wird $F(h)$ ebenfalls als freie Energie bezeichnet. Setzt man alles ein, lässt sich (8.115) in der kompakten Form

$$\partial_t h = -\mathrm{div} \left[-Q(h)\, \nabla_2 \frac{\delta F[h]}{\delta h} \right] \tag{8.121}$$

schreiben. Man kann leicht zeigen, dass F unter der zeitlichen Entwicklung von h nach (8.115) monoton abnimmt. Hierzu muss man F nur nach der Zeit differenzieren und die Kettenregel der Differentialrechnung benutzen:

$$d_t F = \int_A dx\, dy\, \frac{\delta F[h]}{\delta h} \partial_t h = \int_A dx\, dy\, \frac{\delta F[h]}{\delta h} \mathrm{div} \left[Q(h)\, \nabla_2 \frac{\delta F[h]}{\delta h} \right]$$
$$= -\int_A dx\, dy\, Q(h) \left(\nabla_2 \frac{\delta F[h]}{\delta h} \right)^2 \leq 0\,. \tag{8.122}$$

Für das zweite Gleichheitszeichen wurde (8.121) verwendet, für das dritte einmal partiell integriert.

---

[23]Das fehlende Minuszeichen kommt von der anderen funktionalen Abhängigkeit von h, vergl. die Abb. 5.2 und 8.44.

Gleichung (8.122) liefert ein bemerkenswertes Resultat: Weil $F[h]$ nach unten begrenzt ist, aber im Lauf der Zeit nur abnehmen kann, muss es irgendwann ein Minimum erreichen. Für die Entwicklung des Höhenprofils heißt das, dass es sich dabei um *transiente Lösungen* hin zu einem stationären Zustand handelt, der dann F minimiert. Untersuchen wir das Funktional nach (8.120) weiter und vernachlässigen für den Augenblick den Beitrag der Oberflächenspannung, d.h. sei $q = 0$. Wenn $h = h_0$ überall konstant ist, dann lässt sich (8.120) integrieren zu

$$F(h_0) = \underbrace{\left(p_0 h_0 + \frac{G}{2}(h_0 - 1)^2 \right)}_{= f(h_0)} \cdot A \qquad (8.123)$$

mit A als Grundfläche des Films und f als freier Energiedichte. Man kann p_0 als Lagrange-Parameter des Variationsproblems

$$\delta F = 0$$

auffassen, welcher aus der Nebenbedingung konstanten Gesamtvolumens der Flüssigkeit kommt. Die Forderung, dass F abnimmt, kann nur dann erfüllt werden, wenn ein Teil der Schicht mit der Fläche A_1 seine Dicke verringert und gleichzeitig ein anderer Teil A_2 seine Dicke vergrößert. Wegen der Volumenerhaltung muss dann aber

$$A_1 \epsilon_1 = A_2 \epsilon_2 \, , \qquad A_1 + A_2 = A$$

gelten, wobei ϵ_1 das Stück ist, um welches A_1 angehoben wurde und ϵ_2 die Absenkung von A_2 bezeichnet. Um $\tilde{F}$ für diesen neuen Zustand zu berechnen, müssen wir die Integrale über die beiden Flächen getrennt auswerten und dann addieren

$$\tilde{F} = f(h_0 + \epsilon_1) \cdot A_1 + f(h_0 - \epsilon_2) \cdot A_2 \, . \qquad (8.124)$$

Entwickelt man (8.123) in eine Taylor-Reihe bis zur zweiten Ordnung in ϵ_i, so ergibt sich

$$\delta F = \tilde{F} - F(h_0) = f' \cdot \underbrace{(A_1 \epsilon_1 - A_2 \epsilon_2)}_{= 0} + \frac{1}{2} f'' \cdot \left(A_1 \epsilon_1^2 + A_2 \epsilon_2^2 \right) = \frac{1}{2} f'' \frac{A_1}{A_2} A \, \epsilon_1^2 \, .$$

Dieser Ausdruck kann aber nur dann kleiner null sein, wenn die zweite Ableitung von f negativ an der Stelle h_0 ist:

$$f''(h_0) < 0 \, . \qquad (8.125)$$

Die Überlegungen gelten für beliebige Potentialdichten $f(h)$. Für die spezielle Form (8.123) ist

$$f'' = G \, ,$$

unabhängig von h_0. Solange also $G > 0$ gilt (Schwerkraft „von unten"), kann der glatte Film seine freie Energie F nur *erhöhen*, wenn ein Teil davon angehoben und ein anderer Teil abgesenkt wird. Der glatte Film stellt, in Übereinstimmung mit der linearen Stabilitätsanalyse (Abb. 8.41), die global stabilste Konfiguration dar.

Wirkt dagegen die Schwerkraft „von oben" (Rayleigh-Taylor-Instabilität), dann ist f'' überall negativ und F wird bei beliebigen Störungen des glatten Films abnehmen. In diesem Fall ist F nichteinmal nach unten begrenzt. D.h. Teile des Films würden unendlich weiter wachsen, während andere negative Höhen annehmen würden. Im Experiment wird natürlich vorher der Filmriss auftreten, ab dem unsere Beschreibung ihre Gültigkeit verliert.

Die Untersuchung der Eigenschaften der freien Energie geht über die lineare Stabilitätsanalyse weit hinaus, auch wenn sie im vorliegenden Fall zunächst keine neuen Erkenntnisse bringt. Wichtig ist, dass die Überlegungen für beliebige Funktionen $f(h)$ gelten, die durchaus stabile, instabile und metastabile Bereiche besitzen können. Bei verschiedenen Minima von f lassen sich dann Aussagen über die erwarteten Strukturen im *nichtlinearen* Fall machen, wogegen sich die lineare Stabilitätsanalyse immer nur auf Lösungen in unmittelbarer Nähe eines Fixpunktes (der glatte Film) beschränken kann.

8.6.4   Der Trennungsdruck

Wie wir gerade gesehen haben, bleibt die Oberfläche eines flüssigen Films unter dem Einfluss der Gravitation und der Oberfächenspannung stabil. Dies kann sich jedoch ändern, wenn der Film sehr dünn wird. Bei Schichtdicken kleiner als einige 100 Nanometer wirken van der Waals-Kräfte zwischen der Oberfläche und der Unterlage des Films. Diese können dazu führen, dass die Instabilitätsbedingung (8.125) für bestimmte h_0 erfüllt wird und Strukturbildung einsetzen kann.

Die Kaft zwischen Oberfläche und Unterlage der Flüssigkeit hängt vom Abstand, also der Schichtdicke h ab. Man kann zeigen, dass van der Waals-Kräfte über induzierte Polarisation zu einer Kraft führen, die proportional zu h^{-4} ist. Diese kann im verallgemeinerten Druck (8.117) durch Addition des Wechselwirkungspotentials

$$\Phi(h) = \frac{A_H}{h^3} \, ,$$

berücksichtigt werden, mit A_H als **Hamaker-Konstante** (hier dimensionslos). Φ wird auch als **Trennungsdruck** (engl.: disjoining pressure) bezeichnet. Anstatt (8.117) erhält man also den Ausdruck

$$P = p_0 + \frac{A_H}{h^3} - q \, \Delta_2 h \tag{8.126}$$

mit der zugehörigen Energiedichte nach (8.123)

$$f(h) = p_0 h - \frac{A_H}{2h^2} \, . \tag{8.127}$$

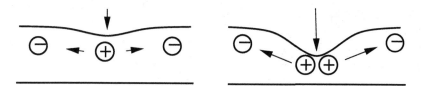

Abb. 8.42 Eine Instabilität entsteht, wenn der Druck mit abnehmender Schichtdicke zunimmt. Unter einer Eindellung der Oberfläche wird der Druck größer, dadurch wird Flüssigkeit nach außen gepresst und die Oberfläche nach unten gezogen. Der Druck nimmt weiter zu.

Wir werden zunächst Gravitationskräfte vernachlässigen, weil diese bei sehr dünnen Filmen keine Rolle spielen. Wenn A_H positiv ist, nimmt der Druck mit abnehmender Schichtdicke zu. Dadurch wird aber an Stellen geringerer Dicke Flüssigkeit in die Nachbarregionen mit kleinerem Druck gepresst und die Schichtdicke wird sich wegen der lokalen Massenerhaltung weiter verringern (Abb. 8.42). Dasselbe gilt auch umgekehrt: Eine zufällige Wölbung der Grenzschicht nach oben führt zum Absinken des Druckes unmittelbar darunter. Es fließt Flüssigkeit von den Nachbarbereichen unter die Wölbung, die dadurch verstärkt wird. Auf diese Weise entsteht eine Instabilität. Dies lässt sich quantitativ durch Auswerten der zweiten Ableitung der Energiedichte (8.127) zeigen:

$$f'' = -\frac{3A_H}{h^4} \ .$$

Offensichtlich ist f'' für alle $A_H > 0$ negativ, der flache Film also ohne Einschränkung instabil. Wie bei der Rayleigh-Taylor-Instabilität kommt es zunächst zur Ausbildung von periodischen Störungen und dann zum Riss des Films.

Andererseits kann es auch abstoßende Wechselwirkungen zwischen Oberfläche und Unterseite geben, die man für $A_H < 0$ erhalten würde und die die glatte Oberfläche zusätzlich *stabilisieren*. Normalerweise haben abstoßende und anziehende Kräfte aber verschiedene Reichweiten. Meistens ist die der abstoßenden Kraft kleiner, was dazu führen kann, dass der relativ dicke Film zwar instabil ist, der Filmriss aber durch die abstoßende Kraft verhindert wird. Dadurch können keine komplett ausgetrockneten Regionen entstehen, vielmehr bleibt die Unterlage immer mit einem extrem dünnen (einige Nanometer dicken) Film, dem **Precursor-Film**, bedeckt. Der vollständige Ausdruck für den Trennungsdruck lautet dann

$$\Phi(h) = \frac{A_n}{h^n} - \frac{A_m}{h^m} \ , \qquad m > n$$

mit den beiden positiven Hamaker-Konstanten A_n und A_m. Verschiedene Modelle wurden in der Literatur ausgiebig diskutiert. Wir wollen hier ein Lennard-Jones-artiges Potential untersuchen, das man für $n = 3$ und $m = 9$ erhält. Die Energiedichte ergibt

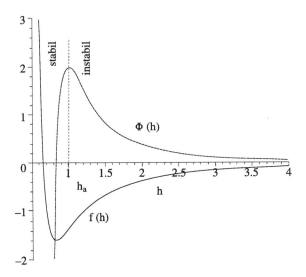

Abb. 8.43 Energiedichte und Trennungsdruck über h nach (8.128) mit $p_0 = 0$, $A_3 = 3$, $A_9 = 1$. Oberflächen von Filmen mit Schichtdicken rechts des Maximums von p sind instabil.

sich zu

$$f(h) = p_0 h - \frac{A_3}{2h^2} + \frac{A_9}{8h^8} \tag{8.128}$$

und ist zusammen mit ihrer Ableitung, dem Trennungsdruck, in Abb. 8.43 zu sehen (vergl. auch Abb. 5.1). Einsetzen von f in die Instabilitätsbedingung (8.125) zeigt, dass Filme (bzw. Bereiche) mit Schichtdicken oberhalb des Wendepunktes von f bei

$$h_a = \left(\frac{3A_9}{A_3} \right)^{1/6}$$

instabil sind. Offenbar gibt es keine obere Stabilitätsgrenze und beliebig dicke Filme sind instabil. Dies liegt daran, dass wir die Gravitationskraft vernachlässigt haben, die bei dickeren Filmen aber wieder wichtig wird. Berücksichtigt man diese, so wird (8.128) zu

$$f(h) = p_0 h - \frac{A_3}{2h^2} + \frac{A_9}{8h^8} + \frac{G}{2}(h-1)^2 \tag{8.129}$$

und die Stabilitätsgrenzen h_a, h_b sind Lösungen des Polynoms

$$Gh^{10} - 3A_3 h^6 + 9A_9 = 0$$

bzw. lassen sich aus Abb. 8.44 ablesen.

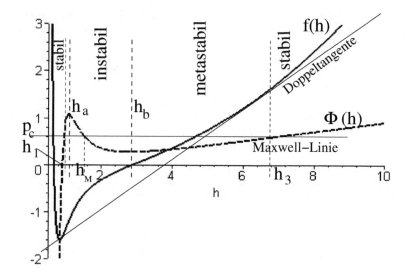

Abb. 8.44 Dasselbe wie Abb. 8.43, jedoch mit Gravitation ($G = 0.1$). Der Instabilitätsbereich ist jetzt auch nach oben durch h_b beschränkt. Die Energiedichte besitzt eine Doppeltangente, deren Steigung mit dem Druck P_c der Maxwell-Linie identisch ist, bei den kritischen Höhen h_a, h_b hat Φ jeweils ein Extremum, dazwischen ist Φ' negativ (Vgl. auch Abb. 5.2 und 5.3).

8.6.5   Spinodale Entnetzung

Bringt man einen dünnen flüssigen Film auf eine nicht- oder teilweise-benetzende Unterlage, so genügt eine kleine Störung, um die uprsünglich flache Oberfläche aufbrechen zu lassen. Die Flüssigkeit perlt dann in Form vieler kleiner Tropfen ab, wie etwa Regen auf einem Wachstuch oder einem gut polierten Autodach. Dieser Prozess wird als „spinodale Entnetzung"[24] bezeichnet und lässt sich durch Gleichung (8.115) beschreiben, wenn der Trennungsdruck für bestimmte Bereiche von h eine negative Ableitung besitzt.

Für die weiteren Untersuchungen dieses Abschnitts wählen wir $f(h)$ wie in (8.129) und erhalten für den Trennungsdruck (bis auf eine unwesentliche Konstante)

$$\Phi(h) = f'(h) = \frac{A_3}{h^3} - \frac{A_9}{h^9} + Gh \, , \qquad (8.130)$$

ein Ausdruck, der sowohl langreichweitige, anziehende als auch kurzreichweitige, abstoßende Wechselwirkungskräfte zwischen Oberfläche und Unterlage sowie Gravitationskräfte berücksichtigt. Dies in (8.115) eingesetzt ergibt die Dünnfilmgleichung (Γ =const):

$$\partial_t h = -\nabla_2 \cdot \left[-\frac{h^3}{3} \nabla_2 \left(\Phi(h) - \Delta_2 h \right) \right] \, . \qquad (8.131)$$

---

[24]Ursprünglich von „spinodaler Entmischung" in Mischungen aus zwei verschiedenen Komponenten abgeleitet.

Wir merken an, dass wir $q = 1$ gesetzt haben. Dies ist durch eine geeignete Wahl (Skalierung) von τ und δ möglich, wie wir am Schluss dieses Abschnitts genauer ausführen wollen.

Anstatt (8.131) weiter zu untersuchen, wollen wir einige Umformungen machen. Das Ziel ist, die Dünnfilmgleichung auf eine Standard-Form der Theorie der Strukturbildung zu transformieren. Diese Form ist dann auch einfacher in ein numerisches Schema zu konvertieren, wie wir es in Kapitel 10 vorstellen werden. Zunächst führen wir wie oben eine neue Variable ein, die Abweichungen von der mittleren Referenzhöhe, hier h_0, beschreibt:

$$\eta(x, y, t) = h(x, y, t) - h_0 \ .$$

Setzt man dies in (8.131) ein, so lassen sich auf der rechten Seite lineare und nichtlineare Ausdrücke in η getrennt anschreiben. Man erhält

$$\partial_t \eta = \frac{1}{3} h_0^3 D(h_0) \Delta_2 \eta - \frac{1}{3} h_0^3 \Delta_2^2 \eta - \nabla_2 \cdot \vec{j}_{NL}(\eta) \tag{8.132}$$

mit der nichtlinearen Stromdichte

$$\vec{j}_{NL}(\eta) = -\frac{1}{3} \left(q_2 \nabla_2 \eta - q_1 \Delta_2 \nabla_2 \eta \right)$$

und den Abkürzungen

$$D(h) = d_h \Phi, \quad q_1 = 3 h_0^2 \eta + 3 h_0 \eta^2 + \eta^3, \quad q_2 = (h_0 + \eta)^3 D(h_0 + \eta) - h_0^3 D(h_0) \ .$$

Bei q_1 und q_2 handelt es sich um Funktionen, die linear mit η gegen null gehen. Aus der Form (8.132) wird das um h_0 linearisierte Problem sofort evident. Man braucht nur den vollständig nichtlinearen Ausdruck $\vec{j}_{NL}$ wegzulassen und erhält eine lineare Gleichung wie (8.119). Derselbe Exponentialansatz wie dort führt auf die Dispersionsrelation

$$\lambda = \frac{1}{3} h_0^3 \left(-D(h_0) k^2 - k^4 \right) \ . \tag{8.133}$$

Offensichtlich gibt es genau dann positive Wachstumsraten, wenn die „Diffusionskonstante" D negativ wird, die Dispersionsrelation hat dann die Form der durchgezogenen Linie aus Abb. 8.41. Dies stimmt natürlich mit den Überlegungen aus Abschn. 8.6.3 überein: Da

$$f'' = \Phi' = D$$

gilt, besagt die Bedingung (8.125) nichts anderes. Weil aber D von h_0 abhängt, wird der glatte Film in dem Bereich instabil sein, in dem der Druck eine negative Steigung besitzt, also für (Abb. 8.44)

$$h_a < h_0 < h_b \ .$$

Numerisch ergeben sich aus der Bedingung

$$D(h_0) = 0$$

für die speziellen Werte $A_3 = 3$, $A_9 = 1$, $G = 0.1$ die beiden positiven Nullstellen

$$h_0^{(1)} = h_a = 1.002, \qquad h_0^{(2)} = h_b = 3.08 .$$

8.6.6 Numerische Lösungen

Wir geben numerische Lösungen der vollständigen Gleichung (8.132) für die Parameter aus Abb. 8.44 und verschiedene Schichtdicken h_0 an (Abb. 8.45). Als Anfangsbedingung werden zufällig gleichverteilte kleine Abweichungen um die mittlere Höhe h_0 gewählt.

Für kleinere Schichtdicken entstehen zunächst Strukturen mit der Wellenlänge $\Lambda = 2\pi/k_c$, wobei k_c der Wellenzahl der am schnellsten wachsenden Mode entspricht. Aus (8.133) erhält man

$$k_c = \sqrt{-\frac{D}{2}} .$$

Dies wird oft als „lineare Phase" bezeichnet, da hier die Amplituden klein sind und die Nichtlinearitäten keine Rolle spielen. Diese Strukturen wachsen mit der typischen Zeitskala

$$\tau = \lambda^{-1}(k_c) = \frac{12}{h_0^3 D^2} = \frac{12}{h_0^3} \left(\Phi'(h_0)\right)^{-2} ,$$

die reziprok zum Quadrat der Steigung des Trennungsdrucks ist. Deshalb brauchen Strukturen in dickeren Filmen wesentlich länger (rechte Spalte in Abb. 8.45), was zur Folge hat, dass hier die kleinskaligen Strukturen von Löchern überdeckt werden, die durch **Keime** entstehen (siehe nächster Abschnitt).

Entscheidend für den Verlauf der Strukturbildung nach der linearen Phase ist die Lage von h_0 relativ zum mittleren Schnittpunkt der Maxwell-Linie mit dem Druck, h_M (vergl. Abb. 8.44). Ist h_0 größer als h_M, so bilden sich Löcher aus. Bei kleinerem h_0 findet man dagegen Tropfen. Wählt man $h_0 \approx h_M$, so entstehen labyrinthartige Oberflächenmuster in Form von gebogenen und verflochtenen Streifen (Abb. 8.45, Mitte).

In einer sich anschließenden, stark nichtlinearen Phase setzt das sogenannte **Coarsening**[25] ein. Darunter versteht man das allmähliche Anwachsen der horizontalen Längenskala der Strukturen und das Veschmelzen einzelner kleinerer Löcher bzw. Tropfen zu wenigen großen. Wartet man lange genug, so bleibt meistens nur ein großes Loch (bzw. Tropfen) übrig, das dann stationär ist. Die gesamte zeitliche Entwicklung ist, wie wir schon in Abschn. 8.6.3 bewiesen haben, transient und muss in einem stationären Zustand mit der niedrigsten freien Energie enden.

Der kritische Druck und damit h_M folgt implizit aus der Maxwell-Konstruktion in Abb. 8.44. Man erhält

$$P_c \cdot (h_3 - h_1) = \int_{h_1}^{h_3} \Phi(h) \, dh ,$$

---

[25]Auf Deutsch soviel wie „Vergröberung". Die Verwendung des engl. Begriffs hat sich auch im Deutschen durchgesetzt.

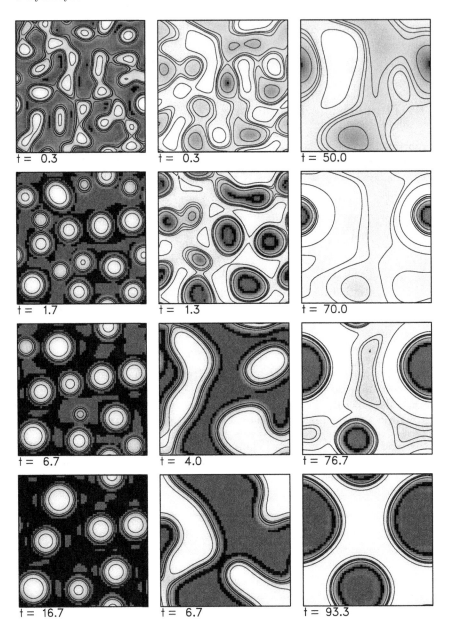

Abb. 8.45 Zeitserien aus numerischen Lösungen von (8.132) für verschiedene Werte von $h_0 = 1.2$ (*links*), 1.862 (*Mitte*) und 2.8 (*rechts*). Helle Bereiche entsprechen höheren Stellen der Oberfläche.

wobei h_1 und h_3 den linken bzw. rechten Schnittpunkt von P_c mit der Maxwell-Linie bezeichnen:

$$\Phi(h_1) = \Phi(h_3) = P_c \ .$$

Aus diesen drei Gleichungen lassen sich der Wert für P_c sowie die Schnittpunkte (iterativ) bestimmen. Für die verwendeten Parameter ergibt sich

$$P_c = 0.647, \quad h_1 = 0.850, \quad h_M = 1.862, \quad h_3 = 6.56 \ .$$

Metastabiler Bereich und Keime

Wir haben gezeigt, dass der flache Film gegenüber infinitesimalen Störungen instabil ist, wenn h_0 zwischen h_a und h_b liegt. Allerdings existieren auch zwei metastabile Bereiche

$$h_1 < h_0 < h_a, \qquad h_b < h_0 < h_3,$$

in denen die flache Oberfläche zwar stabil ist, gegenüber *endlichen* Störungen aber einen Zustand mit niedrigerem Wert der freien Energie einnehmen kann. Durch Keime (z.B. Verunreinigungen) können solche Störungen auftreten, man spricht bei diesem Vorgang auch von **Nukleation**. Die rechte Zeitserie in Abb. 8.45 zeigt eine solche keiminduzierte Bildung zweier Löcher schon im absolut instabilen Bereich, als „Keime" dienten hier größere Fluktuationen in der Anfangsbedingung. Offensichtlich überlagern sich die Bereiche, und es ist eine Frage der Zeitskala, welcher Mechanismus zuerst auftritt. Im Experiment wird sehr oft Strukturbildung durch Nukleation beobachtet, die dort im Wesentlichen zu Löchern führt[26]; so ist ja auch der metastabile Bereich im Loch-Regime wesentlich größer als der im Tropfen-Regime (Abb. 8.44).

Dimensionsbehaftete Größen

Um ein Gefühl für die im Experiment zu erwartenden räumlichen und zeitlichen Dimensionen zu bekommen, müssen wir die Skalierungen rückgängig machen. Für die Hamaker-Konstante A_3 ergibt sich die Relation

$$\tilde{A}_3 = \frac{\delta^2 \tau}{\eta d^3} A_3 \ . \tag{8.134}$$

Hier bezeichnet die Schlange die dimensionslose Größe, in unseren numerischen Simulationen also $\tilde{A}_3 = 3$, rechts vom Gleichheitszeichen stehen dimensionsbehaftete Größen. Verwendet man zusätzlich die Forderung (siehe Anmerkung nach (8.131)) $q = 1$, so lässt sich mit

$$q = \frac{\tau d^3}{\ell^4 \eta} \gamma = \frac{\delta^4 \tau}{\eta d} \gamma = 1$$

und (8.134) δ und τ bestimmen. Man erhält

$$\delta = \frac{1}{d} \left(\frac{A_3}{\gamma \tilde{A}_3} \right)^{1/2}, \qquad \tau = \left(\frac{\tilde{A}_3}{A_3} \right)^2 \eta \gamma d^5 \ .$$

---

[26]siehe z.B. *K. Jacobs und S. Herminghaus: Strukturbildung in dünnen Filmen, Physikalische Blätter 55, Nr. 12 (1999).*

Mit δ lässt sich auch die horizontale Skalenlänge ℓ angeben:

$$\ell = d/\delta = d^2 \left(\frac{\gamma \tilde{A}_3}{A_3}\right)^{1/2} .$$

Um schließlich die Skalierungen vollends auszurechnen, benötigen wir Werte für die Hamaker-Konstante A_3 und die Filmdicke d. In der Literatur findet man z.B.[27]

$$A_3 = \frac{0.5}{6\pi} \cdot 10^{-20} J .$$

Hier liegt die untere Stabilitätsgrenze (Dicke des Precursors) h_a bei ca. 5.5 nm. D.h. die in Abb. 8.45 gezeigten dimensionsbehafteten Schichtdicken (Wasser) entsprechen

$$d \approx 7\,\text{nm} \quad (\text{links}), \qquad d \approx 10\,\text{nm} \quad (\text{Mitte}), \qquad d \approx 16\,\text{nm} \quad (\text{rechts}) .$$

Damit ergeben sich die Zeitskalen

$$\tau \approx 0.15\,\text{s} \quad (\text{links}), \qquad \tau \approx 1\,\text{s} \quad (\text{Mitte}), \qquad \tau \approx 10\,\text{s} \quad (\text{rechts}) .$$

Demnach dauert die Entwicklung links etwa zwei, die in der Mitte sieben Sekunden und die rechts 15 Minuten. Für die horizontalen Längenskalen erhalten wir

$$\ell \approx 1.4\ \mu\text{m} \quad (\text{links}), \qquad \ell \approx 3.2\ \mu\text{m} \quad (\text{Mitte}), \qquad \ell \approx 7.5\ \mu\text{m} \quad (\text{rechts}) .$$

In der verwendeten Auflösung von 64x64 Gitterpunkten mit einem Abstand von $\Delta x = 0.5$ entspricht dies den Kantenlängen

$$\Gamma \approx 45\ \mu\text{m} \quad (\text{links}), \qquad \Gamma \approx 100\ \mu\text{m} \quad (\text{Mitte}), \qquad \Gamma \approx 240\ \mu\text{m} \quad (\text{rechts}) .$$

Abschließend merken wir an, dass der Wert von $G = 0.1$ in den Simulationen viel zu groß ist, mit den obigen realistischen Werten hätte G die Größenordnung 10^{-7}. Dies würde den rechten Schnittpunkt der Maxwell-Linie h_3 (Abb. 8.44) weit nach rechts schieben, d.h. der metastabile Bereich würde sich auf wesentlich dickere Filme erstrecken. Wir wollten jedoch nur den qualitativen Einfluss einer oberen Stabilitätsgrenze auf die Strukturbildung demonstrieren. An den Simulationen für kleine Schichtdicken ändert sich nichts, selbst wenn man $G = 0$ setzt.

8.6.7   (*) Verdampfung und Kondensation

Bisher sind wir stillschweigend von einer zwar freien aber undurchlässigen Oberfläche ausgegangen, die keinerlei Massenfluss von der einen in die andere Schicht zulässt. Dies ist natürlich eine Näherung. Jedem ist bekannt, dass Flüssigkeiten in offenen Behältern mehr oder weniger schnell verdunsten oder verdampfen, sich also in gasförmigem Zustand unter die Zimmerluft mischen. Umgekehrt beobachtet man im Winter oft dünne

---

[27]Wir verweisen auf Veröffentlichungen, z.B. *A. Sharma, R. Khanna: Pattern formation in unstable thin liquid films under the influence of antagonistic short- and long-range forces, J. Chem. Phys. 110, 4929 (1999).*

Kondenswasserfilme auf der Innenseite kalter Fenster oder von innen beschlagene Autoscheiben. Wenn feuchte Luft abkühlt, so geht ein Teil des in ihr enthaltenen Wasserdampfes in den flüssigen Zustand über. Dadurch nimmt der Partialdruck des Dampfes ab, was schließlich dazu führt, dass sich Verdunstung und Kondensation ausgleichen.

Quantitativ lassen sich Verdampfungsprozesse durch eine Massenstromdichte J senkrecht zur freien Oberfläche berücksichtigen. Dies führt dazu, dass die mittlere Schichtdicke je nach Vorzeichen von J zu- oder abnimmt. Die aus der Massenerhaltung stammende grundlegende Gleichung (8.110) muss dann folgendermaßen erweitert werden:

$$\partial_t h \;=\; -\nabla_2 \cdot \int_0^{h(x,y,t)} \vec{v}_H \, dz - \frac{J}{\rho} \,. \tag{8.135}$$

Ein nach außen gerichteter Massenstrom (positives J) führt zur Abnahme der mittleren Höhe und entspricht Verdunstung. Der Ausdruck J/ρ gibt diejenige Geschwindigkeit an, mit der sich eine flache Oberfläche durch Verdunstung/Kondensation nach unten/oben bewegt.

Das Hertz-Knudsen-Gesetz

Die Massenstromdichte lässt sich aus einfachen Überlegungen abschätzen. Betrachtet man die Flüssigkeitsmoleküle als ideales Gas, so ist die Anzahl N der Moleküle, die pro Zeiteinheit auf eine Einheitsfläche treffen, durch

$$N = \frac{1}{4} n \bar{v}$$

gegeben, wobei n die Anzahl der Teilchen im Volumen mit Kantenlänge eins und $\bar{v}$ deren mittlere Geschwindigkeit bezeichnet. Nimmt man ferner an, dass die Teilchengeschwindigkeit einer Maxwell-Boltzmann-Verteilung gehorcht, d.h

$$\bar{v} = \sqrt{\frac{8kT}{\pi m}}$$

gilt ($k = 1.38 \cdot 10^{-16}$ J/grad = Boltzmann-Konstante, m = Molekülmasse), so folgt mit der idealen Gasgleichung

$$P_s = nkT$$

sofort

$$N = \frac{P_s}{\sqrt{2\pi m k T}} \,.$$

Durch Multiplikation mit m ergibt sich schließlich der Massenstrom (oder die **Verdampfungsrate**)

$$J = m \cdot N = P_s \cdot \sqrt{\frac{m}{2\pi k T}} \,.$$

Man beachte, dass P_s dem Druck *in der Flüssigkeit* entspricht, mit dem der Dampf durch die Oberfläche in ein Vakuum gepresst wird. Für reale Flüssigkeiten ist das gerade der (temperaturabhängige) Dampfdruck oder der **Sättigungsdruck** des Dampfes. Befinden sich auf der anderen Seite der Oberfläche jedoch ebenfalls Moleküle der Flüssigkeit, etwa als in Luft gelöster Wasserdampf, so muss man den rückwärtigen Strom (Kondensation) abziehen. Der Kondensationsprozess wird aber durch den Partialdruck des Dampfes P_D im Gas/Dampf-Gemisch angetrieben. Schließlich ergibt sich

$$J = (P_s - P_D) \cdot \sqrt{\frac{m}{2\pi kT}} \; . \tag{8.136}$$

Setzt man Zahlen ein, so berechnet sich für die Stromdichte durch eine Wasseroberfläche („trockene Luft", d.h. $P_D = 0$, vorausgesetzt) bei 20^0 C

$$J \approx 2.5 \; \mathrm{Kg/m^2 s} \; ,$$

ein Wert, der um mehrere Größenordnungen zu hoch ist. Die Oberfläche, etwa einer Pfütze oder eines Sees, würde sich demnach mit einer Geschwindigkeit von ca 2.5 mm/s absenken. Eine Pfütze wäre in ein paar Sekunden verschwunden, der Bodensee innerhalb eines trockenen Tages selbst an seiner tiefsten Stelle von immerhin 250 Metern komplett verdunstet.

Experimentell ermittelte Werte von J liegen auch eher im Bereich von einigen g/m²s. Es gibt mehrere Gründe für die Diskrepanz: (i) Die statistischen Annahmen gelten für ein ideales Gas und nicht für eine Flüssigkeit. (ii) Die Oberfläche wurde als vollkommen durchlässig vorausgesetzt. (iii) Latente Wärme führt zu einer Absenkung der Oberflächentemperatur und damit zu einem geringeren Dampfdruck der Flüssigkeit. (iv) Schließlich bildet sich über der Oberfläche schnell eine gesättigte Dampfschicht aus. Diese kann, zumindest in einer windstillen Umgebung, nur durch sehr viel langsamere Diffusionsprozesse in der Luft abgebaut werden.

Um dies alles zu berücksichtigen, führt man in (8.136) einen dimensionslosen Koeffizienten α der Größe zwischen null und eins ein, den **Verdampfungskoeffizient** (engl. accommodation coefficient). Schließlich erhält man das **Gesetz von Hertz und Knudsen**:

$$J(T) = \alpha \cdot (P_s(T) - P_D) \cdot \sqrt{\frac{m}{2\pi kT}} \; . \tag{8.137}$$

Temperaturfeld eines dünnen Films

Die Verdampfungsrate J hängt stark von der Oberflächentemperatur des Films ab. Um diese zu berechnen, schreiben wir die Wärmeleitungsgleichung (8.49) in der Schmiermittelskalierung an:

$$\frac{d^2}{\tau} \left(\partial_t T + \vec{v} \cdot \nabla T \right) = \kappa \left(\delta^2 \Delta_2 + \partial_{zz}^2 \right) T \; . \tag{8.138}$$

Wie wir im vorigen Abschnitt gezeigt haben, gilt bei sehr dünnen Filmen

$$\frac{d^2}{\tau} \approx 20...300 \cdot 10^{-18} \text{m}^2/\text{s} \ .$$

Die Wämediffusion κ liegt aber um viele Größenordnungen darüber, wir können daher die linke Seite von (8.138) vernachlässigen. In niedrigster Ordnung von δ wird T daher der Gleichung

$$\partial_{zz}^2 T = 0 \tag{8.139}$$

genügen, die die allgemeine Lösung

$$T(x, y, z) = a_1(x, y) + a_2(x, y) \cdot z$$

besitzt. In der Flüssigkeit wird also ein lineares Temperaturprofil aufgebaut, das mit h schwach in lateraler Richtung variiert. Um die Koeffizienten a_1, a_2 zu berechnen, benötigen wir Randbedingungen. Wir beziehen zunächst die Luftschicht über dem Flüssigkeitsfilm mit ein, der die Dicke $H - h$ besitzen soll (Abb. 8.46). Die Temperaturen oben und unten seien vorgegeben:

$$T(z = H) = T_o, \qquad T(z = 0) = T_u \ . \tag{8.140}$$

Die Anschlussbedingung an der Oberfläche der Flüssigkeit folgt aus der Erhaltung des Wärmestroms

$$\lambda_1 \partial_z T|_{z=h-\epsilon} = \lambda_2 \partial_z T|_{z=h+\epsilon} - L \cdot J \ , \qquad \epsilon \to 0 \ . \tag{8.141}$$

Hier bezeichnen λ_i den Wärmeleitungskoeffizienten der Flüssigkeit bzw. der Luftschicht und L die latente Wärme , d.h. Abkühlung oder Erwärmung durch Verdampfung oder Kondensation wird berücksichtigt. Außerdem soll die Temperatur an der Oberfläche stetig sein:

$$T(z = h - \epsilon) = T(z = h + \epsilon) = T_I \ , \qquad \epsilon \to 0 \ . \tag{8.142}$$

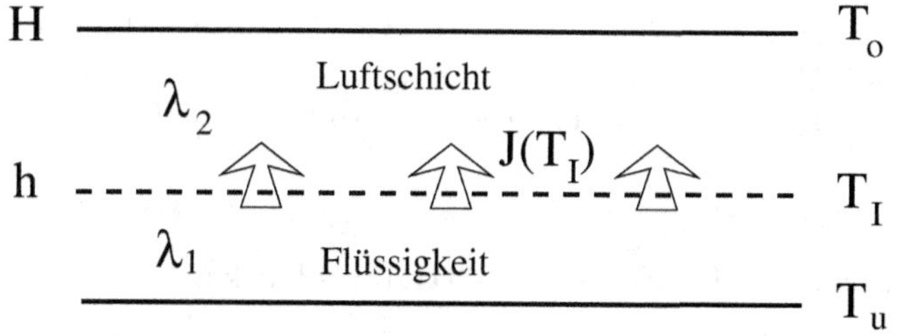

Abb. 8.46 Skizze des Films und der sich darüber befindenden Luftschicht der Dicke $H - h$. Die Temperaturen T_o und T_u sind vorgegeben, die Oberflächentemperatur T_I hängt von h ab. Die beiden Substanzen haben verschiedene Wärmeleitwerte λ_i. Durch Verdampfung/Kondensation entsteht senkrecht zur Oberfläche ein temperaturabhängiger Massenfluss J, die Verdampfungsrate.

T	P_s (exp.)	P_s (theor.)	T	P_s (exp.)	P_s (theor.)
-10^0	2.6	3.4	50^0	123	110
0^0	6.1	6.8	60^0	198	173
10^0	12.2	12.9	70^0	310	265
20^0	23.3	23.3	80^0	472	397
30^0	42.3	40.4	90^0	698	581
40^0	73.5	67.6	100^0	1010	833

Tabelle 8.1 Sättigungsdampfdruck des Wassers in hPa (Hektopascal, 1 hPa = 100 N/m^2) als Funktion der Lufttemperatur in Grad Celsius. Die theoretischen Werte stammen aus einer Näherungslösung der Clausius-Clapeyron-Gleichung, angepasst bei $T = 20^0$ C (siehe Text).

Aus (8.140) und (8.142) lassen sich die Temperaturprofile berechnen. Für die Flüssigkeit findet man

$$T = T_u + \frac{z}{h}\left(T_I - T_u\right), \qquad 0 \leq z \leq h \ . \tag{8.143}$$

In der Luftschicht ergibt sich

$$T = \frac{T_I H - T_o h}{H - h} + z\,\frac{T_o - T_I}{H - h}, \qquad h \leq z \leq H \ . \tag{8.144}$$

Setzt man (8.143) und (8.144) in (8.141) ein, so lässt sich die Oberflächentemperatur als Funktion von h (und damit auch von x, y, t) angeben:

$$T_I\left(\frac{\lambda}{h} + \frac{1}{H-h}\right) = T_u\,\frac{\lambda}{h} + \frac{T_o}{H-h} - \tilde{L}\cdot J(T_I) \tag{8.145}$$

mit den Abkürzungen

$$\lambda = \frac{\lambda_1}{\lambda_2}, \qquad \tilde{L} = \frac{L}{\lambda_2} \ .$$

Man beachte, dass es sich bei (8.145) um eine implizite Gleichung für T_I handelt, weil der Massenfluss selbst eine (komplizierte) Funktion der Oberflächentemperatur ist. Kennt man aber $J(T)$, z.B. durch die Hertz-Knudsen-Formel unter Verwendung des Dampfdrucks $P_s(T_I)$, den man entweder einer Tabelle (Tabelle 8.1) entnimmt oder aus der Clausius-Clapeyron-Gleichung abschätzt, so lässt sich T_I aus (8.145) iterativ bestimmen.

Verdampfungsrate in der Nähe des Sättigungsdrucks

Wir wollen hier das weitere Vorgehen vereinfachen und uns auf den Spezialfall beschränken, bei dem die Oberflächentemperatur T_I etwa der Sättigungstemperatur T_s entspricht bei der J verschwindet. Dann halten sich Verdampfung und Kondensation die Waage. Ist P_D (die „Luftfeuchtigkeit") bekannt, so ist T_s mit der Bedingung

$$P_s(T_s) = P_D$$

festgelegt. Dann lässt sich (8.137) um T_s entwickeln:

$$J(T_I) \approx \alpha \cdot \sqrt{\frac{m}{2\pi k T_s}} \left.\frac{dP_s}{dT}\right|_{T_s} (T_I - T_s) \ . \tag{8.146}$$

Den Dampfdruck als Funktion der Temperatur kann man der Tabelle 8.1. entnehmen. Einen geschlossenen Ausdruck liefert eine Näherungslösung der Clausius-Clapeyron-Gleichung:[28]

$$P_s(T) = P_0 \, e^{-L/RT} \ . \tag{8.147}$$

Hier bezeichnet L die Verdampfungswärme, R die allgemeine Gaskonstante ($R = 8.3$ J/mol·grad). In Tabelle 8.1 findet man auch Werte aus dieser Formel, wobei P_0 so gewählt wurde, dass bei $T = 20^0$ C Übereinstimmung mit den experimentellen Daten besteht. Setzt man (8.147) in (8.146) ein, so lässt sich J in erster Ordnung von $T_I - T_s$ schreiben als

$$J(T_I) = \alpha \cdot \beta \cdot (T_I - T_s) \ , \quad \text{mit} \quad \beta = P_s(T_s) L \left(\frac{M}{2\pi}\right)^{1/2} R^{-3/2} T_s^{-5/2} \tag{8.148}$$

mit M als Molmasse. Für Wasser ($L = 2.25 \cdot 10^6$ J/Kg, $M = 18$ g/mol) und $T_s = 20^0$ C ergibt sich z.B.

$$\beta \approx 0.13 \text{ Kg/m}^2 \text{ s grad} \ .$$

Jetzt kann man den Zusammenhang (8.148) in (8.145) einsetzen und daraus die Oberflächentemperatur als Funktion der Schichtdicke h bestimmen:

$$T_I = \frac{\lambda T_u(H - h) + T_o h + \tilde{\beta} h (H - h) T_s}{\lambda(H - h) + h + \tilde{\beta} h (H - h)}, \quad \text{mit} \quad \tilde{\beta} = \alpha\beta\tilde{L} \ . \tag{8.149}$$

Im Folgenden bezeichnen wir die „Gleichgewichtshöhe" des Films, in dem sich Verdampfung und Kondensation aufheben, mit $h = h_0$. Man erhält sie, indem man in (8.149) $T_I = T_s$ setzt und nach h auflöst:

$$h_0 = \frac{H}{1 + c} \tag{8.150}$$

mit der Abkürzung

$$c = \frac{T_o - T_s}{\lambda(T_s - T_u)} \ .$$

Da der Film sehr dünn sein soll, die Luftschicht darüber aber wesentlich dicker, gilt sicher $H \gg h_0$ und wegen (8.150)

$$c \gg 1 \ .$$

---

[28]Wir verweisen auf Lehrbücher der Thermodynamik, z.B. [14].

Weil aber λ normalerweise größer eins ist, muss dann die Temperatur der Unterlage ungefähr gleich der Sättigungstemperatur (gleichbedeutend mit der Oberflächentemperatur) sein. Dies ist sicher eine vernünftige Annahme, da in Filmen mit einer Schichtdicke von 10..100 nm größere Temperaturdifferenzen zu sehr großen Wärmeströmen führen würden.

Um die Verdampfungsrate J vollends zu bestimmen, muss man T_I in (8.148) einsetzen. Beschränkt man sich auf lineare Ausdrücke in $h - h_0$, so erhält man (Taylor-Entwicklung um h_0) nach kurzer Rechnung (der Einfachheit halber vernachlässigen wir jetzt die latente Wärme, d.h. wir setzen $\tilde{\beta} = 0$)

$$T_I - T_s \approx \left(\frac{1}{c} + 1\right) \cdot \frac{T_o - T_s}{\lambda c + 1} \cdot \frac{h - h_0}{h_0} \ .$$

Mit der Annahme $c \gg 1$ vereinfacht sich dieser Ausdruck weiter zu

$$T_I - T_s \approx (T_s - T_u) \frac{h - h_0}{h_0} \ . \tag{8.151}$$

Für den Massenstrom der Verdampfung bzw. Kondensation haben wir damit endgültig

$$J(T_I) \approx \alpha \cdot \beta \cdot (T_s - T_u) \frac{h - h_0}{h_0} \tag{8.152}$$

gefunden.

Dünnfilmgleichung mit Verdampfung – Numerische Lösungen

Um in der Dünnfilmgleichung Verdampfung zu berücksichtigen, müssen wir nur noch den Ausdruck (8.152) einsetzen und sämtliche Skalierungen darauf anwenden. Wenn wir uns wieder auf das Modell (8.131) mit Lennard-Jones-artigem Trennungsdruck beschränken, so lautet das Ergebnis

$$\partial_t h = -\nabla_2 \cdot \left[-\frac{h^3}{3} \nabla_2 \left(\Phi(h) - \Delta_2 h \right) \right] - K \frac{h - \tilde{h}_0}{\tilde{h}_0} \tag{8.153}$$

mit der dimensionslosen Verdampfungszahl

$$K = \frac{\alpha \beta \tau}{\rho} \cdot \frac{T_s - T_u}{d} \tag{8.154}$$

und der ebenfalls dimensionslosen Gleichgewichtshöhe $\tilde{h}_0 = h_0/d$ nach (8.150).

Wir sehen, dass K proportional zum vertikalen Temperaturgradienten im Film ist. Wenn wir die Werte von Abb. 8.45 (links) verwenden und als Arbeitssubstanz Wasser mit einer Oberflächentemperatur von 20^0 C annehmen, so ergibt sich

$$K \approx 2 \cdot 10^{-5} \, \alpha \, \frac{\Delta T}{d} \ ,$$

wobei $\Delta T/d$ den Temperaturgradienten in grad/m bezeichnet. Temperaturgradienten in der Größenordnung $10^3 - 10^4$ grad/m sollten experimentell realisierbar sein. D.h. $|K|$ wäre, $\alpha = 1$ vorausgesetzt, zwischen 0.02 und 0.2. Größere Werte erhält man mit volatileren Flüssigkeiten, also solchen, die einen höheren Dampfdruck haben oder aber für höhere Temperaturen.

Was hat der Zusatzterm für einen Einfluss auf die zu erwartenden Strukturen? Zunächst untersuchen wir den einfachen Fall einer flach bleibenden Oberfläche. Aus (8.153) wird dann

$$\partial_t h = -K \frac{h - \tilde{h}_0}{\tilde{h}_0} \, , \qquad (8.155)$$

was die Lösung

$$h(t) = \tilde{h}_0 + \eta \, e^{\Lambda t}$$

mit

$$\Lambda = -\frac{K}{\tilde{h}_0}$$

besitzt. Die Sättigungstemperatur muss laut unseren Voraussetzungen immer zwischen oberer und unterer Temperatur T_o und T_u liegen. Wird der Film von unten geheizt, so ist $\Delta T < 0$ und $K < 0$. Dann nimmt $h(t)$ exponentiell mit der Zeit ab ($\eta < 0$) oder zu ($\eta > 0$), bis entweder der gesamte Film verdampft oder der gesamte Dampf kondensiert ist. Die Gleichgewichtshöhe ist also instabil.

Interessanter ist der Fall, bei dem die Unterlage gekühlt wird:

$$T_u < T_s < T_o.$$

Jetzt ist $K > 0$, die Verdampfung wirkt stabilisierend und Störungen der Gleichgewichtshöhe klingen mit der Relaxationszeit

$$\tau_D = \tilde{h}_0/K$$

ab. Ist K sehr groß, so bleibt der flache Film auch bei destabilisierender Wechselwirkung zwischen Oberfläche und Unterlage unstrukturiert. Kleine Auslenkungen nach unten kommen in kältere Regionen. Dort kondensiert der Dampf, was zu einem Ansteigen der lokalen Höhe führt. Dasselbe gilt umgekehrt für angehobene Regionen, die dann verdampfen.

Für kleinere Werte von K können die stabilisierenden Effekte durch den Trennungsdruck überwogen werden und Strukturbildung setzt ein. Um dies zu demonstrieren, geben wir drei numerische Lösungen für verschiedene $K > 0$ an (Abb. 8.47). Alle übrigen Parameter wurden wie in Abb. 8.45 (links) gewählt, speziell gilt $\tilde{h}_0 = h_0$, d.h. der Film befindet sich am Anfang in seiner Gleichgewichtshöhe.

Das Coarsening, welches ohne Verdampfung zu sehen war und das zu immer großskaligeren Strukturen führte, scheint hier in einer frühen Phase zu verschwinden. Statt einem großen Tropfen entsteht am Schluss eine regelmäßig angeordnete Matrix von

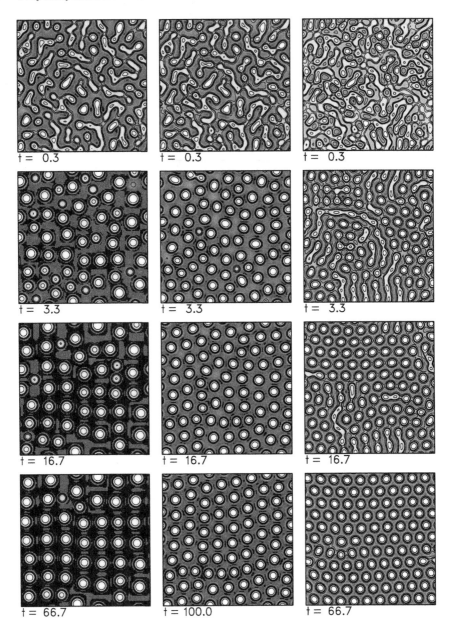

Abb. 8.47 Zeitserien aus numerischen Lösungen von (8.153) mit $K = 0.04$ (*links*), $K = 0.4$ (*Mitte*) und $K = 1.2$ (*rechts*). Die anderen Parameter entsprechen denen von Abb. 8.45 (*links*), die Seitenlängen sind allerdings doppelt so groß. Offensichtlich führt Verdampfung/Kondensation zur Formation regelmäßiger Quadrate (kleines K) oder Hexagone (großes K).

kleineren Tropfen. Trockene Bereiche (also solche, die nur mit dem Precursor bedeckt sind) werden durch Kondensation verhindert, dasselbe gilt umgekehrt für sehr starke Erhebungen. Untersucht man die linearisierte Form von (8.153), so ergibt sich analog zu (8.133)

$$\lambda = \frac{1}{3} h_0^3 \left(-Dk^2 - k^4 \right) - \frac{K}{h_0} \ , \tag{8.156}$$

d.h. die in Abb. 8.41 gezeigten Kurven verschieben sich um K/h_0 nach unten. Dadurch wird das linear anwachsende Band ($D < 0$) auch für kleinere k-Werte $k < k_{\min}$ beschränkt. Man kann annehmen, dass dadurch das Coarsening bei einer bestimmten Länge zum Stillstand kommt (siehe auch das nächste Kapitel).

Aus der Dispersionsrelation (8.156) lässt sich auch das maximale K_m ausrechnen, ab dem der flache Film stabil bleibt. Das ist genau dann der Fall, wenn das Maximum von λ, welches bei $k_c^2 = \sqrt{-D/2}$ liegt, die k Achse berührt:

$$\lambda(k_c) = 0 \ .$$

Daraus berechnet man leicht

$$K_m = \frac{h_0^4 D^2}{12} \ ,$$

was für die Parameter aus Abb. 8.47

$$K_m \approx 1.5$$

ergibt. Zumindest qualitativ ergibt sich ein ähnliches Bild wie bei der Marangoni-Konvektion in dicken Schichten (Abschn. 8.3.6, speziell Abb. 8.22); nahe der Schwelle, d.h. für K knapp unterhalb K_m, entstehen zunächst Hexagone. Weiter im überkritischen Bereich scheint eine zweite Schwelle zu Quadraten vorhanden zu sein.

Verdampfung bzw. inhomogene Temperaturverteilung an der Oberfläche einer Flüssigkeit führen zu einer Reihe weiterer Effekte, die sich zwar in der Dünnfilmgleichung berücksichtigen lassen, auf die wir hier aber aus Platzgründen nicht weiter eingehen können. Wir nennen den **Rückstoßeffekt** und den Marangoni-Effekt. Unter dem Rückstoßeffekt versteht man einen zusätzlichen Druck, der durch die Beschleunigung der Flüssigkeitsmoleküle beim Durchqueren der Oberfläche verursacht wird (Dampfmoleküle sind wesentlich schneller als Flüssigkeitsmoleküle). Der bereits aus Abschn. 8.3.6 bekannte Marangoni-Effekt, die Abhängigkeit der Oberflächenspannung von der Temperatur, liefert einen weiteren Instabilitätsmechanismus, wenn die Flüssigkeit von unten geheizt wird.

Kapitel 9

Modellgleichungen der Strukturbildung

Im vorigen Kapitel haben wir verschiedene hydrodynamische Instabilitäten untersucht. Dabei wurden zwei sich ergänzende Methoden verwendet. Die lineare Stabilitätsanalyse gibt Aufschluss darüber, für welche Kontrollparameterwerte bestimmte Zustände instabil werden können. Die numerische Auswertung der vollständig nichtlinearen Gleichungen zeigt dagegen die Strukturen, die jenseits der Stabilitätsgrenzen der alten Zustände wirklich auftreten, und zwar für endliche Amplituden. Die Frage, die wir in diesem Kapitel stellen werden, ist die Folgende:

Wird sich der „neue" Zustand in der Nähe der Instabilität aber jenseits der Stabilitätsgrenze, also für kleine Abweichungen vom alten Zustand, vielleicht durch Näherungen vereinfacht beschreiben lassen? Wenn ja, wie sehen die entsprechenden reduzierten Gleichungen aus? Und schließlich: Haben die reduzierten Gleichungen eine einheitliche Form (Normalform, kanonische Form) , die vielleicht nur noch vom Typ der Instabilität abhängt?

9.1 Strukturbildung in der Nähe der Schwelle

9.1.1 Ein Beispiel

Anstatt sofort in die komplizierte Materie der hydrodynamischen Instabilitäten einzutauchen, wollen wir, wie schon zu Beginn von Kapitel 8, wieder ein System aus zwei gekoppelten Reaktionsgleichungen exemplarisch untersuchen. Wir spezifizieren dazu f_1 und f_2 in (8.11) und wählen die einfachste nichtlineare Form, die global stabile, nicht-divergierende Lösungen jenseits der Schwelle besitzt (diesmal verwenden wir zwei räumliche Dimensionen x und y)

$$\partial_t w_1 = D_1\, \Delta_2 w_1 + a_1 w_1 + b_1 w_2 - c\, w_1^3 \tag{9.1a}$$

$$\partial_t w_2 = D_2\, \Delta_2 w_2 + a_2 w_2 - b_2 w_1 \tag{9.1b}$$

mit D_i, b_i, $c > 0$. Durch Skaklierung von t, x, y, w_1, w_2 lassen sich die Koeffizienten b_i, c und z.B. D_1 auf eins transformieren und (9.1) lautet

$$\partial_{\tilde{t}}\tilde{w}_1 = \tilde{\Delta}_2\tilde{w}_1 + \tilde{a}_1\tilde{w}_1 + \tilde{w}_2 - \tilde{w}_1^3 \tag{9.2a}$$

$$\partial_{\tilde{t}}\tilde{w}_2 = D\,\tilde{\Delta}_2\tilde{w}_2 + \tilde{a}_2\tilde{w}_2 - \tilde{w}_1 \tag{9.2b}$$

mit $D > 0$ (nachrechnen) (wir lassen künftig die Schlangen wieder weg). Offensichtlich besitzt das System (9.2) bei $w_1 = w_2 = 0$ einen Fixpunkt, dessen Stabilität wir bereits in (8.1.2) und (8.1.3) detailliert untersucht haben. Um die Darstellung nicht zu überladen, beschränken wir uns zunächst auf den Bereich des Phasenraums, in dem die Instabilität periodisch in der Zeit und langsam veränderlich im Ort ist, d.h. wir wählen a_2 rechts vom Kodimension-Zwei-Punkt (Abb. 8.5, schraffierter Bereich) also nach (8.23) in der jetzt verwendeten Skalierung

$$a_2 > -2\frac{\sqrt{D}}{1+D}\ . \tag{9.3}$$

Wir wollen hier aber zusätzlich den Einfluss der Nichtlinearität w_1^3 berücksichtigen. Die grundlegende Idee besteht darin, die Lösungen in der Nähe der Schwelle, also für

$$a_1 = -a_2 + \varepsilon \qquad \varepsilon \ll |a_2|$$

nach den Moden des linearen Eigenwertproblems (8.13) zu entwickeln:

$$\vec{w}(x,y,t) = \eta(x,y,t)\,\vec{v} + \eta^*(x,y,t)\,\vec{v}^* \tag{9.4}$$

mit

$$\vec{v} = \begin{pmatrix} 1 \\ i\omega - a \end{pmatrix}\ .$$

und

$$a = a_1 = -a_2\ .$$

Hier haben wir $k = 0$ gesetzt und die schwache Ortsabhängigkeit der Lösungen in der langsam veränderlichen Funktion η berücksichtigt. Der Eigenvektor $\vec{v}$ gehört zum Eigenwert $\lambda = i\omega$, die Frequenz haben wir schon in (8.20) bestimmt:

$$\omega = \sqrt{1 - a^2}\ .$$

Setzt man (9.4) in (9.2) ein und multipliziert skalar mit dem Eigenvektor des adjungierten linearen Systems

$$\vec{v}^+ = \begin{pmatrix} 1 \\ -i\omega + a \end{pmatrix}\ ,$$

so erhält man die Gleichung

$$N\partial_t\eta = i\omega N\eta + \vec{v}^+ \cdot \begin{pmatrix} \Delta_2 + \varepsilon & 0 \\ 0 & D\Delta_2 \end{pmatrix} \cdot (\eta\,\vec{v} + \eta^*\vec{v}^*) - (\eta + \eta^*)^3 \qquad (9.5)$$

mit der Normierungskonstanten

$$N = \vec{v} \cdot \vec{v}^+ = 1 - (a - i\omega)^2 = 2\omega(\omega + ia) \ .$$

Gleichung (9.5) lässt sich wesentlich vereinfachen, wenn man annimmt, dass η ungefähr mit der Hopf-Frequenz ω oszilliert. Wir setzen deshalb

$$\eta(x, y, t) = \xi(x, y, t)\, e^{i\omega t}$$

in (9.5) ein und vernachlässigen alle Terme, die sich zeitlich nicht wie $\exp(i\omega t)$ verhalten. Diese in der Physik sehr oft verwendete Methode wird als **Rotating-Wave-Näherung** bezeichnet. Nach Kürzen mit $\exp(i\omega t)$ bleiben nur die Terme

$$N\partial_t\xi = \vec{v}^+ \cdot \begin{pmatrix} \Delta_2 + \varepsilon & 0 \\ 0 & D\Delta_2 \end{pmatrix} \cdot \vec{v}\,\xi - 3|\xi|^2\xi \qquad (9.6)$$

übrig. Schließlich erhält man nach Auswerten der Skalarprodukte die Gleichung

$$\partial_t\xi = (\tilde{\varepsilon} + i\tilde{\omega})\,\xi + \tilde{D}\Delta_2\xi - c|\xi|^2\xi \qquad (9.7)$$

mit

$$\tilde{\varepsilon} = \frac{\varepsilon}{2}, \quad \tilde{\omega} = -\frac{\varepsilon a}{2\omega}, \quad c = \frac{3}{2} - \frac{3ia}{2\omega}, \quad \tilde{D} = \frac{D+1}{2} + \frac{ia}{\omega} \cdot \frac{D-1}{2} \ .$$

Mit (9.7) haben wir eine Gleichung abgeleitet, die auch die Nichtlinearität enthält. Was haben wir mit der Projektion (9.4) auf die beiden instabilen Moden $\vec{v}$ und $\vec{v}^+$ erreicht? Die naheliegende Antwort wäre vielleicht „gar nichts". Beim Ausgangssystem (9.2) handelt es sich um zwei reelle, partielle DGLs, bei (9.7) um eine komplexe, der mathematische Schwierigkeitsgrad ist also derselbe geblieben. Trotzdem kann man an diesem sehr einfachen Beispiel schon die drei wesentlichen Punkte der Idee erkennen, die hinter den Modellgleichungen dieses Kapitels steckt:

(i) **Reduktion.** Wir sind von zwei gekoppelten Reaktionsgleichungen ausgegangen. Es könnte sich aber auch um eine sehr komplizierte chemische Reaktion handeln mit vielen Reaktionsschritten, sagen wir $N \gg 1$. Solange es am kritischen Punkt nur ein komplexes Paar von Eigenwerten und damit auch von instabilen Moden gibt, ändert sich an dem Verfahren nichts: Man projiziert wieder wie in (9.4) auf nur zwei komplexe Amplituden, nur handelt es sich diesmal bei $\vec{w}$ und $\vec{v}$ eben um N-dimensionale Vektoren. Am Ende kommt wieder eine (!) komplexe Gleichung der Form (9.7) raus, nur mit anderen, etwas komplizierteren Koeffizienten. Somit gelingt eine Reduktion von N auf zwei Gleichungen.

(ii) **Kanonische Form, Normalform.** Egal wie das Ausgangssystem auch aussieht, werden wir also immer auf eine Gleichung der Gestalt (9.7) kommen, solange an der Schwelle ein komplexes Paar von Eigenmoden instabil wird, und zwar mit $k = 0$. Man kann also (9.7) als Normalform oder als kanonische Form einer oszillatorischen, räumlich homogenen Instabilität bezeichnen. Wir werden weiter unten sehen, dass sich anderen Instabilitätstypen andere Normalformen zuordnen lassen. Gleichung (9.7) ist auf dem Gebiet der Strukturbildung wohlbekannt und ausführlich diskutiert; sie heißt **komplexe Ginzburg-Landau-Gleichung**. Landau[1] war es auch, der den Begriff **Ordnungsparameter** für die Variablen einführte, die die Strukturbildung charakterisieren. In unserem Fall wäre das die komplexe Amplitude $\xi(x, y, t)$.

(iii) **Klassifizierung.** Der lineare Teil der kanonischen Formen entspricht also dem jeweiligen Instabilitätstyp. Er wird komplex bei einer oszillatorischen und reell bei einer monotonen Instabilität sein. Für räumlich homogene Moden muss ein Diffusionsteil (Laplace-Operator) vorhanden sein, der dafür sorgt, dass räumliche Inhomogenitäten ausgeglichen werden. Für periodische oder geordnete Strukturen wie Streifen oder Hexagone (Turing, Konvektion) wird es etwas komplizierter, wir werden weiter unten darauf zurückkommen. Man sieht den reduzierten Gleichungen die entstehenden Strukturen also beinahe an, zumindest was den linearen Teil betrifft. Die Nichtlinearitäten entscheiden für spätere Zeiten der Entwicklung über Sättigung und Selektion verschiedener Strukturen. Auch hier lassen sich bis zu einem gewissen Grad sehr allgemeine Aussagen machen.

Abb. 9.1 zeigt einen Vergleich zwischen numerischen Lösungen des Ausgangssystems (9.2) mit denen der reduzierten Gleichung (9.7). Für kleinere Werte von a stimmen die Strukturen sehr gut überein. Man sieht zeitabhängige, sich drehende Spiralen , wie sie auch manchmal in chemischen Nichtgleichgewichtsreaktionen gefunden werden. Für größeres a (a_2 links vom Kodimension-Zwei-Punkt) erhält man jedoch aus (9.2) nach einer Anfangsphase stationäre Turing-Strukturen, die von der komplexen Ginzburg-Landau-Gleichung nicht reproduziert werden können. Dies ist aber nicht überraschend, da wir bei der Herleitung von (9.7) ja von der Annahme einer maximalen linearen Wachstumsrate (Eigenwert) bei $k = 0$, also bei langwelligen Strukturen, mit einem nicht-verschwindenden Imaginärteil ausgegangen sind. Bei Turing-Mustern wird dagegen gerade ein endlicher Wellenvektor $k = k_c$ selektiert, und zwar über eine monotone Bifurkation.

9.1.2 Klassifizierung

Die instabilen Moden lassen sich gemäß ihres Eigenwertes (Dispersionsrelation) klassifizieren und benennen. Hier sind verschiedene Bezeichnungen im Gebrauch, von denen sich aber keine als Standard durchsetzen konnte. Wir können also genauso noch eine neue hinzufügen.

---

[1]Lew Dawydowitsch Landau, sowjetischer Physiker 1908-1968, Nobelpreis 1962 für seine Arbeiten zur Theorie der Suprafluidität.

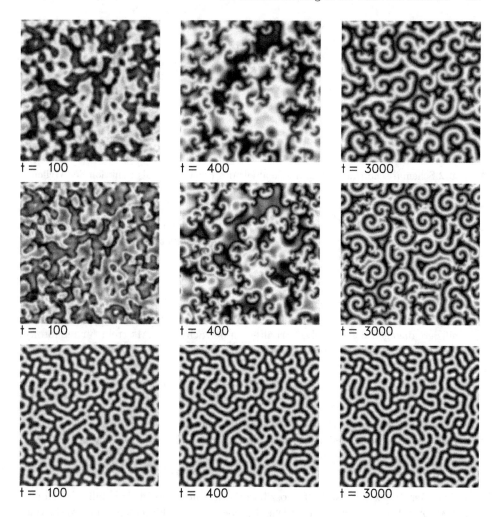

Abb. 9.1 Numerisch gefundene Zeitserien der komplexen Ginzburg-Landau-Gleichung (9.7) (*oben*), sowie des Ausgangssystems (9.2), *Mitte* und *unten*. Die *oberen beiden Serien* sind für $a = 0.7$, $\varepsilon = 0.1$, $D = 2$ berechnet, hier stimmen die Ergebnisse der reduzierten mit denen der vollständigen Gleichungen sehr gut überein. Für größeres $a = 1$ (*unten*) entstehen dagegen stationäre Turing-Strukturen, die durch die komplexe Ginzburg-Landau-Gleichung nicht beschrieben werden können.

Wir betrachten den allgemeinen Fall eines komplexen Eigenwertes in der Nähe der Schwelle:

$$\lambda(k^2) = i\omega(k^2) + \Lambda(k^2) \tag{9.8}$$

mit reeller Frequenz ω und reeller Wachstumsrate Λ. Alle Größen können wegen der Spiegelsymmetrie $x \rightarrow -x$ der Ausgangsgleichungen der Form (9.1) nur von k^2 abhängen (in zwei oder drei Dimensionen gilt dasselbe wegen der Invarianz gegenüber beliebigen

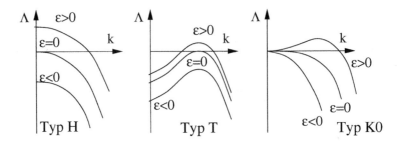

Abb. 9.2 Schematische Darstellung des Realteils des Eigenwertes als Funktion des Wellenvektors für verschiedene Bifurkationstypen.

Drehungen um den Koordinatenursprung). Das ist natürlich nur solange richtig wie der „alte", instabil werdende Zustand die entsprechende Symmetrie nicht verletzt.

Wir führen folgende Bezeichnungen ein:

- H_M. „H" steht für homogen und bezieht sich auf das räumliche Verhalten der Instabilität, das langsam veränderlich oder konstant ($k \approx 0$) ist. Der Index klassifiziert dagegen das zeitliche Verhalten an der Schwelle. „M" steht für monoton, also nicht oszillierend. In (9.8) würde das[2]

$$\omega = 0 \qquad \text{und} \qquad \left.\frac{d\Lambda}{dk}\right|_{k=0} = 0$$

bedeuten, siehe auch (8.10) und Abb. 9.2 (links). Ein System, das durch nur eine nichtlineare Diffusionsgleichung beschrieben wird, kann ausschließlich H_M-Instabilitäten hervorbringen. Unser Beispiel (9.1) besitzt ebenfalls eine solche Instabilität, nämlich links von $a_2^{\min}$ (Abb. 8.5, homogen instabiler Bereich).

- H_O. Der Index „O" steht für oszillatorisch. Unter diesen Typ fällt die Hopf-Instabilität aus Abschn. 8.1.3 sowie das oben untersuchte Beispiel für Werte von a links des Kodimension-Zwei-Punktes. Für (9.8) gilt dann

$$\omega \neq 0 \qquad \text{und} \qquad \left.\frac{d\Lambda}{dk}\right|_{k=0} = 0 \, .$$

Hier sind mindestens zwei gekoppelte Diffusionsgleichungen notwendig.

- T_M. „T" heißt „Turing" und deutet auf das periodische Verhalten im Ort, also $k_c \neq 0$ hin (Abschn. 8.1.2). Auch hierzu sind mindestens zwei Gleichungen notwendig. Es gilt (Abb. 9.2 Mitte)

$$\omega = 0 \qquad \text{und} \qquad \left.\frac{d\Lambda}{dk}\right|_{k=k_c} = 0 \qquad \text{mit} \qquad k_c \neq 0 \, .$$

---

[2]Hier und im Folgenden bezeichnet $d\Lambda/dk = 0$ das (normalerweise einzige) *Maximum* von Λ, entsprechend der am schnellsten anwachsenden Mode.

Unter diesen Typ fallen die meisten der in Kapitel 8 untersuchten Instabilitäten (Taylor-Wirbel, Konvektion, Faraday-Instabilität).

- T_O bezeichnet oszillierende Turing-Strukturen oder die in Abschn. 8.1.5 eingeführten Welleninstabilitäten. Der Eigenwert λ nach (9.8) hat dann die Form

$$\omega \neq 0 \quad \text{und} \quad \left.\frac{d\Lambda}{dk}\right|_{k=k_c} = 0 \quad \text{mit} \quad k_c \neq 0 \ .$$

Es sind mindestens drei gekoppelte Diffusionsgleichungen erforderlich. Oszillatorische Turing-Muster findet man in bestimmten konvektionsinstabilen binären Mischungen.

- $K0_M$. Wir nehmen an, dass λ von k wie in Abb. 9.2 (rechts) abhängt, also

$$\omega = 0 \quad \text{und} \quad \left.\frac{d\Lambda}{dk}\right|_{k=k_c} = 0 \quad \text{mit} \quad k_c \neq 0$$

und zusätzlich

$$\Lambda(k = 0) = 0 \ .$$

Die letzte Bedingung besagt, dass Moden mit $k = 0$, dies entspricht einer räumlich homogenen Lösung, marginal stabil, also weder gedämpft noch angeregt, sind. Damit lässt sich zum Ordnungsparameter eine konstante Lösung addieren

$$\xi' = \xi + \text{const} \ ,$$

wobei ξ' immer noch eine Lösung des linearen Teils ist. Diese Eigenschaft hat normalerweise ihren Ursprung in einer Symmetrie des Ausgangsproblems. Unter diese Klasse fallen die dünnen Filme sowie die Kelvin-Helmholtz-Instabilität aus Kapitel 8, die besagte Symmetrie entspricht dort einer räumlich konstanten Verschiebung der gesamten Oberfläche in vertikaler Richtung.

- $K0_O$. Dasselbe wie $K0_M$, aber mit einer zusätzlichen Frequenz ω. Wir erwähnen diesen Typ nur der Vollständigkeit wegen, im Buch finden sich dafür keine Beispiele. Eine mögliche Anwendung wären dünne Filme aus komplexen Fluiden oder Mischungen.

9.2 Typ H_M: Die reelle Ginzburg-Landau-Gleichung

Dieser Typ entspricht der Instabilität einer räumlich und zeitlich homogenen Mode, ist also im Zusammenhang mit Strukturbildung eher von geringem Interesse. Er war aber historisch der erste, der untersucht wurde, weshalb wir ihn aufnehmen wollen. Außerdem lässt sich hier der Begriff **Gradientendynamik** am einfachsten erklären.

9.2.1   Ginzburg-Landau-Gleichung, Normalform

Projektion der ursprünglichen Zustandsvariablen auf die instabile Mode, die diesmal reell ist, ergibt für die reduzierte Gleichung der dann ebenfalls reellen Modenamplitude ξ die Gleichung

$$d_t\xi = \lambda\xi + N(\xi, \eta_\ell) \ . \tag{9.9}$$

Hier bezeichnet N den nichtlinearen, mindestens quadratischen, Anteil der Ausgangsgleichungen und η_ℓ die Amplituden der Moden, die zu negativen, gedämpften Eigenwerten gehören. Nehmen wir an, dass λ nur in der Nähe von $k = 0$ positiv ist (Abb. 9.2 links), so lässt sich

$$\lambda = \varepsilon - Dk^2$$

entwickeln, mit $D > 0$ als Krümmung von λ. Berücksichtigen wir die schwache Ortsabhängigkeit der Strukturen wieder wie vorher in ξ, so wird

$$\xi(t) \longrightarrow \xi(x, y, t)$$

und

$$-Dk^2 \longrightarrow D\Delta_2 \ .$$

Damit erhält man aus (9.9)

$$\partial_t\xi = \varepsilon\xi + D\Delta_2\xi + N(\xi, \eta_\ell) \ . \tag{9.10}$$

Es lässt sich zeigen, dass sich die zu den gedämpften Eigenwerten gehörenden Amplituden „adiabatisch eliminieren" lassen, das heißt sie folgen der instabilen Amplitude unter gewissen Näherungen instantan[3]. Damit lässt sich N als Funktion von ξ alleine ausdrücken und nach ξ entwickeln. Globale Stabilität existiert nur dann, wenn die Entwicklung bei einem negativen Entwicklungskoeffizienten abgebrochen wird. Ist dies z.B. der kubische, so lässt sich (9.10) schreiben als

$$\partial_t\xi = \varepsilon\xi + D\Delta_2\xi + a_2\xi^2 - a_3\xi^3$$

mit $a_3 > 0$. Eine Gleichung dieser Form wird als (reelle) **Ginzburg-Landau-Gleichung** bezeichnet und beschreibt die schwach nichtlineare Entwicklung einer H_M-Instabilität. Man kann noch Ort und ξ skalieren

$$\xi = (a_3)^{-1/2}\,\tilde{\xi}, \qquad x = \sqrt{D}\,\tilde{x}$$

und erhält schließlich die Normalform (alle Schlangen weglassen)[4]

$$\partial_t\xi = \varepsilon\xi + \Delta_2\xi + a\xi^2 - \xi^3 \tag{9.11}$$

mit

$$a = \frac{a_2}{\sqrt{a_3}} \ .$$

---

[3]Für Details siehe [7].
[4]ε ließe sich noch in die Zeit skalieren, wir wollen nachher aber auch den Fall $\varepsilon < 0$ untersuchen und lassen deshalb ε stehen.

9.2.2   Freie Energie und Gradientendynamik

Die rechte Seite von (9.11) lässt sich als Funktionalbleitung (Anhang A)

$$\partial_t \xi = -\frac{\delta F[\xi]}{\delta \xi} \tag{9.12}$$

mit

$$F[\xi] = \int_A dx\, dy \left[-\frac{\varepsilon}{2}\xi^2 + \frac{1}{2}(\nabla\xi)^2 - \frac{a}{3}\xi^3 + \frac{1}{4}\xi^4 \right] \tag{9.13}$$

schreiben, $F[\xi]$ wird auch als **Ginzburg-Landau-Funktional** bezeichnet. Die Formulierung (9.12) ist mehr als nur eine mathematische Spielerei; man kann wie in Abschn. 8.6.3 leicht zeigen, dass F unter der Entwicklung (9.12) monoton abnehmen muss:

$$d_t F = \int_A dx\, dy \, \frac{\delta F[\xi]}{\delta \xi}\partial_t \xi = -\int_A dx\, dy \left[\frac{\delta F[\xi]}{\delta \xi}\right]^2 \leq 0 \ . \tag{9.14}$$

Weil aber F nach unten begrenzt ist, muss die zeitliche Entwicklung nach (9.11) transient sein und in einem stationären Zustand, nämlich einem Minimum von F, enden. Da der Term

$$\frac{1}{2}\int_A dx\, dy \, (\nabla\xi)^2 \tag{9.15}$$

in (9.13) nur dann minimal (null) wird, wenn ξ räumlich konstant ist, wird der dem absoluten Minimum von F entsprechende Zustand der homogen stationäre

$$\xi = \xi_0$$

sein, wobei sich ξ_0 als eine Lösung von

$$\varepsilon\xi_0 + a\xi_0^2 - \xi_0^3 = 0 \tag{9.16}$$

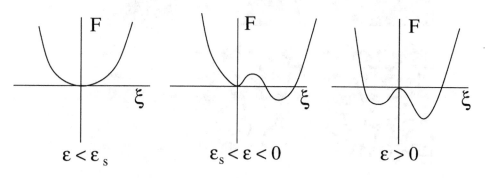

Abb. 9.3 Potential F nach (9.13) für räumlich homogene Zustände und verschiedene ε, $a > 0$. *Links*: der alte Zustand ist stabil. *Mitte*: Für $0 > \varepsilon > \varepsilon_s = -a^2/4$ ist der alte Zustand metastabil, ein neuer wird stabil. *Rechts*: Zwei neue stabile Zustände lösen den alten ab.

ergibt. Eine Bewegungsgleichung der Form (9.12) wird als **Gradientensystem** bezeichnet, die zugehörige zeitliche Entwicklung als **Gradientendynamik**. In der Mathematik heißt $F[\xi]$ Lyapunov-Funktional, die physikalische Bedeutung ist, zumindest in der Gleichgewichtsthermodydamik, die einer **freien Energie**. Je nach den Werten von ε und a hat F drei Extrema (ein Maximum und zwei Minima) oder nur eins (Minimum, Abb. 9.3). Für $\varepsilon > 0$ ist der alte Zustand $\xi = 0$ instabil und eine Typ H_M-Instabilität entwickelt sich.

9.2.3   Numerische Lösung, Interpretation der Strukturen

Numerische Lösungen von (9.11) für $\varepsilon = 0.1$, $a = 0$ und $a > 0$ sind in Abb. 9.4 gezeigt. Für $a = 0$ (obere Reihe) besitzt F zwei gleich tiefe Minima bei $\xi_0 = \pm\sqrt{\varepsilon}$. Der Diffusionsterm in der Ginzburg-Landau-Gleichung sorgt dafür, dass die Inhomogenitäten der Anfangsbedingung im Lauf der Zeit ausgebügelt werden. Dies dauert relativ lange, weil beide Minima „gleichberechtigt sind" und sich das System entsprechend schwer tut, eine räumlich einheitliche Lösung zu finden. Dies ändert sich, sobald man $a \neq 0$ setzt. Jetzt ist ein Minimum tiefer als das andere und das System entwickelt sich schnell in diesen homogenen Zustand.

In einem einfachen Modell kann man den Ordnungsparameter ξ z.B. als lokale Magnetisierung eines Ferromagneten interpretieren. Helle und dunkle Bereiche wären dann verschieden magnetisiert und würden den „Weiß'schen Bezirken" entsprechen, die durch „Blochwände" abgetrennt sind. Die Situation $a \neq 0$ wird durch Anlegen eines äußeren Magnetfeldes erreicht. Dadurch wird eine Magnetisierungsrichtung bevorzugt und das

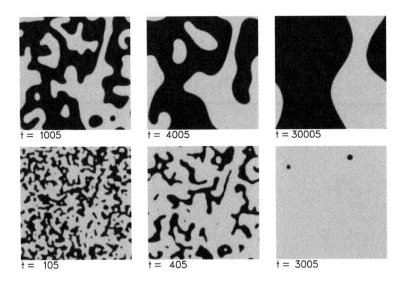

Abb. 9.4 Numerische Lösungen der reellen Ginzburg-Landau-Gleichung (9.11) für $\varepsilon = 0.1$ und $a = 0$ (*oben*), $a = 0.02$ (unten). Wird die Symmetrie $\xi \rightarrow -\xi$ gebrochen, etwa durch ein äußeres Magnetfeld, so entwickelt sich schnell ein homogener Zustand (Magnetisierung).

schnelle, einheitliche Ausrichten der Elementarmagnete und damit das Verschmelzen der Weiß'schen Bezirke zu einer homogenen Struktur bewirkt. Der Kontrollparameter ε lässt sich dann mit dem Abstand der Temperatur von der Curie-Temperatur

$$\varepsilon \sim (T_c - T)$$

identifizieren, oberhalb der die magnetische Ordnung verschwindet ($\xi = 0$).

9.3 Typ H_O: Komplexe Ginzburg-Landau-Gleichung

9.3.1 Normalform und homogene Lösung

Die komplexe Ginzburg-Landau-Gleichung haben wir bereits in dem Beispiel aus Abschn. 9.1.1 kennengelernt und in (9.7) angegeben. Wir verwenden die Bezeichnung $c = c' + ic''$, $\tilde{D} = \tilde{D}' + i\tilde{D}''$. Man skaliert Zeit, Ort und ξ gemäß

$$t = \frac{\tilde{t}}{\tilde{\varepsilon}}, \quad x = \tilde{x}\sqrt{\frac{\tilde{D}'}{\tilde{\varepsilon}}}, \quad \xi = \tilde{\xi}\sqrt{\frac{\tilde{\varepsilon}}{c'}}\, e^{i\tilde{\omega}t}$$

und erhält schließlich die Normalform der kubischen Ginzburg-Landau-Gleichung (alle Schlangen weggelassen):

$$\partial_t \xi = \xi + (1 + ic_0)\Delta_2\xi - (1 + ic_3)|\xi|^2\xi \qquad (9.17)$$

mit

$$c_0 = \frac{\tilde{D}''}{\tilde{D}'}, \qquad c_3 = \frac{c''}{c'} \ .$$

Wenn c_0 und c_3 nicht beide verschwinden, lässt sich kein Lyapunov-Funktional mehr finden. In der Tat beobachtet man auch nach sehr langen Entwicklungszeiten keine stationäre Lösungen, sondern vielmehr laufende Wellen oder, wie in Abb. 9.1 oben, sich drehende Spiralen.

Es existiert aber trotzdem eine homogene Lösung im Ort, die allerdings periodisch in der Zeit ist. Sie lautet

$$\xi_0(t) = e^{-ic_3 t} \ . \qquad (9.18)$$

Man überzeugt sich leicht durch Einsetzen, dass es sich dabei um eine exakte Lösung von (9.17) handelt. Wir stellen die Frage, ob diese einfache Lösung auch stabil ist.

9.3.2   Methode der Phasengleichungen

Zum ersten Mal untersuchen wir die Stabilität einer Lösung, die selbst schon von einer anderen Lösung abzweigte. Man bezeichnet solche Instabilitäten auch als **zweite Instabilität**. Das Vorgehen ist dasselbe wie bei der ersten Instabilität: Linearisieren um die „alte" Lösung, in diesem Fall (9.18), und Berechnung der Wachstumsrate der Störungen. Wir wollen hier aber einen etwas anderen Weg einschlagen, der auf eine universelle Gleichung für die Störung führt, die sogenannte Phasengleichung. Anstatt des gewohnten Ansatzes

$$\xi(x, y, t) = \xi_0 + u(x, y, t) = e^{-ic_3t} + u(x, y, t) = (1 + \tilde{u}(x, y, t))\, e^{-ic_3t}$$

mit komplexem u zu setzen wir diesmal

$$\xi(x, y, t) = [1 + a(x, y, t)]\; e^{i(\Phi(x,y,t) - c_3t)} \tag{9.19}$$

in (9.17) ein. Hierbei nimmt man an, dass es sich bei a und Φ um langsam veränderliche Funktionen im Raum handelt. Beide können reell angesetzt werden, $a \ll 1$ beschreibt dann kleine Veränderungen der Amplitude von (9.18), Φ die der Phase. Vernachlässigen wir sämtliche nichtlineare Terme in a und $\nabla\Phi$, so ergeben sich durch Trennen von Real- und Imaginärteil aus (9.17) die beiden gekoppelten Diffusionsgleichungen[5]

$$\partial_t a = \Delta a - c_0 \Delta \Phi - 2a \tag{9.20a}$$

$$\partial_t \Phi = \Delta \Phi + c_0 \Delta a - 2c_3 a \;. \tag{9.20b}$$

Macht man die Näherung, dass sich die Amplitude instantan verändert, d.h. durch den Phasengradienten „versklavt" wird, so lässt sich mit $\partial_t a \approx 0$ Gleichung (9.20a) formal nach a auflösen

$$a = -c_0 [2 - \Delta]^{-1} \Delta \Phi \;. \tag{9.21}$$

Wenn sich aber Φ nur langsam im Ort ändert, so lässt sich der inverse Operator auf der rechten Seite nach Potenzen von Δ entwickeln:

$$a = -c_0 \left[\frac{1}{2}\Delta\Phi + \frac{1}{4}\Delta^2\Phi + \dots \right] \;. \tag{9.22}$$

Setzt man dies in (9.20b) ein, so ergibt sich eine geschlossene Gleichung für Φ, die **Phasengleichung**:

$$\partial_t \Phi = (c_0 c_3 + 1)\Delta\Phi + \frac{1}{2}(c_0 c_3 - c_0^2)\Delta^2\Phi \;, \tag{9.23}$$

wobei wir Terme der Ordnung $\Delta^3\Phi$ sowie sämtliche Nichtlinearitäten vernachlässigt haben.

---

[5]Ab jetzt lassen wir den Index „2" bei den Differentialoperatoren Δ_2 und ∇_2 weg, da es sich, wenn nicht anders angegeben, immer um zweidimensionale Probleme handelt.

Wir werden im Abschn. 9.5 über $K0_M$-Instabilitäten auf (nichtlineare) Gleichungen der Form (9.23) zurückkommen. Hier wollen wir nur den Linearteil untersuchen.

9.3.3 Die Benjamin-Feir-Instabilität

Eine Gleichung wie (9.23) ist uns im Abschnitt über dünne Filme schon einmal begegnet, siehe (8.119). Wie dort liefert ein Ebene-Wellen-Ansatz die Wachstumsrate der Störung, in diesem Fall der Phase:

$$\lambda = -D_p k^2 - q k^4 \tag{9.24}$$

mit der „Diffusionskonstanten"

$$D_p = c_0 c_3 + 1$$

und

$$q = \frac{1}{2}(c_0^2 - c_0 c_3) \ .$$

Was haben wir mit der Formulierung von (9.23) für die Störung erreicht? Nehmen wir an, q sei positiv. Solange die Diffusionskonstante D_p ebenfalls größer null ist, werden räumlich inhomogene Störungen der Phase von (9.19) einfach diffundieren und dabei exponentiell in der Zeit abnehmen. Die homogene oszillatorische Lösung (9.18) ist dann stabil. Wird jedoch D_p negativ, so setzt, wie bei den dünnen Filmen, Strukturbildung ein, diesmal allerdings in der *Phase* von (9.19). Auf jeden Fall kann dann die homogene Lösung nicht mehr stabil sein, es werden zunächst periodische Störungen mit dem Wellenvektor

$$k \approx k_c = \sqrt{-D_p/2q}$$

exponentiell anwachsen. Wie wir gleich sehen werden, tragen bei größeren Störungen die nichtlinearen Terme in der Phasengleichung zu einem chaotischen Verhalten bei, welches auch als **Phasenturbulenz** bezeichnet wird.

Phasenturbulenz setzt also ein, wenn

$$c_0 c_3 < -1 \tag{9.25}$$

wird. Diese Instabilität wird nach ihren Entdeckern[6] als **Benjamin-Feir-Instabilität** oder auch als **Phaseninstabilität** bezeichnet. Im Gegensatz dazu handelt es sich bei der ersten Instabilität, deren Normalform die Ginzburg-Landau-Gleichung ist, um eine **Amplitudeninstabilität**.

Als Nächstes wollen wir sehen, ob die für unser Beispiel aus Abschn. 9.1.1 hergeleitete Ginzburg-Landau-Gleichung (9.7) phaseninstabile Lösungen hat oder nicht. Setzen wir die dort berechneten Koeffizienten $\tilde{D}$ und c in die Bedingung (9.25) ein, so ergibt

---

[6] *T. B. Benjamin, J. E. Feir, The disintegration of wave trains in deep water, J. Fluid Mech. 27, 417 (1967).*

sich nach kurzer Rechnung für den Kontrollparameter a eine untere Schranke, ab der homogen oszillierende Lösungen instabil sind:

$$a^2 \geq \frac{1}{2}\left(1 + \frac{1}{D}\right) .$$

Weil die reduzierte Gleichung (9.7) aber sowieso nur im oszillatorischen Bereich gilt, gibt die Bedingung (9.3) zusammen mit $a_2 \approx -a$ eine obere Grenze für a an. Benjamin-

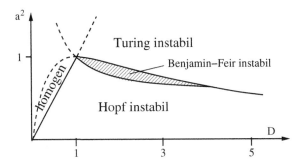

Abb. 9.5 Phasendiagramm für das System (9.2). Phasenturbulenz existiert im schraffierten Bereich, siehe Abb. 9.6. Im Hopf-Bereich gibt es stabile homogene Oszillationen, aber auch Defekt-dominierte Muster wie die Spiralen aus Abb. 9.1.

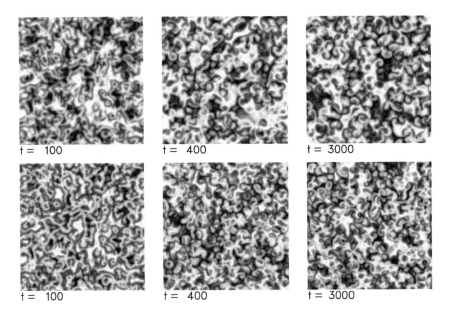

Abb. 9.6 Lösungen der komplexen Ginzburg-Landau-Gleichung (*oben*) und des Ausgangssystems (9.2) (*unten*) im phaseninstabilen Bereich $D = 2$, $a = 0.87$, $\varepsilon = 0.1$.

Feir-instabile Lösungen werden also nur in dem schmalen Bereich

$$\frac{1}{2}\left(1 + \frac{1}{D}\right) \leq a^2 \leq \frac{4D}{(1+D)^2} \tag{9.26}$$

zu erwarten sein. Abb. 9.5 zeigt das Phasendiagramm in der D-a^2-Ebene. Die numerische Lösung aus Abb. 9.1 (obere Reihe) ist im Hopf-instabilen Bereich. Dass man trotzdem auch nach langen Zeiten noch räumliche Strukturen sieht, liegt an der Stabilität von Punktdefekten, das sind Stellen, wo sowohl Real- als auch Imaginärteil von ξ verschwinden. Dies ist an den Spitzen der Spiralen der Fall. Im phaseninstabilen Bereich sehen die Lösungen vollkommen anders aus (Abb. 9.6) und sind wesentlich unstrukturierter. Intuitiv ist sofort klar, warum dieser Zustand als Phasenturbulenz bezeichnet wird. Trotzdem stimmen aber immer noch die Lösungen des Ausgangssystems mit denen der reduzierten komplexen Ginzburg-Landau-Gleichung sehr gut überein.

9.4 Typ T_M: Die Swift-Hohenberg-Gleichung

Das Beispielsystem aus Abschn. 9.1.1 besitzt Lösungen, die sich nicht durch die Ginzburg-Landau-Gleichung beschreiben lassen. Diese bestehen aus Strukturen mit periodischer Nahordnung im Ort die aber stationär in der Zeit sind (Abb. 9.1, untere Reihe). Man trifft auf sie in der Nähe einer T_M-Instabilität. Wie sieht die reduzierte Ordnungsparametergleichung in der Nähe einer solchen Instabilität aus?

9.4.1 Instabile und stabile Moden

Wir versuchen wieder die bewährte Methode von vorher und projezieren die Zustandsvariablen auf die instabile(n) Mode(n). Das Problem, das sich aber jetzt stellt, besteht darin, dass die instabilen Moden einer T_M-Instabilität nicht mehr schwach vom Ort abhängen, sondern beliebig komplizierte Strukturen aufweisen werden (Abb. 9.1 unten). Formal lässt sich dies berücksichtigen, indem man die Orts- (und Zeit-) abhängigkeit in die Modenamplituden hineinschreibt. Für das Beispiel (9.2) würde sich dann anstatt (9.4) die Zerlegung

$$\vec{w}(\vec{x}, t) = \vec{v}_1(\Delta)\Psi_1(\vec{x}, t) + \vec{v}_2(\Delta)\Psi_2(\vec{x}, t) \tag{9.27}$$

ergeben (ab hier verwenden wir den 2D-Ortsvektor $\vec{x} = (x, y)$). Die Funktionen Ψ_i bezeichnen die ortsabhängigen Modenamplituden oder Ordnungsparameter und übernehmen die Rolle der ξ bzw. η aus den vorigen Abschnitten, sind aber nicht länger langsam veränderlich im Ort. Aus den Eigenvektoren $\vec{v}_i$ werden jetzt allerdings Differentialoperatoren, die sich aus der Lösung des Eigenwertproblems[7]

---

[7]Man rechnet dabei mit Δ wie mit einer normalen Zahl, muss nur beachten, dass Δ nicht mit einer Funktion von $\vec{x}$ vertauscht, also $\Delta f(\vec{x}) \neq f(\vec{x})\Delta$.

$$\begin{pmatrix} a_1 + \Delta - \lambda_i & 1 \\ -1 & a_2 + D\Delta - \lambda_i \end{pmatrix} \cdot \vec{v}_i = 0 \qquad (9.28)$$

ergeben. Man erhält

$$\vec{v}_i(\Delta) = \begin{pmatrix} 1 \\ -a_1 - \Delta + \lambda_i \end{pmatrix}, \qquad \vec{v}_i^+(\Delta) = \frac{1}{N_i(\Delta)} \begin{pmatrix} 1 \\ a_1 + \Delta - \lambda_i \end{pmatrix}$$

mit

$$N_i(\Delta) = \vec{v}_i \cdot \vec{v}_i^+ = 1 - (a_1 + \Delta - \lambda_i)^2 \; .$$

Die Eigenwerte λ_i werden ebenfalls zu Differentialoperatoren, die wieder aus der Lösbarkeitsbedingung zu (9.28) folgen:

$$\lambda_{1,2}(\Delta) = \frac{1}{2}\left[a_1 + a_2 + (1 + D)\Delta \pm \sqrt{(a_1 - a_2 + (1 - D)\Delta)^2 - 4}\right] \; . \qquad (9.29)$$

Wie man mit Laplace-Operatoren im Nenner bzw. unter Wurzeln umgeht, werden wir gleich sehen. Formal können wir zunächst wie oben verfahren: Einsetzen der Projektion (9.27) in (9.2), Mutliplikation mit $\vec{v}_i^+$ und Auswerten der linearen Terme ergibt die beiden Gleichungen für die Modenamplituden Ψ_i:

$$\partial_t \Psi_i = \lambda_i(\Delta)\Psi_i - \frac{1}{N_i(\Delta)}(\Psi_1 + \Psi_2)^3 \; .$$

Was haben wir im Vergleich zu (9.2) erreicht? Zunächst sieht das System wegen der komplizierten Abhängigkeit der Funktionen λ_i und N_i von Δ schwieriger als (9.2) aus. Auch handelt es sich nach wie vor um zwei partielle DGLs. Macht man jedoch jetzt die selbstkonsistente Annahme, dass die Amplitude Ψ_2 von kubischer Ordnung in Ψ_1 ist, also

$$\Psi_1 \sim O(\Psi_2^3) \; , \qquad (9.30)$$

so kann man sich auf den Standpunkt stellen, dass es in der Nähe der Schwelle genügt, die Gleichungen nur bis zu einer bestimmten Ordnung, sagen wir Ψ_1^3 (das ist die niedrigste Ordnung, in der Nichtlinearitäten überhaupt auftauchen können), aufzuschreiben. Man erhält:

$$\partial_t \Psi_1 = \lambda_1(\Delta)\Psi_1 - \frac{1}{N_1(\Delta)}\Psi_1^3 \qquad (9.31a)$$

$$\partial_t \Psi_2 = \lambda_2(\Delta)\Psi_2 - \frac{1}{N_2(\Delta)}\Psi_1^3 \; . \qquad (9.31b)$$

Bei (9.31b) handelt es sich um eine inhomogene lineare Differentialgleichung für Ψ_2, die durch eine entsprechende Green'sche Funktion gelöst werden kann:

$$\Psi_2(\vec{x}, t) = \int d^2\vec{x}' \int dt' G(\vec{x} - \vec{x}', t - t')\Psi_1^3(\vec{x}', t') \ .$$

Dies bestätigt die eben gemachte Annahme (9.30) (daher die Bezeichnung „selbstkonsistent"). Der entscheidende Punkt ist jedoch der, dass Gleichung (9.31a) von (9.31b) entkoppelt ist, d.h. für sich gelöst werden kann. Dies liegt natürlich auch daran, dass die Ausgangsgleichung (9.2b) keine Nichtlinearitäten enthielt. Wir werden weiter unten sehen, dass nichtlineare Terme in (9.2b) die Rechnung zwar komplizierter machen, aber an der prinzipiellen Vorgehensweise nichts ändern werden.

Die Struktur in der Nähe der Schwelle wird dann in niedrigster Ordnung durch den einzigen Ordnungsparameter Ψ_1 bestimmt, dessen Entwicklung aus der Gleichung (9.31a) folgt (wir schreiben jetzt Ψ anstatt Ψ_1):

$$\partial_t \Psi = \lambda_1(\Delta)\Psi - \frac{1}{N_1(\Delta)}\Psi^3 \ . \tag{9.32}$$

Somit ist eine Reduktion von zwei auf nur noch eine Gleichung gelungen, entsprechend dem einen Ordnungsparameterfeld Ψ, welches typischerweise eine T_M-Instabilität beschreibt.

9.4.2 Endliche Bandbreiten

Was machen wir aber jetzt mit den Laplace-Operatoren unter der Wurzel in λ_1 und im Nenner des kubischen Terms von (9.32)? Um diese auszuwerten, verwendet man die Näherung endlicher Bandbreiten. Da nur Moden in der Nähe von k_c (Abb. 9.7) linear wachsen, werden diese Moden auch das Ordnungsparameterfeld Ψ bestimmen. Im Fourier-Raum wird also

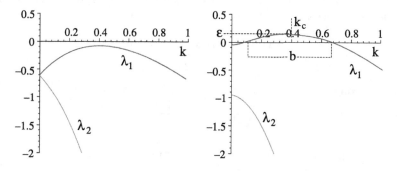

Abb. 9.7 Die beiden Eigenwerte (9.29) als Funktion der Wellenzahl, *links* unterkritisch, *rechts* überkritisch, für $D = 10$, $a_2 = -1.6$, $a_1 = 0.4$ (*links*) und $a_1 = 0.6$ (*rechts*). λ_2 ist in beiden Fällen negativ. Die Breite b des angeregten Bandes ist proportional zu $\sqrt{\varepsilon}$.

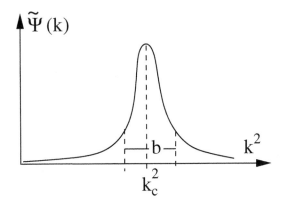

Abb. 9.8 Die Fourier-Transformierte einer T_M-Instabilität wird im Wesentlichen in einem schmalen Band der Breite b um die am schnellsten wachsende Wellenzahl k_c (vergl. Abb. 9.7) herum von null verschieden sein.

$$\tilde{\Psi}(\vec{k}) \;=\; \frac{1}{2\pi} \int d^2\vec{x}\, \Psi(\vec{x})\, \mathrm{e}^{i\vec{k}\vec{x}} \;\approx\; \begin{cases} \neq 0 & \text{wenn} \quad |k^2 - k_c^2| < b \\ = 0 & \text{sonst} \end{cases} \tag{9.33}$$

gelten (Abb. 9.8), wobei b als **Bandbreite** bezeichnet wird ($\vec{k} = (k_x, k_y)$ ist der zweidimensionale Wellenvektor). Nun liegt es nahe, die Operatorfunktionen im Fourier-Raum um k_c in Taylor-Reihen zu entwickeln, und zwar bezüglich der Bandbreite b und des Abstands vom kritischen Punkt (Kontrollparameter) ε:

$$\lambda_1(k^2) \;=\; \frac{\partial \lambda_1}{\partial a_1}\varepsilon \;+\; \frac{1}{2}\frac{\partial^2 \lambda_1}{(\partial k^2)^2} \underbrace{(k^2 - k_c^2)^2}_{=O(b^2)} \;+\; O(b^3)\;. \tag{9.34}$$

Die Ableitungen sind dabei am kritischen Punkt auszuwerten. Außerdem haben wir berücksichtigt, dass λ_1 sowie dessen Ableitung nach k^2 an der Schwelle verschwinden. Ersetzt man k^2 wieder durch $-\Delta$, so ergibt sich schließlich im Ortsraum

$$\lambda_1(\Delta) = \gamma\varepsilon - q\underbrace{(\Delta + k_c^2)^2}_{=O(b^2)} + O(b^3) \tag{9.35}$$

mit den Abkürzungen

$$\gamma = \frac{\partial \lambda_1}{\partial a_1}, \qquad q = -\frac{1}{2}\frac{\partial^2 \lambda_1}{(\partial k^2)^2}$$

und $q, \gamma > 0$. Genauso verfahren wir mit $1/N_1(\Delta)$ und schreiben

$$\frac{1}{N_1(\Delta)} \;=\; \frac{1}{N_1(-k_c^2)} \;+\; \frac{1}{N_1^2(-k_c^2)}\frac{\partial N_1}{\partial k^2} \underbrace{(\Delta + k_c^2)}_{=O(b)} \;+\; O(b^2)\;. \tag{9.36}$$

Jetzt brauchen wir ein Kriterium, nach dem wir die Taylor-Reihen abbrechen dürfen. Weil der Bereich mit $\lambda_1 > 0$ mit $\sqrt{\varepsilon}$ wächst, gilt auch

$$|k - k_c| = O(\sqrt{\varepsilon}) \, ,$$

was mit $k + k_c$ multipliziert auf

$$|k - k_c|(k + k_c) = |k^2 - k_c^2| = O(\sqrt{\varepsilon})$$

führt (wir haben k, $k_c = O(1)$ verwendet). Also ist die Bandbreite ebenfalls von der Ordnung $\sqrt{\varepsilon}$:

$$b = O(\sqrt{\varepsilon}) \, .$$

Wenn wir weiter selbstkonsistent annehmen, dass Ψ auch von der Ordnung $\sqrt{\varepsilon}$ ist (bei quadratischen Termen in Ψ in (9.32) muss man aufpassen), dürfen wir im linearen und im kubischen Teil von (9.32) nur Terme bis zur Ordnung $\varepsilon^{3/2}$ mitnehmen. D.h. aber, dass von (9.35) nur die ersten beiden Ausdrücke übrig bleiben, von (9.36) sogar nur der erste mit der Ordnung ε^0. Setzt man alles in (9.32) ein, so erhält man die Gleichung

$$\partial_t \Psi = \gamma \varepsilon \Psi - q(\Delta + k_c^2)^2 \Psi - \frac{1}{N_1(-k_c^2)} \Psi^3 \tag{9.37}$$

oder, nach Umskalieren von Zeit, Ort, ε und Ψ, was wir gerne dem Leser zur Übung überlassen wollen, die **Swift-Hohenberg-Gleichung**[8]

$$\partial_t \Psi(\vec{x}, t) = \varepsilon \Psi(\vec{x}, t) - (\Delta + 1)^2 \Psi(\vec{x}, t) - \Psi^3(\vec{x}, t) \, . \tag{9.38}$$

Wieder gehorcht Ψ einer Gradientendynamik; wie bei der reellen Ginzburg-Landau-Gleichung lässt sich die rechte Seite von (9.38) als Funktionalableitung eines Potentialfunktionals (Anhang A)

$$F[\Psi] = -\frac{1}{2} \int d^2\vec{x} \left\{ \varepsilon \Psi^2 - [(\Delta + 1)\Psi]^2 - \frac{1}{2}\Psi^4 \right\} \tag{9.39}$$

schreiben:

$$\partial_t \Psi = -\frac{\delta F[\Psi]}{\delta \Psi} \, . \tag{9.40}$$

D.h. aber, dass die zeitliche Entwicklung des Ordnungsparameters Ψ transient sein muss und in einem stationären Zustand $\Psi_0(\vec{x})$ mit $F[\Psi_0] = \min$ endet.

---

[8]Nach den beiden Autoren des Artikels benannt, in dem die Gleichung zum ersten Mal veröffentlicht wurde: *J. Swift und P. C. Hohenberg, Hydrodynamic fluctuations at the convective instability, Phys. Rev. A15, 319 (1977)*.

9.4.3   Numerische Lösungen, Streifen

Man kann die Swift-Hohenberg-Gleichung als die kanonische Form für Turing-Strukturen mit Wellenlänge 2π und der Symmetrie

$$\Psi \to -\Psi$$

bezeichnen. Hat man eine Lösung Ψ vorliegen, so ist offensichtlich auch $-\Psi$ eine Lösung. Dies ist, wie wir weiter unten sehen werden, ein Spezialfall, der aber in vielen Systemen anzutreffen ist. Wir wollen zunächst einige numerische Lösungen vorstellen. Der einzige noch freie Parameter in (9.38) ist ε, also der Abstand des Kontrollparameters vom kritischen Punkt. Abb. 9.9 zeigt vier Zeitserien für verschiedene Werte von ε. Unmittelbar über der Schwelle (obere Reihe) entsteht schnell ein geordnetes Muster aus mehr oder weniger parallelen Streifen. Für etwas größere Werte von ε überleben Defekte und Grenzen zwischen Regionen verschieden ausgerichteter Streifen länger. Diese beiden Serien erinnern sehr an die in Kapitel 8 diskutierten Konvektionsmuster, siehe Abb. 8.14. In der Tat lässt sich eine ähnliche Gleichung wie (9.38) aus den Navier-Stokes-Gleichungen herleiten. Auch gleichen die Spektren aus Abb. 9.7 denjenigen der Konvektionsinstabilität Abb. 8.13.

Für größere Werte von ε werden die Strukturen ungeordneter. Es besteht jedoch immer noch eine gewisse Nahordnung und man findet eine Art „Flickenteppich". Allerdings nimmt die Größe der Flicken oder die Kohärenzlänge mit weiter zunehmendem ε ab (letzte Reihe). Offensichtlich werden die Strukturen des Originalsystems im Turing-Bereich aus Abb. 9.1 (untere Reihe) sehr gut rekonstruiert.

Es mag fragwürdig erscheinen, ob die vielen Näherungen (kleine Amplitude des Ordnungsparameters, endliche Bandbreiten, Entwicklung der Operatorfunktionen) soweit von der Schwelle entfernt noch gelten. Zumindest besteht jedoch eine qualitative Übereinstimmung der Ergebnisse, auch bei viel komplizierteren Ausgangsgleichungen wie z.B den Navier-Stokes-Gleichungen und sogar erstaunlich weit vom kritischen Punkt entfernt, so dass die Swift-Hohenberg-Gleichung zumindest noch als einfaches Modell strukturbildender Systeme dienen kann. Diese Eigenschaft verleiht ihr in der Theorie der geordneten Nichtgleichgewichtsstrukturen eine immense Bedeutung.

9.4.4   Kompliziertere Nichtlinearitäten und Versklavung

Trotz einiger Tricks war die Herleitung der Swift-Hohenberg-Gleichung aus dem Ausgangssystem (9.2) relativ übersichtlich. Was aber, wenn die Nichtlinearitäten komplizierter sind? Um die Vorgehensweise in diesem Fall zu zeigen, fügen wir in Gleichung (9.2b) einen quadratischen Term hinzu:

$$\partial_t w_2 = D\,\Delta w_2 + a_2 w_2 - w_1 + \alpha w_2^2 \ . \tag{9.41}$$

Dieselbe Prozedur wie oben führt dann anstatt auf (9.31) auf die beiden zunächst wesentlich komplizierteren Amplitudengleichungen

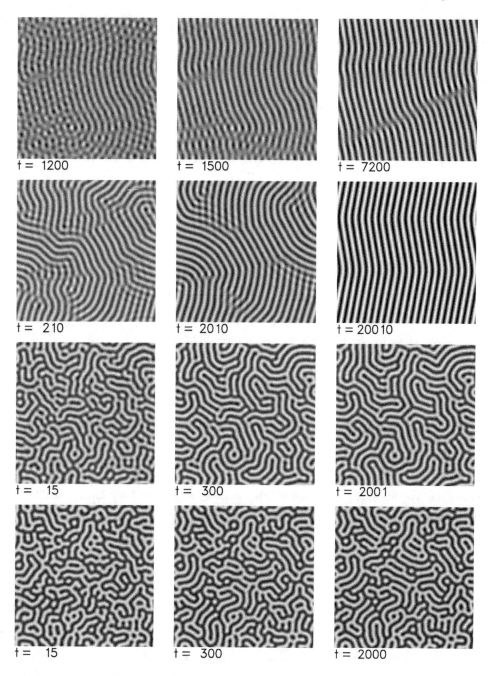

Abb. 9.9 Computerlösungen der Swift-Hohenberg-Gleichung (9.38) für verschiedene $\varepsilon =$ 0.01, 0.1, 1.0, 2.0 (von oben nach unten). Die Entwicklungszeiten skalieren mit $1/\varepsilon$, die Anzahl der Defekte nimmt mit ε zu.

$$\partial_t \Psi_i = \lambda_i(\Delta)\Psi_i - \frac{1}{N_i(\Delta)}\left[(\Psi_1 + \Psi_2)^3 + \alpha g_i(\Delta)(g_1(\Delta)\Psi_1 + g_2(\Delta)\Psi_2)^2\right] \qquad (9.42)$$

mit den Operatorfunktionen

$$g_i(\Delta) = -a_i - \Delta + \lambda_i(\Delta) .$$

Wie vorher lässt sich das Ganze beträchtlich vereinfachen, wenn man annimmt, dass Ψ_2 in nichtlinearer Ordnung von Ψ_1 abhängt, diesmal allerdings in quadratischer:

$$\Psi_2 \sim O(\Psi_1^2) .$$

Berücksichtigt man in der Gleichung (9.42) für $i = 2$ nur Terme bis zur quadratischen Ordnung, so erhält man

$$\partial_t \Psi_2(\vec{x},t) - \lambda_2(\Delta)\Psi_2(\vec{x},t) = \underbrace{-\alpha\frac{g_2(\Delta)}{N_2(\Delta)}\left[g_1(\Delta)\Psi_1(\vec{x},t)\right]^2}_{\equiv f(\vec{x},t)} , \qquad (9.43)$$

eine inhomogene, lineare DGL für Ψ_2, deren formale Lösung

$$\Psi_2(\vec{x},t) = \int_{-\infty}^{t} dt'\, e^{-\lambda_2(\Delta)(t'-t)} f(\vec{x},t') \qquad (9.44)$$

lautet[9]. Der Eigenwert λ_2 ist immer negativ und bestimmt eine Zeitskala; diejenige Zeit

$$\tau \sim 1/|\lambda_2| ,$$

in der die Amplitude Ψ_2 abklingen würde, wenn Ψ_1 null wäre. Ist τ klein gegenüber der Zeitskala, auf der sich Ψ_1 typischerweise ändert, so trägt in (9.44) f hauptsächlich zum Zeitpunkt $t = t'$ zu Ψ_2 bei und lässt sich vor das Integral ziehen:

$$\Psi_2(\vec{x},t) \approx \left[\int_{-\infty}^{t} dt'\, e^{-\lambda_2(\Delta)(t'-t)}\right] f(\vec{x},t) = -\frac{1}{\lambda_2(\Delta)} f(\vec{x},t) . \qquad (9.45)$$

Endgültig ergibt sich also der *instantane* Zusammenhang

$$\Psi_2(\vec{x},t) = \frac{\alpha}{\lambda_2(\Delta)}\frac{g_2(\Delta)}{N_2(\Delta)}\left[g_1(\Delta)\Psi_1(\vec{x},t)\right]^2 \qquad (9.46)$$

zwischen Ψ_2 und Ψ_1, den man sofort bekommt, wenn man in (9.43) einfach die Zeitab-leitung von Ψ_2 weglässt. Man sagt, Ψ_1 versklavt Ψ_2, was so viel heißt wie Ψ_2 folgt Ψ_1

---

[9]Wie in der Quantenmechanik ist $\exp(\lambda(\Delta)...)$ durch seine Taylor-Reihe definiert.

unmittelbar und lässt sich durch (9.46) **adiabatisch eliminieren**. Setzt man nämlich (9.46) in die erste Gleichung (9.42) ein, so resultiert wieder eine geschlossene Gleichung für den Ordnungsparameter ($\Psi_1 = \Psi$) wie (9.32), allerdings mit mehreren nichtlinearen, diesmal auch quadratischen Termen:

$$
\begin{aligned}
\partial_t \Psi &= \lambda_1(\Delta)\Psi - \alpha \frac{g_1(\Delta)}{N_1(\Delta)}(g_1(\Delta)\Psi)^2 \\
&\quad - \frac{1}{N_1(\Delta)}\Psi^3 - 2\alpha^2 \frac{g_1(\Delta)}{N_1(\Delta)}\left[(g_1(\Delta)\Psi)\frac{g_2^2(\Delta)}{N_2(\Delta)\lambda_2(\Delta)}(g_1(\Delta)\Psi)^2\right] .
\end{aligned}
\tag{9.47}
$$

Nichtlokale Ordnungsparametergleichung

Gleichung (9.47) kann als Potenzreihenentwicklung im Ordnungsparameterfeld Ψ interpretiert werden – allerdings mit ziemlich komplizierten, operatorwertigen Koeffizienten. Man kann natürlich wieder die Annahme endlicher Bandbreiten machen und die Operatoren um bestimmte k-Werte entwickeln. Andererseits lässt sich (9.47) auch viel allgemeiner formulieren. Wie wir schon gesehen haben, führt die Inversion eines Differentialoperators normalerweise auf eine nichtlokale Beziehung. So ist z.B. die Lösung der Poisson-Gleichung der Elektrodynamik

$$\Delta U(\vec{r}) = -4\pi\rho(\vec{r})$$

gegeben als[10]

$$U(\vec{r}) = -\frac{4\pi}{\Delta}\rho(\vec{r}) = \int d^3\vec{r}\,' \, G(\vec{r} - \vec{r}\,')\rho(\vec{r}\,')$$

mit der Green'schen Funktion

$$G(\vec{r} - \vec{r}\,') = \frac{1}{|\vec{r} - \vec{r}\,'|} .$$

Genauso lassen sich die Koeffizienten in (9.47) ausdrücken. Man erhält eine nichtlokale Integrodifferentialgleichung der Form

$$
\begin{aligned}
\partial_t \Psi(\vec{x}, t) &= \lambda_1(\Delta)\Psi(\vec{x}, t) + \iint d^2\vec{x}\,' \, d^2\vec{x}\,'' \, G^{(2)}(\vec{x} - \vec{x}\,', \vec{x} - \vec{x}\,'')\Psi(\vec{x}\,', t)\Psi(\vec{x}\,'', t) \\
&\quad + \iiint d^2\vec{x}\,' \, d^2\vec{x}\,'' \, d^2\vec{x}\,''' \, G^{(3)}(\vec{x} - \vec{x}\,', \vec{x} - \vec{x}\,'', \vec{x} - \vec{x}\,''')\Psi(\vec{x}\,', t)\Psi(\vec{x}\,'', t)\Psi(\vec{x}\,''', t)
\end{aligned}
\tag{9.48}
$$

mit Green'schen Funktionen, die sich durch Fourier-Transformationen der Koeffizienten von (9.47) berechnen lassen[11].

---

[10]Die Schreibweise $\frac{1}{\Delta}$ ist wie vorher natürlich nur symbolisch gemeint. Besser wäre vielleicht Δ^{-1}.

[11]Für weitere Details siehe M. Bestehorn und R. Friedrich, *Rotationally invariant order parameter equations for natural patterns in nonequilibrium systems*, Phys. Rev. E 59, 2642 (1999).

Gradientenentwicklung

Die Gleichung (9.48) sieht zwar „schön aus", ihre numerische Weiterbearbeitung ist aber de facto nicht praktikabel, zumindest nicht in zwei räumlichen Dimensionen. Jedes Integral muss numerisch irgendwie als Summe über Gitterpunkte approximiert werden. Der kubische Koeffizient würde in einer sechsfachen Summe resultieren mit, bei n^2 Gitterpunkten (für Muster wie z.B. in Abb. 9.9 ist $n = 256$), insgesamt n^6 Summanden – ein hoffnungsloses Unterfangen. Man kann deshalb, ähnlich wie vorher bei der Näherung mit endlichen Bandbreiten, die Funktionen Ψ unter den Integralen um $\vec{x}$ entwickeln. Dies funktioniert dann gut, wenn die Green'schen Funktionen eine endliche Reichweite haben, d.h. im Wesentlichen nur bei $|\vec{x} - \vec{x}'| < \Lambda$ mit $\Lambda = 2\pi/k_c$ nennenswerte Beiträge liefern. Um uns nicht in unwichtigen Details zu verlieren, demonstrieren wir die Vorgehensweise nur am quadratischen Term und nur in einer räumlichen Dimension. Eine Taylorentwicklung von Ψ ergibt hierfür

$$\iint dx'\, dx''\, G^{(2)}(x - x', x - x'') \sum_{m,n=0}^{\infty} \frac{1}{m!n!} \frac{\partial^m \Psi}{\partial x^m} \frac{\partial^n \Psi}{\partial x^n} (x - x')^m (x - x'')^n \ ,$$

wobei die Ableitungen bei x berechnet werden und folglich vor die Integrale gezogen werden dürfen. Man erhält dann weiter

$$\sum_{m,n=0}^{\infty} g_{mn}^{(2)} \frac{\partial^m \Psi}{\partial x^m} \frac{\partial^n \Psi}{\partial x^n} \tag{9.49}$$

mit den Momenten

$$g_{mn}^{(2)} = \frac{1}{m!n!} \iint dx_1\, dx_2\, G^{(2)}(x_1, x_2)\, x_1^m x_2^n$$

und einen analogen Ausdruck für das kubische Dreifachintegral. Reihen der Form (9.49) werden als **Gradientenentwicklung** bezeichnet. Damit wird die Ordnungsparametergleichung wieder lokal, hat jetzt allerdings unendlich viele Terme, und lautet:

$$\partial_t \Psi = \lambda_1(\Delta)\Psi + \sum_{m,n=0}^{\infty} g_{mn}^{(2)} \frac{\partial^m \Psi}{\partial x^m} \frac{\partial^n \Psi}{\partial x^n} + \sum_{\ell,m,n=0}^{\infty} g_{\ell mn}^{(3)} \frac{\partial^\ell \Psi}{\partial x^\ell} \frac{\partial^m \Psi}{\partial x^m} \frac{\partial^n \Psi}{\partial x^n} \tag{9.50}$$

mit

$$g_{\ell mn}^{(3)} = \frac{1}{\ell!m!n!} \iiint dx_1\, dx_2\, dx_3\, G^{(3)}(x_1, x_2, x_3)\, x_1^\ell x_2^m x_3^n \ .$$

9.4.5 Streifen, Hexagone und Quadrate

Die Reihen in (9.50) werden genau dann schnell konvergieren, wenn die Kerne $G^{(i)}$ eine kurze Reichweite haben. Wir untersuchen zunächst den extremen Fall von

δ-Funktionen, jetzt wieder in zwei Dimensionen:

$$G^{(2)}(\vec{x}_1, \vec{x}_2) = A \cdot \delta(\vec{x}_1)\delta(\vec{x}_2), \qquad G^{(3)}(\vec{x}_1, \vec{x}_2, \vec{x}_3) = B \cdot \delta(\vec{x}_1)\delta(\vec{x}_2)\delta(\vec{x}_3) \ .$$

Dann sind nur die Koeffizienten $g^{(2)}_{00}$ bzw. $g^{(3)}_{000}$ von null verschieden und man erhält aus (9.50), wieder mit der Entwicklung von λ_1 nach (9.35), die um einen quadratischen Term erweiterte Swift-Hohenberg-Gleichung

$$\partial_t \Psi(\vec{x}, t) = \varepsilon \Psi(\vec{x}, t) - (\Delta + 1)^2 \Psi(\vec{x}, t) + A\Psi^2(\vec{x}, t) + B\Psi^3(\vec{x}, t) \ ,$$

die sich, solange $B < 0$ ist, durch Skalierung von Ψ in die kanonische Form

$$\partial_t \Psi(\vec{x}, t) = \varepsilon \Psi(\vec{x}, t) - (\Delta + 1)^2 \Psi(\vec{x}, t) + a\Psi^2(\vec{x}, t) - \Psi^3(\vec{x}, t) \ , \qquad (9.51)$$

mit

$$a = \frac{A}{\sqrt{-B}}$$

bringen lässt.

Numerische Lösungen, Hexagone

Abb 9.10 zeigt numerische Lösungen von (9.51). Für kleines a oder großes ε werden sich die Strukturen nicht von denen aus Abb. 9.9 unterscheiden. Ab einem bestimmten Verhältnis von a und ε erhält man jedoch hexagonale Strukturen, die qualitativ mit denen bei der Bénard-Marangoni-Instabilität in Kapitel 8 gefundenen übereinstimmen. In der Tat führt der Bruch der Symmetrie $z \to -z$ durch die verschiedenen Randbedingungen an der Ober- bzw. Unterseite der Flüssigkeit zu einem normalerweise positiven quadratischen Term a. Dadurch wird auch die Symmetrie $\Psi \to -\Psi$ verletzt und es entstehen zwei verschiedene Sorten von Hexagonen, nämlich die weiter oben schon beschriebenen $\ell-$ und $g-$ Hexagone. Erstere erhält man für (genügend großes, siehe weiter unten) positives a, Letztere für negatives a.

Zweite Instabilitäten

Lässt sich eine Aussage machen, bei welchen Parameterwerten von a und ε Streifen oder Hexagone entstehen? Dies ist in der Tat möglich. Ähnlich wie bei der Benjamin-Feir-Instabilität in Abschn. 9.3.3 müssen wir uns zuerst eine Lösung besorgen und dann deren Stabilität untersuchen. Dies geht für Gleichung (9.51) aber nur näherungsweise. Wir setzen

$$\Psi(\vec{x}, t) = \sum_{j}^{6} A_j(t) \, e^{i\vec{k}_j \vec{x}} \qquad (9.52)$$

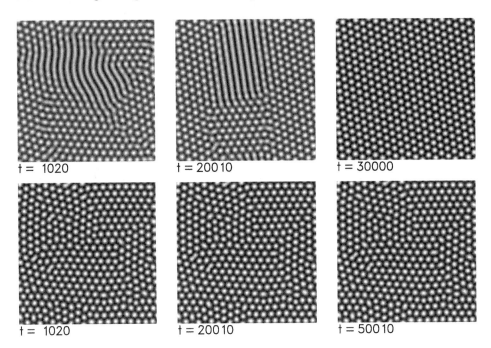

Abb. 9.10 Entwicklungen einer zufälligen Anfangsverteilung nach (9.51) für $\varepsilon = 0.1$, $a = 0.26$ (oben) und $a = 1.3$ (unten). Für a im bistabilen Bereich (oben) koexistieren Streifen und Hexagone über lange Zeit, bis dann Hexagone gewinnen. Ein sehr regelmäßiges Hexagonmuster ist schließlich stationär. Unten: für großes a entsteht sehr schnell eine Hexagonstruktur mit vielen Defekten und Korngrenzen, die auch im Grenzfall großer Zeiten erhalten bleiben, vergl. hierzu Abb. 8.20.

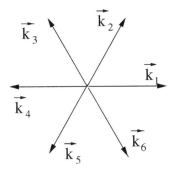

Abb. 9.11 Anordnung der sechs Wellenvektoren, die alle dieselbe Länge $|k_j| = 1$ haben, zu einem regelmäßigen Stern.

an. Die Vektoren $\vec{k}_j$ sollen sternförmig wie in Abb. 9.11 angeordnet sein und alle die Länge eins besitzen. Weil Ψ reell sein soll, muss zuätzlich

$$A_{j+3} = A_j^*$$

gelten, wobei die Indizes modulo 6 angenommen werden. Setzt man (9.52) in (9.51), multipliziert mit $e^{i\vec{k}_\ell\vec{x}}$ und integriert[12] über x und y, so resultieren die drei gewöhnlichen DGLs

$$d_t A_1 = \varepsilon A_1 + 2a A_2 A_3^* - A_1(3|A_1|^2 + 6|A_2|^2 + 6|A_3|^2) \tag{9.53a}$$

$$d_t A_2 = \varepsilon A_2 + 2a A_1 A_3 - A_2(3|A_2|^2 + 6|A_1|^2 + 6|A_3|^2) \tag{9.53b}$$

$$d_t A_3 = \varepsilon A_3 + 2a A_1^* A_2 - A_3(3|A_3|^2 + 6|A_1|^2 + 6|A_2|^2) \ . \tag{9.53c}$$

Wir suchen zunächst nach stationären Lösungen. Die triviale Lösung lautet

$$A_j = 0, \qquad j = 1..3$$

und ist stabil für $\varepsilon < 0$. Für $\varepsilon > 0$ existieren weitere Lösungen

$$A_1 = \sqrt{\varepsilon/3} \equiv A_s, \qquad A_2 = A_3 = 0 \ . \tag{9.54}$$

(Man kann natürlich genauso gut ein anderes $A_j = A_s$ wählen und die beiden verbleibenden Amplituden nullsetzen.) Die Lösung (9.54) entspricht stationären Streifen mit Wellenvektor $\vec{k}_1$. Um deren Stabilität zu untersuchen, setzen wir[13]

$$A_1(t) = A_s + u_1\,e^{\sigma t}, \quad A_2(t) = u_2\,e^{\sigma t}, \quad A_3(t) = u_3\,e^{\sigma t}$$

in (9.53) ein und linearisieren bezüglich u_j. Dies führt auf das Eigenwertproblem

$$\begin{pmatrix} -2\varepsilon - \sigma & 0 & 0 \\ 0, & -\varepsilon - \sigma & 2aA_s \\ 0 & 2aA_s & -\varepsilon - \sigma \end{pmatrix} \cdot \begin{pmatrix} u_1 \\ u_2 \\ u_3 \end{pmatrix} = 0 \ . \tag{9.55}$$

Nullsetzen der Determinante ergibt die Eigenwerte σ. Diese sind alle negativ, solange

$$\varepsilon > \frac{4}{3}a^2 \tag{9.56}$$

gilt. D.h. Streifen sind für kleine ε, also direkt an der Schwelle, immer instabil, sobald $a \neq 0$ gilt. Welche Strukturen erhält man in diesem Bereich? Offensichtlich die in Abb. 9.10 numerisch gefundenen Hexagone. Eine stationäre Hexagonlösung von (9.53) lautet

$$A_j = \frac{1}{15}\left(a \pm \sqrt{a^2 + 15\varepsilon}\right) \equiv A_h, \qquad j = 1..3 \ . \tag{9.57}$$

---

[12]Dabei sind die Seitenlängen so zu wählen, dass jeweils eine ganze Anzahl von Wellenlängen hineinpasst.

[13]Man kann zeigen, dass die Störungen u_j reell angesetzt werden dürfen.

Dieselbe Vorgehensweise wie bei den Streifen, diesmal aber mit

$$A_1(t) = A_h + u_1\, e^{\sigma t}, \quad A_2(t) = A_h + u_2\, e^{\sigma t}, \quad A_3(t) = A_h + u_3\, e^{\sigma t} \; ,$$

führt auf ein Gleichungssystem mit der Systemdeterminanten

$$\mathcal{D} \;=\; \begin{vmatrix} \alpha & \beta & \beta \\ \beta & \alpha & \beta \\ \beta & \beta & \alpha \end{vmatrix} \tag{9.58}$$

und den Abkürzungen

$$\alpha = \varepsilon - 21 A_h^2 - \sigma, \qquad \beta = 2 a A_h - 12 A_h^2 \; . \tag{9.59}$$

Für $\alpha = \beta$ sind alle drei Zeilen in (9.58) gleich und $\mathcal{D}$ besitzt eine doppelte Nullstelle. Dies führt mit (9.59) und (9.57) nach etwas Rechnung auf

$$\varepsilon < \frac{16}{3} a^2 \tag{9.60}$$

für $\sigma < 0$. Die zweite Nullstelle von $\mathcal{D}$ liegt bei $\alpha = -2\beta$, woraus

$$\varepsilon > -\frac{1}{15} a^2 \tag{9.61}$$

für $\sigma < 0$ folgt. Dies ist aber genau der Bereich, in dem Hexagone nach (9.57) überhaupt existieren. Hexagone sind also bereits subkritisch, d.h. für negatives ε unterhalb der Schwelle, stabil. Sie verlieren ihre Stabilität jedoch für sehr großes ε zugunsten der Streifen nach (9.60). Dazwischen gibt es einen bistabilen Bereich mit (9.56)

$$\frac{4}{3} a^2 < \varepsilon < \frac{16}{3} a^2 \; ,$$

in dem sowohl Streifen als auch Hexagone stabile stationäre Lösungen bilden (Abb. 9.12). Weil aber (9.51) ein Lyapunov-Potential besitzt, wird man im Limes langer Zeiten trotzdem keine stationären Mischzustände erhalten, sondern nur diejenige Struktur sehen, die letztlich den niedrigsten Potentialwert liefert.

Da die Gleichung (9.51) die kanonische Form einer T_M-Instabilität darstellt, ist das Bifurkationsszenario von allgemeiner Gültigkeit: Hexagone sind die typische Form direkt an der Schwelle, wenn symmetriebrechende, quadratische Terme in der Ordnungsparametergleichung auftreten. Selbst sehr kleine symmetriebrechende Effekte führen zu Hexagonen, allerdings wird der Bereich im Parameterraum immer kleiner und zieht sich schließlich auf den kritischen Punkt $\varepsilon = 0$ für $a \to 0$ zusammen. Weiter oberhalb der Schwelle entstehen als zweite Instabilität Streifen – oder aber Quadrate.

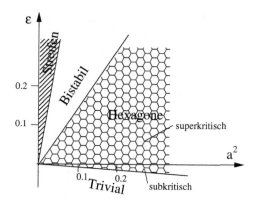

Abb. 9.12 Stabilitätsbereiche in der Parameterebene von (9.51). Hexagone bifurkieren subkritisch vom trivialen Zustand $\Psi = 0$. Als zweite Instabilität treten Streifen auf. Die Übergänge Hexagone-Streifen und triviale Lösung-Hexagone weisen jeweils bistabile Bereiche auf.

Streifen oder Quadrate?

Quadrate werden durch zwei Moden mit senkrecht aufeinander stehenden Wellenvektoren beschrieben. Der Einfachheit halber beschränken wir uns jetzt auf die gewöhnliche Swift-Hohenberg-Gleichung (9.38), die gesamte Rechnung lässt sich aber auch für (9.51) durchziehen. Der Ansatz

$$\Psi(\vec{x}, t) = \sum_{j}^{4} A_j(t)\, e^{i\vec{k}_j\vec{x}} \tag{9.62}$$

mit $\vec{k}_1 = -\vec{k}_3$, $\vec{k}_2 = -\vec{k}_4$ und $\vec{k}_1 \cdot \vec{k}_2 = 0$ liefert die beiden Gleichungen

$$d_t A_1 = \varepsilon A_1 - A_1(3|A_1|^2 + 6|A_2|^2) \tag{9.63a}$$

$$d_t A_2 = \varepsilon A_2 - A_2(3|A_2|^2 + 6|A_1|^2) \tag{9.63b}$$

deren Lösung

$$A_j = \frac{\sqrt{\varepsilon}}{3}, \qquad j = 1..4$$

regelmäßige Quadrate beschreibt. Eine lineare Stabilitätsanalyse wie oben zeigt jedoch, dass Quadrate immer instabil zugunsten von Rollen sein werden. Die Swift-Hohenberg-Gleichung besitzt demnach keine Strukturen mit quadratischer Symmetrie als stationäre Lösung. Dasselbe gilt auch für (9.51) mit $a \neq 0$. Dies kann sich aber ändern, wenn man weitere Terme der Gradientenentwicklung in (9.50) mitnimmt. So liefert z.B. die Gleichung

$$\partial_t \Psi = \varepsilon\,\Psi - (\Delta + 1)^2\Psi - b\,\Psi^3 - c\,\Psi\,\Delta^2\left(\Psi^2\right) \tag{9.64}$$

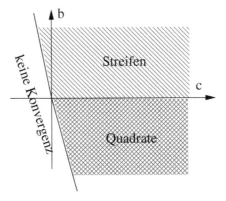

Abb. 9.13 Stabilitätsdiagramm zu Gleichung (9.64). Im *linken* Bereich existieren keine stationären Lösungen und (9.64) divergiert.

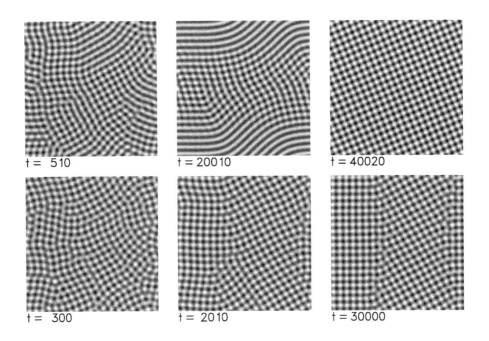

Abb. 9.14 Numerische Lösungen von (9.64) für $\varepsilon = 0.1$, $c = 1/16$ und $b = 0$ (*oben*), $b = -0.1$ (*unten*). Für $b = 0$ sind sowohl Streifen als auch Quadrate möglich. Erst nach langer Zeit setzen sich Quadrate durch. *Unten*: deutlich im Quadratbereich entsteht zunächst eine Art Flickenteppich aus verschieden orientierten Quadraten. Im Lauf der Zeit entwickelt sich eine regelmäßigere Struktur.

nach Einsetzen von (9.62) anstatt (9.63) die beiden Gleichungen

$$d_t A_1 = \varepsilon A_1 - A_1(\alpha|A_1|^2 + \beta|A_2|^2) \tag{9.65a}$$

$$d_t A_2 = \varepsilon A_2 - A_2(\alpha|A_2|^2 + \beta|A_1|^2) \tag{9.65b}$$

mit

$$\alpha = 3b + 16c, \qquad \beta = 6b + 16c \ ,$$

deren Quadrat-Lösung

$$A_j = \sqrt{\frac{\varepsilon}{\alpha + \beta}}, \qquad j = 1..4$$

stabil ist, sobald

$$\alpha > \beta$$

gilt, was natürlich nur mit $b < 0$ zu erreichen ist. Damit aber überhaupt stationäre Lösungen existieren, muss zudem $\alpha + \beta > 0$ für Quadrate und $\alpha > 0$ für Streifen erfüllt sein, was auf $b > -32c/9$ bzw. $b > -16c/3$ führt. Abb. 9.13 zeigt ein Stabilitätsdiagramm in der Parameterebene, in Abb. 9.14 sind numerische Lösungen von (9.64) für verschiedene Werte von b zu sehen.

9.4.6 Typ T_O: Die komplexe Swift-Hohenberg-Gleichung

Obwohl für manche hydrodynamischen Anwendungen wichtig, können wir diesen Instabilitätstyp aus Platzgründen nur an einem Beispiel erklären. Bei der T_O-Instabilität wird ebenfalls eine endliche Wellenlänge selektiert (Abb. 9.2). Im Unterschied zu vorher sind jetzt aber Eigenwert, Eigenvektoren und Ordnungsparameter komplexe Größen bzw. Felder.

Diesen Typ findet man z.B. bei der Konvektionsinstabilität in **binären Mischungen**. Darunter versteht man eine Mischung aus zwei mischbaren Flüssigkeiten, z.B. Alkohol und Wasser, zwischen zwei horizontalen Platten mit Temperaturdifferenz $\Delta T = T_u - T_o$. Die Dichte der Mischung ist konzentrationsabhängig und wird durch die erweiterte Boussinesq-Näherung

$$\rho(C, T) = \rho_u(1 - \alpha(T - T_u) - \beta(C - C_u)) \tag{9.66}$$

beschrieben. C_u ist dabei die relative Konzentration der einen Komponente an der unteren Platte, β gibt die Dichteänderung mit der Konzentration an. Bedingt durch den Soret-Effekt verursacht der Temperaturgradient einen Konzentrationsgradienten[14]

$$\Delta C = -s_T \Delta T$$

---

[14]siehe Lehrbücher der Thermodynamik, z.B. [14].

mit dem Soret-Koeffizienten s_T. Als zugeordnete dimensionslose Größe wird das sogenannte Separationsverhältnis (engl: separation ratio) eingeführt:

$$S = -\frac{\alpha}{\beta}\, s_T \; .$$

Das Separationsverhältnis lässt sich von außen in weiten Grenzen durch Ändern des mittleren Konzentrationsverhältnisses der beiden Flüssigkeiten variieren und bildet somit den zweiten Kontrollparameter. Für negatives S (niedrige Alkohol-Konzentration) setzt die Konvektion mit einer T_O-Bifurkation ein. Nahe der Schwelle bilden sich laufende Wellenzüge sowie, für größere Geometrien, lokalisierte Bereiche, in denen die Flüssigkeit in Form von Rollen in Bewegung ist. Alle Strukturen bleiben zeitabhängig.

Zur theoretischen Beschreibung erweitert man die Grundgleichungen (siehe Abschn. 8.3.5) durch eine nichtlineare Diffusionsgleichung für das relative Konzentrationsfeld der Mischung $C(\vec{r}, t)$. Wir können hier nicht weiter ins Detail gehen und wollen nur die kanonische Form der Ordnungsparametergleichung, die komplexe Swift-Hohenberg-Gleichung, nennen. Sie hat die Form

$$
\begin{aligned}
\partial_t \Psi(\vec{x}, t) =\; & \left[\varepsilon - (1 + \Delta)^2 + i(\omega_c - \gamma(1 + \Delta))\right] \Psi(\vec{x}, t) \\
& - A\, \Psi(\vec{x}, t)|\Psi(\vec{x}, t)|^2 - B\, \Psi(\vec{x}, t)|\nabla\Psi(\vec{x}, t)|^2 \; ,
\end{aligned}
\tag{9.67}
$$

wobei wir mit B den ersten Term der Gradientenentwicklung mit berücksichtigt haben. Dadurch lässt sich, wie wir gleich sehen werden, die Kopplungsstärke zwischen links- und rechtslaufenden Wellen variieren.

Bei binären Mischungen besitzt A normalerweise einen negativen Realteil. Dann muss man die fünfte Ordnung in Ψ mit berücksichtigen, was aber den mathematischen Aufwand zur Herleitung von (9.67) enorm macht. Wir wollen diesen Weg nicht weiter verfolgen und (9.67) als Modell mit $\mathrm{Re}(A) > 0$ betrachten, welches experimentell gefundene Strukturen wie laufende Wellenzüge oder räumlich begrenzte Konvektionsbereiche (engl: confined states) qualitativ gut wiedergeben kann.

Um die Kopplungen zwischen links- und rechtslaufenden Wellen zu studieren, untersuchen wir (9.67) zunächst in einer Dimension (x) und überlagern eine rechtslaufende mit einer linkslaufenden Welle mit in Raum und Zeit langsam veränderlichen Amplituden η und ξ als Lösungsansatz:

$$\Psi(x, t) \;=\; \eta(x, t)\, \mathrm{e}^{i(\omega t - x)} \;+\; \xi(x, t)\, \mathrm{e}^{i(\omega t + x)} \; .$$

Einsetzen in (9.67) ergibt die beiden gekoppelten Amplitudengleichungen

$$\partial_t \xi = \varepsilon\xi + v\partial_x\xi + D\partial_{xx}^2\xi - (A + B)|\xi|^2\xi - 2A|\eta|^2\xi \tag{9.68a}$$

$$\partial_t \eta = \varepsilon\eta - v\partial_x\eta + D\partial_{xx}^2\eta - (A + B)|\eta|^2\eta - 2A|\xi|^2\eta \tag{9.68b}$$

mit

$$v = 2\gamma \, , \qquad D = 4 - i\gamma \, ,$$

wobei wir nur Ableitungen bis zur zweiten Ordnung in x berücksichtigt haben. Wieder kann man eine lineare Stabilitätsanalyse durchführen, diesmal um die (im Ort homogenen) Lösungen „stehende Wellen":

$$|\xi|^2 = |\eta|^2 = \frac{\varepsilon}{3A' + B'}$$

und „linkslaufende Wellen":

$$|\xi|^2 = \frac{\varepsilon}{A' + B'} \, , \quad \eta = 0$$

bzw. „rechtslaufende Wellen":

$$|\eta|^2 = \frac{\varepsilon}{A' + B'} \, , \quad \xi = 0$$

(A' und A'' bezeichnen Real- bzw. Imaginärteil von A, genauso für B). Es zeigt sich, dass laufende Wellen stabil sind, wenn die Realteile der kubischen Selbstkopplungsterme in (9.68) kleiner als die Kreuzkopplungsterme sind, also

$$A' + B' < 2A' \qquad \text{oder} \qquad B' < A' \tag{9.69}$$

gilt. Dies ist allerdings nur richtig, wenn man von im Ort konstanten Amplituden ausgeht. In Abschn. 9.3.3 haben wir gesehen, dass bei komplexen „Diffusionskonstanten" eine zweite Instabilität, die Benjamin-Feir-Instabilität, einsetzen wird. Hier ist das für laufende Wellen der Fall, sobald

$$\gamma > 4 \, \frac{A' + B'}{A'' + B''} \tag{9.70}$$

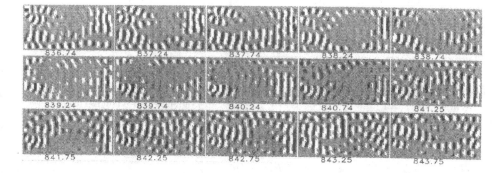

Abb. 9.15 Numerische Lösungen von (9.67) mit den Koeffizienten im Benjamin-Feir-instabilen Bereich. Es entstehen lokalisierte Züge laufender Wellen. Nach M. Bestehorn, R. Friedrich, H. Haken, Z. Phys. B **75**, 265 (1989).

gilt. Dann entststehen komplizierte zeitabhängige Strukturen aus chaotisch modulierten Amplituden, die trotz der Vernachlässigung quintischer Terme in (9.67) qualitativ sehr große Ähnlichkeit mit den Experimenten in binären Mischungen haben. So beobachtet man z.B. die confined states, also die räumliche Lokalisation der Konvektionsstrukturen auf gewisse Bereiche. Abb. 9.15 zeigt eine numerische Lösung in diesem Bereich.

9.5   Typ $K0_M$: Die Cahn-Hilliard-Gleichung

Instabilitäten des Typs KO_M haben wir bereits im vorigen Kapitel im Abschnitt über Oberflächenstrukturen dünner Filme ausgiebig untersucht. Wir wollen hier eine einfachere Gleichung in den Mittelpunkt stellen, sozusagen die (oder besser: eine) kanonische Form der KO_M-Instabilität. Um diese herzuleiten, werden wir zunächst etwas weiter ausholen.

9.5.1   Phasenfeldmodelle

In der Thermodynamik versteht man unter einer Phase einen räumlich abgrenzbaren Bereich eines Systems mit physikalisch homogenen Eigenschaften. Bei den Eigenschaften kann es sich z.B. um einen Aggregatzustand, eine Konzentration in einer Mischung oder eine bestimmte Magnetisierung eines Ferromagneten handeln. Erweitern wir den Begriff auf die bisherigen Beispiele, so lassen sich die Ordnungsparameter ebenfalls als Phasen oder, da es sich um räumlich (und zeitlich) variierende Größen handelt, besser als **Phasenfelder** bezeichnen. Zwischen verschiedenen Phasen liegen i. Allg. schmale Übergangszonen, die Grenzschichten, in denen sich das Phasenfeld stark ändert. Die Dynamik des Phasenfeldes und damit der Grenzschichten wird durch partielle Differentialgleichungen beschrieben, die Phasenfeldmodelle.

9.5.2   Extremalprinzip

Thermodynamische Systeme streben einem Gleichgewicht entgegen, in dem bestimmte Zustandsfunktionen extremal sind. Für offene Systeme ist dies normalerweise die freie Energie. Dieses Konzept lässt sich in vielen Fällen auch fern vom Gleichgewicht anwenden. So kann man die reelle Ginzburg-Landau-Gleichung, die Swift-Hohenberg-Gleichung aber auch die in Kapitel 8 diskutierten Dünnfilmgleichungen aus Variationsprinzipien herleiten. Die freie Energie wird für räumlich inhomogene Zustände zu einem Funktional

$$F[\Phi(\vec{r}, t)],$$

wobei Φ den Ordnungsparameter oder das Phasenfeld bezeichnet. Das Extremum von F und damit der stationäre Zustand folgt aus $\delta F = 0$ und ist durch die Euler-Lagrange-Gleichung festgelegt (siehe Anhang (A.8)).

9.5.3   Gradientendynamik

In der Theorie der Nichtgleichgewichtsstrukturen ist man aber nicht nur an stationären Zuständen interessiert, sondern auch an den Wegen dorthin, also an der Dynamik. Man unterscheidet zwischen zwei wichtigen Modellen[15]

Modell A

Das Phasenfeld besitzt keine zusätzlichen Einschränkungen. Seine zeitliche Änderung folgt aus der Funktionalableitung von F gemäß einer einfachen Gradientendynamik

$$\partial_t \Phi = -\frac{\delta F}{\delta \Phi} \; . \tag{9.71}$$

Typische Vertreter sind die reelle Ginzburg-Landau-Gleichung und die Swift-Hohenberg-Gleichung. Wegen (9.71) gilt immer $d_t F \leq 0$ (siehe (9.14)).

Modell B

Je nach physikalischer Bedeutung des Phasenfeldes müssen manchmal bestimmte Nebenbedingungen erfüllt sein. Von besonderem Interesse für Anwendungen aus der Physik ist der Fall, bei dem der Mittelwert des Ordnungsparameters eine Erhaltungsgröße ist:

$$< \Phi > = \frac{1}{V} \int_V d^3\vec{r}\, \Phi(\vec{r}, t) = \text{const} \tag{9.72}$$

für alle t. Solche Phasenfelder heißen **konserviert**, die zugehörigen Gleichungen werden als Modell B bezeichnet. Beispiel hierzu ist die Dünnfilmgleichung, in der das Gesamtvolumen der Flüssigkeit erhalten sein muss. Weiter unten werden wir die Massendichte als Phasenfeld verwenden, die Erhaltungsgröße ist dann die Gesamtmasse.

Damit (9.72) gelten kann, muss die Evolutionsgleichung für Φ die Form einer Kontinuitätsgleichung (siehe Abschn. 5.3) haben

$$\partial_t \Phi = -\text{div}\,\vec{j} \; . \tag{9.73}$$

Um einen Ausdruck für die zum Phasenfeld gehörende Flächenstromdichte $\vec{j}$ zu finden, lassen wir uns wieder von der Thermodynamik inspirieren: man nimmt an, dass $\vec{j}$ proportional zu einer verallgemeinerten Kraft $\vec{f}$ ist,

$$\vec{j} = Q(\Phi) \cdot \vec{f} \tag{9.74}$$

---

[15]Die Klassifizierung geht auf eine grundlegende Arbeit von Hohenberg und Halperin zurück: *Theory of dynamic critical phenomena*, Rev. Mod. Phys. *49, 435 (1977)*.

mit der Mobilität Q, die i. Allg. vom Phasenfeld abhängen wird. Wenn die Kraft wieder eine Potentialfunktion P (den Druck) besitzt, der von Φ abhängt

$$\vec{f} = -\nabla P(\Phi) \tag{9.75}$$

und der sich, wie in der Thermodynamik üblich, aus der Variation einer weiteren Potentialfunktion, der freien Energie F ergibt,

$$P = \frac{\delta F}{\delta \Phi} , \tag{9.76}$$

so erhalten wir schließlich für (9.73) die geschlossene Gleichung

$$\partial_t \Phi = -\mathrm{div}\left[-Q(\Phi)\nabla\frac{\delta F}{\delta \Phi}\right] , \tag{9.77}$$

die wir schon mit (8.21) für den Spezialfall dünner Filme gefunden haben. Wie dort lässt sich leicht zeigen, dass wieder $d_t F \leq 0$ gelten muss.

9.5.4   Cahn-Hilliard-Gleichung

Wie bei der reellen Ginzburg-Landau-Gleichung entwickeln wir die freie Energie nach Potenzen des Phasenfeldes. Hinzu kommt der „Oberflächenterm" $(\nabla\Phi)^2$, der für eine möglichst homogene Phase sorgt (vergl (9.13)):

$$F[\Phi] = \int_V d^3\vec{r}\left[\frac{D}{2}(\nabla\Phi)^2 + a_0\Phi + \frac{a_1}{2}\Phi^2 + \frac{a_2}{3}\Phi^3 + \frac{a_3}{4}\Phi^4 + ...\right] . \tag{9.78}$$

Diejenige Funktion $\Phi = \Phi_m$, die F minimiert, gehorcht der Euler-Lagrange-Gleichung (A.8)

$$\left.\frac{\delta F}{\delta \Phi}\right|_{\Phi_m} = -D\Delta\Phi_m + a_0 + a_1\Phi_m + a_2\Phi_m^2 + a_3\Phi_m^3 = 0 , \tag{9.79}$$

die in diesem Fall bis auf den Koeffizienten a_0 mit der stationären Ginzburg-Landau-Gleichung (9.11) identisch ist. Um eine Evolutionsgleichung für das Phasenfeld zu erhalten, setzen wir (9.78) in (9.77) ein:

$$\partial_t \Phi = \mathrm{div}\left[Q(\Phi)\nabla\left(-D\Delta\Phi_0 + a_0 + a_1\Phi_0 + a_2\Phi_0^2 + a_3\Phi_0^3\right)\right] . \tag{9.80}$$

Wegen des ∇-Operators hat der Koeffizient a_0 keine weitere Bedeutung und kann weggelassen werden. Wir untersuchen zunächst den Fall[16] $a_2 = 0$ und $a_3 > 0$. Beschränkt

---

[16]Die Wahl $a_2 = 0$ ist ohne Einschränkung durch Verschieben des Phasenfeldes mit der Substitution $\Phi = \tilde{\Phi} + c$ immer möglich.

man sich auf den Spezialfall konstanter Mobilität $Q = 1$, so lässt sich (9.80) nach geeigneter Skalierung von $\vec{r}$, t und Φ schreiben als ($a_1 < 0$):

$$\partial_t \Phi = -\Delta\Phi - \Delta^2\Phi + \Delta(\Phi^3) = \Delta\left(\frac{\delta F}{\delta\Phi}\right) . \tag{9.81}$$

Das ist die Cahn-Hilliard-Gleichung[17] für einen konservierten Ordnungsparameter Φ.

Interpretation des Phasenfeldes als Dichte, numerische Lösungen

Sämtliche homogene (räumlich konstante) Ordnungsparameter

$$\Phi = \Phi_0 = \text{const}$$

bilden stationäre Lösungen von (9.81). Eine lineare Stabilitätsanalyse zeigt jedoch, dass diejenigen homogenen Lösungen $K0_M$-instabil sind, für die

$$\Phi_0^2 < \frac{1}{3}$$

gilt. Weil (9.81) zu Modell B gehört, müssen infinitesimale Störungen dann aber so anwachsen, dass der Mittelwert von $\Phi = \Phi_0$ konstant bleibt. D.h. es wird zu *räumlich strukturierten* Lösungen kommen (Abb. 9.16). Die freie Energiedichte für homogene Lösungen lautet

$$f(\Phi) = -\frac{\Phi^2}{2} + \frac{\Phi^4}{4} \tag{9.82}$$

und hat ihre Minima bei $\Phi_m = \pm 1$. Offensichtlich bewegen sich die stationären Lösungen aus Abb. 9.16 zwischen diesen beiden Werten, und zwar unabhängig von Φ_0.

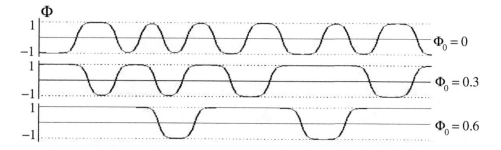

Abb. 9.16 Stationäre Lösungen der eindimensionalen Cahn-Hilliard Gleichung für verschiedene Mittelwerte Φ_0.

---

[17]Nach den beiden Autoren, die die Gleichung zuerst veröffentlicht haben: *J. W. Cahn und J. E. Hilliard, Free energy of a nonuniform system, J. Chem. Phys. 28, 258 (1958)*.

Erhöhen des Mittelwerts führt aber zu breiter werdenden Bereichen mit $\Phi \approx 1$ auf Kosten der Bereiche mit negativem Φ. Für $\Phi_0^2 > \frac{1}{3}$ sind nur noch homogene Lösungen stabil.

Interpretiert man (9.81) als einfaches Modell für den Phasenübergang gasförmig–flüssig einer bestimmten Substanz, sagen wir Wasser, so gibt das Phasenfeld den Aggregatzustand an und die Dichte folgt aus

$$\rho(\vec{r}, t) = \frac{1}{2}(\rho_f - \rho_g)\, \Phi(\vec{r}, t) + \frac{1}{2}(\rho_f + \rho_g) \tag{9.83}$$

mit ρ_g, ρ_f als Dichte der Gasphase bzw. Flüssigkeit. Bereiche mit $\Phi \approx -1$ sind also gasförmig, mit $\Phi \approx +1$ flüssig.

Gleichung (9.81) verfügt über keinerlei Parameter. Andererseits ist der Mittelwert $\Phi_0 = <\Phi>$ nach (9.72) eine Erhaltungsgröße, die sich qualitativ auf die Strukturbildung auswirkt. Er kann deshalb als Kontrollparameter bezeichnet werden. Physikalisch ist Φ_0 ein Maß für die Gesamtmasse, die sich durch Integration von (9.83) über das Gesamtvolumen ergibt:

$$M = \frac{1}{2}(\rho_f - \rho_g)\, \Phi_0 \cdot V + \frac{1}{2}(\rho_f + \rho_g) \cdot V \;.$$

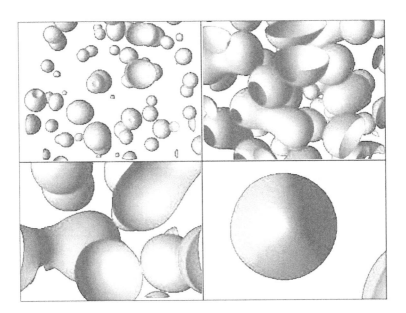

Abb. 9.17 Numerische Lösungen der Cahn-Hilliard-Gleichung in drei Raumdimensionen. Interpretiert man das Phasenfeld als Dichte, so zeigt die Zeitserie (von links oben nach rechts unten), wie Tropfen in einer übersättigten Dampfatmosphäre entstehen (manche „Kugeln" sind durch die Randflächen durchgeschnitten).

Die stabilen homogenen Lösungen für $\Phi_0^2 > 1/3$ entsprechen dann einer reinen Gasphase ($\Phi_0 < 0$, kleine Gesamtmasse) bzw. einer reinen flüssigen Phase ($\Phi_0 > 0$, große Gesamtmasse). Im instabilen Bereich $\Phi_0^2 < 1/3$ hat das System eine mittlere Dichte: Dies entspricht entweder einer übersättigten Dampfatmosphäre ($\Phi_0 < 0$) oder einer sich oberhalb des Siedepunkts befindenden Flüssigkeit. Es genügt eine infinitesimale Störung und Strukturbildung in Form von Phasenseparation setzt ein. Im ersten Fall entstehen Tropfen im Gas, im zweiten Blasen in der Flüssigkeit, Abb. 9.17 zeigt eine numerische Rechnung in drei Dimensionen.

9.5.5 Coarsening

Das bereits aus dem Abschnitt über dünne Filme bekannte Coarsening, also ein langsames Anwachsen der Längenskala aller Strukturen, ist in Abb. 9.17 deutlich zu erkennen. Dies ist ebenfalls mit Hilfe des Potentials (9.78) sehr anschaulich zu erklären. Der Einfachheit halber beschränken wir uns auf die Cahn-Hilliard-Gleichung, setzen also $a_0 = a_2 = 0$ und $D = a_3 = 1$, $a_1 = -1$. Nehmen wir weiter an, dass die stationäre Lösung näherungsweise sinusförmig sein soll:

$$\Phi(x) = A\sin(kx) , \tag{9.84}$$

so berechnet man aus (9.81) sofort

$$A(k) = \sqrt{\frac{4}{3}(1 - k^2)} .$$

In (9.78) eingesetzt ergibt sich nach Auswerten der Integrale für die freie Energie pro Volumen[18]

$$F(k)/V = -\frac{1}{6}\left(1 - k^2\right)^2 = -\frac{3}{32}A^4(k) . \tag{9.85}$$

Offensichtlich fällt das Minimum von $F(k)$ mit dem Maximum von $A(k)$ zusammen. D.h. diejenige Mode mit der größten Amplitude bildet die „stabilste" stationäre Lösung, und das ist nach (9.79) die mit $k \to 0$ bzw. (unendlich) großer Wellenlänge.

Genau wie bei den dünnen Filmen unterscheidet man zwischen zwei Zeitbereichen:

- der Anfangsphase (lineare Phase), in der Nichtlinearitäten keine Rolle spielen. Strukturen wachsen in einer Größenskala, die der Wellenlänge entspricht, welche die Wachstumsrate maximiert (kritische Wellenlänge, siehe Abb. 9.2). Dies ist genau wie bei der T_M-Instabilität (Swift-Hohenberg-Gleichung).

- einer Phase für spätere Zeiten (nichtlineare Phase), in der die freie Energie durch Coarsening minimiert wird. Diese Phase zeigt Parallelen zur reellen Ginzburg-Landau-Gleichung. Die freie Energie der Swift-Hohenberg-Gleichung ist dagegen

---

[18]Dies gilt eigentlich nur für $V \to \infty$ exakt, ist jedoch eine brauchbare Näherung, wenn sehr viele Wellenlängen $2\pi/k$ in V passen.

schon für Strukturen mit der kritischen Wellenlänge minimal. Dort bewirken die Nichtlinearitäten hauptsächlich eine Ausrichtung der Streifen oder Hexagone zu perfekten Mustern mit Minimierung von Versetzungen und Korngrenzen.

9.5.6 Die erweiterte Cahn-Hilliard-Gleichung

Im letzten Abschnitt von Kapitel 8 haben wir gesehen, dass Coarsening durch Verdampfung verhindert werden kann und stationäre Strukturen mit endlicher Wellenzahl entstehen. Dies lässt sich auch anhand der Cahn-Hilliard-Gleichung demonstrieren und, mehr noch, analytisch mit Hilfe der freien Energie zeigen.

Dazu untersuchen wir die erweiterte Gleichung

$$\partial_t \Phi = -\Delta\Phi - \Delta^2\Phi + \Delta(\Phi^3) - \cdot\alpha(\Phi - \Phi_0) \,, \tag{9.86}$$

bei der der letzte Term eine Verdampfung (Kondensation) der Regionen mit $\Phi > \Phi_0$ ($\Phi < \Phi_0$) bewirkt, sobald $\alpha > 0$ (die Funktion Φ beschreibt jetzt eher wieder eine Schichtdicke, d.h. eine Diskussion in zwei räumlichen Dimensionen erscheint sinnvoller). Bemerkenswert ist, dass (9.86) immer noch zu Modell B gehört; der Mittelwert von Φ bleibt erhalten, wenn man zum Anfangszeitpunkt $\Phi_0 = <\Phi>$ wählt.

Um die Rechnung einfacher zu halten, beschränken wir uns auf den Fall $\Phi_0 = 0$. Wie vorher untersuchen wir wieder stationäre Lösungen der Form (9.84) und erhalten diesmal für die Amplitude

$$A(k) = \sqrt{\frac{4}{3}\left(1 - k^2 - \frac{\alpha}{k^2}\right)} \,. \tag{9.87}$$

Im Gegensatz zu vorher hat A^2 jetzt zwei Nullstellen,

$$k_{\mathrm{max,min}} = \frac{1}{\sqrt{2}}\left(1 \pm \sqrt{1 - 4\alpha}\right)^{1/2} \,,$$

d.h. es exisitieren nur stationäre Lösungen mit Wellenzahlen in dem Bereich

$$k_{\mathrm{min}} < k < k_{\mathrm{max}}$$

mit maximaler Amplitude bei (Abb. 9.18)

$$k_c = \alpha^{1/4} \,.$$

Für $\alpha > 1/4$ kann es nur noch die triviale Lösung $\Phi = 0$ geben.

Trotz des Zusatzterms lässt sich ein Potential-Funktional finden, mit dem (9.86) in der Form (9.81) geschrieben werden kann. Wie man sich durch Einsetzen in (9.81) leicht überzeugt, lautet es

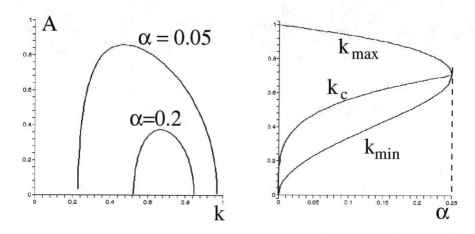

Abb. 9.18 Eigenschaften periodischer Lösungen im Ort der erweiterten Cahn-Hilliard-Gleichung (9.86). *Links*: Amplitude einer Sinuswelle über der Wellenzahl für zwei verschiedene Werte von α. *Rechts*: Der Wellenvektor muss zwischen k_{min} und k_{max} liegen. Für $\alpha > 1/4$ existieren keine periodischen Lösungen mehr.

$$F[\Phi] = \int_S d^2\vec{x} \left[\frac{D}{2}(\nabla\Phi)^2 - \frac{1}{2}\Phi^2 + \frac{1}{4}\Phi^4 - \frac{\alpha}{2} \int_S d^2\vec{x}'\, G(\vec{x} - \vec{x}')\Phi(\vec{x})\Phi(\vec{x}') \right] \quad (9.88)$$

mit dem „inversen" Laplace-Operator oder, besser, der Green'schen Funktion G, welche

$$\Delta\, G(\vec{x} - \vec{x}') = \delta(\vec{x} - \vec{x}')$$

erfüllen muss. Einsetzen von (9.84) mit (9.87) in (9.88) liefert nach etwas Rechnung die freie Energie (pro Fläche S)

$$F(k)/S = -\frac{1}{6}\left(1 - k^2 - \frac{\alpha}{k^2}\right)^2 = -\frac{3}{32}A^4(k)\,,$$

also wieder dasselbe Ergebnis wie (9.85): Die Mode mit maximaler Amplitude minimiert die freie Energie. Nur handelt es sich diesmal eben dabei nicht um langwellige Moden mit $k = 0$, sondern um solche mit endlichem Wellenvektor $k = k_c = \alpha^{1/4}$, die bei der Swift-Hohenberg-Gleichung geordneten Strukturen mit der typischen Längenskala $2\pi/k_c$ entsprechen. In der Tat verändert der zusätzliche Term in (9.86) den Instabilitätstyp. Für $\alpha > 0$ wird aus einer $K0_M$-Instabilität eine T_M-Instabilität.

Numerische Lösungen

Abschließend zeigen wir noch Strukturen, die als numerische Lösung von (9.86) gefunden wurden (Abb. 9.19). Ohne Verdampfung, also für $\alpha = 0$, ergibt sich das aus den 1D- und 3D-Rechnungen, Abb. 9.16, 9.17, bekannte Bild. Die Strukturen zeigen coarsening,

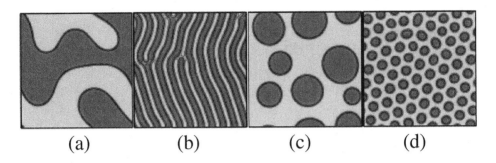

Abb. 9.19 Numerische Lösungen von (9.86) nach $T = 5000$ und für verschiedene α und Ψ_0. (a),(c): Für $\alpha = 0$ wird das typische Coarsening beobachtet, man erhält Labyrinthe ((a), $\Psi_0 = 0$, Tropfen ($\Psi_0 < 0$) oder, Löcher ((c) $\Psi_0 < 0$). Mit Verdampfung enstehen dagegen geordnete Strukturen, Streifen ((b), $\alpha = 0.2$, $\Psi_0 = 0$) oder Hexagone ((d), $\alpha = 0.1$, $\Psi_0 = 0.2$). Dunkle Regionen entsprechen $\Psi < 0$.

der Mittelwert $< \Phi > = \Phi_0$ entscheidet, ob Tropfen, Löcher oder Labyrinthe entstehen. Ganz anders sehen die Strukturen nach langer Entwicklungszeit im Fall $\alpha > 0$ aus. Hier sind Streifen ($\Psi_0 = 0$) oder Hexagone ($\Psi_0 \neq 0$) stabil. Die in den Serien aus Abb. 8.47 gefundenen Quadrate kann die Cahn-Hilliard-Gleichung nicht liefern; dafür wären andere Nichtlinearitäten notwendig, siehe die Diskussion der Swift-Hohenberg-Gleichung in Abschn. 9.4.5, speziell Gleichung (9.64).

9.5.7   Andere KO_M-Normalformen

Wir haben die $K0_M$-Instabilität ausführlich anhand eines Modells B vorgestellt. Es gibt aber auch andere in der Theorie der Strukturbildung wichtige kanonische Formen, die nicht konservierte Ordnungsparameter beschreiben. So besitzt die Swift-Hohenberg-Gleichung (9.38) für den Spezialfall $\varepsilon = 1$ eine $K0_M$-Instabilität. Diese zeigt jedoch qualitativ keine Unterschiede zu T_M mit $\varepsilon < 1$.

Andere Gleichungen erhält man, wenn man Nichtlinearitäten berücksichtigt, die sich nicht mehr aus einem Variationsprinzip herleiten lassen. Es kann dann zu zeitabhängigen und sogar chaotischen Lösungen kommen. Ohne ins Detail gehen zu können, nennen wir stellvertretend hierfür die **Kuramoto-Sivashinsky-Gleichung**[19], die die Form

$$\partial_t \Phi = -\Delta\Phi - \Delta^2\Phi + (\nabla\Phi)^2 \qquad (9.89)$$

hat. Teilweise ist uns diese Gleichung schon einmal begegnet, und zwar im Abschn. 9.3.2 als **Phasengleichung** (9.23). Hätten wir dort noch den ersten nichtlinearen Term berücksichtigt, wären wir auf (9.89) gestoßen. Und in der Tat haben wir ja auch im phaseninstabilen Bereich der komplexen-Ginzburg-Landau-Gleichung chaotische (oder „schwach turbulente") Lösungen gefunden, die mit einer $K0_M$-Instabilität von den räumlich homogenen Oszillationen abzweigen (vergl. Abb. 9.6).

---

[19]Nach Y. Kuramoto und G. I. Sivashinsky, die die Gleichung unabhängig voneinander 1976 bzw. 1977 hergeleitet haben.

Kapitel 10

Numerische Näherungsverfahren

10.1 Partielle Differentialgleichungen

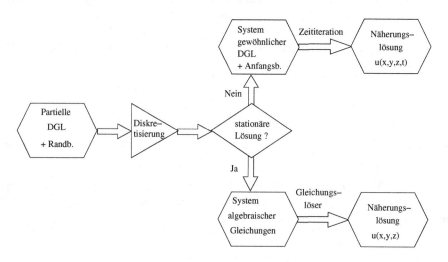

Abb. 10.1 Die verschiedenen Schritte zur numerischen Lösung partieller DGLs.

Die in den vorigen Kapiteln numerisch untersuchten Gleichungen (in d räumlichen Dimensionen) haben alle die Form

$$\partial_t u_i(x_1, .., x_d, t) = F_i(u_1, .., u_N, x_1, ..x_d) , \qquad i = 1..N . \tag{10.1}$$

Die Funktionen F_i sind in der Regel nichtlinear und können dabei beliebige Ableitungen nach x_i enthalten. Hinzu kommen entsprechende Rand- und Anfangsbedingungen. Systeme mit höheren Ableitungen bezügl. der Zeit lassen sich durch Einführen zusätzlicher Variablen ebenfalls wie (10.1), allerdings mit größerem N, schreiben.

Der erste Schritt zur numerischen Lösung besteht darin, (10.1) in ein (normalerweise großes) Gleichungssystem gewöhnlicher DGLs zu transformieren. Diesen Vorgang nennt man **Diskretisierung** (Abb. 10.1).

10.1.1   Galerkin-Verfahren

Um die Formeln übersichtlicher zu halten, beschränken wir uns auf den Fall einer Gleichung in einer räumlichen Dimension, deren Lösung wir auf dem Intervall $a \leq x \leq b$ bestimmen wollen:

$$\partial_t u(x,t) = F(u, \partial_x u, \partial_{xx}^2 u, ..., x) \ . \tag{10.2}$$

Das Folgende gilt aber genauso für $N, d > 1$. Zunächst entwickelt man die abhängige Variable nach einem bestimmten, vorgegebenen vollständigen Funktionensystem f_n

$$u(x,t) = \sum_{j=1}^{\infty} u_j(t) f_j(x) \ . \tag{10.3}$$

In der Wahl der f_n besteht eine gewisse Freiheit. Je nach Randbedingungen an u verwendet man oft ebene Wellen oder trigonometrische Funktionen. Manchmal sind auch bestimmte Polynome (Tschebyschew-Polynome o.ä., siehe Abschn. 10.2) vorteilhaft. Bei den f_n kann es sich aber auch um stückweise stetige Funktionen handeln. So führt die spezielle Wahl

$$f_j(x) = \begin{cases} 1 & \text{wenn} \quad j\Delta x < x < (j+1)\Delta x \\ 0 & \text{sonst} \end{cases} \tag{10.4}$$

mit Δx als (endliche) Schrittweite auf das weiter unten ausführlicher behandelte Finite-Differenzen-Verfahren.

Um ein endlich-dimensionales Gleichungssystem für die Amplituden $u_j(t)$ zu finden, muss man aus der unendlichen Summe in (10.3) eine endliche machen. Man erhält statt (10.3) eine Näherungslösung

$$\tilde{u}(x,t) = \sum_{j}^{K} \tilde{u}_j(t) f_j(x) \ , \tag{10.5}$$

die (10.2) nicht exakt erfüllt. Es bleib ein Residuum (oder Rest) R, definiert als

$$R(x,t) \equiv \partial_t \tilde{u} - F(\tilde{u}, x) = \sum_{j}^{K} d_t \tilde{u}_j(t) f_j(x) - F(\tilde{u}, x) \ , \tag{10.6}$$

dessen Betrag möglichst klein sein sollte. Bei den **Galerkin-Verfahren** fordert man, dass das Residuum senkrecht zu jeder einzelnen Basisfunktion f_j steht:

$$\int_a^b dx \, R(x,t) \, f_j(x) = 0 \ . \tag{10.7}$$

Je mehr Basisfunktionen man in (10.5) berücksichtigt, desto kleiner wird der dem Residuum zur Verfügung stehende Raum; im Fall $K \to \infty$ muss R schließlich ganz verschwinden. Setzt man (10.6) in (10.7) ein, so ergibt sich ein Gleichungssystem aus K gewöhnlichen DGLs

$$\sum_{\ell}^{K} A_{j\ell} d_t \tilde{u}_\ell = F_j(\tilde{u}_1, ..\tilde{u}_K) \tag{10.8}$$

mit den Abkürzungen

$$A_{j\ell} = \int_a^b dx \, f_j(x) f_\ell(x), \qquad F_j = \int_a^b dx \, f_j(x) F(x) . \tag{10.9}$$

Wählt man schließlich die f_j orthonormal bezüglich des verwendeten Skalarprodukts, so ist $A_{j\ell} = \delta_{j\ell}$ und (10.8) vereinfacht sich zu

$$d_t \tilde{u}_j = F_j(\tilde{u}_1, ..\tilde{u}_K) . \tag{10.10}$$

10.1.2   Finite Differenzen

Wir wollen etwas ausführlicher auf die spezielle Form der Basis (10.4) eingehen, die zum **Finite-Differenzen-Verfahren** führt. Die Reduktion auf ein *endliches* System gewöhnlicher DGL wird dadurch erreicht, dass man die Lösung $u(x,t)$ nur an bestimmten, i. Allg. äquidistanten Punkten, den Stützstellen, spezifiziert:

$$u(x,t) \to \tilde{u}(x_i, t) \equiv \tilde{u}_i(t) , \qquad i = 1..K \tag{10.11}$$

mit

$$x_i = a + (i-1)\Delta x , \qquad \text{und} \quad \Delta x = \frac{b-a}{K-1} .$$

Die Ableitungen nach dem Ort lassen sich dann durch Differenzenquotienten annähern, für die es Ausdrücke in verschiedenen Ordnungen in Δx sowie in verschiedenen Symmetrien gibt. Wir geben die ersten vier Ableitungen an[1]:

$$\left.\frac{du}{dx}\right|_{x_i} = \frac{1}{2\Delta x} (u_{i+1} - u_{i-1}) + O(\Delta x^2) , \tag{10.12}$$

---

[1]Die Formeln lassen sich am einfachsten durch Taylor-Entwicklung der u bei x_i herleiten. Wir verweisen auf Numerik-Bücher, z.B. [11,12], aber auch auf [15].

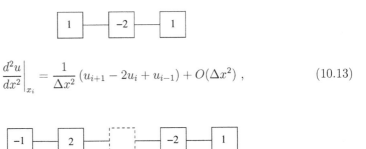

$$\frac{d^2u}{dx^2}\bigg|_{x_i} = \frac{1}{\Delta x^2}\left(u_{i+1} - 2u_i + u_{i-1}\right) + O(\Delta x^2) ,\qquad (10.13)$$

$$\frac{d^3u}{dx^3}\bigg|_{x_i} = \frac{1}{2\Delta x^3}\left(u_{i+2} - 2u_{i+1} + 2u_{i-1} - u_{i-2}\right) + O(\Delta x^2) ,\qquad (10.14)$$

$$\frac{d^4u}{dx^4}\bigg|_{x_i} = \frac{1}{\Delta x^4}\left(u_{i+2} - 4u_{i+1} + 6u_i - 4u_{i-1} + u_{i-2}\right) + O(\Delta x^2) .\qquad (10.15)$$

Weil häufig gebraucht, geben wir noch Formeln für den Laplace-Operator und den biharmonischen Operator Δ_2^2 in jeweils zwei Dimensionen an.

Für den **Laplace-Operator** gibt es verschiedene Ausdrücke, die alle (bis auf (d)) in derselben Ordnung von Δx gelten (Abb. 10.2), aber verschiedene Symmetrien bezügl. des rechtwinkligen Gitters aufweisen. Wir geben die vier wichtigsten Formeln für quadratische Gitter ($\Delta x = \Delta y$) ohne Herleitung an:

$$\Delta_2 u\big|_{x_i,y_j}$$

$$\overset{(a)}{=} \frac{1}{\Delta x^2}\left(u_{i+1,j} + u_{i-1,j} + u_{i,j+1} + u_{i,j-1} - 4u_{i,j}\right) + O(\Delta x^2)$$

$$\overset{(b)}{=} \frac{1}{4\Delta x^2}\left(u_{i+1,j+1} + u_{i-1,j+1} + u_{i+1,j-1} + u_{i-1,j-1} - 4u_{i,j}\right) + O(\Delta x^2)$$

$$\overset{(c)}{=} \frac{1}{3\Delta x^2}\Big(u_{i+1,j+1} + u_{i+1,j} + u_{i+1,j-1} + u_{i,j+1}$$
$$+ u_{i,j-1} + u_{i-1,j+1} + u_{i-1,j} + u_{i-1,j-1} - 8u_{i,j}\Big) + O(\Delta x^2)$$

$$\overset{(d)}{=} \frac{1}{6\Delta x^2}\Big(u_{i+1,j+1} + u_{i+1,j-1} + u_{i-1,j+1} + u_{i-1,j-1}$$
$$+ 4\left(u_{i+1,j} + u_{i,j+1} + u_{i,j-1} + u_{i-1,j}\right) - 20u_{i,j}\Big) + O(\Delta x^4)$$

$$. \quad (10.16)$$

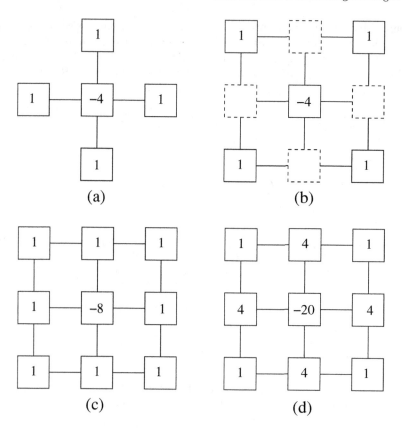

(a)   (b)

(c)   (d)

Abb. 10.2 Verschiedene Diskretisierungen des Laplace-Operators in zwei Dimensionen.

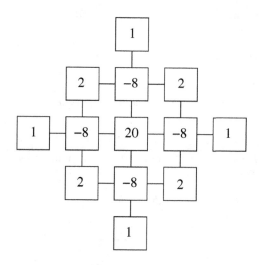

Abb. 10.3 Der biharmonische Operator in zwei Dimensionen.

Die Konfiguration (a) ist die Gebräuchlichste. (b) führt normalerweise zu numerischen Oszillationen, weil die geraden Gitterpunkte ($i + j$ gerade) von den ungeraden entkoppeln. Sie ist daher für Diffusionsgleichungen nicht geeignet. Die 9-Punkte-Formeln (c) und (d) sind linear aus (a) und (b) zusammengesetzt. (c) kommt der Rotationssymmetrie von Δ am nächsten, (d) minimiert den Abschneidefehler auf $O(\Delta x^4)$.

Der **biharmonische Operator** besteht aus vierten Ableitungen, darunter auch die gemischte. Wir geben nur die 13-Punkte-Formel (Abb. 10.3) an:

$$\Delta_2^2 u\big|_{x_i,y_j} = \left(\frac{\partial^4 u}{\partial x^4} + 2\frac{\partial^4 u}{\partial x^2 \partial y^2} + \frac{\partial^4 u}{\partial y^4} \right)_{x_i,y_j}$$

$$= \frac{1}{\Delta x^4} \Big(20 u_{i,j} - 8 \left(u_{i+1,j} + u_{i-1,j} + u_{i,j+1} + u_{i,j-1} \right) \tag{10.17}$$

$$+ 2 \left(u_{i+1,j+1} + u_{i-1,j+1} + u_{i+1,j-1} + u_{i-1,j-1} \right)$$

$$+ u_{i+2,j} + u_{i-2,j} + u_{i,j+2} + u_{i,j-2} \Big) + O(\Delta x^2) \ .$$

10.1.3   Quasilineare Gleichungen

Eine quasilineare Gleichung ist linear in der höchsten vorkommenden Ableitung. Wir untersuchen im Folgenden quasilineare Gleichungen der Form

$$\partial_t \Psi(x,y,t) = \left(a + b\Delta + c\Delta^2 \right) \Psi(x,y,t) + N(\Psi) \tag{10.18}$$

mit der nichtlinearen Funktion N, die höchstens dritte ($c \neq 0$) bzw. erste ($c = 0$) Ableitungen nach dem Ort enthalten soll.

Wir betrachten (10.18) zunächst in einer Dimension x. Nach Diskretisierung (10.11) erhält man das DGL-System

$$d_t \Psi_i(t) = \sum_j A_{ij} \Psi_j(t) + N_i(\Psi_i(t)) \ . \tag{10.19}$$

Verwenden wir die Formeln (10.13) und (10.15), so handelt es sich bei $\underline{A}$ um eine Bandmatrix mit der Breite 5:

$$A_{i,i} = a - \frac{2b}{\Delta x^2} + \frac{6c}{\Delta x^4} \equiv A \tag{10.20a}$$

$$A_{i,i+1} = A_{i,i-1} = \frac{b}{\Delta x^2} - \frac{4c}{\Delta x^4} \equiv B \tag{10.20b}$$

$$A_{i,i+2} = A_{i,i-2} = \frac{c}{\Delta x^4} \equiv C \ . \tag{10.20c}$$

10.1.4   Zeititeration

Durch Einführen eines Zeitschritts Δt wird die Zeitvariable diskretisiert

$$t_n = n\,\Delta t\,, \qquad u_i(t) \rightarrow u_i(t_n) \equiv u_i^n\,.$$

Der Zeitschritt kann konstant oder, bei anspruchsvolleren Verfahren, auch variabel und vom Programm selbst gesteuert sein. Man unterscheidet zwischen Mehrschrittverfahren, in denen sich die Funktionswerte zum nächsten Zeitschritt aus mehreren vorangegangenen Schritten berechnen und Einschrittverfahren, bei denen u^{n+1} unmittelbar aus u^n folgt. Wir werden uns zunächst den Einschrittverfahren widmen.

Die Zeitableitung wird genau wie die Ortsableitungen durch Differenzenquotienten approximiert. Bei Einschrittverfahren hat man zwei Möglichkeiten:

$$d_t u(t)|_{t_n} = \frac{1}{\Delta t}(u(t + \Delta t) - u(t)) + O(\Delta t) = \frac{1}{\Delta t}(u^{n+1} - u^n) + O(\Delta t) \qquad (10.21)$$

oder

$$d_t u(t)|_{t_n} = \frac{1}{\Delta t}(u(t) - u(t - \Delta t)) + O(\Delta t) = \frac{1}{\Delta t}(u^n - u^{n-1}) + O(\Delta t)\,. \qquad (10.22)$$

Implizit versus explizit

Im Jargon der numerischen Mathematik wird (10.21) als Euler-Vorwärts-Schema bezeichnet, (10.22) dagegen als Euler-Rückwärts-Schema.

Wir zeigen die Konvergenz beider Schemata an einem einfachen Beispiel. Wir suchen nach der numerischen Lösung von

$$d_t u(t) = -\alpha \cdot u(t), \qquad \alpha > 0\,.$$

Es ist klar, dass jeder Anfangswert u_0 exponentiell mit $\exp(-\alpha t)$ abklingen muss. Schema (10.21) ergibt

$$\frac{1}{\Delta t}(u^{n+1} - u^n) = -\alpha \cdot u^n$$

und daraus

$$u^{n+1} = (1 - \alpha \Delta t)\,u^n\,. \qquad (10.23)$$

Solange $\Delta t < 1/\alpha$ liefert die Iterationsvorschrift eine abklingende Folge, die gegen null konvergiert. Für größere Zeitschritte alterniert aber das Vorzeichen von u^n. Für $\Delta t > 2/\alpha$ *divergiert* die Folge schließlich exponentiell und hat mit der tatsächlichen Lösung nichts mehr zu tun.

Verwendet man dagegen (10.22) zur Diskretisierung, ergibt sich

$$\frac{1}{\Delta t}(u^n - u^{n-1}) = -\alpha \cdot u^n \qquad (10.24)$$

und nach u^n aufgelöst

$$u^n = \frac{1}{1 + \alpha \Delta t} \, u^{n-1} \, , \tag{10.25}$$

eine Folge, die wegen $\alpha \Delta t > 0$ für *beliebig große* Zeitschritte konvergiert. Die Schwierigkeit dieser Methode liegt jedoch darin, dass man (10.24) nach u^n auflösen muss, was, wenn die rechte Seite der DGL komplizierter aussieht, oft nicht oder zumindest nicht eindeutig möglich ist. Aus diesem Grund wird das Euler-Vorwärts-Verfahren auch als **explizite Methode**, das Rückwärts-Verfahren als **implizite Methode** bezeichnet. Generell gilt, dass implizite Methoden bessere numerische Stabilität zeigen, aber dafür auch einen höheren Programmieraufwand erfordern. Welches Verfahren effektiver ist, hängt letztlich von dem zu lösenden Problem ab.

Semi-implizit

Untersuchen wir als nächstes Beispiel die Gleichung

$$d_t u(t) = \alpha \cdot u(t) - u^2(t) \, , \tag{10.26}$$

die für $\alpha > 0$ den stabilen Fixpunkt $u_s = \alpha$ besitzt. Die exakte Lösung von (10.26) zu der Anfangsbedingung $u(0) = u_0$ lautet

$$u(t) = \alpha \cdot u_0 \left[(\alpha - u_0) \, e^{-\alpha t} + u_0 \right]^{-1} \, . \tag{10.27}$$

Explizite Euler-Vorwärts-Diskretisierung führt auf

$$u^{n+1} = u^n + \Delta t \left(\alpha u^n - (u^n)^2 \right) \, . \tag{10.28}$$

Um die numerische Stabilität zu untersuchen, betrachten wir kleine Abweichungen vom stabilen Fixpunkt u_s, also

$$v^n = u^n - u_s = u^n - \alpha \, .$$

Eingesetzt in (10.28) ergibt nach Linearisierung bezügl. v^n die Vorschrift

$$v^{n+1} = v^n (1 - \alpha \, \Delta t) \, .$$

Der Ausdruck in Klammern wird als Verstärkungsfaktor bezeichnet. Die Folge v^n konvergiert nur dann gegen null, wenn der Betrag des Verstärkungsfaktors kleiner eins ist, was die Stabilitätsbedingung

$$\Delta t < \frac{2}{\alpha} \tag{10.29}$$

liefert. Wie sieht das implizite Verfahren aus? Einsetzen von (10.22) für die Zeitableitung führt auf

$$\frac{1}{\Delta t} (u^{n+1} - u^n) = \alpha \cdot u^{n+1} - \left(u^{n+1} \right)^2 \, , \tag{10.30}$$

ein Zusammenhang zwischen u^n und u^{n+1}, der sich jetzt nicht mehr eindeutig nach u^{n+1} auflösen lässt. Offensichtlich eignet sich das implizite Verfahren uneingeschränkt nur für lineare Gleichungen. Man kann jedoch die beiden Verfahren kombinieren und Teile der rechten Seite von (10.26) (die invertierbaren, linearen) implizit, den Rest explizit berücksichtigen. Anstatt (10.30) ergibt sich dann ein **semi-implizites Schema** der Form

$$\frac{1}{\Delta t}(u^{n+1} - u^n) = \alpha \cdot u^{n+1} - (u^n)^2 \tag{10.31}$$

und daraus weiter

$$u^{n+1} = \frac{u^n - \Delta t \, (u^n)^2}{1 - \alpha \Delta t} \; . \tag{10.32}$$

Die Aufspaltung in explizite und implizite Teile scheint zunächst willkürlich und verblüffend. In der Tat ist aber der Fehler, den man dabei macht, von der Ordnung Δt, so dass es nur konsistent ist, ihn wegzulassen. Als Faustregel für kompliziertere Gleichungen gilt: Man behandle so viel Terme wie möglich (d.h. mit vertretbarem Aufwand invertierbar) implizit, den Rest explizit. Das erhöht zwar nicht die Genauigkeit des Verfahrens, dafür aber dessen numerische Stabilität – man kann den Zeitschritt entsprechend größer wählen.

10.1.5 Neumann'sche Stabilitätsanalyse

Wir wollen die diskretisierte Version (10.19) der quasilinearen partiellen DGL (10.18) weiter untersuchen. Ein explizites Verfahren führt auf die Iterationsvorschrift

$$\Psi_i^{n+1} = \Psi_i^n + \Delta t \left[\sum_j A_{ij} \Psi_j^n + N_i(\Psi_i^n) \right] \; . \tag{10.33}$$

Um die numerische Stabilität des Systems (10.33) zu untersuchen, verwendet man die **Neumann'sche Stabilitätsanalyse**. Dazu muss (10.33) erst um einen stabilen Fixpunkt linearisiert werden. Der Einfachheit wegen beschränken wir uns auf $\Psi_s = 0$ und nehmen $a < 0$ an (Stabilität). Dann ist $N_i = 0$ und der Ansatz

$$\Psi_k^n = \xi^n \, e^{i\alpha k} \tag{10.34}$$

in (10.33) eingesetzt ergibt

$$\xi^{n+1} = \xi^n \underbrace{\{1 + \Delta t \, [A + 2B \cos\alpha + 2C \cos 2\alpha]\}}_{=V(\alpha)} \tag{10.35}$$

mit V als Verstärkungsfaktor und den in (10.20) definierten Koeffizienten A, B, C. Wir wollen die Fälle $b > 0$, $c = 0$ (Diffusion, Ginzburg-Landau-Gl.) und $b < 0$, $c, C < 0$ (Strukturbildung mit endlichem Wellenvektor, Swift-Hohenberg-Gl.) untersuchen. Wenn man im Falle der Strukturbildung eine vernünftige Ortsauflösung mit $\Delta x <$

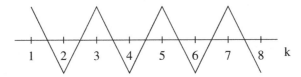

Abb. 10.4 Typische numerische Instabilität bei expliziten Verfahren. Die Mode entspricht $\alpha = \pi$ in (10.34).

$\lambda_c/10$ ($\lambda_c = 2\pi/\sqrt{b/2c}$, kritische Wellenlänge) annimmt, gilt unabhängig von b auf jeden Fall $A < 0$, $B > 0$.

Die Grenze für den Zeitschritt ergibt sich wie oben durch

$$|V(\alpha| < 1 \ . \tag{10.36}$$

Nach etwas Rechnung zeigt man, dass die eckige Klammer in (10.35) für alle α kleiner null ist. Der Zeitschrift ist dann durch $V(\alpha_c) > -1$ nach oben begrenzt, wobei α_c V minimiert. Dies ist der Fall für

$$\alpha_c = \pi \ ,$$

was, wegen (10.34) gerade der Situation entspricht, in der benachbarte Stützstellen immer gegeneinander ausgelenkt sind (Abb. 10.4). Aus

$$V(\alpha_c = \pi) = -1$$

berechnet man schließlich

$$\Delta t_{\max} = \frac{2\Delta x^4}{-16c + 4b\Delta x^2 - a\Delta x^4} \tag{10.37}$$

und weiter für kleines Δx

$$\Delta t_{\max} \approx -\frac{\Delta x^4}{8c} \ . \tag{10.38}$$

In der Normalform der Swift-Hohenberg-Gleichung ist $c = -1$ und $\lambda_c = 2\pi$. Mit $\Delta x = 0.5$ erhält man den maximalen Zeitschritt

$$\Delta t_{\max} \approx 0.008$$

für das explizite Verfahren. Für $c = 0$, $b > 0$ ergibt sich dagegen

$$\Delta t_{\max} \approx \frac{\Delta x^2}{2b} \tag{10.39}$$

und für den Spezialfall der Ginzburg-Landau-Gleichung ($b = 1, \Delta x = 0.5$)

$$\Delta t_{\max} \approx 0.125 \ .$$

Wir sehen, dass für den Zeitschritt bei expliziten Verfahren

$$\Delta t \sim (\Delta x)^n \tag{10.40}$$

gilt, wobei n die höchste auftretende Ableitung angibt. Bei hohen Ableitungen sind voll explizite Verfahren deshalb nicht zu empfehlen.

10.1.6   Pseudo-Spektral-Methode

Verwendet man die semi-implizite Methode mit implizitem Linearteil, so ergibt sich anstatt (10.33)

$$\sum_j \left[\frac{1}{\Delta t} \delta_{ij} - A_{ij} \right] \Psi_j^{n+1} = \frac{\Psi_i^n}{\Delta t} + N_i(\Psi_i^n) \ . \tag{10.41}$$

Um Ψ_i^{n+1} zu berechnen, muss die Matrix in eckigen Klammern invertiert werden. Da es sich im eindimensionalen Fall um eine Bandmatrix handelt, lassen sich hier sehr effektive Standard-Routinen verwenden[2].

Für die in Kapitel 9 gezeigten 2D-Simulationen der Swift-Hohenberg-Gleichung wurde ein Pseudo-Spektral-Verfahren verwendet. Hierbei nutzt man aus, dass der lineare Teil von (10.18) diagonal im Fourier-Raum ist und dort leicht invertiert werden kann. Dazu schreiben wir (10.18) zunächst in der semi-impliziten Form

$$\frac{1}{\Delta t} \Big(\Psi(t + \Delta t) - \Psi(t) \Big) = (a + b\Delta + c\Delta^2)\Psi(t + \Delta t) + N(\Psi(t)) \tag{10.42}$$

und beschränken uns für den Rest des Abschnitts auf den Spezialfall $N(\Psi) = -\Psi^3$. Nach $\Psi(t + \Delta t)$ aufgelöst findet man

$$\left[\frac{1}{\Delta t} - a - b\Delta - c\Delta^2 \right] \Psi(t + \Delta t) = \frac{\Psi(t)}{\Delta t} - \Psi^3(t) \ . \tag{10.43}$$

Zwischen den Fourier-Transformierten

$$A(\vec{k}, t) = \frac{1}{2\pi} \int d^2\vec{x} \ \Psi(\vec{x}, t) \ e^{i\vec{k}\vec{x}}, \qquad B(\vec{k}, t) = \frac{1}{2\pi} \int d^2\vec{x} \ \left(\frac{\Psi(\vec{x}, t)}{\Delta t} - \Psi^3(\vec{x}, t) \right) e^{i\vec{k}\vec{x}}$$

besteht dann der Zusammenhang

$$A(\vec{k}, t + \Delta t) = \frac{B(\vec{k}, t)}{\frac{1}{\Delta t} - a + bk^2 - ck^4} \ , \tag{10.44}$$

---

[2]Für eine Übersicht über solche und andere Routinen siehe z.B. [10].

woraus $\Psi(\vec{x}, t + \Delta t)$ durch inverse Fourier-Transformation gewonnen wird. Um Faltungen zu vermeiden wird die Nichtlinearität im Ortsraum berechnet, man transformiert bei jedem Zeitschritt zwischen Fourier-Raum und Ortsraum hin und her, was durch den Einsatz von Fast-Fourier-Transformationen [10] schnell ermöglicht wird. Das so erhaltene Ψ genügt automatisch periodischen Randbedingungen. Will man andere Randbedingungen erfüllen, so benötigt man die Lösung des zu (10.43) homogenen Problems:

$$\left[\frac{1}{\Delta t} - a - b\Delta - c\Delta^2 \right] \Psi_h(t + \Delta t) = 0 \ , \tag{10.45}$$

die durch eine Gauss-Seidel-Iteration (z.B. [12]) der Stützstellenmatrix zu (10.45) (siehe (10.20)) gefunden werden kann. Die Gesamtlösung

$$\Psi_G(\vec{x}, t + \Delta t) = \Psi_h(\vec{x}, t + \Delta t) + \Psi(\vec{x}, t + \Delta t)$$

muss dann die Randbedingungen, z.B. ($\hat{n}$ = Normalenvektor auf Rand Ω)

$$\Psi_G(\vec{x}, t) = \partial_{\hat{n}} \Psi_G(\vec{x}, t) = 0, \qquad \vec{x} \, \epsilon \, \Omega$$

erfüllen, was wegen der Vorgabe von Ψ am Rand auf Bedingungen für Ψ_h führt, die in die Stützstellenmatrix von (10.45) eingearbeitet werden müssen (siehe Abschn. 10.1.8.

Stabilität

Wir wolllen den Einfluß der Schrittweiten auf die numerische Stabilität für periodische Ränder untersuchen, d.h. wir setzen $\Psi_h = 0$. Wir betrachten die Swift-Hohenberg-Gleichung (9.38), entsprechend

$$a = \varepsilon - 1, \qquad b = -2, \qquad c = -1, \qquad N(\Psi) = -\Psi^3$$

für (10.18). In niedrigster Näherung in ε ist

$$\Psi_0(\vec{x}) = 2\sqrt{\varepsilon/3} \sin x$$

eine stationäre Lösung. Betrachten wir kleine Störungen Φ

$$\Psi(\vec{x}, t) = \Psi_0(\vec{x}) + \Phi(\vec{x}, t) \ ,$$

so lässt sich (10.43) linearisieren:

$$\left[\frac{1}{\Delta t} - \varepsilon + (1 + \Delta)^2 \right] \Phi(t + \Delta t) = \left[\frac{1}{\Delta t} - 4\varepsilon \sin^2 x \right] \Phi(t) \ . \tag{10.46}$$

Bei einem numerisch stabilen Verfahren müssen sämtliche Störungen Φ zeitlich abklingen. Fourier-Transformation von (10.46) liefert

$$A(k, t+\Delta t) = \left[\frac{1}{\Delta t} - \varepsilon + (1-k^2)^2\right]^{-1} \left[(1/\Delta t - 2\varepsilon)A(k,t) + \varepsilon(A(k+2,t) + A(k-2,t))\right]$$

$$(10.47)$$

mit A als Fourier-Transformierte von Φ. Gleichung (10.47) kann für diskretes k in Matrizenform gebracht werden

$$A_k(t + \Delta t) = M_{kk'} A_{k'}(t) \ ,$$

wobei die Matrix $\underline{M}$ in jeder Zeile nur drei von null verschiedene Elemente besitzt. Für die Eigenwerte von $\underline{M}$ lässt sich mit Hilfe des Gershgorin-Kriteriums [12] eine obere und untere Schranke angeben:

$$\left[\frac{1}{\Delta t} - \varepsilon + (1-k^2)^2\right]^{-1} \left[\frac{1}{\Delta t} - 4\varepsilon\right] < \lambda_k < \left[\frac{1}{\Delta t} - \varepsilon + (1-k^2)^2\right]^{-1} \frac{1}{\Delta t} \ . \qquad (10.48)$$

Um numerische Stabilität zu gewährleisten, muß der Spektralradius von $\underline{M}$ kleiner als eins bleiben, also:

$$\left|\max_k \lambda_k\right| < 1 \ ,$$

was mit (10.48) nach etwas Rechnung auf

$$\Delta t < \frac{2}{5}\varepsilon^{-1} \qquad (10.49)$$

führt. Wir sehen, dass der Zeitschritt jetzt nicht mehr von Δx abhängt, also auch nicht mehr von der räumlichen Auflösung. Der lineare implizite Teil von (10.42) ist absolut, d.h. für beliebiges Δt, stabil. Die Beschränkung folgt ausschließlich aus dem expliziten, nichtlinearen Teil. Für gebräuchliche ε-Werte zwischen 0.1 und 1 können wir Δt zwischen ca. 4 und 0.4 wählen, bis zu einem Faktor 2400 größer als beim vollständig expliziten Verfahren. Der durch die Fourier-Transformationen etwas höhere Aufwand macht sich also mehr als bezahlt.

Ein semi-implizites Verfahren wird besonders bei hoher Anforderung an die räumliche Auflösung große Einsparung der Rechenzeit bringen.

10.1.7   Mehrschrittverfahren

Konvektion und Diffusion

Ersetzt man die Zeitableitung durch einen Differenzenquotienten höherer Ordnung, so resultiert ein Mehrschrittverfahren. Wir wollen nicht ins Detail gehen, sondern zunächst die sogenannte Konvektionsgleichung in einer Dimension

$$\partial_t u(x,t) = -v \, \partial_x u(x,t) \qquad (10.50)$$

untersuchen. Verwendet man nach Diskretisierung für die Zeititeration statt der Formeln (10.21) bzw. (10.22) die zentrale Formel

$$d_t u_i(t) \approx \frac{1}{2\Delta t}\left(u_i(t+\Delta t) - u_i(t-\Delta t)\right) + O(\Delta t^2) \,, \tag{10.51}$$

so ergibt sich mit (10.12) das Schema

$$u_i^{n+1} = u_i^{n-1} - v\frac{\Delta t}{\Delta x}\left(u_{i+1}^n - u_{i-1}^n\right) \,. \tag{10.52}$$

Da (10.51) von höherer Ordnung in Δt ist als (10.21) oder (10.22), erhöht sich dadurch einerseits die Genauigkeit, andererseits wird aber das Konvergenzverhalten verändert.

Die exakten Lösungen von (10.50) haben die Form

$$u(x,t) = f(x - vt) \,, \tag{10.53}$$

wobei f eine differenzierbare, aber sonst beliebige Funktion ist. Eine Neumann'sche Analyse nach (10.34) liefert den komplexwertigen Verstärkungsfaktor

$$V(\alpha) = -iC\sin\alpha \pm \sqrt{1 - C^2\sin^2\alpha}$$

mit der **Courant-Zahl**

$$C = |v|\frac{\Delta t}{\Delta x} \,. \tag{10.54}$$

Solange $C \leq 1$ ist $|V(\alpha) = 1|$ für alle α. D.h. die numerischen Lösungen sind marginal stabil, werden also in der Zeit weder anwachsen noch gedämpft sein, was dem Verhalten von (10.53) entspricht. Aus $C < 1$ folgt die Stabilitätsbedingung

$$|v| < \frac{\Delta x}{\Delta t} \qquad \text{oder} \qquad \Delta t < \frac{\Delta x}{|v|} \,. \tag{10.55}$$

Der Quotient $\Delta x/\Delta t$ entspricht aber gerade der maximalen Geschwindigkeit, mit der sich eine Störung auf dem numerischen Gitter ausbreiten kann. Ist dieser Grenzwert kleiner als $|v|$, wird das Verfahren instabil. Verwendet man dagegen in (10.50) die Formeln (10.21) oder (10.22) so lässt sich leicht zeigen, dass $|V|$ für alle Zeitschritte größer eins werden kann, die Verfahren also numerisch immer instabil sind.

Untersucht man statt (10.50) die Diffusionsgleichung

$$\partial_t u(x,t) = D\,\partial_{xx}^2 u(x,t) \,, \quad D > 0 \,, \tag{10.56}$$

so drehen sich die Verhältnisse um: Das Mehrschrittverfahren mit (10.51) ist jetzt immer instabil, wogegen das explizite Einschrittverfahren bedingt stabil ist, wenn $\Delta t < \Delta x^2/2D$. Das implizite Einschrittverfahren ist sogar absolut, d.h. für alle Zeitschritte, stabil.

Wir sehen, dass die Wahl des geeigneten Verfahrens hauptsächlich durch die Struktur der zu lösenden Gleichungen bestimmt wird. Abb. 10.5 skizziert die verwendeten Schemata. (a) wird als „leapfrog" (Bocksprung oder Frosch) Verfahren bezeichnet, weil bei der Zeititeration jedesmal die x-Linie übersprungen wird.

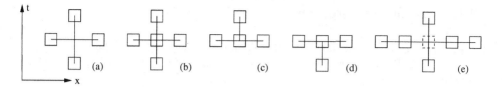

Abb. 10.5 Die verschiedenen Schemata für Konvektions-, Diffusions- und Korteweg-de Vries-Gleichung. (a) Konvektion, Leapfrog, (b) Diffusion, Mehrschritt (instabil), (c) Diffusion, explizit, (d) Diffusion, implizit, (e) KdV, leapfrog.

Solitonen

Das leapfrog-Verfahren eignet sich besonders für die in Abschn. 6.5.2 untersuchte Korteweg-de Vries-Gleichung (6.77). Diskretisierung nach (10.12) und (10.14) liefert mit (10.51) das Schema (Abb. 10.5e)

$$u_i^{n+1} = u_i^{n-1} - \frac{\Delta t}{\Delta x} u_i^n \left(u_{i+1}^n - u_{i+1}^n \right) - \frac{\Delta t}{\Delta x^3} \left(u_{i+2}^n - 2u_{i+1}^n + 2u_{i-1}^n - u_{i-2}^n \right) . \quad (10.57)$$

Zabusky und Kruskal verwendeten in ihrer Originalarbeit[3] ein leicht modifiziertes Schema, bei dem sie u_i^n auf der rechten Seite durch den Mittelwert über drei Stützstellen ersetzten:

$$u_i^{n+1} = u_i^{n-1} - \frac{1}{3}\frac{\Delta t}{\Delta x} \left(u_{i+1}^n + u_i^n + u_{i-1}^n \right) \left(u_{i+1}^n - u_{i+1}^n \right) - \frac{\Delta t}{\Delta x^3} \left(u_{i+2}^n - 2u_{i+1}^n + 2u_{i-1}^n - u_{i-2}^n \right) . \quad (10.58)$$

Durch diesen Trick bleibt nicht nur die „Masse"

$$\sum_i u_i^{n+1} = \sum_i u_i^{n-1}$$

erhalten, sondern, wie in der Korteweg-de Vries-Gleichung, auch die Energie, zumindest in quadratischer Ordnung von Δt:

$$\sum_i \left(u_i^{n+1} \right)^2 = \sum_i \left(u_i^{n-1} \right)^2 + O(\Delta t^3) .$$

Eine Stabilitätsanalyse um eine homogene Lösung $u = U_0$ zeigt, dass das Schema (10.58) stabil ist, wenn

$$\Delta t < \frac{\Delta x^3}{4 + \Delta x^2 |U_0|} .$$

Der Zeitschritt wird also, wie bei expliziten Verfahren üblich, durch die Schrittweite in der Potenz der höchsten vorkommenden Ortsableitung bestimmt.

---

[3] N. J. Zabusky, M. D. Kruskal: *Interaction of „solitons" in a collisionless plasma and the recurrence of initial states*, Phys. Rev. Lett. **15**, 240 (1965), siehe auch die Monographie [3].

10.1.8   Randbedingungen

Bisher sind wir noch nicht näher auf Randbedingungen eingegangen. Diese sind aber wichtig für die Lösung partieller DGLs und werden in der Tat benötigt, wenn man die Iterationsformeln für Punkte in der Nähe der Ränder verwenden will. Als Beispiel untersuchen wir das explizite Schema (Abb. 10.5c)

$$u_i^{n+1} = u_i^n + D\frac{\Delta t}{\Delta x^2}\left(u_{i+1}^n - 2u_i^n + u_{i-1}^n\right) \tag{10.59}$$

zur Lösung der Diffusionsgleichung (10.56). Der Rand sei bei $i = 0$ bzw $i = N$. Um u_1 und u_{N-1} zu berechnen, braucht man die Punkte u_0 bzw u_N. Am einfachsten sind periodische Randbedingungen, man setzt dann nach jedem Iterationsschritt $u_0 = u_{N-1}$ und $u_N = u_1$. Bei Dirichlet'schen Randbedingungen sind die Werte von u auf dem Rand vorgegeben, was ebenfalls in numerischen Verfahren sehr einfach eingebaut werden kann. Man iteriert (10.59) wieder nur für $1 \leq i \leq N - 1$ und verwendet für u_0 und u_N die Randwerte. Etwas komplizierter wird es, wenn die Ableitung am Rand vorgegen ist (Neumann'sche Randbedingungen). Sei z.B.

$$\partial_x u = a \qquad \text{für } x \text{ auf dem Rand }, \tag{10.60}$$

dann muss man die Iteration (10.59) auch bei $i = 0$ anwenden und benötigt den „virtuellen" Punkt u_{-1} außerhalb des Integrationsbereichs. Dieser lässt sich aber sofort aus der Randbedingung (10.60) ausrechnen, wenn man diese in Differenzenform (in gleicher Ordnung wie (10.59), also hier mit der Formel (10.12)) schreibt und nach u_{-1} auflöst:

$$u_{-1} = u_1 - 2\Delta x\, a . \tag{10.61}$$

Genauso verfährt man bei höheren Ableitungen. So benötigt das Schema (10.33) zur Iteration der Gleichung (10.18) zwei virtuelle Punkte. Weil in (10.18) vierte Ableitungen auftreten, hat man aber auch zwei Randbedingungen auf jedem Rand zu erfüllen, aus denen sich die beiden Punkte eindeutig berechnen lassen. In mehreren Dimensionen gilt dasselbe: Aus den virtuellen Punkte werden dann Linien bzw. Flächen, die sich aber genauso bestimmen lassen.

10.2   Orthogonale Polynome im Intervall [0,1]

In diesem Abschnitt werden wir spezielle Funktionensysteme für Zerlegungen der Form (10.3) vorstellen. Davon wurde insbesonders in Kapitel 8 bei der näherungsweisen Lösung des Eigenwertproblems der Taylor-Instabilität bzw. der Rayleigh-Bénard-Instabilität Gebrauch gemacht.

In der Numerik werden oft Tschebyschew-Polynmome verwendet, man findet diese in den meisten gängigen Numerik-Lehrbüchern (z.B. in [10]). Wir wollen uns aber hier nur auf Polynome konzentrieren, die alle einzeln Dirichlet- bzw. no-slip Randbedingungen erfüllen.

10.2.1 Dirichlet-Randbedingungen

Ein spezielles Funktionensystem $f_n(x)$, welches für jedes n die Dirichlet'schen Randbedingungen

$$f_n(0) = 0, \qquad f_n(1) = 0 \tag{10.62}$$

erfüllt, lautet

$$p_n(x) = x \cdot (x-1) \cdot P_n(x) , \qquad n = 0, 1, \dots \infty , \tag{10.63}$$

wobei P_n irgendein Polynom vom Grade n bezeichnet. Aus (10.63) ist ersichtlich, dass
p_0 Spiegelsymmetrie bezüglich $x = 1/2$ besitzt, also $p_0(x) = p_0(1-x)$ gilt. Setzt man
speziell

$$P_n(x) = x^n ,$$

so sind die verschiedenen p_n (10.63) zwar alle linear unabhängig, aber nicht paarweise
orthogonal. Sie lassen sich jedoch durch ein Schmidt'sches Verfahren orthogonalisieren.
Man erhält

$$\tilde{p}_n(x) = C^n \left[p_n(x) + \sum_{m=0}^{n-1} c_n^m p_m(x) \right] .$$

Wenn man sich auf eine endliche Anzahl Polynome, sagen wir N, beschränkt, dann
lassen sich die $N(N-1)/2$ Koeffizienten c_n^m aus den $N(N-1)/2$ Orthogonalitätsbe-
dingungen

$$\int_0^1 dx \, \tilde{p}_n(x) \, \tilde{p}_m(x) = 0 \qquad \text{mit} \quad m \neq n \tag{10.64}$$

eindeutig ausrechnen. Die N Konstanten C^n folgen schließlich aus der Normierung

$$\int_0^1 dx \, \tilde{p}_n(x) \, \tilde{p}_n(x) = 1 . \tag{10.65}$$

Zum Schluss geben wir die Polynome in der expliziten Form (ohne Schlange)

$$p_n(x) = A^n (a_1^n x + a_2^n x^2 + a_3^n x^3 + \dots + a_{n+1}^n x^{n+1} - x^{n+2})$$

$$= A^n \left(\sum_{m=1}^{n+1} a_m^n x^m - x^{n+2} \right) \tag{10.66}$$

an. Die Koeffizienten der ersten 4 Polynome entnimmt man der Tabelle 10.1. Wegen
der Spiegelsymmetrie von p_0 (letztlich wegen der Symmetrie der Randbedingungen
(10.62)) wechseln sich symmetrische und antisymmetrische Funktionen ab (Abb. 10.6).

$$p_n(x)$$

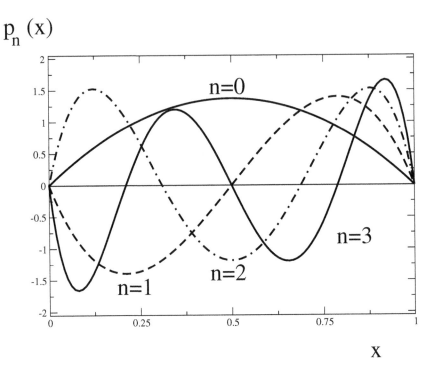

Abb. 10.6 Die ersten vier Polynome im Intervall $[0,1]$.

n	0	1	2	3
A^n	$\sqrt{30}$	$2\sqrt{210}$	$42\sqrt{10}$	$12\sqrt{2310}$
a_1^n	1	-1/2	3/14	- 1/12
a_2^n	-	3/2	-17/14	3/4
a_3^n	-	-	2	-13/6
a_4^n	-	-	-	5/2

Tabelle 10.1 Die Koeffizienten der ersten vier Polynome nach (10.66).

10.2.2   Orthogonale Polynome, „no-slip"-Bedingungen

In der Hydrodynamik viskoser Flüssigkeiten ergeben sich oft Randbedingungen an die Funktionen f_n der Form

$$f_n(x) = d_x f_n(x)|_{x=0,1} = 0 \ . \tag{10.67}$$

Wir wollen wieder Polynome suchen, die (10.67) erfüllen und paarweise orthogonal sind. Diesmal definieren wir

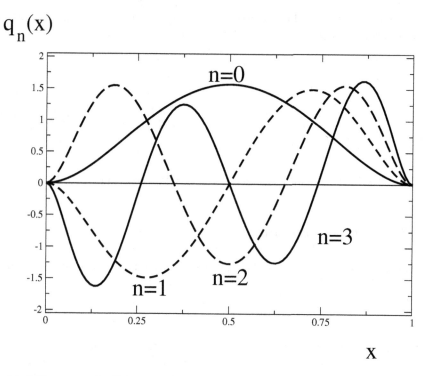

$q_n(x)$

Abb. 10.7 Die ersten vier Polynome, die die no-slip-Bedinungen bei $x = 0, 1$ erfüllen.

n	0	1	2	3
B^n	$-3\sqrt{70}$	$-6\sqrt{770}$	$-66\sqrt{182}$	$-156\sqrt{770}$
b_2^n	-1	1/2	-5/22	5/52
b_3^n	2	-2	16/11	-23/26
b_4^n	-	5/2	-71/22	155/52
b_5^n	-	-	3	-61/13
b_6^n	-	-	-	7/2

Tabelle 10.2 Die Koeffizienten der ersten vier Polynome nach (10.69).

$$q_n(x) = x^2 \cdot (x - 1)^2 \cdot Q_n(x) , \qquad n = 0, 1, \ldots \infty , \qquad (10.68)$$

mit dem beliebigen Polynom Q_n vom Grade n. Offensichtlich genügen alle q_n den Bedingungen (10.67). Außerdem haben sie dieselben Symmetrieeigenschaften wie die p_n aus (10.63). Genau wie oben liefert das Schmidt'sche Orthogonalisierungsverfahren das gesuchte Funktionensystem.

Man beachte, dass der Grad der q_n wegen der zusätzlichen Randbedingungen um zwei größer ist, als der der p_n. In expliziter Form ergibt sich diesmal

$$q_n(x) = B^n(b_2^n x^2 + b_3^n x^3 + \dots + b_{n+3}^n x^{n+3} - x^{n+4})$$

$$= B^n \left(\sum_{m=2}^{n+3} b_m^n x^m - x^{n+4} \right) \tag{10.69}$$

Tabelle 10.2. gibt die Koeffizienten der ersten vier Polynome an (Abb. 10.7).

10.2.3   Jacobi-Polynome

Die Polynome der beiden vorigen Abschnitte lassen sich in der allgemeinen Form

$$p_n(x) = \sqrt{q(x)} P_n(x) \tag{10.70}$$

darstellen, wobei $P_n(x)$ ein Polynom in x vom Grade n bezeichnet und $q(x)$ als im Intervall (a, b) nichtnegative Belegfunktion definiert ist. Die Orthogonalitätsrelation lautet dann

$$\int_a^b dx\, q(x) P_n(x) P_m(x) = \delta_{mn} \,. \tag{10.71}$$

Je nach Belegfunktion und Intervallgrenzen bezeichnet man das System $P_n(x)$ als **Jacobi-Polynome**,

$$q(x) = (x - a)^\alpha (x - b)^\beta, \qquad a \le x \le b, \tag{10.72}$$

Laguerre-Polynome,

$$q(x) = \mathrm{e}^{-x}(x - a)^\alpha, \qquad a \le x < \infty, \tag{10.73}$$

oder als **Hermite'sche Polynome**

$$q(x) = \mathrm{e}^{-x^2/2}, \qquad -\infty < x < \infty \,. \tag{10.74}$$

Mit der Belegfunktion (10.72) erfüllen alle p_n nach (10.70) Dirichlet'sche Randbedingungen bei $x = a, b$. Für unsere Zwecke genügt es, $a = 0$, $b = 1$ und $\alpha = \beta = 2\gamma$ zu betrachten, es handelt sich also bei den P_n um eine spezielle Form der Jacobi-Polynome. Mit $\gamma = 1$ erhalten wir für p_n aus (10.70) die Funktionen des Abschn. 10.2.1, mit $\gamma = 2$ diejenigen aus Abschn. 10.2.2.

Explizite Darstellung

Die explizite Darstellung der Polynome (10.70) lautet[4]

$$p_n(x) = N_n^\gamma \sum_{k=0}^{n} \binom{n+2\gamma}{k} \binom{n+2\gamma}{n-k} x^{k+\gamma} (x-1)^{n-k+\gamma} \qquad (10.75)$$

mit der Normierungskonstanten

$$N_n^\gamma = \frac{\sqrt{(2n+4\gamma+1)\, n!\, (n+4\gamma)!}}{(n+2\gamma)!} . \qquad (10.76)$$

Rekursionsformel

Die p_n lassen sich auch rekursiv aus den beiden jeweils vorhergehenden berechnen. Mit $p_{-1} = 0$ und p_0 aus (10.75)

$$p_0(x) = \frac{\sqrt{4\gamma+1)(4\gamma)!}}{(2\gamma)!}\, x^\gamma (x-1)^\gamma$$

gilt:

$$\begin{aligned}
p_{n+1}(x) =\;& (2x-1)\sqrt{\frac{(2n+4\gamma+1)(2n+4\gamma+3)}{(n+1)(n+4\gamma+1)}}\, p_n(x) \\
& - \sqrt{\frac{n(2n+4\gamma+3)(n+4\gamma)}{(n+1)(n+4\gamma+1)(2n+4\gamma-1)}}\, p_{n-1}(x) .
\end{aligned} \qquad (10.77)$$

Erzeugende Differentialgleichung

Wie die Hermite'schen oder Laguerre'schen Polynome genügen auch die Jacobi-Polynome einer linearen Differentialgleichung. Für unseren Spezialfall handelt es sich dabei um die **hypergeometrische DGL**, die die Form

$$x(1-x)\, P_n''(x) - [2x(2\gamma+1) - 2\gamma - 1]\, P_n'(x) + n(n+4\gamma+1)\, P_n(x) = 0 \qquad (10.78)$$

hat.

---

[4]Viele weitere mathematische Details und nützliche Formeln findet man in dem Buch von *F. G. Tricomi: Vorlesungen über Orthogonalreihen*, Springer-Verlag Berlin.

Anhang A

Funktionale

A.1 Die Funktionalableitung

Wir wollen die Formel für die Funktionalbleitung aus der gewöhnlichen Ableitung einer Funktion von N Variablen durch Grenzübergang $N \to \infty$ herleiten. Sei F eine Funktion von N Variablen

$$F(x_1, ... x_N)$$

so erhält man die partielle Ableitung nach x_k durch Grenzwertbildung aus dem Differenzenquotienten

$$\frac{\partial F}{\partial x_k} = \lim_{\epsilon \to 0} \frac{F(x_1, ... x_k + \epsilon, ... x_N) - F(x_1, ... x_N)}{\epsilon} \ . \tag{A.1}$$

Ein Funktional ordnet einer kompletten Funktion f einen Funktionswert zu:

$$F = F[f(y)] \ . \tag{A.2}$$

Dsikretisieren wir die Variable y, etwa durch N äquidistante Stützstellen mit Abstand Δy so können wir anstatt (A.2)

$$F = F[f(y_i)] = F(f_i) = F(f_1, ... f_N) \ . \tag{A.3}$$

mit $f_i = f(y_i)$ schreiben. Jetzt lässt sich f_i aus (A.3) mit x_i aus (A.1) identifizieren. Für die Ableitung nach dem Funktionswert f_k erhält man also

$$\frac{\partial F}{\partial f_k} = \lim_{\epsilon \to 0} \frac{F(f_1, ... f_k + \epsilon, ... f_N) - F(f_1, ... f_N)}{\epsilon} = \lim_{\epsilon \to 0} \frac{F(f_i + \epsilon \delta_{ik}) - F(f_i)}{\epsilon} \ . \tag{A.4}$$

Machen wir die Diskretisierung bezüglich y rückgängig (d.h. $\Delta y \to 0$ und $N \to \infty$), so geht das Kronecker-Delta in (A.4) in die Delta-Funktion über. Man erhält schließlich die Vorschrift für die Funktionalableitung

$$\frac{\delta F}{\delta f(y)} = \lim_{\epsilon \to 0} \frac{F[f(x) + \epsilon \delta(x - y)] - F[f(x)]}{\epsilon} \ . \tag{A.5}$$

Im Gegensatz zu F ist die Funtkionalableitung von F also wieder eine Funtion von x.

A.2   Beispiele

Wir geben einige Beispiele:

(a) Sei

$$F[f] = \int (f(x))^n \, dx \ .$$

Dann ist

$$\begin{aligned}
\frac{\delta F}{\delta f(y)} &= \lim_{\epsilon \to 0} \frac{1}{\epsilon} \int \left((f(x) + \epsilon \delta(x - y))^n - (f(x))^n \right) dx \\
&= \lim_{\epsilon \to 0} \frac{1}{\epsilon} \int \left((f(x))^n + n\epsilon\delta(x - y)(f(x))^{n-1} + O(\epsilon^2) - (f(x))^n \right) dx \\
&= n \int \delta(x - y)(f(x))^{n-1} = n(f(y))^{n-1} \ .
\end{aligned}$$

Man bildet also einfach die Ableitung des Integranten nach f.

(b) Dies gilt ganz allgemein für beliebige differenzierbare Funktionen g. Sei

$$F[f] = \int g(f) \, dx \ . \tag{A.6}$$

Dann ist

$$\frac{\delta F}{\delta f(y)} = \frac{dg(f)}{df} \ .$$

(c) Sei

$$F[f] = \frac{1}{2} \int (d_x f(x))^2 \, dx \ .$$

Dann ist

$$\begin{aligned}
\frac{\delta F}{\delta f(y)} &= \lim_{\epsilon \to 0} \frac{1}{2\epsilon} \int \left((d_x f(x))^2 + 2\epsilon d_x f(x) d_x \delta(x - y) + O(\epsilon^2) - (d_x f(x))^2 \right) dx \\
&= \int d_x f(x) d_x \delta(x - y) dx = -\int d_{xx}^2 f(x)\delta(x - y) dx = -d_{yy}^2 f(y) \ ,
\end{aligned}$$

wobei beim vorletzten Gleichheitszeichen partiell integriert wurde. Dasselbe lässt sich auf mehrere Raumdimensionen verallgemeinern. Mit

$$F[f] = \frac{1}{2} \int \left(\nabla f(\vec{r}) \right)^2 \, d^3\vec{r}$$

ergibt sich

$$\frac{\delta F}{\delta f} = -\Delta f \; .$$

(d) Höhere Ableitungen lassen sich genauso behandeln. Für

$$F[f] = \frac{1}{2} \int \left(\Delta f(\vec{r}) \right)^2 \, d^3\vec{r}$$

folgt mit derselben Rechnung wie in (c), diesmal allerdings nach zweimaliger partieller Integration,

$$\frac{\delta F}{\delta f} = \Delta^2 f \; .$$

Wenn F wie (A.6) gegeben ist und g von f und den Ableitungen $\partial_i f$ abhängt, lässt sich die Funktionalableitung als

$$\frac{\delta F}{\delta f} = \frac{\partial g}{\partial f} - \sum_k \partial_k \left(\frac{\partial g}{\partial (\partial_k f)} \right) \tag{A.7}$$

schreiben.

A.3 Euler-Lagrange-Gleichung

Oft steht man vor der Aufgabe, diejenige Funktion $f(x) = f_0(x)$ zu bestimmen, die ein bestimmtes Funktional $F[f_0]$ extremal macht, was der Forderung

$$\delta F = 0$$

gleichkommt. Hat F die Form (A.6), so lässt sich direkt (A.7) verwenden. Man erhält das Extremum $f_0(\vec{r})$ als Lösung der partiellen Differentialgleichung

$$\frac{\partial g}{\partial f} - \sum_k \partial_k \left(\frac{\partial g}{\partial (\partial_k f)} \right) = 0 \; . \tag{A.8}$$

Gleichung (A.8) heißt Euler-Lagrange-Gleichung.

Anhang B

Formelsammlung

Der Anhang stellt wichtige Formeln und Beziehungen aus der Vektorrechung sowie aus der Vektoranalysis zusammen. Soweit notwendig, sind alle Formeln sowohl in symbolischer als auch in Komponentenschreibweise gegeben. Im Anhang gilt die Einstein'sche Summenkonvention, über doppelt auftretende Indizes wird von eins bis drei summiert. Das Kronecker-Symbol, oder der Einheitstensor 2. Stufe, wird mit

$$\delta_{ij} = \left\{ \begin{array}{ll} 1, & \text{wenn } i = j \\ 0, & \text{wenn } i \neq j \end{array} \right. \tag{B.1}$$

bezeichnet. Der vollständig antisymmetrische Tensor 3. Stufe, auch alternierender Tensor, Permutationstensor oder Levi-Civita-Tensor genannt, lautet:

$$\epsilon_{ijk} = \left\{ \begin{array}{ll} 1, & \text{wenn } i, j, k \text{ gerade Permutation von 1,2,3} \\ -1, & \text{wenn } i, j, k \text{ ungerade Permutation von 1,2,3} \\ 0, & \text{bei zwei oder drei gleichen Indizes} \end{array} \right. \tag{B.2}$$

B.1 Vektorrechnung

Die Komponentenschreibweise gilt nur in kartesischen Koordinaten.

Skalarprodukt
$$S = \vec{a} \cdot \vec{b} = a_i b_i \tag{B.3}$$

Vektorprodukt
$$\begin{aligned} \vec{a} &= \vec{b} \times \vec{c} \\ a_i &= \epsilon_{ijk} b_j c_k \end{aligned} \tag{B.4}$$

Dyadisches Produkt
$$\begin{aligned} \underline{T} &= \vec{a} \circ \vec{b} \\ T_{ij} &= a_i b_j \end{aligned} \tag{B.5}$$

Spatprodukt

$$\vec{a} \cdot (\vec{b} \times \vec{c}) = \vec{b} \cdot (\vec{c} \times \vec{a}) = \vec{c} \cdot (\vec{a} \times \vec{b}) \tag{B.6}$$

$$\epsilon_{ijk}a_ib_jc_k = \epsilon_{jki}a_ib_jc_k = \epsilon_{kij}a_ib_jc_k$$

Doppeltes Kreuzprodukt

$$\vec{a} \times (\vec{b} \times \vec{c}) = (\vec{a} \cdot \vec{c})\,\vec{b} - (\vec{a} \cdot \vec{b})\,\vec{c} \tag{B.7}$$

$$\epsilon_{ijk}\epsilon_{k\ell m}a_jb_\ell c_m = a_jc_jb_i - a_jb_jc_i$$

Skalarprodukt zweier Kreuzprodukte

$$(\vec{a} \times \vec{b}) \cdot (\vec{c} \times \vec{d}) = (\vec{a} \cdot \vec{c})(\vec{b} \cdot \vec{d}) - (\vec{a} \cdot \vec{d})(\vec{b} \cdot \vec{c}) \tag{B.8}$$

$$\epsilon_{ijk}\epsilon_{i\ell m}a_jb_kc_\ell d_m = a_ic_ib_jd_j - a_id_ib_jc_j$$

B.2   Vektoranalysis

Die Komponentenschreibweise gilt nur in kartesischen Koordinaten.

Gradientenfelder sind wirbelfrei

$$\mathrm{rot}\,(\mathrm{grad}\,\Psi) = 0 \tag{B.9}$$

$$\epsilon_{ijk}\partial_j\partial_k\Psi = 0$$

Wirbelfelder haben keine Quellen

$$\mathrm{div}\,(\mathrm{rot}\,\vec{v}) = 0 \tag{B.10}$$

$$\epsilon_{ijk}\partial_i\partial_jv_k = 0$$

Konvektionsterm

$$(\vec{v} \cdot \nabla)\,\vec{v} = \vec{v} \cdot (\nabla \circ \vec{v}) = \frac{1}{2}\mathrm{grad}\,v^2 - \vec{v} \times \mathrm{rot}\,\vec{v} \tag{B.11}$$

$$v_j\partial_jv_i = \frac{1}{2}\partial_i(v_jv_j) - \epsilon_{ijk}\epsilon_{k\ell m}v_j\partial_\ell v_m$$

Doppelte Rotation

$$\mathrm{rot}\,(\mathrm{rot}\,\vec{v}) = \mathrm{grad}\,(\mathrm{div}\,\vec{v}) - \Delta\vec{v} \tag{B.12}$$

$$\epsilon_{ijk}\epsilon_{k\ell m}\partial_j\partial_\ell v_m = \partial_i\partial_jv_j - \partial_j\partial_jv_i$$

Spatprodukt

$$\mathrm{div}\,(\vec{v} \times \vec{w}) = \vec{w} \cdot \mathrm{rot}\,\vec{v} - \vec{v} \cdot \mathrm{rot}\,\vec{w} \tag{B.13}$$

$$\epsilon_{ijk}\partial_i(v_jw_k) = \epsilon_{ijk}w_i\partial_jv_k - \epsilon_{ijk}v_i\partial_jw_k$$

Gradient eines Skalarprodukts (enthält den Spezialfall (B.11) wenn $\vec{v} = \vec{w}$)

$$\mathrm{grad}\,(\vec{v} \cdot \vec{w}) = (\vec{v} \cdot \nabla)\vec{w} + (\vec{w} \cdot \nabla)\vec{v} + \vec{v} \times \mathrm{rot}\,\vec{w} + \vec{w} \times \mathrm{rot}\,\vec{v} \tag{B.14}$$

$$\partial_i(v_jw_j) = v_j\partial_jw_i + w_j\partial_jv_i + \epsilon_{ijk}\epsilon_{k\ell m}v_j\partial_\ell w_m + \epsilon_{ijk}\epsilon_{k\ell m}w_j\partial_\ell v_m$$

Doppeltes Kreuzprodukt

$$\text{rot}\,(\vec{v} \times \vec{w}) = \vec{v}\,\text{div}\,\vec{w} - \vec{w}\,\text{div}\,\vec{v} + (\vec{w} \cdot \nabla)\,\vec{v} - (\vec{v} \cdot \nabla)\,\vec{w} \qquad (B.15)$$
$$\epsilon_{ijk}\epsilon_{k\ell m}\partial_j(v_\ell w_m) = v_i\partial_j w_j - w_i\partial_j v_j + w_j\partial_j v_i - v_j\partial_j w_i$$

Operationen auf Produkte aus Skalar- und Vektorfeldern

$$\text{div}\,(\Psi\vec{v}) = (\vec{v} \cdot \text{grad}\,)\Psi + \Psi\,\text{div}\,\vec{v} \qquad (B.16)$$
$$\partial_i(\Psi v_i) = v_i\partial_i\Psi + \Psi\partial_i v_i$$

$$\text{rot}\,(\Psi\vec{v}) = (\text{grad}\,\Psi) \times \vec{v} + \Psi\,\text{rot}\,\vec{v} \qquad (B.17)$$
$$\epsilon_{ijk}\partial_j(\Psi v_k) = \epsilon_{ijk}(\partial_j\Psi)v_k + \epsilon_{ijk}\Psi\partial_j v_k$$

B.3   Integralsätze

Sei $\vec{v}$ ein stetig differenzierbares Vektorfeld, Ψ und Φ stetig differenzierbare Funktionen von $\vec{r}$. Das (dreidimensionale) Volumenelement werde mit $d^3\vec{r}$, das (zweidimensionale) Flächenelement mit $d^2\vec{f}$ und das (eindimensionale) Linienelement mit $d\vec{s}$ bezeichnet.

B.3.1   Volumen- und Oberflächenintegrale

Im Folgenden bezeichnet V ein beliebiges, einfach zusammenhängendes Volumen und $F(V)$ eine geschlossene Fläche, die V begrenzt.

Der Gauß'sche Satz

$$\int_V \text{div}\,\vec{v}\,d^3\vec{r} = \oint_{F(V)} \vec{v} \cdot d^2\vec{f} \qquad (B.18)$$

besagt, dass die Summe der Quellen (und Senken) von $\vec{v}$ in V gleich dem Fluss von $\vec{v}$ durch $F(V)$ sein muss.

Zwei weitere nützliche Sätze, bei denen ein Volumenintegral in ein Oberflächenintegral umgeformt wird, lauten:

$$\int_V \text{grad}\,\Psi\,d^3\vec{r} = \oint_{F(V)} \Psi\,d^2\vec{f} \qquad (B.19)$$

und

$$\int_V \text{rot}\,\vec{v}\,d^3\vec{r} = -\oint_{F(V)} \vec{v} \times d^2\vec{f}\,. \qquad (B.20)$$

B.3.2   Flächen- und Linienintegrale

Sei $C(F)$ eine geschlossene Linie, die die beliebige, einfach zusammenhängende, offene Fläche F begrenzt.

Der Stokes'sche Satz lautet

$$\int_F \text{rot}\,\vec{v} \cdot d^2\vec{f} \;\; = \;\; \oint_{C(F)} \vec{v} \cdot d\vec{s} \;\; = \;\; \Gamma \;, \tag{B.21}$$

wobei Γ als Zirkulation von $\vec{v}$ bezeichnet wird. Anstatt wie beim Gauß'schen Satz die Quellen aufzusummieren, werden hier die Wirbel addiert. Weil sich die Linien im Innern aufheben, bleibt das Linienintegral über die Berandung übrig. Eine weitere Formel für Gradientenfelder heißt

$$\int_F (\text{grad}\,\Psi) \times d^2\vec{f} \;\; = \;\; -\oint_{C(F)} \Psi \, d\vec{s} \;. \tag{B.22}$$

B.4   Differentialoperatoren in verschiedenen Koordinatensystemen

Wir geben die wichtigsten Differentialoperatoren sowie ihre Wirkung auf Skalare, Vektoren und Tensoren jeweils in kartesischen, Zylinder- und Kugelkoordinaten an.

B.4.1   Bezeichnungen

Einheitsvektoren

$\hat{e}_x,$	$\hat{e}_y,$	$\hat{e}_z$	kartesische Koordinaten
$\hat{e}_r,$	$\hat{e}_\varphi,$	$\hat{e}_z$	Zylinderkoordinaten
$\hat{e}_r,$	$\hat{e}_\theta,$	$\hat{e}_\varphi$	Kugelkoordinaten

Es gelten die Zusammenhänge (Abb. B.1)

a) Zylinderkoordinaten – kartesische Koordinaten

$$x = r\cos\varphi, \quad y = r\sin\varphi \;, \tag{B.23}$$

$$\begin{aligned}
\hat{e}_r &= \cos\varphi\,\hat{e}_x + \sin\varphi\,\hat{e}_y, \\
\hat{e}_\varphi &= -\sin\varphi\,\hat{e}_x + \cos\varphi\,\hat{e}_y \;.
\end{aligned} \tag{B.24}$$

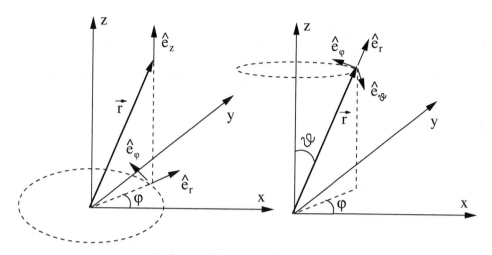

Abb. B.1 *Links*: Bei Zylinderkoordinaten liegen die Einheitsvektoren $\hat{e}_r$ und $\hat{e}_\varphi$ in der xy-Ebene, $\hat{e}_z$ zeigt dazu senkrecht.
Rechts: Bei Kugelkoordinaten liegt $\hat{e}_\varphi$ in der xy-Ebene, $\hat{e}_r$ zeigt in radialer Richtung und $\hat{e}_\vartheta$ liegt in der Ebene, die durch $\vec{r}$ und die Projektion von $\vec{r}$ auf die xy-Ebene aufgespannt wird. Der Winkel φ liegt, wie bei Zylinderkoordinaten, zwischen der x-Achse und der xy-Projektion von $\vec{r}$, der Winkel ϑ zwischen $\vec{r}$ und der z-Achse.

b) Kugelkoordinaten – kartesische Koordinaten

$$x = r\cos\varphi\sin\vartheta, \quad y = r\sin\varphi\sin\vartheta, \quad z = r\cos\vartheta , \tag{B.25}$$

$$
\begin{aligned}
\hat{e}_r &= \cos\varphi\sin\vartheta\,\hat{e}_x + \sin\varphi\sin\vartheta\,\hat{e}_y + \cos\vartheta\,\hat{e}_z, \\
\hat{e}_\varphi &= -\sin\varphi\,\hat{e}_x + \cos\varphi\,\hat{e}_y, \\
\hat{e}_\vartheta &= \cos\varphi\cos\vartheta\,\hat{e}_x + \sin\varphi\cos\vartheta\,\hat{e}_y - \sin\vartheta\,\hat{e}_z .
\end{aligned}
\tag{B.26}
$$

Vektoren lassen sich in den jeweiligen Systemen darstellen. Wir verwenden im Folgenden die Schreibweise

a) Kartesische Koordinaten

$$\vec{v} = v_x\hat{e}_x + v_y\hat{e}_y + v_z\hat{e}_z \tag{B.27}$$

$$v_x = \vec{v}\cdot\hat{e}_x, \qquad v_y = \vec{v}\cdot\hat{e}_y, \qquad v_z = \vec{v}\cdot\hat{e}_z \tag{B.28}$$

b) Zylinderkoordinaten

$$\vec{v} = v_r\hat{e}_r + v_\varphi\hat{e}_\varphi + v_z\hat{e}_z \tag{B.29}$$

$$v_r = \vec{v}\cdot\hat{e}_r, \qquad v_\varphi = \vec{v}\cdot\hat{e}_\varphi, \qquad v_z = \vec{v}\cdot\hat{e}_z \tag{B.30}$$

c) Kugelkoordinaten

$$\vec{v} = v_r\hat{e}_r + v_\varphi\hat{e}_\varphi + v_\vartheta\hat{e}_\vartheta \tag{B.31}$$

$$v_r = \vec{v}\cdot\hat{e}_r, \qquad v_\varphi = \vec{v}\cdot\hat{e}_\varphi, \qquad v_\vartheta = \vec{v}\cdot\hat{e}_\vartheta \tag{B.32}$$

Dasselbe gilt für Tensoren, also

$$\underline{T} = t_{ij}\, \hat{e}_i \circ \hat{e}_j \ ,$$

wobei i, j für x, y, z, aber genauso auch für r, φ, z oder für r, φ und ϑ stehen kann.

B.4.2 Gradient

a) Kartesische Koordinaten

$$\nabla \; = \; \hat{e}_x \partial_x + \hat{e}_y \partial_y + \hat{e}_z \partial_z \tag{B.33}$$

$$\mathrm{grad}\, U \; = \; \nabla U = \partial_x U \hat{e}_x + \partial_y U \hat{e}_y + \partial_z U \hat{e}_z \tag{B.34}$$

$$\mathrm{grad}\, \vec{v} = \nabla \circ \vec{v} = \begin{pmatrix} \partial_x v_x & \partial_x v_y & \partial_x v_z \\ \partial_y v_x & \partial_y v_y & \partial_y v_z \\ \partial_z v_x & \partial_z v_y & \partial_z v_z \end{pmatrix} . \tag{B.35}$$

b) Zylinderkoordinaten

$$\nabla \; = \; \hat{e}_r \partial_r + \hat{e}_\varphi \frac{1}{r}\partial_\varphi + \hat{e}_z \partial_z \tag{B.36}$$

$$\mathrm{grad}\, U \; = \; \nabla U = (\partial_r U)\hat{e}_r + \frac{1}{r}(\partial_\varphi U)\hat{e}_\varphi + (\partial_z U)\hat{e}_z \ .$$

$$\mathrm{grad}\, \vec{v} = \nabla \circ \vec{v} = \begin{pmatrix} \partial_r v_r & \partial_r v_\varphi & \partial_r v_z \\ \frac{1}{r}\left(\partial_\varphi v_r - v_\varphi\right) & \frac{1}{r}\left(\partial_\varphi v_\varphi + v_r\right) & \frac{1}{r}\partial_\varphi v_z \\ \partial_z v_r & \partial_z v_\varphi & \partial_z v_z \end{pmatrix} . \tag{B.37}$$

c) Kugelkoordinaten

$$\nabla \; = \; \hat{e}_r \partial_r + \hat{e}_\varphi \frac{1}{r\sin\vartheta}\partial_\varphi + \hat{e}_\vartheta \frac{1}{r}\partial_\vartheta \tag{B.38}$$

$$\mathrm{grad}\, U \; = \; \nabla U = (\partial_r U)\hat{e}_r + \frac{1}{r\sin\vartheta}(\partial_\varphi U)\hat{e}_\varphi + \frac{1}{r}(\partial_\vartheta U)\hat{e}_\vartheta \ .$$

$$\mathrm{grad}\, \vec{v} = \nabla \circ \vec{v} =$$

$$\begin{pmatrix} \partial_r v_r & \partial_r v_\varphi & \partial_r v_\vartheta \\ \frac{1}{r}\left(\frac{\partial_\varphi v_r}{\sin\vartheta} - v_\varphi\right) & \frac{1}{r\sin\vartheta}\partial_\varphi v_\varphi + \frac{v_r}{r} + \frac{v_\vartheta \cot\vartheta}{r} & \frac{1}{r}\left(\frac{\partial_\varphi v_\vartheta}{\sin\vartheta} - v_\varphi \cot\vartheta\right) \\ \frac{1}{r}\left(\partial_\vartheta v_r - v_\vartheta\right) & \frac{1}{r}\partial_\vartheta v_\varphi & \frac{1}{r}\left(\partial_\vartheta v_\vartheta + v_r\right) \end{pmatrix} .$$

$$\tag{B.39}$$

Wir merken an, dass der Vektorgradient grad $\vec{v}$ manchmal auch in transponierter Form (Zeilen und Spalten vertauscht) $(\nabla \circ \vec{v})^T$ definiert wird. Im Buch werden aber die oben angegebenen Formen (B.35, B.37, B.39) verwendet.

B.4.3 Divergenz

a) Kartesische Koordinaten

$$\operatorname{div}\vec{v} \;=\; \nabla \cdot \vec{v} = \partial_x v_x + \partial_y v_y + \partial_z v_z \tag{B.40}$$

$$
\begin{aligned}
\operatorname{div}\underline{T} \;=\;\; & [\partial_x t_{xx} + \partial_y t_{yx} + \partial_z t_{zx}]\ \hat{e}_x \\
+\; & [\partial_x t_{xy} + \partial_y t_{yy} + \partial_z t_{zy}]\ \hat{e}_y \\
+\; & [\partial_x t_{xz} + \partial_y t_{yz} + \partial_z t_{zz}]\ \hat{e}_z
\end{aligned}
\tag{B.41}
$$

b) Zylinderkoordinaten

$$
\begin{aligned}
\operatorname{div}\vec{v} \;=\;\; & \nabla \cdot \vec{v} = \partial_r v_r + \frac{1}{r}\left(\partial_\varphi v_\varphi + v_r\right) + \partial_z v_z \\
=\;\; & \frac{1}{r}\partial_r(r v_r) + \frac{1}{r}\partial_\varphi v_\varphi + \partial_z v_z
\end{aligned}
\tag{B.42}
$$

$$
\begin{aligned}
\operatorname{div}\underline{T} \;=\;\; & \left[\partial_r t_{rr} + \frac{1}{r}\left(\partial_\varphi t_{\varphi r} + t_{rr} - t_{\varphi\varphi}\right) + \partial_z t_{zr}\right]\ \hat{e}_r \\
+\; & \left[\partial_r t_{r\varphi} + \frac{1}{r}\left(\partial_\varphi t_{\varphi\varphi} + t_{r\varphi} + t_{\varphi r}\right) + \partial_z t_{z\varphi}\right]\ \hat{e}_\varphi \\
+\; & \left[\partial_r t_{rz} + \frac{1}{r}\left(\partial_\varphi t_{\varphi z} + t_{rz}\right) + \partial_z t_{zz}\right]\ \hat{e}_z
\end{aligned}
\tag{B.43}
$$

$$\tag{B.44}$$

c) Kugelkoordinaten

$$
\begin{aligned}
\operatorname{div}\vec{v} \;=\;\; & \nabla \cdot \vec{v} = \partial_r v_r + \frac{1}{r\sin\vartheta}\partial_\varphi v_\varphi + \frac{1}{r}\partial_\vartheta v_\vartheta + 2\frac{v_r}{r} + \frac{v_\vartheta \cot\vartheta}{r} \\
=\;\; & \frac{1}{r^2}\partial_r(r^2 v_r) + \frac{1}{r\sin\vartheta}\partial_\varphi v_\varphi + \frac{1}{r\sin\vartheta}\partial_\vartheta(v_\vartheta \sin\vartheta)
\end{aligned}
\tag{B.45}
$$

$$
\begin{aligned}
\operatorname{div}\underline{T} \;=\;\; & \left[\frac{1}{r^2}\partial_r(r^2 t_{rr}) + \frac{1}{r\sin\vartheta}\partial_\varphi t_{\varphi r} + \frac{1}{r\sin\vartheta}\partial_\vartheta(t_{\vartheta r}\sin\vartheta) - \frac{1}{r}(t_{\vartheta\vartheta} + t_{\varphi\varphi})\right]\ \hat{e}_r \\
+\; & \left[\frac{1}{r^3}\partial_r(r^3 t_{r\varphi}) + \frac{1}{r\sin\vartheta}\partial_\varphi t_{\varphi\varphi} + \frac{1}{r\sin\vartheta}\partial_\vartheta(t_{\vartheta\varphi}\sin\vartheta) + \frac{1}{r}(t_{\varphi r} - t_{r\varphi} + t_{\varphi\vartheta}\cot\vartheta)\right]\ \hat{e}_\varphi \\
+\; & \left[\frac{1}{r^3}\partial_r(r^3 t_{r\vartheta}) + \frac{1}{r\sin\vartheta}\partial_\varphi t_{\varphi\vartheta} + \frac{1}{r\sin\vartheta}\partial_\vartheta(t_{\vartheta\vartheta}\sin\vartheta) + \frac{1}{r}(t_{\vartheta r} - t_{r\vartheta} - t_{\varphi\varphi}\cot\vartheta)\right]\ \hat{e}_\vartheta
\end{aligned}
\tag{B.46}
$$

Bei der Tensordivergenz ist ebenfalls die andere Definition im Gebrauch, d.h. Kontraktion bezüglich des zweiten Indexes, z.B. (in kartesischen Koordinaten)

$$(\operatorname{div} T)_i = \partial_j t_{ij}$$

B.4.4   Rotation

a) Kartesische Koordinaten

$$\operatorname{rot} \vec{v} = \nabla \times \vec{v} = (\partial_y v_z - \partial_z v_y)\,\hat{e}_x + (\partial_z v_x - \partial_x v_z)\,\hat{e}_y + (\partial_x v_y - \partial_y v_x)\,\hat{e}_z \tag{B.47}$$

b) Zylinderkoordinaten

$$\operatorname{rot} \vec{v} = \left(\frac{1}{r}\partial_\varphi v_z - \partial_z v_\varphi\right)\hat{e}_r + \left(\partial_z v_r - \partial_r v_z\right)\hat{e}_\varphi + \frac{1}{r}\left(\partial_r(rv_\varphi) - \partial_\varphi v_r\right)\hat{e}_z \tag{B.48}$$

c) Kugelkoordinaten

$$\operatorname{rot} \vec{v} = \frac{1}{r\sin\vartheta}\left[\partial_\vartheta(v_\varphi \sin\vartheta) - \partial_\varphi v_\vartheta\right]\hat{e}_r$$

$$+ \frac{1}{r}\left[\partial_r(rv_\vartheta) - \partial_\vartheta v_r\right]\hat{e}_\varphi \tag{B.49}$$

$$+ \frac{1}{r}\left[\frac{1}{\sin\vartheta}\partial_\varphi v_r - \partial_r(rv_\varphi)\right]\hat{e}_\vartheta$$

B.4.5   Laplace

a) Kartesische Koordinaten

$$\Delta U = \partial_{xx}^2 U + \partial_{yy}^2 U + \partial_{zz}^2 U \tag{B.50}$$

$$\Delta \vec{v} = \Delta v_x\,\hat{e}_x + \Delta v_y\,\hat{e}_y + \Delta v_z\,\hat{e}_z \tag{B.51}$$

b) Zylinderkoordinaten

$$\Delta U = \frac{1}{r}\partial_r(r\partial_r U) + \frac{1}{r^2}\partial_{\varphi\varphi}^2 U + \partial_{zz}^2 U = \partial_{rr}^2 U + \frac{1}{r}\partial_r U + \frac{1}{r^2}\partial_{\varphi\varphi}^2 U + \partial_{zz}^2 U \tag{B.52}$$

$$\Delta \vec{v} = \left[\Delta v_r - \frac{1}{r^2}v_r - \frac{2}{r^2}\partial_\varphi v_\varphi\right]\hat{e}_r + \left[\Delta v_\varphi - \frac{1}{r^2}v_\varphi + \frac{2}{r^2}\partial_\varphi v_r\right]\hat{e}_\varphi + \Delta v_z\,\hat{e}_z \tag{B.53}$$

c) Kugelkoordinaten

$$\Delta U = \frac{1}{r^2}\partial_r(r^2\partial_r U) + \frac{1}{r^2\sin^2\vartheta}\partial_{\varphi\varphi}^2 U + \frac{1}{r^2\sin\vartheta}\partial_\vartheta(\sin\vartheta\,\partial_\vartheta U)$$

$$= \partial_{rr}^2 U + \frac{2}{r}\partial_r U + \frac{1}{r^2\sin^2\vartheta}\partial_{\varphi\varphi}^2 U + \frac{1}{r^2}\partial_{\vartheta\vartheta}^2 U + \frac{\cot\vartheta}{r^2}\partial_\vartheta U \tag{B.54}$$

$$\Delta \vec{v} = \left[\Delta v_r - \frac{2}{r^2} v_r - \frac{2}{r^2 \sin \vartheta} \partial_\varphi v_\varphi - \frac{2}{r^2} \partial_\vartheta v_\vartheta - \frac{2}{r^2} v_\vartheta \cot \vartheta \right] \hat{e}_r$$

$$+ \left[\Delta v_\varphi - \frac{v_\varphi}{r^2 \sin^2 \vartheta} + \frac{2}{r^2 \sin^2 \vartheta} \partial_\varphi v_r + \frac{2 \cos \vartheta}{r^2 \sin^2 \vartheta} \partial_\varphi v_\vartheta \right] \hat{e}_\varphi \qquad \text{(B.55)}$$

$$+ \left[\Delta v_\vartheta + \frac{2}{r^2} \partial_\vartheta v_r - \frac{2}{r^2 \sin \vartheta} \partial_\varphi v_\varphi - \frac{v_\vartheta}{r^2 \sin^2 \vartheta} \right] \hat{e}_\vartheta$$

Außerdem gilt die Identität

$$\frac{1}{r^2} \partial_r (r^2 \partial_r U) = \frac{1}{r} \partial_{rr}^2 (rU) \qquad \text{(B.56)}$$

B.5 Die Grundgleichungen in krummlinigen Koordinaten

Wir beschränken uns auf inkompressible Newton'sche Flüssigkeiten. Wir geben den Reibungstensor, die Navier-Stokes-Gleichungen sowie die Kontinuitätsgleichung (Inkompressibilitätsbedingung) in kartesischen, Zylinder- und Kugelkoordinaten an.

B.5.1 Kartesische Koordinaten

a) Reibungstensor, siehe (7.4)

$$\begin{aligned}
\sigma_{xx} &= 2\eta \, \partial_x v_x & \sigma_{xy} &= \eta \left(\partial_x v_y + \partial_y v_x \right) \\
\sigma_{yy} &= 2\eta \, \partial_y v_y & \sigma_{yz} &= \eta \left(\partial_z v_y + \partial_y v_z \right) \\
\sigma_{zz} &= 2\eta \, \partial_z v_z & \sigma_{zx} &= \eta \left(\partial_z v_x + \partial_x v_z \right)
\end{aligned} \qquad \text{(B.57)}$$

b) Navier-Stokes-Gleichungen, siehe (7.6a)

$$\begin{aligned}
\rho \frac{Dv_x}{Dt} &= -\partial_x p + f_x + \eta \Delta v_x \\
\rho \frac{Dv_y}{Dt} &= -\partial_y p + f_y + \eta \Delta v_y \\
\rho \frac{Dv_z}{Dt} &= -\partial_z p + f_z + \eta \Delta v_z
\end{aligned} \qquad \text{(B.58)}$$

mit der Materialableitung (siehe Abschn. 2.3)

$$\frac{D}{Dt} = \partial_t + v_x \partial_x + v_y \partial_y + v_z \partial_z \qquad \text{(B.59)}$$

c) **Kontinuitätsgleichung**, siehe (7.6b)

$$\partial_x v_x + \partial_y v_y + \partial_z v_z = 0 \tag{B.60}$$

B.5.2   Zylinderkoordinaten

a) **Reibungstensor**

$$
\begin{aligned}
\sigma_{rr} &= 2\eta\,\partial_r v_r & \sigma_{r\varphi} &= \eta\left(\frac{1}{r}\partial_\varphi v_r + \partial_r v_\varphi - \frac{v_\varphi}{r}\right) \\[2mm]
\sigma_{\varphi\varphi} &= 2\eta\left(\frac{1}{r}\partial_\varphi v_\varphi + \frac{v_r}{r}\right) & \sigma_{\varphi z} &= \eta\left(\partial_z v_\varphi + \frac{1}{r}\partial_\varphi v_z\right) \\[2mm]
\sigma_{zz} &= 2\eta\,\partial_z v_z & \sigma_{zr} &= \eta\left(\partial_z v_r + \partial_r v_z\right)
\end{aligned}
\tag{B.61}
$$

b) **Navier-Stokes-Gleichungen**

$$
\begin{aligned}
\rho\left[\frac{Dv_r}{Dt} - \frac{v_\varphi^2}{r}\right] &= -\partial_r p + f_r + \eta\left[\Delta v_r - \frac{v_r}{r^2} - \frac{2}{r^2}\partial_\varphi v_\varphi\right] \\[2mm]
\rho\left[\frac{Dv_\varphi}{Dt} + \frac{v_r v_\varphi}{r}\right] &= -\frac{1}{r}\partial_\varphi p + f_\varphi + \eta\left[\Delta v_\varphi - \frac{v_\varphi}{r^2} + \frac{2}{r^2}\partial_\varphi v_r\right] \\[2mm]
\rho\,\frac{Dv_z}{Dt} &= -\partial_z p + f_z + \eta\Delta v_z
\end{aligned}
\tag{B.62}
$$

mit der Materialableitung

$$\frac{D}{Dt} = \partial_t + v_r\partial_r + \frac{1}{r}v_\varphi\partial_\varphi + v_z\partial_z \tag{B.63}$$

c) **Kontinuitätsgleichung**

$$\frac{1}{r}\partial_r(r v_r) + \frac{1}{r}\partial_\varphi v_\varphi + \partial_z v_z = 0 \tag{B.64}$$

B.5.3   Kugelkoordinaten

a) Reibungstensor

$$\sigma_{rr} = 2\eta\,\partial_r v_r$$

$$\sigma_{\varphi\varphi} = 2\eta\left(\frac{1}{r\sin\vartheta}\partial_\varphi v_\varphi + \frac{v_r}{r} + \frac{v_\vartheta\cot\vartheta}{r}\right)$$

$$\sigma_{\vartheta\vartheta} = 2\eta\left(\frac{1}{r}\partial_\vartheta v_\vartheta + \frac{v_r}{r}\right)$$

$$\sigma_{r\varphi} = \eta\left(\partial_r v_\varphi + \frac{1}{r\sin\vartheta}\partial_\varphi v_r - \frac{v_\varphi}{r}\right) \tag{B.65}$$

$$\sigma_{\varphi\vartheta} = \eta\left(\frac{1}{r\sin\vartheta}\partial_\varphi v_\vartheta + \frac{1}{r}\partial_\vartheta v_\varphi - \frac{v_\vartheta\cot\vartheta}{r}\right)$$

$$\sigma_{\vartheta r} = \eta\left(\frac{1}{r}\partial_\vartheta v_r + \partial_r v_\vartheta - \frac{v_\vartheta}{r}\right)$$

b) Navier-Stokes-Gleichungen

$$\rho\left[\frac{Dv_r}{Dt} - \frac{v_\varphi^2 + v_\vartheta^2}{r}\right] = -\partial_r p + f_r \tag{B.66}$$

$$+\eta\left[\Delta v_r - \frac{2}{r^2}\left(v_r + \partial_\vartheta v_\vartheta + v_\vartheta\cot\vartheta + \frac{1}{\sin\vartheta}\partial_\varphi v_\varphi\right)\right]$$

$$\rho\left[\frac{Dv_\varphi}{Dt} + \frac{v_r v_\varphi + v_\vartheta v_\varphi\cot\vartheta}{r}\right] = -\frac{1}{r\sin\vartheta}\partial_\varphi p + f_\varphi$$

$$+\eta\left[\Delta v_\varphi + \frac{1}{r^2\sin^2\vartheta}\left(-v_\varphi + 2\partial_\varphi v_r + 2\cos\vartheta\,\partial_\varphi v_\vartheta\right)\right]$$

$$\rho\left[\frac{Dv_\vartheta}{Dt} + \frac{v_r v_\vartheta - v_\varphi^2\cot\vartheta}{r}\right] = -\frac{1}{r}\partial_\vartheta p + f_\vartheta$$

$$+\eta\left[\Delta v_\vartheta + \frac{2}{r^2}\left(\partial_\vartheta v_r - \frac{v_\vartheta}{2\sin^2\vartheta} - \frac{\cos\vartheta}{r^2\sin^2\vartheta}\partial_\varphi v_\varphi\right)\right]$$

mit der Materialableitung

$$\frac{D}{Dt} = \partial_t + v_r\partial_r + \frac{v_\varphi}{r\sin\vartheta}\partial_\varphi + \frac{1}{r}v_\vartheta\partial_\vartheta \tag{B.67}$$

c) Kontinuitätsgleichung

$$\frac{1}{r^2}\partial_r(r^2 v_r) + \frac{1}{r\sin\vartheta}\partial_\varphi v_\varphi + \frac{1}{r\sin\vartheta}\partial_\vartheta(\sin\vartheta\,v_\vartheta) = 0 \tag{B.68}$$

Literatur

Angaben zu weiterführender Literatur zu speziellen Themen, in erster Linie Artikel aus Fachzeitschriften, findet man als Fußnoten im Text. Dort sind auch Verweise [in eckigen Klammern] angegeben, die sich auf die folgende Liste beziehen.

Die meiste Literatur auf dem Gebiet der Hydrodynamik ist in englisch, es gibt jedoch auch einige wenige deutschsprachige Lehrbücher.

Für Kapitel 2–4

Etwas älter, aber immer noch empfehlenswert:

A. Sommerfeld, *Vorlesungen über Theoretische Physik II, Mechanik der deformierbaren Medien*, Verlag Harri Deutsch.

Ein moderneres Werk, ebenfalls mit einem großen Teil über Hydrodynamik, aber auch zu nicht-Newton'schen Flüssigkeiten, ist

W. M. Lai, D. Rubin, E. Krempl, *Introduction to Continuum Mechanics*, Pergamon Press.

Einen sehr kurzen Abriss der Elastizitätstheorie gibt

L. D. Landau und E. M. Lifschitz, *Lehrbuch der Theoretischen Physik Bd. VII, Elastizitätstheorie*, Verlag Harri Deutsch.

Für Kapitel 5–7

Deutschsprachige Einführungen in die Hydrodynamik findet man in

[1] **W. Greiner und H. Stock**, *Theoretische Physik 2A*, Verlag Harri Deutsch

[2] **L. D. Landau und E. M. Lifschitz**, *Lehrbuch der Theoretischen Physik Bd. VI, Hydrodynamik*, Verlag Harri Deutsch.

H. Schlichting, *Grenzschicht-Theorie*, Springer-Verlag

J. H. Spurk, *Strömungslehre*, Springer-Verlag

Sehr gute englische Bücher sind

M. P. K. Kundu, *Fluid Mechanics*, Academic Press

und, hauptsächlich für Physiker gedacht,

T. E. Faber, *Fluid Dynamics for Physicists*, Cambridge University Press.

In beiden Werken findet man auch Material zu Kapitel 8. Eine mehr mathematisch ausgerichtete, sehr kurze aber trotzdem lesenswerte Einführung wird in

A. J. Chorin und J. E. Marsden, *A Mathematical Introduction to Fluid Mechanics*, Springer-Verlag

gegeben. Viele angewandte Probleme und Aufgaben sind in dem Buch der Schaum's Reihe

Schaum's Outlines, *Fluid Dynamics*, Mc Graw-Hill

zu finden. Details über Solitonen (Kapitel 6) sind der Monografie

[3] **P. G. Drazin und R. S. Johnson**, *Solitons: an introduction*, Cambridge University Press

zu entnehmen. Das „Bilderbuch"

[4] **M. Van Dyke**, *An Album of Fluid Motion*, Parabolic Press

ist formelfrei, enthält dafür aber wunderbare Aufnahmen von Strömungen und Strukturen der verschiedensten hydrodynamischen Experimente. Eignet sich zum Durchblättern und vielleicht für „Musestunden" zwischendurch.

Last not least der Klassiker schlechthin, das erste Mal 1879 (!) veröffentlicht, immer noch in weiten Teilen aktuell und schon deshalb interessant:

[5] **H. Lamb**, *Hydrodynamics*, Cambridge University Press.

Für Kapitel 8 und 9

Instabilitäten, speziell Konvektion und Taylorwirbel, werden in dem Standardwerk

[6] **S. Chandrasekhar**, *Hydrodynamic and Hydromagnetic Stability*, Dover New York

ausgiebig untersucht. Instabilität und Strukturbildung in offenen Systemen, nicht nur in der Hydrodynamik, sind auch zentrale Themen in der von Hermann Haken begründeten Synergetik:

[7] **H. Haken**, *Synergetik. Eine Einführung*, Springer-Verlag

[8] **H. Haken**, *Advanced Synergetics*, Springer-Verlag.

Biologische Anwendungen finden sich bei

[9] J. D. Murray, *Mathematical Biology*, Springer-Verlag,

um die Schönheit von Strukturen auf Muscheln geht es in

H. Meinhardt, *The Algorithmic Beauty of Sea Shells*, Springer-Verlag.

Eine Diskussion der schwachen Turbulenz in räumlich ausgedehnten Systemen sowie einen Überblick zu Phasengleichungen gibt

P. Manneville, *Dissipative Structures and Weak Turbulence*, Academic Press.

Eine sehr detaillierte Übersicht über den Stand der Theorie zur Strukturbildung fern vom Gleichgewicht mit sehr vielen weiterführenden Referenzen liefern

M. C. Cross und P. C. Hohenberg, *Pattern formation outside equilibrium*, Rev. Mod. Phys. 65, 851 (1993).

Für Kapitel 10

Bücher über Numerik, numerische Mathematik und numerische Methoden gibt es sehr viele. Hier eine kleine, subjektive, Auswahl:

Sehr gut zu lesen, völlig ballastfrei, dafür mit vielen Prgrammen, in C++ und, natürlich, in Fortran auf dem Markt,

[10] W. H. Press, B. P. Flannery, S. A. Teukolsky, W. T. Vetterling, *Numerical Recipes*, Cambridge University.

Ausführlich und umfassend, speziell für hydrodynamische Probleme und partielle Differentialgleichungen

[11] C. Hirsch, *Numerical Computation of Internal and External Flows*, Vol.1,2 Wiley

und

C. A. J. Fletcher, *Computational Techniques for Fluid Dynamics*, Vol.1,2, Springer-Verlag.

Zuletzt noch zwei deutschsprachige Werke, die sich aber nur z. T. mit partiellen DGLs beschäftigen

[12] J. Stoer und R. Bulirsch, *Einführung in die numerische Mathematik I und II*, Springer-Verlag

und

J. D. Faires und R. L. Burden, *Numerische Methoden*, Spektrum-Verlag.

Sonstiges

Von der verwendeten Mathematik und der Vorgehensweise bestehen manche Parallelen zwischen Hydrodynamik und anderen Disziplinen der theoretischen Physik, hauptsächlich der Elektrodynamik. Deshalb wird auf das umfassende Werk

[13] **J. D. Jackson**, *Klassische Elektrodynamik*, de Gruyter

verwiesen. Auch die Thermodynamik, im Buch hauptsächlich die phänomenologische, spielt dann und wann eine Rolle:

[14] **G. Kluge, G. Neugebauer**, *Grundlagen der Thermodynamik*, Spektrum Verlag.

Mathematische Formeln, Integrale, Funktionen findet man in

[15] **M. Abramowitz, I. A. Stegun**, *Handbook of Mathematical Functions*, Dover New York.

Für die Mechanik verweisen wir auf

[16] **F. Kuypers**, *Klassische Mechanik*, Wiley-VCH

Für eine Einführung in die Mathematik der Vektor- und Matrizenrechnung, Vektoranalysis, krummlinige Koordinaten, gewöhnliche DGLs, etc. siehe

S. Großmann, *Mathematischer Einführungskurs in die Physik*, Teubner-Verlag.

Index